管道完整性管理技术丛书
管道完整性技术指定教材

管道风险评价技术

《管道完整性管理技术丛书》编委会　组织编写

本书主编　董绍华

副 主 编　张华兵　马剑林　王　晨　张　行　徐晴晴

中国石化出版社

内 容 提 要

本书针对我国管道逐步开展的风险评价与风险管理，紧紧围绕油气管道行业的风险特点，全面总结了国内外管道各类事故，并进行了深层次的原因分析，阐述了管道风险评价技术的进展、风险因素识别方法、风险可接受指标、高后果区识别与评价、地区等级风险评价等技术内容，介绍了油气管道半定量/定量风险评价、油气输送站场风险评价、油库(罐)风险评价、地下储气库风险评价、城市燃气次高压以上管道风险评价及各类设施的风险削减措施等内容，旨在力促油气储运的生产管理者全面实施风险管理，使运营风险处于合理可接受的范围。本书适用于长输油气管道、油气田集输管网、城镇燃气管网以及各类工业管道。

本书可作为各级管道管理与技术人员研究与学习用书，也可作为油气管道管理、运行、维护人员的培训教材，还可作为高等院校油气储运等专业本科生、研究生教学用书和广大石油科技工作者的参考书。

图书在版编目（CIP）数据

管道风险评价技术 /《管道完整性管理技术丛书》编委会组织编写；董绍华主编．—北京：中国石化出版社，2019.10
（管道完整性管理技术丛书）
ISBN 978-7-5114-5502-4

Ⅰ.①管… Ⅱ.①管… ②董… Ⅲ.①石油管道-风险评价 Ⅳ.①TE973

中国版本图书馆 CIP 数据核字（2019）第 188072 号

中国石化出版社出版发行
地址：北京市东城区安定门外大街 58 号
邮编：100011　电话：(010)57512500
发行部电话：(010)57512575
http://www.sinopec-press.com
E-mail:press@sinopec.com
北京科信印刷有限公司印刷
全国各地新华书店经销
*
787×1092 毫米 16 开本 21.5 印张 496 千字
2020 年 1 月第 1 版　2020 年 1 月第 1 次印刷
定价：140.00 元

《管道完整性管理技术丛书》
编审指导委员会

#《管道完整性管理技术丛书》
编写委员会

油气管道是国家能源的“命脉”，我国油气管道当前总里程已达到13.6万公里。油气管道输送介质具有易燃易爆的特点，随着管线运行时间的增加，由于管道材质问题或施工期间造成的损伤，以及管道运行期间第三方破坏、腐蚀损伤或穿孔、自然灾害、误操作等因素造成的管道泄漏、穿孔、爆炸等事故时有发生，直接威胁人身安全，破坏生态环境，并给管道工业造成巨大的经济损失。半个世纪以来，世界各国都在探索如何避免管道事故，2001年美国国会批准了关于增进管道安全性的法案，核心内容是在高后果区实施完整性管理，管道完整性管理逐渐成为全球管道行业预防事故发生、实现事前预控的重要手段，是以管道安全为目标并持续改进的系统管理体系，其内容涉及管道设计、施工、运行、监控、维修、更换、质量控制和通信系统等管理全过程，并贯穿管道整个全生命周期内。

自2001年以来，我国管道行业始终保持与美国管道完整性管理的发展同步。在管材方面，X80等管线钢、低温钢的研发与应用，标志着工业化技术水平又上一个新台阶；在装备方面，燃气轮机、发动机、电驱压缩机组的国产化工业化应用，以及重大装备如阀门、泵、高精度流量计等国产化；在完整性管理方面，逐步引领国际，2012年开始牵头制定国际标准化组织标准ISO 19345《陆上/海上全生命周期管道完整性管理规范》，2015年发布了国家标准GB 32167—2015《油气输送管道完整性管理规范》，2016年10月15日国家发改委、能源局、国资委、质检总局、安监总局联合发文，要求管道企业依据国家标准GB 32167—2015的要求，全面推进管道完整性管理，广大企业扎实推进管道完整性管理技术和方法，形成了管道安全管理工作的新局面。近年来随着大数据、物联网、云计算、人工智能新技术方法的出现，信息化、工业化两化融合加速，我国管道目前已经由数字化进入了智能化阶段，完整性技术方法得到提升，完整性管理被赋予了新的内涵。以上种种，标志着我国管道管理具备规范性、科学性以及安全性的全部特点。

虽然我国管道完整性管理领域取得了一些成绩，但伴随着我国管道建设的高速发展，近年来发生了多起重特大事故，事故教训极为深刻，油气输送管道面临的技术问题逐步显现，表明我国完整性管理工作仍然存在盲区和不足。一方面，我国早期建设的油气输送管道，受建设时期技术的局限性，存在一定程度的制造质量问题，再加上接近服役后期，各类制造缺陷、腐蚀缺陷的发展使管道处于接近失效的临界状态，进入“浴盆曲线”末端的事故多发期；另一方面，新建管道普遍采用高钢级、高压力、大口径，建设相对比较集中，失效模式、机理等存在认知不足，高钢级焊缝力学行为引起的失效未得到有效控制，缺乏高钢级完整性核心技术，管道环向漏磁及裂纹检测、高钢级完整性评价、灾害监测预警特别是当今社会对人的生命安全、环境保护越来越重视，油气输送管道所面临的形势依然严峻。

《管道完整性管理技术丛书》针对我国企业管道完整性管理的需求，按照GB 32167—2015《油气输送管道完整性管理规范》的要求编写而成，旨在解决管道完整性管理过程的关键性难题。本套丛书由中国石油大学（北京）牵头组织，联合国家能源局、中国石油和化学工业联合会、中国石油学会、NACE国际完整性技术委员会以及相关油气企业共同编写。丛书共计10个分册，包括《管道完整性管理体系建设》《管道建设期完整性管理》《管道风险评价技术》《管道地质灾害风险管理技术》《管道检测与监测诊断技术》《管道完整性与适用性评价技术》《管道修复技术》《管道完整性管理系统平台技术》《管道完整性效能评价技术》《管道完整性安全保障技术与应用》。本套丛书全面、系统地总结了油气管道完整性管理技术的发展，既体现基础知识和理论，又重视技术和方法的应用，同时书中的案例来源于生产实践，理论与实践结合紧密。

本套丛书反映了油气管道行业的需求，总结了油气管道行业发展以及在实践中的新理论、新技术和新方法，分析了管道完整性领域面临的新技术、新情况、新问题，并在此基础上进行了完善提升，具有很强的实践性、实用性和较高的理论性、思想性。这套丛书的出版，对推动油气管道完整性技术进步和行业发展意义重大。

“九层之台，始于垒土”，管道完整性管理重在基础，中国石油大学（北京）领衔之团队历经二十余载，专注管道安全与人才培养，感受之深，诚邀作序，难以推却，以序共勉。

中国工程院院士

前　言
FOREWORD

截至2018年年底，我国油气管道总里程已达到13.6万公里，管道运输对国民经济发展起着非常重要的作用，被誉为国民经济的能源动脉。国家能源局《中长期油气管网规划》中明确，到2020年中国油气管网规模将达16.9万公里，到2025年全国油气管网规模将达24万公里，基本实现全国骨干线及支线联网。

油气介质的易燃、易爆等性质决定了其固有危险性，油气储运的工艺特殊性也决定了油气管道行业是高风险的产业。近年来国内外发生多起油气管道重特大事故，造成重大人员伤亡、财产损失和环境破坏，社会影响巨大，公共安全受到严重威胁，管道的安全问题已经是社会公众、政府和企业关注的焦点，因此对管道的运营者来说，管道运行管理的核心是“安全和经济”。

《管道完整性管理技术丛书》主要面向油气管道完整性，以油气管道危害因素识别、数据管理、高后果区识别、风险识别、完整性评价、高精度检测、地质灾害防控、腐蚀与控制等技术为主要研究对象，综合运用完整性技术和管理科学等知识，辨识和预测存在的风险因素，采取完整性评价及风险减缓措施，防止油气管道事故发生或最大限度地减少事故损失。本套丛书共计10个分册，由中国石油大学(北京)牵头组织，联合国家能源局、中国石油和化学工业联合会、中国石油学会、NACE国际完整性技术委员会、中石油管道有限公司、中国石油管道公司、中国石油西部管道公司、中国石化销售有限公司华南分公司、中国石化销售有限公司华东分公司、中国石油西南管道公司、中国石油西气东输管道公司、中石油北京天然气管道公司、中油国际管道有限公司、广东大鹏液化天然气有限公司、广东省天然气管网有限公司等单位共同编写而成。

《管道完整性管理技术丛书》以满足管道企业完整性技术与管理的实际需求为目标，兼顾油气管道技术人员培训和自我学习的需求，是国家能源局、中国石油和化学工业联合会、中国石油学会培训指定教材，也是高校学科建设指定教材，主要内容包括管道完整性管理体系建设、管道建设期完整性管理、管道风险评价、管道地质灾害风险管理、管道检测与监测诊断、管道完整性与适用性评价、管道修复、管道完整性管理系统平台、管道完整性效能评价、管道完整性安全保障技术与应用，力求覆盖整个全生命周期管道完整性领域的数据、风险、检测、评价、审核等各个环节。本套丛书亦面向国家油气管网公司及所属管道企业，主要目标是通过夯实管道完整性管理基础，提高国家管网油气资源配置效率和安全管控水平，保障油气安全稳定供应。

《管道风险评价技术》分析了我国管道风险评价与风险管理现状，紧紧围绕油气管道行业的风险特点，阐述了风险评价技术的进展、风险因素识别、风险可接受指标、高后果区识别与评价、地区等级风险评价技术内容，分析了管道高后果区识别的环境、人口等关键性识别要素，确定了高后果区划分准则和管理措施，提出了风险可接受准则，给出了个人风险和社会风险值，详述了管道失效 EGRI 数据库和 AGA 数据库的技术架构和失效统计方法。

《管道风险评价技术》阐述了管道半定量/定量风险、油气输送场站风险评价、压缩机场站定量风险评价、油库(罐)风险评价、地下储气库风险评价及城市燃气次高压以上管道风险评价，介绍了管道半定量/定量风险评价指标、油气输送站场风险评价模型方法、油库(罐)风险评价模型方法、地下储气库风险评价模型方法及城市燃气次高压以上管道风险评价模型方法，并给出了各类设施的风险削减措施，使生产管理者全面掌控风险和削减风险，使风险处于可接受的范围。

《管道风险评价技术》由董绍华主编，张华兵、马剑林、王晨、张行、徐晴晴为副主编，可作为各级管道管理与技术人员研究与学习用书，也可作为油气管道管理、运行、维护人员的培训教材，还可作为高等院校油气储运等专业本科生、研究生教学用书和广大石油科技工作者的参考书。

由于作者水平有限，错误和不足之处在所难免，恳请广大读者批评指正。

目　录

CONTENTS

第 1 章　管道事故统计分析

1.1　管道面临的风险

世界石油工业的发展，促进了管道输送产业爆发式成长，管道运输已成为继铁路、公路、水运、航空运输之后的第五大运输体系，使用管道不仅可以完成石油、天然气、成品油、化工产品和水等液态物质的运输，还可以运送如煤浆、面粉、水泥等固体物质。当前全世界在役管道总长已达 355 万公里，其中老旧管道数量占比一半以上，我国油气管道当前总里程已达到 13.6 万公里，其中天然气管道约 7.9 万公里，原油管道约 2.9 万公里，成品油管道约 2.8 万公里，如何科学评价、有效管理老旧管道，保证管道安全、经济地运行及合理地控制风险，是管道完整性管理面临的主要问题。目前世界各国均采用基于风险的完整性管理模式，风险评价与风险识别成为完整性管理的核心内容。

近年来管道事故频发，且造成的危害逐渐增大，下面针对近年来北美地区油气管道事故案例，进一步说明管道完整性评价的迫切性。

1.2　北美油气管道事故案例

美国联邦管道与危险物质安全管理局统计，美国在 1990~2010 年间，共发生了 2840 起重大燃气管道、天然气管道事故，包括 992 起致死或致伤事故，共致 323 人死亡、1372 人受伤。天然气管道老化问题已经导致了十分严重的后果。

根据联邦统计数据的分析，自 1990 年以来，有超过 5600 起上报的泄漏事件涉及陆基危险液体管道，泄漏总量超过 1.1×10^8gal（1gal = 0.0037854m^3），其中主要是原油和石油制品。管道和危险材料安全管理局认为有超过一半（每年至少发生 100 起以上）的泄漏事件属于“重大”级别。这个级别意味着除其他因素之外，还发生了火灾、严重的伤害或者恶性死亡事故或者至少产生了 2100gal 的泄漏量。

与其他运输方式相比，管道运输泄漏造成的年事故率较少，但管道事故却可能是灾难性的。管道泄漏是由多种原因导致的，如第三方破坏、腐蚀、机械故障、控制系统故障、操作失误及自然灾害等。

自 2002 年以来，发生在美国、加拿大的所有泄漏事件中，有 50%都是由设备故障、建设缺陷和其他与管道有关的技术问题引起的，腐蚀问题在管道安全局看来是不同于设备故障的，腐蚀是导致泄漏的第二大主导因素，在统计的时间段内所占比例接近 1/4。

2000 年 8 月，发生在美国新墨西哥州 Carlsbad 附近的天然气管道爆炸造成 12 名露营者死亡，该管道属于 El Paso 天然气公司（El Paso Natural Gas Company，EPNG），内腐蚀引起的管壁严重减薄是造成这次管道事故的直接原因。1999 年 8 月，发生在华盛顿州的成品油管道事故造成 3 人死亡，25×10^4gal 汽油泄漏着火，风景区受到严重污染。这两起管道事故的发生，直接引起了管道完整性管理在美国的立法，美国国会于 2002 年通过了《管道安全改进法案》，这是美国管道完整性管理方面最重要的立法，首次以法律的形式明确要求执行管道完整性管理程序，即要求管道运营商定期采取内检测、压力试验和直接评价方法评价管道系统的完整性，并要求建立一套程序化的管理体制，最大限度地确保管道安全。

1.2.1 腐蚀和机械损伤引起的泄漏事故

2010 年 7 月 27 日，加拿大 Enbridge 公司从美国印第安纳州向加拿大安大略省输送石油的管道发生故障，导致 80×10^4gal(约 3028m^3)石油泄漏进入一条河流，而这条河流是密歇根州卡拉马祖河的支流。漏油已经开始杀死河流中的鱼类，包括一些濒危的野生动物。这条石油管道是因管道穿孔而导致了漏油事故。该公司管理人员发现漏油现象后，立刻关闭了石油管道的阀门。这条直径 76cm 的石油管道，每天可以将 800×10^4gal(约 30280m^3)石油从美国印第安纳州格里菲斯输送到加拿大安大略省萨尼亚。这条管线名为“湖首系统”，是世界上最大的输油管道之一。

2010 年 9 月 10 日，Enbridge 公司的 Lakehead 管线系统的 6A 管线发生漏油，此前在伊利诺斯州位于芝加哥郊区的 Romeoville 市周围也发现了原油泄漏，尽管漏油的规模尚不清楚，管线在当日已关闭，且漏油已被控制。Enbridge 公司的 Lakehead 管线系统的经营时间已近 60 年，负责将加拿大约 70%的原油输入美国，加拿大是美国最大的石油出口国，在输往美国的原油中，经由 Enbridge 公司管线输出的比重最大。其中，Lakehead 管线系统的 6A 管线是该公司在该地区主要的 1900 英里管线之一，是由加拿大西部运输原油至美国的主要运输管道之一，6A 管线的输油量占美国原油总进口量的 7%~8%。6A 管线管径约为 36in，每日运输量为 67 万桶轻质合成、中重级原油。管线泄漏后，Enbridge 公司按照国家相关规范和公司安全和环境相关标准，随即进行了油品的清理工作，此次事故的泄漏量约为 970m^3，已回收了约 960m^3。

2011 年 5 月 7 日，在美国内华达州萨金特县，TransCanada 公司的 Keystone 管道沿线的一座泵站泄漏了将近 1.7×10^4gal 的油砂类型的原油，这条管线与公司建设中的 XL 线相连。当地居民报警 TransCanada 公司发生了泄漏的情况，并迫使该公司关闭了这条输油管道。

2011 年 5 月 11 日，加拿大 Enbridge 公司宣布由于 Norman Wells 原油管道发生泄漏，因此停止该管道的原油输送，管道泄漏位置位于加拿大 Northwest Territories Wrigley 南 50km 处，已有近 0.6m^3的原油泄漏。Norman Wells 原油管道用于加拿大 Northwest Territories 的 Norman Wells 与 Alberta 的 Zama 间的原油输送，日输送量可达 6265m^3/d。

同期与 Norman Wells 相连的美国平原全美管道公司(Plains All American Pipeline LP) Rainbow 管道发生破裂，导致 4532m^3 原油泄漏，Rainbow 管道的泄漏事故也是导致 Enbridge 暂停 Norman Wells 管道的直接原因之一。

同期还有其他北美管道泄漏事故，如 Kinder Morgan Energy Partners Trans 公司位于 Alberta Edmonton 西部的 Mountain 管线发生原油渗漏，对附近农场造成污染，导致管线停输。

2012 年 6 月 7 日，加拿大西部艾伯塔省发生一起石油管道泄漏事故，漏油数量大约为

1000~3000 桶。报道说，事发地点位于艾伯塔省中西部的森德镇，距离人口约 9.2 万的红鹿市约 100km，泄漏的原油流入当地红鹿河的支流。加拿大平原中流公司在美国 40 多个州和加拿大 5 个省份经营业务，涵盖范围包括原油运输、销售、存储，同时包括液化石油气的销售和储存等业务。

2012 年 7 月 27 日，加拿大 Enbridge 公司的 14 号线管道在美国威斯康星州靠近大沼泽地(Grand Marsh)段发生石油泄漏事故。Enbridge 管道公司控制中心检测到 14 号线发生压力下降，操作员立即关闭管线，应急人员也立即被派往事故现场。泄漏油品大部分位于管道右侧，原油泄漏量约为 1200 桶。Enbridge 公司在威斯康星州的石油管道是芝加哥地区的炼油厂为加拿大提供约 1200 万桶原油的主要输送管道。14 号线管道管径为 24in，1998 年安装，日输量为 317600 桶，主要向芝加哥地区的炼油厂输送轻质原油。Enbridge 对此次事故负有全责，并将对发生事故的管段进行换管。

2013 年 3 月 29 日，美国埃克森美孚的一条输油管道在美国阿肯色州五月花镇发生漏油事故，发生漏油事故的管道名为飞马(Pegasus)，管道直径约为 20in，每天可输送 9.6 万桶原油。管道起点位于伊利诺伊州帕托卡，终点是德克萨斯州尼德兰。

2015 年 1 月 5 日，美国蒙大拿州的一条石油管道发生泄漏事故，导致 5×10^4gal 原油流入黄石河。该管道是布里杰管道有限责任公司所属的管道，事发后，布里杰公司关闭了该石油管道。本次事故泄漏的油带绵延长达 25 英里，总泄漏量约为 5×10^4gal。

2015 年 7 月 15 日，加拿大尼克森(Nexen)公司在麦克默里堡南面的一条油砂输油管道发生泄漏事故，溢出 500×10^4L 油砂液体，污染面积约为 1.6×10^4m^2。这是亚省 35 年来规模最大的一起输油管道泄漏事故，发生泄漏事故的输油管道在亚省东北部麦克默里堡南面长湖地区。输油管道从油砂矿区 Kinosis 到长湖长约 10~12km。油砂液体成分包括沥青、水和沙子。事故已造成部分野生动物如野鸭的死亡。发现泄漏后，尼克森公司立即关闭了这条线路，并报告了省能源监管机构。

2015 年 5 月 20 日，美国平原全美输油管道公司管理的加州沿海发生输油管破裂，约 2.1×10^4gal 石油外泄到大海中和海滩上。该输油管与圣巴巴拉附近的 101 号公路平行，漏油沿着瑞福吉欧州立海滩海岸线蔓延约 6.4km，并朝海的方向蔓延约 46m 入海。

1.2.2　检维修期间引起的事故

2007 年 11 月 28 日，加拿大能源公司 Enbridge 输往美国的石油管道在美国明尼苏达州的端口发生大火并爆炸，导致 3 名员工死亡。该事故迫使 Enbridge 公司关闭了大部分干线输油管道，导致加拿大向美国中西部炼油厂的原油供应中断，大火和爆炸导致美国原油库存量下降到 15.23 亿桶，是 2005 年 10 月以来的最低纪录，这令油价当天飙升超过 3 美元。事故的原因是：石油公司员工曾更换过一个管道的零件，当管道重新启动时，某个连接处松开，导致油喷进而着火。

2009 年 6 月 9 日，在北卡罗来纳州加纳市康尼格拉食品公司 Slim Jim™ 肉类加工厂发生的一起天然气爆炸事故中，有 6 名工人死亡，67 人受伤。爆炸事故是在有工人在场并存在(点)火源的情况下，因计划内作业活动导致易燃天然气大量泄漏而造成的。

2010 年 2 月 7 日，在康涅狄克州米德尔顿 Kleen Energy 能源公司一座在建电厂发生的一起天然气爆炸事故中，有6人死亡，50人受伤。爆炸事故是在吹管清扫过程中发生的。

2015年1月15日，尼克森能源公司(Nexen Energy)亚省北部油砂区麦克莫里堡的长湖天然气压缩工厂发生爆炸事故，1人在事故中丧生，1人严重烧伤达到90%。

1.2.3 第三方施工引起的事故

2010年6月7日，得克萨斯州中北部的约翰逊县发生一起类似爆炸事故，造成3人死亡，至少10人失踪。当时工人正用挖掘机挖洞，准备安装一根电线杆。爆炸是由挖掘机挖到天然气管道引起的。

2010年6月8日，得克萨斯州北部靠近俄克拉何马州边界的利普斯科姆县的一个小镇发生一起天然气管道爆炸事故，导致2人死亡，3人受伤。这是得克萨斯州过去两天内发生的第三起天然气管道爆炸事故。一家污垢处理公司的工人在用推土机从一个土坑挖土时，意外碰到天然气管道，引起爆炸。

2010年9月9日，加州旧金山国际机场圣布鲁诺镇附近发生天然气管道爆炸事件，并引发大火。事故原因是一辆正在施工的挖掘机挖断了这条天然气管道，引发爆炸，大火旋即蔓延至一旁的居民区，爆炸引发的大火持续燃烧超过12h，直到10日晚消防人员才将其扑灭。此次事件共造成7人丧生，当地近40栋房屋被烧毁。这场惨剧不仅给当地居民带来了灾难，也给美国天然气工业以及奥巴马政府带来了一系列的麻烦。

美国所有地下天然气管道全长将近48万公里，其中超过60%管道埋设于20世纪50~60年代，而且大多数没有包上如今常用的防腐蚀“外套”，面临因老化引起爆炸或泄漏的危险。由于政府将检查和维修的责任下派给管道公司，而管道公司又不愿支出过多费用，因此导致很多管道年久失修。

1.2.4 地质灾害环境引起的事故

2011年1月8日，Alyeska管道公司在发现其运营的阿拉斯加一输油管道泄漏后，被迫将该管道关闭。这一输油管道负责将石油从普拉德霍湾运输至阿拉斯加南部瓦尔迪兹港，全长1280km，运油量占全美石油总产量的12%。Alyeska管道施工开始于1975年，1977年6月20日投产。

管道泄漏处位于临近1号泵站的一段包裹混凝土的管道上，1号站是这条1280km管道的首个泵站。由于在输油管外包裹了一层混凝土，未发现有石油渗透，泄漏不会对环境造成影响。事故发生后石油开采商将日平均开采量减产至原来的5%，但阿拉斯加南部瓦尔迪兹港口尚未受到影响，油轮仍按照预期装载石油正常进出港。

Alyeska管道是一个成功设计和运行的针对各种复杂冻土环境的管道工程项目，涵盖了极地环境、三大山系、诸多河流和重大活动断裂区。然而，每次Alyeska管道或相关的油气设施有一点点问题，都会成为媒体关注的焦点，例如1989年瓦尔迪兹港(Valdez)油轮泄漏、2001年的枪击事件和2006年的普拉德霍湾(Prudhoe Bay)油田地区因多年电化学腐蚀而导致的油田集输管道泄漏和长时间关停。但环境问题需要周密考虑，需制定前瞻性和针对性的突发性事件应急对策、方案和进行技术研发、积累。由于冻土地带的管道与常温下的管道所处环境有很大差异，具有较强的特殊性，更应考虑低温、冻土冻胀融沉等多种因素的影响。

1.2.5　应力腐蚀开裂引起的事故

2002年4月14日23时，TransCanada的100-3线由于应力腐蚀开裂而发生泄漏事故，泄漏点位于MLV31-3+5.539km，距离最近的村庄2km。管道内的天然气泄漏后被点燃，现场发生了爆炸事故。事故发生后，泄漏点上、下游的阀门由于低压自动关闭后，火势在4月15日自行熄灭。为了确保安全，事故发生地周围4km内约有100人被紧急疏散。该泄漏事故是由于管道运行压力超过裂纹的破裂压力，使得裂纹沿轴向扩展并形成塑性开裂贯穿管壁而造成的。在本次事故发生前，TransCanada曾在泄漏点附近发现应力腐蚀裂纹，如果当时公司能够使用新一代专门用来检测管壁裂纹的检测器对管道进行检测，此次事故即可避免。

2009年9月12日12时06分，TransCanada的控制中心接到Englehart消防部门的通知，公司管辖的100-2线在安大略省斯瓦斯蒂卡市附近的107#压气站的南部发生了火灾爆炸事故。发生事故时，管线正在输送富气，气体发生泄漏后被点燃，进而引起了爆炸，爆炸使得管道破裂成两段，其中一段被抛到距离事故点150m在地面形成了一个大坑，并未发生人员伤亡。该泄漏事故是在正常操作压力的作用下，纵向焊缝处的裂纹扩展在管体产生永久性局部屈服形变，最终导致管道破裂而造成的。失效管段的纵向焊缝焊趾处的应力腐蚀裂纹分布扩展相对均匀一致，这说明此处管段的应力腐蚀裂纹已经存在了一段时间。

2009年9月26日11时04分，TransCanada公司管理的100-1线接近安大略省马丁市的管线泄漏。11时51分，MLV112-1由于低压自动关闭，中控室得知管线发生泄漏事故。事故发生时，管输的天然气泄漏气体并未引燃，泄漏点由于爆炸形成了巨大的坑，管道碎片散落在事故点周围，没有人员伤亡。该破裂事故是由于管体本身在制管过程中存在硬点，运行过程中受到管内气体压力在管壁产生的拉伸应力以及管体附近存在氢离子的氢致开裂作用而引起管道破裂造成的。引发事故的硬点出现在外涂层敷涂之前，是在制管过程中形成的。依据试验结果可知，硬点是在钢板轧制过程中由于局部冷却而形成的。

2011年2月19日13时23分，TransCanada的天然气控制中心接到紧急预警的通知，安大略省比尔德莫尔市的100-2线发生爆炸，并引发了火灾事故。该管线输送含有CO_2的天然气，管径为914mm，壁厚为9.13mm，是1972年铺设的管道。事故发生时，TransCanada的天然气管道正在输送富气，管道破裂处泄漏的气体被点燃后造成了爆炸，爆炸使管道碎成三段，并在地面上形成了巨大的凹坑，管道碎片和部分碎石被抛到距离事故地点100-1附近的地方，未发生人员伤亡。该泄漏事故主要是由于管道表面的应力腐蚀裂纹降低了管材的承载能力，使管道在正常运行压力条件下发生了永久性局部变形，最终导致管道破裂而造成的。管道表面上均匀分布的应力腐蚀裂纹表明管道上的应力腐蚀裂纹已经存在了一段时间。本次事故的起因是在管道建设时外涂层存在缺陷，随着时间的推移，外涂层的缺陷最终导致管道涂层剥离，形成了阴极屏蔽。由于阴极屏蔽，使得管道在建成后便形成了应力腐蚀裂纹，裂纹形成后逐渐扩展，受到管道运行过程中内部压力的影响，其扩展速度加快，最终导致断裂产生。

1.2.6 正在调查中的事故

2016 年 4 月 5 日，加拿大石油管道企业 TransCanada 在南达科他州发生了 16800gal 石油泄漏事故。事故发生后，关闭了日输油量 59 万桶的 Keystone 输油管。Keystone 原油管道主要是从亚伯达省 Hardisty 向俄克拉荷马州库欣和伊利诺斯州输送原油，事后进行了两个月的清理。

2016 年 7 月 21 日，加拿大萨斯喀彻温省发生石油管道泄漏，此次泄漏的石油管道属于赫斯基能源公司(Husky Energy Inc.)，约$(20\sim25)\times10^4$L 石油流入河中，流出的石油污染了境内主要河流北萨斯喀彻温河，导致拥有 3.5 万人口的艾伯特王子城最先受到影响，引起供水暂时中断。

2017 年 1 月 26 日，加拿大喀彻温省的土著人保留地内的 Tundra Energy 公司管道发生了石油泄漏事故，泄漏了 20×10^4L 的石油。该石油管道已被修复，已有 17×10^4L 石油被回收。

2017 年 11 月 17 日，加拿大石油管道企业 TransCanada 所属石油管道 Keystone 发生泄漏。事故地点位于南达科他州马歇尔县阿默斯特镇附近，大约泄漏 21×10^4gal 原油。Keystone 管道北起加拿大艾伯塔省，原油经美国伊利诺伊州、俄克拉荷马州炼油厂炼化，向南、北达科他州东部地区、内布拉斯加州、堪萨斯州和密苏里州、得克萨斯州输送石油，管道系统全长约 4200km，日输送量达 2300×10^4gal。泄漏的原油已经浮至地面草丛中，需花费数日挖开管道，查看地下水是否被污染。2019 年 2 月，该条管道在美国密苏里州发生原油泄漏事件，泄漏量为 43 桶原油。据统计该管线 2010~2017 年间，共发生三次大的泄漏，管道泄漏的频率和数量超过了该公司在运营前提交给美国监管机构的风险评估结果。

1.2.7 事故分析

总结 2009~2018 年发生在美国和加拿大的 26 起管道重大泄漏、污染、爆炸事故。其中 3 起是由于管道第三方施工引起的事故(11%)，4 起是由于检维修作业过程中误操作引起的事故(15%)，1 起是由于管道地质冻土环境位移引起的事故(4.7%)，4 起是由于材料环境断裂或应力腐蚀开裂引起的泄漏事故(15%)，10 起是由于管道腐蚀因素和机械损伤引起的液体管道泄漏事故(45.3%)，正在调查的事故有 4 起(15%)。

这说明北美管道腐蚀(主要是老管道多)、应力腐蚀开裂、第三方破坏、误操作是引起管道事故的主要原因。

基于上述管道原因，急需适用、有效的风险评价手段和方法，对腐蚀及第三方施工、应力腐蚀环境断裂区域、事故高发区的管道进行有效的风险评价和风险管理。

1.3 国内外事故统计分析

世界各国油气管道发生事故的原因如表 1-1、表 1-2 和图 1-1 所示，第三方损伤、材料和施工缺陷、误操作、腐蚀是管道事故的主要原因，腐蚀控制需要进一步强化，材料和施工缺陷需要有效控制，第三方损伤管控要求对管道沿线公众持续不断地开展宣传教育，开挖管理亟待规范。

表 1-1　美国 1993~2013 年油气管道事故率及其原因比较

<table>
<tr><td colspan="2">事故原因所占比例</td><td colspan="2">美国输气管道</td><td colspan="2">美国液体管道</td></tr>
<tr><td colspan="2">第三方损伤/%</td><td colspan="2">20.0</td><td colspan="2">16.5</td></tr>
<tr><td colspan="2">腐蚀/%</td><td colspan="2">18.0</td><td colspan="2">24.2</td></tr>
<tr><td colspan="2">材料/焊缝/设备失效/%</td><td colspan="2">28.5</td><td colspan="2">27.3</td></tr>
<tr><td rowspan="4">地基移动/误操作/其他原因</td><td>自然力破坏/%</td><td>8.0</td><td rowspan="4">33.5</td><td>4.7</td><td rowspan="4">32</td></tr>
<tr><td>其他外力破坏/%</td><td>5.4</td><td>1.9</td></tr>
<tr><td>误操作/%</td><td>3.4</td><td>8.5</td></tr>
<tr><td>其他原因/%</td><td>16.7</td><td>16.9</td></tr>
</table>

注：表中数据来自美国天然气学会(AGA)的统计(1993~2013 年)。

表 1-2　1969~2003 年四川输气管道事故统计

<table>
<tr><td colspan="2">事 故 原 因</td><td colspan="2">所占比例/%</td></tr>
<tr><td rowspan="2">腐蚀</td><td>内腐蚀(H_2S 影响)</td><td colspan="2" rowspan="2">39.5</td></tr>
<tr><td>外腐蚀</td></tr>
<tr><td rowspan="2">材料与施工缺陷</td><td>施工缺陷</td><td>22.7</td><td rowspan="2">33.6</td></tr>
<tr><td>材料缺陷</td><td>10.9</td></tr>
<tr><td colspan="2">第三方损伤</td><td colspan="2">15.8</td></tr>
<tr><td rowspan="2">地基移动/误操作/其他原因</td><td>山体滑坡、崩塌、洪水等</td><td>5.6</td><td rowspan="2">11.1</td></tr>
<tr><td>其他原因</td><td>5.5</td></tr>
<tr><td colspan="2">合计</td><td colspan="2">100</td></tr>
</table>

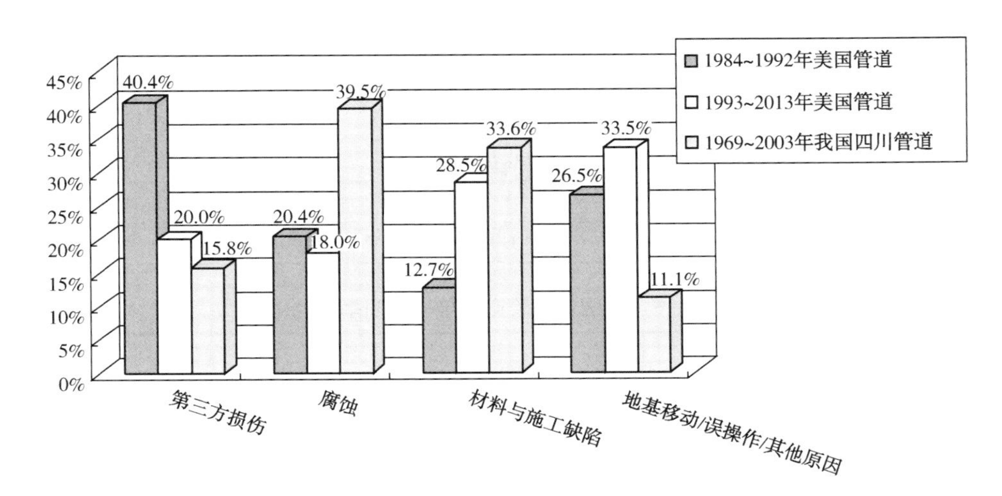

图 1-1　油气管道失效原因比较

如图 1-1 所示，比较美国管道 1984~1992 年和 1993~2013 年的情况：第三方损伤逐渐降低，由 40.4%降低到 20.0%，这与美国实施 one call 系统有直接关系，近 20 年来重点开展地下管网交叉设施管理，规范开挖，防止第三方损伤；腐蚀损伤所占比重基本持平，在美国管道设备设施大幅增加的基础上，基本稳中有降，趋势良好；材料与施工缺陷失效事故逐年增加，这与目前大口径、高压力高钢级管材的应用有很多不确定性的危害有关，另外工程建设规模逐渐加大，材料制造和安装问题也日渐突出；地基移动、误操作、其他原因等失效事件有上升趋势，这可能与灾害性天气增加等有关。我国四川管道1969~2003年间，主要是腐蚀和材料施工缺陷占比较大，反映了当时管材应用和H_2S高含硫气田的开发而引起的应力腐蚀、管内电化学腐蚀增加，以及管材施工技术在当时的环境下低水平的状况。

世界管道近年来失效频率的统计如表1-3、表1-4、表1-5所示，其中美国近20年来的事故损失和死亡统计如表1-6、表1-7、表1-8所示(表中数据均来自美国管道与危险材料安全管理局网站)。从表中可以看出，液体管道的失效频率较气体管道要大得多，同时事故后果和损失较大。从表中可得出，近几年各国管道失效频率依然波动较大，完整性管理形势依然严峻，仍然处于管道管理的严格监管阶段。

表1-3 各国天然气管道近年失效频率统计 次/千公里

年份 / 国家	2010	2011	2012	2013
欧洲	0.16	—	—	—
英国	—	—	—	—
美国	0.12	0.15	0.10	0.12
加拿大	0.8	0.9	0.9	—
中国	0.22	0.13	0.12	0.31

表1-4 各国液体管道近年失效频率统计 次/千公里

年份 / 国家	2010	2011	2012	2013
欧洲	—	—	—	—
英国	—	—	—	—
美国	0.43	0.52	0.54	0.55
加拿大	1.0	1.2	1，0	—
中国	0.31	1.13	1.41	1.02

表1-5 各国油气管道近年失效频率统计 次/千公里

年份 / 国家	2010	2011	2012	2013
欧洲	—	—	—	—
英国	0.15	—	—	—
美国	0.21	0.25	0.22	0.24
加拿大	—	—	—	—
中国	0.26	0.53	0.62	0.58

表 1-6　美国管道严重事故统计(1998~2017 年)

年份	事故数量	死亡	受伤
1998	70	21	81
1999	66	22	108
2000	62	38	81
2001	40	7	61
2002	36	12	49
2003	61	12	71
2004	44	23	56
2005	38	16	46
2006	32	19	34
2007	42	15	46
2008	36	8	54
2009	46	13	62
2010	34	19	103
2011	31	11	50
2012	28	10	54
2013	24	8	42
2014	27	19	94
2015	28	10	51
2016	37	16	85
2017	26	8	39
合计	808	307	1267

表 1-7　美国长输天然气管道严重事故统计(1998~2017 年)

年份	事故数量	致死	受伤
1998	11	1	11
1999	5	2	8
2000	7	15	16
2001	4	2	5
2002	4	1	4
2003	8	1	8
2004	2	0	2
2005	5	0	5
2006	6	3	3
2007	8	2	7
2008	5	0	5

续表

年份	事故数量	致死	受伤
2009	6	0	11
2010	6	10	61
2011	1	0	1
2012	3	0	7
2013	1	0	2
2014	2	1	1
2015	3	6	16
2016	4	3	3
2017	3	3	3
合计	94	50	179

表 1-8　美国液体管道严重事故统计(1998~2017 年)

年份	事故数量	死亡	受伤	损失桶数	净损失桶数
1998	5	2	6	11117	11097
1999	9	4	20	54456	52796
2000	3	1	4	10981	10981
2001	6	0	10	16114	16114
2002	1	1	0	0	0
2003	2	0	5	0	0
2004	3	5	16	860	860
2005	4	2	2	4048	3518
2006	1	0	2	4513	4513
2007	5	4	10	12176	11961
2008	3	2	2	6755	5755
2009	3	4	4	364	364
2010	3	1	3	3105	3105
2011	1	0	1	0	0
2012	2	3	4	1500	1245
2013	4	1	6	23703	23702
2014	—	—	—	—	—
2015	1	1	0	976	976
2016	3	3	9	7032	5968
2017	1	1	1	13465	13465
合计	60	35	105	171164	166419

截至2018年底，我国油气长输管道总里程累计达到13.6万公里，其中天然气管道约7.9万公里，原油管道约2.9万公里，成品油管道约2.8公里。管道用钢已经从原来的X52一直发展到X60、X70、X80、X90，技术不断进步，管道建设水平和技术已处于世界前列。特别是四大能源通道的建设，引进俄罗斯远东石油管道-漠河-大庆管道、中亚哈萨克斯坦-阿拉山口到独山子原油管道两条跨国大口径管道，中亚天然气土库曼斯坦、哈萨克斯坦A/B/C线输气管道、中缅油气管道、海上LNG通道等四大国家能源安全工程。国内建设完成了西气东输塔里木-上海一线、二线，正在建设西三线；完成了陕京一线、二线、三线，正在建设陕京四线；完成了陕京系统与西气东输系统的三条联络线，完成了兰成渝、西部管道新疆-兰州双线输油管道，完成了北京-沈阳-大连的管道、泰青威管道、兰成原油管道、中贵天然气管道等多条油气支干线管道。“十三五”期间中国油气企业拟新建管道10万公里，包括中俄天然气管道国内段、西气东输四线等多条管道，中石化建设的新疆-广东-浙江煤制气管道，同时中海油、中石化还要建成大量的海底管线和LNG接收站和油气管线，管道的数量在不断地增加，其管理的难度也在不断地增加。

从我国管道的结构来看，东北管网、川渝管网已运行四十年左右，事故频率大幅增加，管道沿线工业发达、人口密集，管理难度增加。近年来，全国新建管道比例也逐年增加，按照浴盆曲线，在建设投产期和设计寿命期均是事故高发阶段，需要不断采取非常手段、非常措施进行管理。2014年6月30日大连市的新大线输油管道发生了由于第三方施工引起的管道泄漏事故，暴露了管道安全管理中的薄弱环节。2014年7月31日发生在台湾高雄的气爆事故，也是在特定的人口稠密区，因管道管理不善，泄漏穿孔导致油气积聚，在密闭空间发生爆炸，引起多人伤亡。2013年11月22日发生在青岛的输油管道泄漏爆炸事故，同样是处于经济技术开发区，因长期缺乏有效的管道完整性管理的措施和方法，事故教训深刻，后果严重。

我国的海底管道现有6000多公里，油气介质通过海底管道输送，很多是未经处理的湿气，腐蚀性较强，油气水多相流并存，其安全可靠性非常重要，直接威胁海洋生态安全，如平湖管线投产后已因材质问题发生了泄漏事故，因此需要采取科学有效的技术方法进行管控。

就目前来看，油气管道承担的各项任务是艰巨的，其重要性在于：其一，油气管道需要安全高效地为京津地区、长江三角洲、珠江三角洲等全国大中城市能源供应服务，提供优质的清洁能源，社会责任十分突出，必须最大限度地保障上述地区的经济和社会稳定；其二，用户的用气量以及其他清洁能源的使用量大幅增加，管道及设施满负荷运行，增加了技术与管理的难度；其三，全球技术竞争日益激烈，必须不断创新，以保持我国管道先进的管理水平。

油气管道在国民经济中占有十分重要的地位，在役管线的安全管理与经济发展的矛盾十分突出，随着科技的不断发展，管道完整性管理已经成为全球管道技术发展的重要内容，我国在这方面起步较晚，与西方国家的差距还很大，如何建立自身的管道完整性管理体系，确保管道运营安全是当前面临的一项艰巨任务。

在当前经济高速发展、前期管道路由规划不尽合理、工程建设缺乏统一管控的前提下，社会上普遍对地下基础设施重视度不够，存在各种地下设施与管道交叉并行间距不够、占压严重等问题，这给管道管理带来了新的课题，管道安全问题也已成为社会公共安全问题，特别是目前大口径、高压、高钢级管线钢的应用，如果管道一旦发生爆炸事故，将给人民的生命和财产安全造成重大损失，我们必须寻求于国际管道管理的先进经验，结合中国的国情，消化吸收国外先进的技术与管理手段。本书的目的在于阐述管道风险管理和评价技术的理论和方法，重点在于介绍如何应用技术，并介绍了国外先进管道企业的最佳实践，为提升我国管道完整性管理水平起到抛砖引玉的作用。

第 2 章　风险的理念与认识

2.1　概　　述

风险存在的前提是有危险。危险可以定义为“可产生潜在损失的特征或一组特征”，危险转变成为现实的概率的大小及损失严重程度的综合称为风险。

风险由两部分组成，第一部分是这一危险事件出现的概率，第二部分是一旦出现危险其损失的大小，这两部分评判度指数的乘积即为风险系数。

可以科学地通过调查研究及理论分析，用统一的办法确定这两部分的指数，并据此评判某一项工程或事件风险的相对大小。

例如两条管道，一条输油、一条输气，如按照同样的规范要求去设计、选材、制管、施工，且通过的线路也是相同的，则出现事故的概率应大致相同。但是一旦出现事故，输气管道产生的后果会比输油管道更为严重，故输气管道的风险大于输油管道。

对于管道工程，通常遵循“等风险”的原则。由于输气管道事故产生的后果严重，即评定后果的指数高，因此为了保持“等风险”，必须在设计、选材、制管以及施工等方面对输气管道提出更高的要求，以使事故出现的概率降低，从而与输油管道保持等风险。应当特别指出，过去常把风险单纯理解为出现事故的概率，这是不对的。风险不是一成不变的，通常随着时间的推移而改变。图 2-1 显示了失效概率与时间的关系。

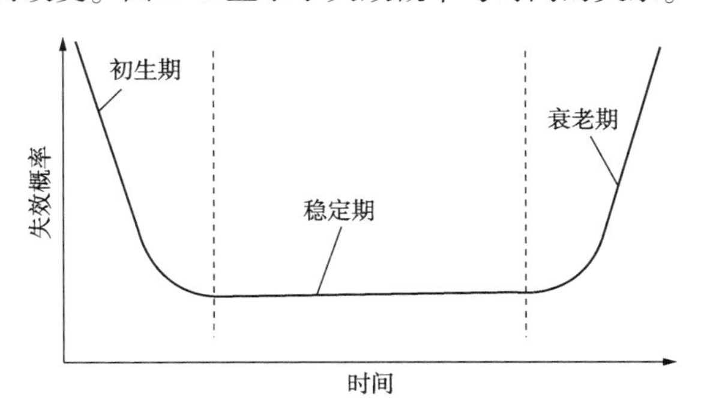

图 2-1　失效概率与时间关系图

由图 2-1 可知，早期事故率较高，中间一段为稳定期，最后为衰老期。就管道而言，早期一般在半年以内；中期可维持 15~20 年，与施工质量及与防腐涂层的选择有关。

危险是无法改变的，而风险却在很大程度上随着人们的意志而改变，亦即按照人们的意志可以改变事故发生的概率和(或)一旦出现事故后，由于改进防范措施从而改变损失的程度。往往认为风险越小越好，这是错误的，因为减少风险是以资金的投入作为代价的。通常的做法是把风险限定在一个可接受的水平上，然后研究影响风险的各种因素，再经过优化，找出最佳的投资方案。

一条管道一旦出现事故可能会发生爆炸、服务中断以及环境污染等灾害。这种“潜在损失的特征”也是人力无法改变的，但是我们可以通过正确选材、严格制管要求、精心施工、增加泄漏检查的频度等一系列措施，使风险维持在一个合理的水平上。

2.2 风险评价的产生、发展及现状

2.2.1 国内外管道风险评价发展概况

20 世纪 30 年代，保险公司为客户承担各种风险，必然要收取一定的费用，而收取费用的多少是由所承担风险的大小决定的。因此，就产生了一个衡量风险程度的问题，这个衡量风险程度的过程就是当时美国保险协会所从事的风险评价。

20 世纪 60 年代，由于制造业向规模化、集约化方向发展，系统安全理论应运而生，逐渐形成了安全系统工程的理论和方法。首先是在军事领域，1962 年 4 月美国公布了第一个有关系统安全的说明书——“空军弹道导弹系统安全工程”，对与民兵式导弹计划有关的承包商从系统安全的角度提出了要求，这是系统安全理论首次在实际中应用。1969 年，美国国防部批准颁布了最具有代表性的系统安全军事标准——《系统安全大纲要点》(MIL-STD-882)，对实现系统安全的目标、计划和手段，包括设计、措施和评价，提出了具体要求和程序。该标准于 1977 年修订为 MIL-STD-882A，1984 年又修订为 MIL-STD-882B。该标准对系统整个寿命周期内的安全要求、安全工作项目作了具体规定。我国于 1990 年 10 月由国防科学技术工业委员会批准发布了类似美国军用标准 MIL-STD-882B 的军用标准《系统安全性通用大纲》(GJB 900—1990)。MIL-STD-882 系统安全标准从开始实施，就对世界安全和防火领域产生了巨大影响，迅速被日本、英国和欧洲等国家引进使用。此后，系统安全理论陆续推广到航空、航天、核工业、石油、化工等领域，并不断发展、完善，成为现代安全系统工程的一种新的理论和方法体系，在当今安全科学中占有非常重要的地位。

1964 年，美国道(DOW)化学公司根据化工生产的特点，开发出“火灾、爆炸危险指数评价法”，用于对化工生产装置进行风险评价。该法已修订 6 次，1993 年已发展到第七版。它是以工艺单元重要危险物质在标准状态下的火灾、爆炸或释放出危险性潜在能量大小为基础，同时考虑工艺过程的危险性，计算工艺单元火灾爆炸危险指数(F&EI)，确定危险等级，并确定安全对策措施，使危险降低到人们可以接受的程度。由于该评价方法日趋科学、合理、切合实际，在世界工业界得到了一定程度的应用，促使各国对其开展广泛研究探讨，从而推动了评价方法的发展。1974 年，英国帝国化学公司(ICI)蒙德(Monde)部在道化学公司评价方法的基础上，引进了毒性概念，并发展了某些补偿系数，提出了“蒙德火灾、爆炸、毒性指标评价法”。1974 年，美国原子能委员会在没有核电站事故先例的情况下，应用安全系统工程分析方法，提出了著名的《核电站风险报告》(WASH-1400)，并被后来核电站发生的事故所证实。1996 年，日本劳动省颁布了“化工厂六阶段安全评价法”。该法采用了一整套安全系统工程的综合分析和评价方法，使化工厂的安全性在规划、设计阶段就能得到充分的保障。随着风险评价技术的发展，风险评价已在现代风险管理中占有重要的地位。

由于风险评价在减少事故，特别是减少重大恶性事故方面取得了巨大效益，许多国家政府和生产经营单位投入了巨额资金进行风险评价。美国原子能委员会 1974 年发表的《核电站风险报告》，就用了 70 人・年的工作量，耗资 300 万美元，相当于建造一座 1000MW 核电站投资的 1%。据统计，美国各公司共雇佣了 300 名左右的风险专业评价和管理人员，美国、加拿大等国就有 50 余家专门从事风险评价的“安全评价咨询公司”，且业务繁忙。当前，大多数工业发达国家已将风险评价作为工厂设计和选址、系统设计、工艺过程、事故预防措施及制定应急计划的重要依据。近年来，为了适应风险评价的需要，世界各国开发了包括危害辨识、事故后果模型、事故频率分析、综合危险定量分析等内容的商用化风险评价计算机软件包。随着信息处理技术和事故预防技术的进步，新型实用的风险评价软件不断地推向市场。计算机风险评价软件的开发研究，为风险评价的应用研究开辟了更加广阔的空间。

20 世纪 70 年代以后，世界范围内发生了许多震惊世界的火灾、爆炸、有毒物质泄漏事故。例如：1974 年，英国夫利克斯保罗化工厂发生的环己烷蒸汽爆炸事故，导致 29 人死亡、109 人受伤，直接经济损失达 700 万美元；1975 年，荷兰国营矿业公司 0.1Mt 乙烯装置中的烃类气体逸出，发生蒸气爆炸，造成 14 人死亡、106 人受伤，大部分设备被毁坏；1978 年，西班牙巴塞罗那市和巴来西亚市之间的道路上，一辆满载丙烷的槽车，因充装过量发生爆炸，由于当时有 800 多人正在风景区度假，造成 150 人烧死、120 多人烧伤、100 多辆汽车和 14 幢建筑物烧毁的惨剧；1984 年，墨西哥城液化石油气供应中心站发生爆炸，事故中约有 490 人死亡、4000 多人受伤，另有 900 多人失踪，供应站内所有设施毁损殆尽；1988 年，英国北海石油平台因天然气压缩间发生大量泄漏而爆炸，在平台上工作的 230 余名工作人员只有 67 人幸免于难，使英国北海油田减产 12%；1984 年 12 月 3 日凌晨，印度博帕尔农药厂发生一起甲基异氰酸酯泄漏的恶性中毒事故，造成 20 余万人中毒、2500 多人中毒死亡的大惨案。我国近年也曾多次发生过火灾、爆炸、毒物泄漏等重大事故。恶性事故造成的严重人员伤亡和巨大财产损失，促使各国政府、议会立法或颁布规定，规定工程项目、技术开发项目都必须进行风险评价，并对安全设计提出明确的要求。日本《劳动安全卫生法》规定，由劳动基准监督署对建设项目实行事先审查和许可证制度；美国对重要工程项目的竣工、投产都要求进行风险评价；英国政府规定，凡未进行风险评价的新建生产经营单位不准开工；1982 年，欧共体颁布了《关于工业活动中重大危险源的指令》，欧共体成员国陆续制定了相应的法律；国际劳工组织（ILO），也先后公布了《重大事故控制指南》（1988 年）、《重大工业事故预防实用规程》（1990 年）和《工作中安全使用化学品实用规程》（1992 年），对风险评价提出了要求。2002 年，欧盟未来化学品白皮书中，明确提出将危险化学品的登记及风险评价作为政府强制性的指令。

20 世纪 80 年代初期，安全系统工程引入我国，受到许多大中型生产经营单位和行业管理部门的高度重视。通过吸收、消化国外安全检查表和风险评价方法，机械、冶金、化工、航空、航天等行业开始应用风险评价方法，如安全检查表（SCL）、事故树分析（FTA）、故障类型及影响分析（FMFA）、事件树分析（ETA）、预先危险性分析（PHA）、危险与可操作性研究（HAZOP）、作业条件危险性评价（LEC）等，有许多生产经营单位将安全检查表和事故树分析法应用到生产班组和操作岗位。此外，一些石油、化工等易燃易爆危险性较大的生产经营单位，应用道化学公司火灾、爆炸危险指数评价方法进行了风险评价，许多行业部门制定了安全检查表、风险评价标准以及风险可接受的标准。

为推动和促进风险评价方法在我国生产经营单位风险管理中的实践和应用，1986 年，原劳动部分别向有关科研单位下达了机械工厂危险程度分级、化工厂危险程度分级、冶金工厂危险程度分级等科研项目。

1987 年，原机械电子部首先提出了在机械行业内开展机械工厂风险评价，并于 1988 年 1 月 1 日颁布了第一部风险评价标准——《机械工厂安全性评价标准》，1997 年又对其进行了修订。该标准的颁布实施，标志着我国机械工业风险管理工作进入了一个新的阶段。该标准的修订版采用了国家最新的风险评价技术标准，覆盖面更宽，指导性和可操作性更强，计分更趋合理。机械工厂风险评价标准分为两部分：一是危险程度分级，通过对机械行业 1000 多家重点生产经营单位 30 余年事故统计分析结果，用 18 种设备(设施)及物品的拥有量来衡量生产经营单位固有的危险程度，并作为划分危险等级的基础；二是机械工厂风险评价，包括综合管理评价、危险性评价、作业环境评价 3 个方面，主要评价生产经营单位的风险管理绩效。该方法采用安全检查表、进行打分赋值予以评价。

由原化工部劳动保护研究所提出的化工厂危险程度分级方法，是在吸收道化学公司火灾、爆炸危险指数评价法的基础上，通过计算物质指数、物量指数和工艺参数、设备系数、厂房系数、安全系数、环境系数等，得到工厂的固有危险指数，进行固有危险性分级，用工厂安全管理的等级修正工厂固有危险等级后，得到工厂的实际危险等级。

《机械工厂安全性评价标准》已应用于我国 1000 多家生产经营单位，化工厂危险程度分级方法和冶金工厂危险程度分级方法等也在相关行业的几十家生产经营单位进行了实践。此外，我国有关部门还颁布了《石化生产经营单位安全性综合评价办法》《电子生产经营单位安全性评价标准》《航空航天工业工厂安全评价规程》《兵器工业机械工厂安全性评价方法和标准》《医药工业生产经营单位安全性评价通则》等。

1991 年，国家“八五”科技攻关课题中，安全评价方法的研究列为重点攻关项目。由原劳动部劳动保护科学研究所等单位完成的“易燃、易爆、有毒重大危险源辨识、评价技术研究”，将重大危险源评价分为固有危险性评价和现实危险性评价，后者是在前者的基础上考虑各种控制因素，反映了人对控制事故发生和事故后果扩大的主观能动作用。固有危险性评价主要反映物质的固有特性、危险物质生产过程的特点和危险单元内、外部环境状况，分为事故易发性评价和事故严重度评价。事故易发性取决于危害物质事故易发性与工艺过程危险性的耦合。易燃、易爆、有毒重大危险源辨识评价方法填补了我国跨行业重大危险源评价方法的空白，在事故严重度评价中建立了伤害模型库，采用了定量的计算方法，使我国风险评价方法的研究初步从定性评价进入定量评价阶段。

与此同时，在建设项目筹备阶段的风险评价工作随着建设项目“三同时”工作的开展而向纵深发展。1988 年，国内一些较早实施建设项目“三同时”的省、市，根据原劳动部〔1988〕48 号文的有关规定，在借鉴国外安全性分析、评价方法的基础上，开始了建设项目筹备阶段的风险评价实践。

经过几年的实践，在初步取得经验的基础上，1996 年 10 月，原劳动部颁发了第 3 号令，规定六类建设项目必须进行劳动安全卫生预评价。劳动安全卫生预评价是根据建设项目可行性研究报告的内容，运用科学的评价方法，分析和预测该建设项目可能存在的职业危险、有害因素的种类和危险、危害程度，提出合理可行的安全技术和管理对策，作为该建设项目初步设计中安全技术设计和安全管理、监察的主要依据。与之配套的规章、标准还有原劳动部第 10 号令、第 11 号令以及颁布的标准《建设项目(工程)劳动安全卫生预评价导则》(LD/T 106—1998)。这些法规和标准对进行预评价的时机、预评价承担单位的资质、预评价程序、预评价大纲和报告的主要内容等作了详细的规定，规范和促进了建设项目安全预评价工作的开展。

2002 年 6 月 20 日，中华人民共和国第 70 号主席令颁布了《中华人民共和国安全生产法》，规定生产经营单位的建设项目必须实施“三同时”，同时还规定矿山建设项目和用于生产、储存危险物品的建设项目应进行安全条件论证和风险评价。2002 年 1 月 9 日，中华人民共和国国务院令第 344 号发布了《危险化学品安全管理条例》，在规定了对危险化学品各环节管理和监督的同时，提出了“生产、储存、使用剧毒化学品的单位，应当对本单位的生产、储存装置每年进行一次安全评价；生产、储存、使用其他危险化学品的单位，应当对本单位的生产、储存装置每两年进行一次安全评价”的要求。《中华人民共和国安全生产法》和《危险化学品安全管理条例》的颁布，进一步推动了风险评价工作向更广、更深的方向发展。

国务院机构改革后，国家安全生产监督管理局要求继续做好建设项目安全预评价、安全验收评价、安全现状评价及专项安全评价工作。国家安全生产监督管理局陆续发布了《安全评价通则》及各类安全评价导则，对安全评价单位资质重新进行了审核登记，并通过安全评价人员培训班和专项安全评价培训班的形式，对全国安全评价从业人员进行培训和资格认定，使得安全评价从业人员素质大大提高，为安全评价工作提供了技术和质量保证。

尽管国内外已研究开发出数十种安全评价方法和商业化的安全评价软件包，但由于安全评价不仅涉及自然科学，还涉及管理学、逻辑学、心理学等社会科学，而且安全评价指标及其权值的选取与生产技术水平、安全管理水平、生产者和管理者的素质以及社会和文化背景等因素密切相关，因此每种评价方法都有一定的适用范围和限度。定性评价方法主要依靠经验判断，不同类型评价对象的评价结果没有可比性。美国道化学公司开发的火灾、爆炸危险指数评价法，主要适用于石油、化工生产经营单位生产、储存装置的火灾、爆炸危险性评价，该方法在指标选取和参数确定等方面还存在缺陷。概率风险评价方法以人机系统可靠性分析为基础，要求具备评价对象的元部件和子系统以及人的可靠性数据库和相关的事故后果伤害模型。定量风险评价方法，还需进一步研究各类事故后果模型、事故经济损失评价方法、事故对生态环境影响评价方法、人的行为风险评价方法以及不同行业可接受的风险标准等。

目前，国外现有的风险评价方法主要适用于评价危险装置或单元发生事故的可能性和事故后果的严重程度。国内研究开发的机械工厂安全性评价标准、化工厂危险程度分级、冶金工厂危险程度分级等方法，主要用于生产经营单位的风险评价。

2.2.2 国内外管道风险评价现状

管道的风险评价有其特殊性，与机械厂、化工厂等生产经营单位的风险评价工作既有联系，也有区别。风险评价方法引入到管道行业后，为管道的安全运行起到了重要作用，通过识别管道沿线的各种危害因素，计算各种事故发生的概率，评价各种事故所产生的后果，从而计算管道的风险。W. Kent Muhlbauer 在《管道风险管理手册》一书中对管道风险评价作了很好的总结。

目前，国外在管道风险评价方面做了大量的工作，已经有成型的商用风险评价软件，如加拿大 C-FER 公司研制的 PIRAMID 软件、挪威船级社（DNV）开发的 Orbitpipeline 软件，这些软件基本能做到对管道风险进行量化分析。加拿大最大的管道公司努发公司（NOVA）拥有管道 15600km，多数已运营近 40 年。该公司非常重视管道风险评价技术的研究，已开发出管道风险评价软件。该公司将所属管道分成 800 段，根据各段的尺寸、管材、设计施工资料、油气的物理化学特性、运行历史记录以及沿线的地形、地貌、环境等参数进行评价，对超出公司规定的风险允许值的管道加以整治，最终达到允许的风险值范围，保证管道系统的安全、经济运行。20 世纪 90 年代中期，该公司对其油气管道干线进行扩建，需要穿越爱得森地区 5 条大型河流，在选择最佳施工技术时遇到了困难。由于环境管理比过去更严格，传统选用最低费用的方法已经不再适用，需要一个权衡费用、风险和环境影响的决策方法。该公司在收集了线路、环境、施工单位等的最新资料和对不同河流穿越方法的局限性进行比较分析后，结合每一个穿越方案的不确定性和风险进行了分析，最终对各穿越方案 35 年净现值有影响的所有因素以及极端状态进行了量化评价后，作出了决策。

风险是事故发生概率与其后果的乘积，要达到对风险进行量化，就需要对事件发生的概率与后果进行量化，国外基于失效数据库可以做到对事故发生的概率进行比较准确的分析，通过利用一些分析模型进行模拟研究，可以做到对事故发生的后果进行比较准确的分析，因此其分析结果还是具有很高的可信度的。国内在风险评价的理论研究方面做了不少工作，但限于失效事故案例太少，没有统计数据作参考，所计算的风险值可信度低。国内在西气东输管道江苏段、陕京二线上与 Advantica 等公司合作做过一些管道风险评价工作。2005 年，中国石油管道分公司与 DNV 合作，对秦京线 5 段管段及 3 个输油站进行了定量风险评价，其结果对管道的管理具有指导意义；2007 年，中国石油管道公司与美国 ENE 工程公司合作，对港枣线大港首站进行了风险评价，对大港站输油实施的设计、施工和运行中可能存在的风险进行了分析评价；目前，中国石油管道公司正与法国船级社（BV）合作对兰成渝管道穿越康县县城段进行风险评价。总体来说，国内在管道风险评价方面实践少，还没有形成系统的失效数据库。

第 3 章　管道风险评价方法和软件

风险评价是根据安全性和经济性原则进行的，其分析方法的基本目标是提出和确定不确定性影响因素，为管道的管理和维护提供风险信息。对管道进行风险评价时首先要摸清管道发生事故的原因，设置适当的事故原因类别及其因素，采用科学的评价方法，使评价结果能够真实、合理地反映被评价管道的相对风险大小。

目前可以用来评价风险及危害程度的方法较多，总体来说，按照分析的准确程度及需求信息的难易程度可简单划分为三类：定性、定量、半定量。定性评价方法是最简单的方法，其受人员的主观性影响较大，评价结果准确与否很大程度上取决于专业技术人员的工作经验、风险因素分类的合理性等主观因素。定量评价方法排除了部分人为因素的干扰，其准确性取决于评价数据的完整性、建立的数学模型的准确性以及选取方法的合理性，但是其需求的基础数据较多，评价过程复杂，要求评价人员具有一定的专业技术水平。而半定量方法综合定量和定性方法的优缺点，以风险数量指标为基础，技术人员按照每一项指标对风险后果和产生的概率打分，再将分值进行组合计算，得出相对的风险指标。

目前，比较常用的评价方法有专家评价法、雷厄姆-金尼法(LEC)、指标体系评价法、蒙德法(MOND)等。

3.1　定性评价方法

定性风险评价(Qualitative Risk Assessment)是依靠评价人员的专业经验和判断能力，对生产系统的工艺、设备、管理等因素的情况进行分析，发现系统内存在的事故危险和诱发事故的各种因素，并根据这些因素的重要程度采取预防控制措施。这类方法的特点是简便、易操作，不必运用系统的数学模型或精确的评价方法，评价的总体过程直观明了，但是由于定性评价方法包含较多的经验成分，评价人员对于整个系统的把握具有一定的局限性，系统危险性有时不能充分体现。

定性评价法可以根据专家的意见提供高、中、低风险的相对等级，但危险性事故发生的频率和事故损失后果均不能量化。它不需要建立精确的数学模型和计算方法，而是在有经验的现场操作人员和专家意见的基础上进行打分评判的，评价的精确性取决于专家经验的全面性、划分影响因素的细致性、层次性以及权值分配的合理性。定性评价方法的主要特点是过程简单，容易理解和掌握，能够低成本、快速地得到答案，因而便于推广应用，但是其主观性较强，其结果容易受到参评人员的专业知识深度及经验多少的影响。

定性评价的代表性方法包括专案评价法、安全检查表法、故障模式及影响分析法、管道事故树分析法、预先危险性分析法、危险及可操作性分析法等。

3.1.1 专家评价法

专家评价法是指可利用管道公司的专家或顾问，结合从技术文献中获取的信息，对每种危险提出能说明事故可能性及后果的相对评价。管道公司可采用专家评价法分析每个管段，提出相对的可能性和后果评价结论，计算相对风险。

专家评价法的特点：

（1）以定性分析为主；

（2）所需数据最少，以专家经验为主；

（3）对管段事故发生频率和结果分别按高低次序排序或分级，最后综合起来对管段的风险进行排序；

（4）可对管段风险进行选筛、排序；

（5）通过专家讨论、打分、排序来实施。

3.1.2 安全检查表法(SCL)

安全检查表实际上就是实施安全检查和诊断的项目明细表，也就是说将整个被检系统分成若干分系统，对所要查明的问题，根据生产和工程经验、有关级别标准以及事故情况进行考虑和布置。把要检查的项目和具体要求列在表上，以备在检查和设计时按预定项目去检查，检查表的内容一般包括分类项目、检查内容及要求、检查以后处理意见、隐患整改日期等，每次检查后都应填写具体的检查情况，用“是”或“否”作回答，或者以“√”或“×”符号作标记，同时注明检查日期，并由检查人员和被检单位同时签字。

安全检查表法的特点：

（1）根据不同的单位、对象和具体要求编制相应的安全检查表，可以实现安全检查的标准化和规范化；

（2）使检查人员能够根据预定的目的去实施检查，避免遗漏和疏忽，以便发现和查明各种问题和隐患；

（3）依据安全检查表检查，是监督各项安全规章制度的实施、制止“三违”的有效方法，也是安全教育的一种手段；

（4）检查表是主管安全部门和检查人员履行安检职责的凭证，有利于落实安全生产责任制，便于分清责任；

（5）安全检查表能够带动广大干部职工认真遵守安全纪律，提高安全意识，掌握安全知识，形成全员管安全的局面。

3.1.3 故障模式及影响分析法(FMEA)

故障模式及影响分析法(FMEA)是指在设备维修管理中，通过对组成设备的各系统部件功能的分析，找出系统或部件潜在的故障模式，分析每种故障模式对设备的影响，评价出每种故障模式影响的严重程度，根据评价结果，制定相应管理措施和维修保养方式，从而尽可能地减少和消除故障的产生，减少设备的非正常停运，提高设备的可靠性和维修性。

故障模式及影响分析法在设备维护管理中是一种非常有效的工具。它是在对系统中固有的或潜在的可能性与后果进行科学分析的基础上，给出风险排序，找出薄弱环节。

故障模式及影响分析法的特点：

（1）可系统地了解设备的设计制造缺陷、构造功能和潜在的故障模式；

（2）可帮助企业管理者评价设备更新、审查设计、失效分析、制定员工培训计划；

（3）制定和实施合理的设备维修管理方案，提高设备的本质安全，从而避免设备的无计划停运。

3.1.4 故障类型、影响和致命度分析法(FMECA)

故障类型、影响和致命度分析法(FMECA)是一种对管道系统进行定性风险评价的重要方法。它采用系统分割的方法，将所要分析的系统根据需要分割成若干子系统，逐个分析子系统或元件产生的故障类型、原因及对整个管道系统安全运行带来的影响，随后根据各故障类型影响的程度划分故障类型等级，作风险率矩阵图，再将某一特定风险以事故率和严重度为纵、横坐标添入矩阵图，判断其风险等级。分级方法如表 3-1 所示，风险矩阵图如图 3-1 所示。

表 3-1 对风险事故概率和事故后果严重度的分级

事故概率级别	内 容
Ⅰ级	概率很低，事故发生的概率几乎为零
Ⅱ级	概率低，事故不易发生
Ⅲ级	概率中等，事故偶有发生，并预期将来有时会发生
Ⅳ级	概率高，事故一直有规律地发生，并预期将来也会有规律地发生
事故后果级别	内 容
Ⅰ级	可忽略，不会造成系统受损或人员受伤
Ⅱ级	临界性，可能造成系统轻微受损或人员轻伤
Ⅲ级	严重性，可能造成系统严重受损或人员严重伤害
Ⅳ级	致命性，可能造成系统完全丧失或人员伤亡

		失效后果			
		轻	重	很严重	灾难性
失效概率	经常	中	高	高	高
	偶尔	低	中	高	高
	不太可能	可忽略	低	中	高
	不可能	可忽略	可忽略	低	中

图 3-1 风险矩阵示意图

对于整个管线的风险评价结果还有一种典型的评价结果表示方式，那就是风险的直方图，如图 3-2 所示。

对于故障等级特别高的故障类型(可能造成人员伤亡和重大财产损失)，需要进一步进行致命度分析。所谓“致命度(C)”为表示故障类型对管道系统失效的影响程度，可用下式计算：

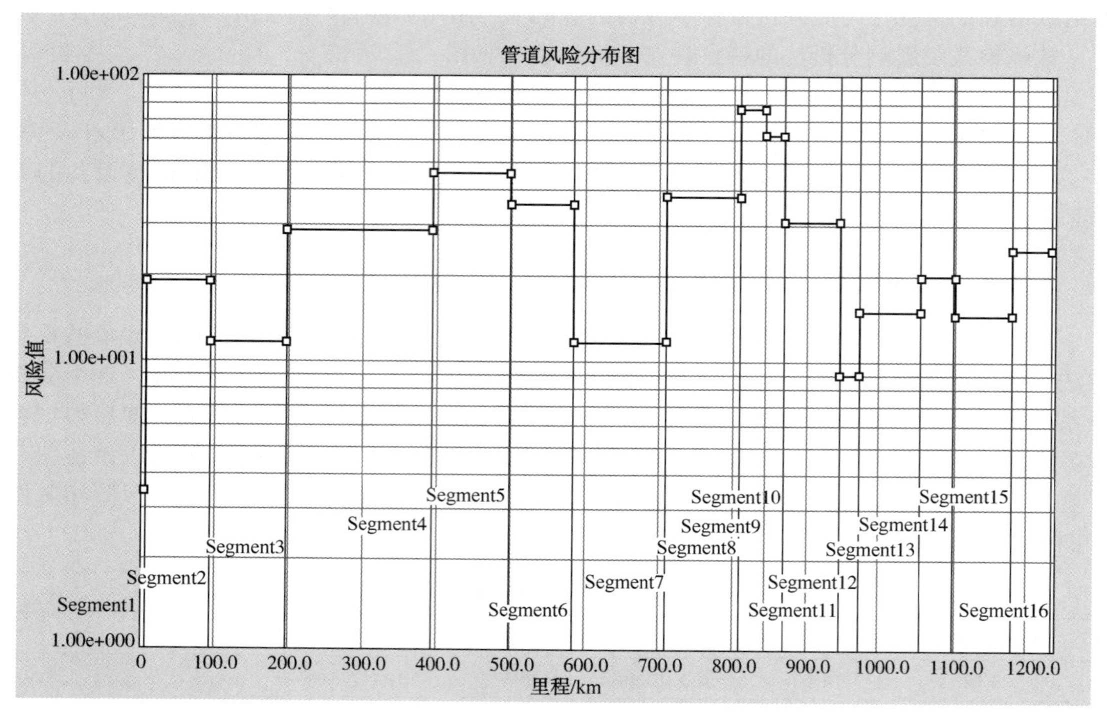

图 3-2 风险直方图

$$C = E \times P(\alpha + \beta) \tag{3-1}$$

式中：E 为故障对系统的影响，1～5 分，对应从小到大；P 为故障发生概率的影响，1～3分，对应从不常出现到频繁出现；α 为检测或查找故障的难易程度，1～3 分，对应从简单到极为困难；β 为采取对策或修复的难易程度，1～3 分，对应从简单到极为困难。

得出致命度的具体分数后，可按表 3-1 分级，然后填入图 3-1 的风险矩阵图中得到评价的结果，根据评价结果采取预防改进措施。致命度分析使 FMECA 带有了定量评价的色彩。

3.1.5 管道失效事故树分析法(FTA)

输送管道在运行过程中常常受到人为因素、腐蚀介质、应力和杂质的影响，致使管线发生失效，这直接影响着石油与天然气的正常生产和管线的使用寿命。通过现场调查表明，管道发生失效的主要形式为开裂和穿孔。由于引起管线发生失效的因素复杂，加之输送管道为埋地管线，更增加了失效分析的难度。利用事故树分析这一工程系统可靠性分析与评价的有效方法，对管道进行可靠性分析，以找出管线的主要失效形式与薄弱环节，进而在管线的运行和维护中采取相应的措施以提高管道的可靠性和使用寿命。该方法简明、灵活、直接，十分适用于管道的失效分析。

3.1.6 预先危险性分析法(PHA)

预先危险性分析法(Preliminary Hazard Analysis，PHA)是指在一项工程活动(包括设计、施工、生产、维修等)之前，对系统存在的各种危险因素、出现的条件以及导致事故的后果进行宏观的、概略的分析。运用这种方法进行危险性分析可以是粗略的，也可以是较为详细的。它的特点是在每一项活动之前进行分析，找出危险物质、不安全工艺路线和设备，以便从设计、工艺、设备上考虑采取安全防护措施，使危险因素不致发展为事故，取得防患于未然的效果。

预先危险性分析的特点在于在系统开发的初期就可以识别、控制危险因素，用最小的代价消除或减少系统中的危险因素，从而为制定整个系统寿命期间的安全操作规程提供依据。

预先危险性分析法具有以下主要优点：

（1）分析工作做在行动之前，可及早采取措施排除、降低或控制危害，避免由于考虑不周造成损失。

（2）通过对系统开发、初步设计、制造、安装、检修等分析结果，可以提供应遵循的注意事项和指导方针。

（3）分析结果可为制定标准、规范和技术文献提供必要的资料。

（4）根据分析结果可编制安全检查表以保证实施安全，并可作为安全教育的资料。

3.1.7　危险及可操作性分析法（HAZOP）

危险及可操作性分析法（HAZOP）是指由各专业人员组成的分析组对工艺过程的危险和操作性进行分析，即对新建或者已有的过程装置及工程本质进行正式的、系统的严格审查来评价单个装置的危险可能性和可能对整套装置造成的影响。

危险及可操作性分析的目的在于识别已有的高危险性装置的潜在危险，除去导致重大安全的问题，例如有毒物质泄漏、火灾和爆炸等。经过几十年的发展，危险及可操作性分析不仅能够识别危险，而且可以辨识操作问题，其应用范围已经扩大到其他领域，如医疗诊断系统、路况安全监测、可再生能源系统、可编程电子系统等。

危险及可操作性分析法在评价新建项目和在役装置的主要优势如下所述。

1. 新建项目

1）有利于提高装置设施的本质安全

设计单位专业多、人才齐，采取引导词的方法，根据工艺流程对项目开展全面的HAZOP分析，着眼于事前分析、预防，降低工艺风险，有助于提高装置设施的本质安全。

2）有利于发现问题及时解决

由于HAZOP分析基于多专业、多方面的人员参与，在项目的设计阶段就会同项目的设计、管理及操作人员对项目危险和可操作性进行分析，针对某一安全问题，可提出多方面的整改建议，从而得到更全面的分析并解决问题。

同时，由于HAZOP分析多在详细设计开始前进行，使设计人员有足够的时间来修改完善设计内容。设计阶段修改的是图纸上的几条线，而到了施工过程修改的可能就是安装好的设备设施。到装置投入运行后再发现问题不仅很难修改，而且有较大的安全风险，很有可能造成装置带着隐患运行，引发安全事故。因此，HAZOP的早期应用可以有效降低风险、消灭隐患。

3）有利于明确各方责任

通过HAZOP分析，设计人员与业主人员共同明确了所设计装置的安全薄弱环节。但对于某种程度的风险，如果因为种种原因，业主不能或不愿进一步增加安全设计措施，且该设计又不违反国家和行业相关设计标准，则业主有责任将相应的处理手段写进操作手册，重点监护相关工艺操作，防止事故发生。

2. 在役装置

1）有利于提高员工安全意识

通过对员工的培训及对生产工艺的危害及可操作性问题进行系统分析，掌握偏差发生的原因、后果以及现有的保护措施，使员工能更深入地了解系统中存在的危害、相关的控制措施以及企业为此制定的工艺操作规程，提升了员工的安全意识。

2）为隐患治理工作提供了依据

HAZOP 对在役装置识别出的危险进行风险评价，对风险较高或后果严重的风险提出降低风险的措施和建议，有利于企业了解风险分布。同时，为工艺过程安全管理及隐患治理提供了依据，有利于推动企业安全管理。

3.2 半定量评价方法

半定量风险评价(Semi-Quantitative Risk Assessment)是将事故发生概率和事故后果按照权重各自分配指标，采用数学方法将事故概率和事故后果的相应指标进行组合，从而得出相对风险。半定量评价法所需原始数据较少，评价成本较低，目前被公认是一种普遍实用的管道风险评价方法。

这类方法能够对结构复杂的系统以及难以用概率表述危险性的单元进行评价，评价指数值同时含有事故概率和事故后果两个方面的因素，避免了事故概率及其后果难以确定的困难。这类方法的缺点是不能充分重视系统安全保障体系的功能，也没有充分考虑危险物质和安全保障体系间的相互作用。这类评价方法有火灾、爆炸指数评价法及蒙德法、日本的六阶段安全评价法等。对于管道风险评价，最具有代表性的是肯特(KENT)法，该模型已在管道安全管理中得到广泛采用，许多管道风险评价软件的编制也是基于此方法的基本原理。

3.2.1 相对评价法

相对评价法依靠管道具体经验和较多的数据，以及针对历史上对管道运行造成影响的已知危险风险模型的研究。这种相对的或以数据为基础的方法所采用的模型，能识别与过去管道运行有关的重大危险和后果，并给以权重。由于是将风险结果与相同模型产生的结果相比较，所以把这种方法称之为相对风险法。该方法为完整性管理决策过程提供风险排序。这种模型利用运算法则，为重大危险及其后果分配权重值，并提供足够的数据对它们进行评价。与课题专家风险评价法相比，相对评价法比较复杂，要求更具体的管道系统数据。相对风险评价法、评价模型及所得的结果，应以文件形式写入完整性管理方案中。

相对评价法的特点：

（1）属于半定量分析方法；

（2）所需数据较少，以专家经验为主；

（3）对管段事故发生频率和结果分别按高低次序打分，分值代表了不同频率或后果发生的相对关系，最后综合起来得到管段相对的风险值；

（4）可对管段风险进行筛选、排序；

（5）通过专家打分，根据打分结果排序。

3.2.2 火灾、爆炸危险指数评价法

美国道化学公司开发的火灾、爆炸危险指数评价法，是以工艺单元中危险物质的危险性为基础，同时考虑工艺过程的危险性，计算工艺单元火灾、爆炸危险指数(F&EI)，据此确定单元发生火灾爆炸事故时所造成的有影响区域、最大可能财产损失及停产损失，确定危险等级，并确定安全对策措施，从而帮助技术人员确定减轻潜在事故损失的有效而经济的途径，使危险降低到人们可以接受的程度。

火灾、爆炸危险指数法的特点：

(1) 真实地量化潜在火灾、爆炸和反应性事故的预期损失；

(2) 确定可能引起事故发生或使事故扩大的装置；

(3) 向管理部门通报潜在的火灾、爆炸危险性；

(4) 了解各工艺部分可能造成的损失，确定减轻潜在事故的严重性和总损失的有效而又经济的途径。

火灾、爆炸危险指数评价计算程序：

(1) 确定单元；

(2) 求取单元内的物质系数 MF；

(3) 按单元的工艺条件，确定适当的危险系数，包括一般工艺危险系数和特殊工艺危险系数；

(4) 由一般工艺危险系数和特殊工艺危险系数相乘求出工艺单元危险系数；

(5) 将工艺单元危险系数与物质系数相乘，求出火灾、爆炸危险指数(F&EI)，火灾、爆炸危险指数与危险等级见表 3-2；

(6) 由火灾、爆炸危险指数查出单元的暴露区域半径，并计算暴露面积；

(7) 确定单元暴露区域内的所有设备更换价值及危害系数，求出基本最大可能财产损失(基本 MPPD)；

(8) 应用安全措施补偿系数乘以基本 MPPD，确定实际最大可能财产损失(实际 MPPD)；

(9) 根据实际最大可能财产损失，确定最大损失工作日(MPDO)；

(10) 由 MPDO 确定停产损失(BI)。

表 3-2 火灾、爆炸危险指数与危险等级

火灾、爆炸危险指数	危险程度
1~60	轻微
61~96	较轻
97~127	中等
128~158	重
>159	严重

3.2.3 蒙德法

1974 年英国帝国化学工业公司(ICI)蒙德部在现有装置及计划建设装置的危险性研究中，对道化学公司火灾、爆炸危险性指数评价法在必要的几方面作了重要改进和补充。

（1）可对较广范围的工程及设备进行研究；

（2）包括了具有爆炸性的化学物质的使用管理；

（3）根据对事故案例的研究，考虑了对危险度有相当影响的集中特殊工艺类型的危险性；

（4）采用了毒性的观点；

（5）为装置的良好设计管理、安全仪表控制系统发展了某些补偿系数，对处于安全项目水平下的装置，可进行单元设备现实的危险度评价。

其中最重要的有两个方面：一是引进了毒性的概念，将道化学公司的“火灾、爆炸危险指数”扩展到包括物质毒性在内的“火灾、爆炸、毒性指标”的初期评价，使表示装置潜在危险性的初期评价更加切合实际；二是发展了某些补偿系数(补偿系数小于1)，进行装置现实危险性水平再评价，即进行采取安全对策措施加以补偿后的最终评价，从而使评价较为恰当，也使预测定量化更具有实用意义。

3.2.4 KENT专家评分法

专家评分法是由1985年W. Kent Muhlbauer所提出的定性评价方法，该评分方法和其他方法相比至少具有以下的优点：

（1）到目前为止，该评分方法是各种方法中最完整、最系统的方法；

（2）容易掌握，便于推广；

（3）可由工程技术人员、管理人员、操作人员共同参与评分，从而集中多方面的意见。

专家评分法的基本步骤：

（1）找出发生事故的各种原因，并加以分类；

（2）根据历史记录和现场调查加以评分，对评分的方法有比较严格的规定，以便各种评分方法不会有太大的偏差；

（3）把以上的评分得数相加；

（4）根据输送介质的危险性及影响面的大小综合评定得出泄漏冲击指数；

（5）把第三步所得指数与第四步的泄漏冲击指数综合计算，最后得出相对风险数。

1. 管道风险评分框图

造成管道事故的原因大致分为四大类，即第三方破坏、腐蚀、设计和操作。这四者总分最高400分，每一种100分，指数总和在0~400分之间。

管道风险评分框图如图3-3所示。

其中第三方破坏因素的指数高低与最小埋深、地面上的活动状况、当地居民的素质等因素有关，总分在0~100分之间。

腐蚀原因要考虑腐蚀介质的腐蚀性、有无内保护层、阴极保护状况、防腐层状况、土壤的腐蚀性、保护涂层已使用的年限等因素，总分在0~100分之间。

设计原因要考虑到管道安全系数的大小、安全系统的状况、水击潜在的可能性大小、土壤移动的概率大小等诸多因素，其综合评分在0~100分之间。

操作原因包括设计、施工、运移和维护等方面的不正确操作。其中设计方面包括对危险认识不足、选材不当、安全系数考虑不周等因素；施工方面指环焊口质量不佳、回填状

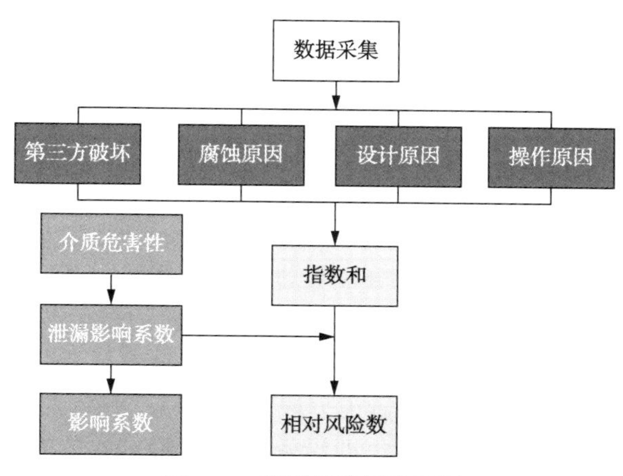

图 3-3 管道风险评分框图

况、防腐涂层施工状况以及检验状况等因素；运移方面要考虑 SCADA 通信系统故障、操作人员培训状况等；维护方面指定期维护的状况等。以上综合评分在 0~100 分之间。

泄漏影响系数主要由介质危害、泄漏量、扩散系数以及承受对象等方面决定。

介质危害性要考虑介质的毒性、易燃性、反应特性等，承受对象包括人口密度、环境因素、高后果区等方面。

2. 风险评分法的基本假设和说明

（1）独立性假设 影响风险的各因素是独立的，即每个因素独立影响风险的状态，总风险是各独立因素的总和。

（2）最坏状况假设 评价风险时要考虑到最坏的情况，如评价一段管道，该管道总长为 100km，其中 90km 埋深为 1.2m，另外的 10km 埋深为 0.8m，则应按照 0.8m 考虑。

（3）相对性假设 评价的分数只是一个相对的概念，如一条管道所评价的风险数与另外一条管道所评价的风险数相比，其分数较高，说明其安全性高于其他几条管道，即风险低于其他管道，而绝对风险是无法计算的。

（4）主观性 评分的方法和分数的界定虽然参考了国内外有关资料，但最终还是人为制定的，因而难免有主观性，建议更多的人参与制定规范，以便减少主观性。

（5）分数界定 在各项目中所界定的分数的最高值反映了该项目在风险评价中所占位置的重要性。

（6）一致性假设 为了保证整个管道系统各段风险评价结果具有可比性，在对各评分项进行“属性”和“预防措施”划分时要求保持一致性，也就是说若某一管段被列为“属性”的评分项，那么该条管道的其他段也应当列入“属性”类，同样“预防措施”也是如此。

3. 可变因素和非可变因素

影响风险的因素大致可以分为两类，即可变因素和非可变因素。其中可变因素是指通过人的努力可以改变的因素，如通过管道的智能检测器的频度、操作人员的培训状态、施工质量等；非可变因素是指通过人的努力也不可以改变的因素，如沿线土壤的性质、气候状况和人文状况等。

在可变与不可变两类因素中，有些是属于中间状态的，如管道的埋深，在对现役管道进行风险评价时，不可能把所有管道再加大埋深，为不可变因素；但对新管道，在建设前进行风险评价时，如资金投入有限，为减少第三方破坏，提高安全度加大埋深则是可行的，又属于可变因素。因此，对于具体问题应该具体分析可变因素和非可变因素。

4. 关于分段评价的原则

由于管道沿线所处的各种条件不同，整条管道各段的风险程度差异很大，需要进行分段评价。分段越细，评价越精确，但成本也随之增加，评价者在进行分段时，要综合考虑评价结果的精确度与数据采集的成本。分段数过少，虽然减少了数据采集的成本，但同时也降低了评价结果的精确度；分段数过多，提高了各管段的评价精度，但会导致数据采集、处理和维护等成本的增加。最佳的分段原则是在管道上有重要变化处插入分段点，一般应根据几类环境状况变化的优先级来确定管道分段的插入点，它们的顺序是沿管道人口密度、土壤状况、管道的防腐层状况、管龄，也即沿管道走向最重要的变化是人口密度，其次是土壤状况、防腐层状况和管龄。当根据上述优先级确定的管道分段数太多时，评价者可以通过削减优先级的数目(从最低的优先级依次向高的优先级削减)反复进行分段，直到得到满意的分段数为止。

关于管道第三方破坏因素的评定、腐蚀方面破坏因素的评定、设计方面破坏因素的评定、操作方面破坏因素的评定以及介质危害性的评定内容参见《管道风险管理手册》。

5. 相对风险数的计算与分析

相对风险数的计算如下：

$$相对风险数=\frac{指数和}{泄漏影响系数} \tag{3-2}$$

其中，指数和等于第三方破坏指数、腐蚀原因指数、设计原因指数和操作原因指数之和。

最坏(破坏概率最高的极端情况)和最好(破坏概率最低的极端情况)下四类指数的评分如表3-3所示。

表3-3　最坏和最好情况下四类指数的评分

指数类别	不同情况的评分值	
	最坏	最好
第三方破坏指数	0分	100分
腐蚀原因指数	0分	100分
设计原因指数	0分	100分
操作原因指数	0分	100分
指数和	0分	400分

表3-3中的腐蚀原因包括内腐蚀和外腐蚀，设计原因包括选材不当、疲劳破坏、水击破坏等，操作原因包括设计、施工、运移和维护等方面的不正确操作。

由表3-3可以看出，对于某一管段，由于第三方破坏原因、腐蚀原因、设计原因和操作原因而造成破坏的概率由高到低，即安全程度由低到高，其指数分值在0~100分之间。整条被评价管道破坏的概率由高到低，即安全程度由低到高，其指数分值在0~400分之间。

除了以上四类主要事故模式外，在某些特殊情况下，对某条管道而言，可能还要考虑其他一些重要的附加模式来提高评价结果的准确性。因此，在不过分增加评价费用的前提下，根据特殊管道的具体情况，可以适当地扩大基本风险模型，通过附加模型对其进行修正。附加模型包括管道泄漏史、第三方的蓄意破坏、操作人员精神紧张及人为错误、服务中断和环境风险等。

专家评分法的关键是风险因素权重的确定，不同的国家和不同的地域及环境条件，对管道的同一风险因素有着不同的权重。专家的水平也会较大地影响分析的准确性。专家的影响可通过对专家的权威性确定一个权重值来修正最后的风险度。

3.3　定量评价方法

定量风险评价(Quantitative Risk Assessment)是根据大量实验结果、广泛的事故数据和资料统计分析，建立相关的数学模型，对系统的风险进行定量计算。风险评价的结果是一些定量的指标。定量评价方法包括模糊综合评价法、概率评价法和情景评价法等。

定量风险评价技术利用结构力学、有限元方法、断裂力学、可靠性与维修技术和各种强度理论，对管道的风险进行定量评价和决策。它预先给固定的、重大的和灾难性的事故的发生概率和事故损失后果约定一个具有明确物理意义的量，所以其评价结果是最严密和最准确的。它与定性评价技术的不同之处在于必须在大量设计、施工和运行资料的基础上，建立完善的数据库管理系统，并掌握裂纹缺陷的扩展规律和管材的腐蚀速率，由此运用确定性或不确定性方法来建立评价的数学模型，然后进行分析求解。其结果的精确性取决于原始数据的完整性、数学模型的精确性和分析方法的合理性。

3.3.1　模糊综合评价法

模糊综合评价法是一种应用模糊要素理论对系统进行综合评价的办法，它以模糊数学为基础，应用模糊关系的原理，构造等级因素集，量化事物的评价指标(即确定隶属度)，然后再绘制模糊判断矩阵，根据各评价指标的权重，提出对策措施。

运用模糊评价法，重点在于各指标权重的确定，而其一般依据专家经验给出，不免带有主观性，为此提出了层次分析法。层次分析法结合了定量和定性方法，为了确定层次中各种因素的相对重要性，采用了相互比较的形式，然后归纳人的判别，对决策因素的相对重要性进行排序。相关层次分析法以及模糊评价法在长输油气管道使用时，先用层次分析法确定总目标层以及各层指标，再计算各指标所占的权重，根据权重判断风险因素的重要程度，从而提出改进措施，形成完整的评价体系。

3.3.2　概率评价法

概率评价法最复杂，数据需求量最大。得出风险评价结论的方式，是与运营公司确定的经认可的风险概率相对比，而不是采用比较基准进行比较。

概率评价法的特点：

(1) 属于定量评价方法；

(2) 根据管道历史数据分别计算管段事故发生的概率(或频率)、事故发生后果的大小(通常用伤亡率或经济损失率来表示)，然后计算风险值，风险值通常用个人风险、社会风险或经济损失来表示；

（3）所需数据较多，计算复杂；

（4）可用于风险排序、确定检测周期。

3.3.3 情景评价法

情景评价法所建立的模型，能描述系列事件中的一个事件和事件的风险等级，能说明这类事件的可能性和后果。这种方法通常包括构建事件树、决策树和事故树，通过这样的构建确定风险值。

情景评价法的特点：

（1）以定量分析为主；

（2）通常用在成本分析和风险决策中；

（3）所需数据较多；

（4）设置特定的事件情景，然后确定该事件情景下的风险值，其分析模式可描述为“如果……，那么……”。

3.3.4 管道定量风险评价

1. 定量风险评价的目的

风险无处不在，即使很有把握的事情，也可能有意外发生，即风险具有客观存在性。定量风险评价是对危险进行识别(定量评价，作出全面的、综合的分析)，借助于定量风险评价所获得的数据和结论，并综合考虑经济、环境、可靠性和安全性等因素，制定适当的风险管理程序，帮助系统操作者和管理者作出安全决策。

定量风险评价主要解决以下四个问题：

（1）可能发生什么意外事件；

（2）意外事件发生的可能性或失效频率；

（3）发生意外事件后会产生什么样的后果；

（4）这种意外事件的风险是否可以接受。

2. 定量风险评价的流程

定量风险评价流程如图 3-4 所示，主要包括危险识别、风险分析、风险计算和风险评价。

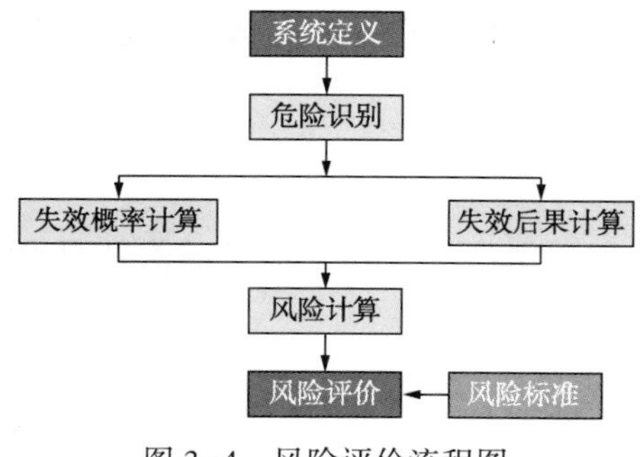

图 3-4 风险评价流程图

1）系统定义

管道的风险评价与其他装置风险评价的不同之处在于，整条管道长度上没有相同的危险性倾向，由于管道线路上各种条件的复杂性，整条管道各段风险程度各异，因此需要指定一种指标将管道划分为不同管段，以便获得准确的风险形貌，提高评价精度。在进行风险分析前，需要收集相关管道的设计、施工、运行状态(内压、介质、温度)、涂层、土壤腐蚀性、维修规范和环境等资料。管段的划分应根据人口密度、土壤条件、地质情况、防腐层状况、管道使用年龄等进行(变化条件的重要性依次递减)。每一管段的特性要尽可能一致，并且可以当作独立单元处理。

2）危险识别

危险识别的作用是描述管道失效时所产生的具有对管道附近居民、环境等造成潜在伤害的各种危险物或物理状态。危险即风险来源，油气输送管道的风险来源主要是长期运行中由于腐蚀和力学作用引起的管道损伤而导致的泄漏或爆裂。在危险识别阶段，要尽可能利用工程经验进行风险分析，列出所有可能的危险源，并进行初步分析，将它们置于表示不同风险水平的概率后果表中，对风险水平较高的危险进行详细定量评价，而忽略那些风险水平较低的危险，或仅对其进行定性评价。危险识别方法除专家判断外，常用方法还有危险与可操作性研究(HAZOP)、失效模式与影响分析(FMEA)和失效模式、影响与危急分析(FMECA)等。风险来源的选择基础是该危险可信、发生概率较大，产生的后果对人身安全、环境等具有严重影响。危险识别要尽可能全面、连续和准确，如果危险识别不全面，对未识别的危险就不会采取预防或控制措施，风险评价的目的就没有达到；如果危险识别不准确，就会把时间和精力浪费在这些不正确的危险上，所作出的决定还有可能降低管道的安全性。

3）风险分析

(1）失效概率计算

管道的模糊可靠度(或断裂失效概率)的计算方法是针对某一管段而言的，因此在进行某管道的风险分析时，首先指定一种指标将管道划分为不同管段，收集相关管道的设计、施工、运行状态(内压、介质、温度)、涂层、土壤腐蚀性、维修规范和环境等资料，管段的划分应根据人口密度、土壤条件、地质情况、防腐层状况、管道使用年龄等进行(变化条件的重要性依次递减)，每一管段的特性要尽可能一致，并且可以当作独立单元处理，然后计算各管段的失效概率。

国外在研究管道的失效风险过程中，建立了相应的管道失效数据库，如表3-4所示。

表3-4　国外管道平均失效概率

管道名称	失效概率
欧洲气体管道(1970~1992年)	0.575
美国气体输送管道(1970~1984年)	0.740
CONCAWE输油管道(1990~1994年)	0.42
美国DOT液体管道(1985~1995年)	0.53

(2）失效后果计算

失效后果的计算如图3-5表示。

释放危险性流体的后果按以下7个步骤估计：

① 确定有代表性的流体及其性质；

② 选择一套孔洞的尺寸，以得到风险计算中后果的可能范围；

③ 估计流体可能释放出的总量；

④ 估计潜在的释放速率；

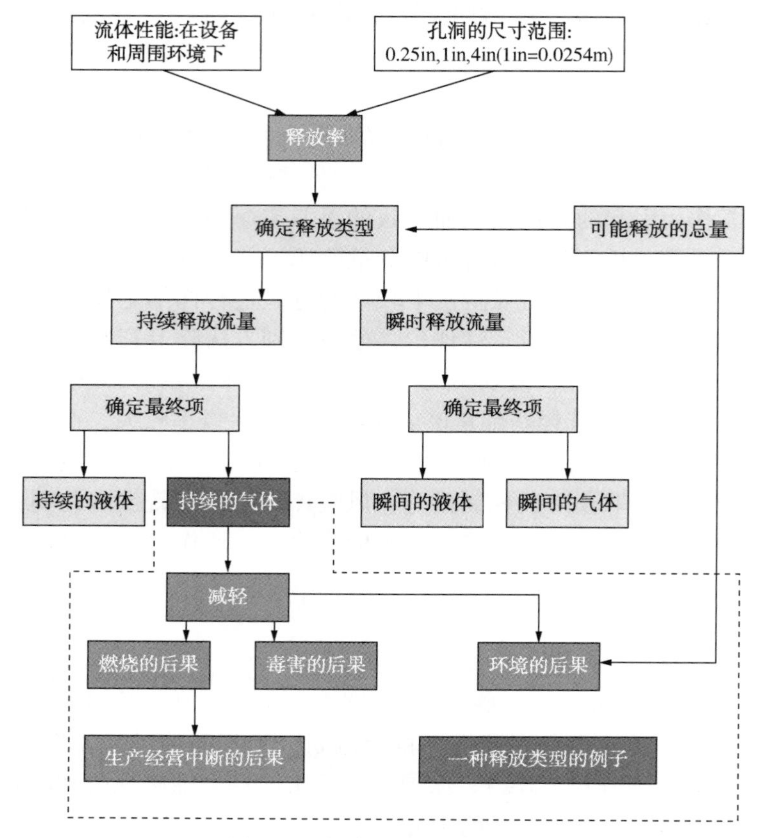

图 3-5 失效后果的计算框图

⑤ 确定释放的类型，以确定模拟扩散和后果的方法；

⑥ 确认流体的最终相，是液态还是气态；

⑦ 确定潜在的由于释放而受影响的区域面积或泄漏的费用，即燃烧或爆炸的后果、毒害的后果、环境污染的后果及生产中断的后果等。

(3) 输气管道的失效后果分析

当管道由于各种原因发生失效时，输送介质(如油、气)从管道释放到环境中，产生的失效后果可用事件树来表示。对输气管道而言，气体从管道释放后所产生的后果如图 3-6 所示。

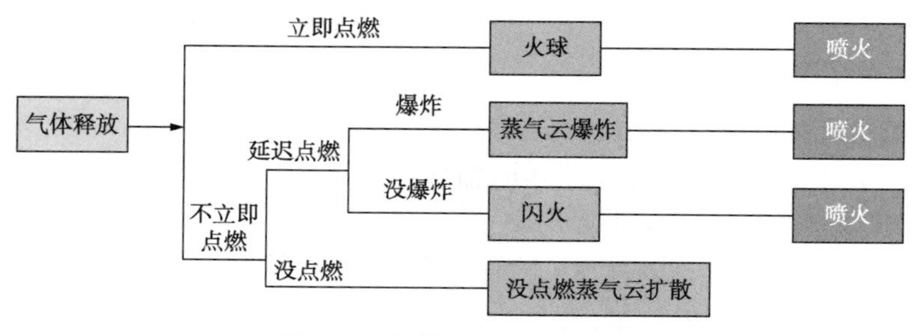

图 3-6 气体释放后果事件树

管道失效后果计算主要考虑管道失效所造成的对人身生命安全、环境和财产的影响。其中，对人身安全的影响可分为长期影响和短期影响、死亡和伤害以及不同的伤害类型(烧伤程度、呼吸问题等)；对环境的影响主要考虑失效事故对表面水或地下水的污染、对空气和土壤的污染以及对生态系统的影响(如对失效地点附近植物群和动物群的破坏等)；对财产的影响主要考虑公司的各种经济损失，包括因产品损失、管道修补、财产破坏等造成的不同的经济损失。

为了准确计算管道的失效后果，必须模拟事故的发生过程以及随后涉及的物理现象。一般事故过程如下：

① 事故发生，危险物质释放到环境中，释放形式可能为气态、液态或气液两态；

② 如果物质为液态，则液态物质可能会蒸发；

③ 如果物质易燃，则有可能立即点燃；

④ 如果物质有毒，或易燃但没有立即点燃，那么气态物质就会在空气中扩散；

⑤ 有毒物质会被人体吸收，如果吸收剂量超过一定界限，就有可能造成伤害甚至死亡；

⑥ 易燃物质易点燃，附近人群可能因着火或爆炸引起的热辐射以及过压受到影响；

⑦ 如果易燃物质以液态形式释放，将会形成水池，如果附近有火源存在，会形成火池。

因此，为了计算失效后果，风险分析者就必须根据特定管道的失效形式采用特定的释放模型、扩散模型、着火模型和爆炸模型等模拟上述有关现象，并要考虑危险发生时的天气情况以及失效点附近的地质形貌，计算人体所受到的热辐射强度、有毒物质危险剂量以及压力的影响等。

(4) 输油管道的失效后果分析

输油管道与输气管道发生失效时所产生的后果有些不同，输油管道(主要是低蒸气压管道)失效主要对环境造成影响，而输气管道及高蒸气压管道失效则主要是对人身安全和财产造成影响。当输油管道失效时，会对环境和人体造成长期的负面影响，因此需要花费大量的清洗费用对泄漏介质进行清洗；对环境影响的最终结果以有效溢出量表示。输气管道及高蒸气压管道释放的气体迅速扩散到大气中，对环境的影响很小，主要是着火或爆炸对人体和财产造成很大影响，最终结果以死亡率和总的经济损失表示。

4) 风险值的计算模型

(1) 单项事故的风险值计算

设以 R_i 为第 i 项事故的风险值，F_i 为第 i 项事故出现的概率，C_i 为第 i 项事故的后果损失(可由人民币表示)，则

$$R_i = F_i \times C_i \tag{3-3}$$

(2) 某段管段的某项事故的风险值

设整个管线系统共划分成 m 段，而第 j 段管段的第 i 项事故的风险值为 R_{ij}，则

$$R_{ij} = F_{ij} \times C_{ij} \tag{3-4}$$

式中：F_{ij} 为第 j 段管段的第 i 项事故出现的概率；C_{ij} 为第 j 段管段的第 i 项事故的后果损失。

（3）整条管线系统的总风险值

设以 R_s 代表总风险值，当管段共划分成 m 管段时，则

$$R_s = \sum_{j=1}^{m} \sum_{i=1}^{n} R_{ij} = \sum_{j=1}^{m} \sum_{i=1}^{n} F_{ij} \times C_{ij} \tag{3-5}$$

5）风险值的表示方法

目前针对管道进行的定量风险评价主要采取计算管道周边的个体风险值和社会风险值两种方法。社会风险值常采用 F-N 曲线来表示(见图 3-7)，而个体风险主要是通过对某一特定场所风险的计算来形成等高线图从而来表示管道周围个人风险值(见图 3-8)。

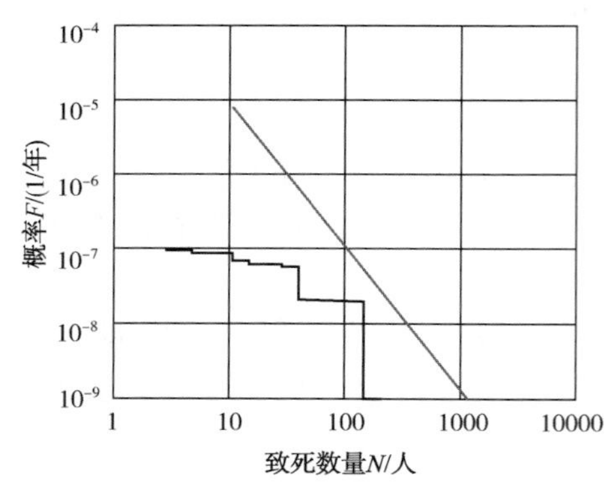

图 3-7　社会风险 F-N 曲线示意图

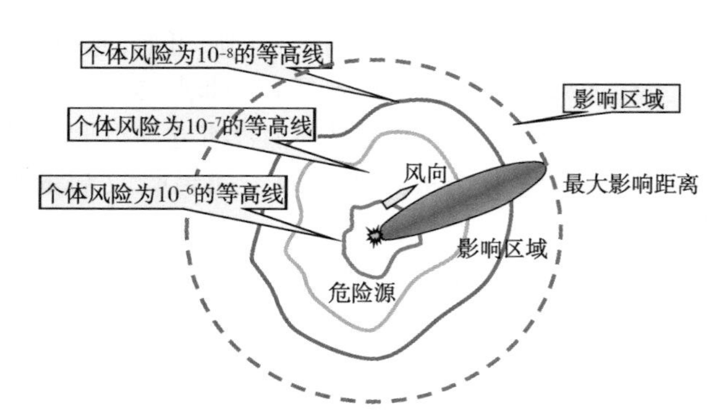

图 3-8　个体风险显示示意图

3.4　管道风险评价软件

目前国内外比较成熟的管道风险评价软件有以下几种：

（1）基于半定量的风险评价方法的软件(采用 W. Kent Muhlbauer《Pipeline Risk Management Manual》)。长输管道的专家打分法是使用比较多的一种风险评价方法，国外公司应用此类软件进行风险评价的较多，国内已开发了相应的软件。

（2）基于定量风险评价的软件。目前国内尚没有比较成熟的软件，中国石油管道研究中心和西安管材研究所正在开发研究。国外商用软件有 Pipesafe(英国 Advantic 公司)和 Piramid(加拿大 GFER 公司)。

（3）定量的风险评价需要大量的数据支持，资金的耗费较大。美国几家大的管道公司联合开发的 IAP(Integer Assessment Program)风险管理程序及评价软件，采用的就是一种半定量风险评价方法或称为相对的、以风险指数为基础的风险评价方法，能够克服定量风险评价在实施中缺少精确数据的困难，已在美国天然气和危险性液体输送管线安全管理中广泛运用。IAP 将管线的失效类型分为：①外部腐蚀(EC)；②内部腐蚀(IC)；③外来(第三者)机械损伤(TP)；④设计/材料错误(DM)；⑤操作或输送工艺问题引起(OP)；⑥应力腐蚀开裂(SCC)。IPA 将失效后果分为：①对居民的影响；②对环境的影响；③对运营的影响。评价结果将指出高风险的区域、高失效概率区域和高失效后果区域。对于每一种失效类型和失效后果的影响因素均要进一步分析评定，并加以权重处理，得到风险指数。

（4）中国石油管道科技研究中心基于KENT评分法建立了RiskScore管道风险评分系统，该系统可根据对象管道的实际情况确定影响管道失效的指标和权重，并在此基础上进行管道风险评价，对管道企业运营管理中的风险进行量化描述，为管道运营管理决策提供支持。RiskScore管道风险评价指标包括：第三方破坏指标、腐蚀指标、设计指标、误操作指标和管道泄漏影响指标。RiskScore管道风险评价方法分析了中国近3万公里管道的失效可能性和风险值，已应用了7年，目前在中石油西部管道、中石油管道公司、塔里木油田、青海油田等企业得到应用。

第 4 章　管道线路危害辨识

4.1　长输管道特性分析

通常，管道根据不同的特性有各种不同的分类方法。根据管道承受内压的不同可以分为真空管道、中低压管道、高压管道、超高压管道；根据输送介质的不同可以分为燃气管道、蒸汽管道、输油管道、工艺管道等，而工艺管道又以所输送介质的名称命名为各种管道；根据管道使用材料的不同可以分为碳钢管道、低合金钢管道、不锈钢管道、有色金属管道(如铜管道、铝管道等)、复合材料管道(如金属复合管道、非金属复合管道和金属与非金属复合管道等)和非金属管道。根据《特种设备安全监察条例》，压力管道是指利用一定的压力，用于输送气体或者液体的管状设备，其范围规定为最高工作压力大于或者等于0.1MPa(表压)的气体、液化气体、蒸汽介质或者可燃、易爆、有毒、有腐蚀性、最高工作温度高于或者等于标准沸点的液体介质，且公称直径大于25mm的管道。按照《压力管道安全管理与监察规定》的要求，从压力管道的安全管理和监察角度出发，将压力管道分为工业管道、公用管道(包括燃气管道和蒸汽管道)和长输管道。

工业管道是指工业企业所属的用于输送工艺介质的工艺管道、公用工程管道和其他辅助管道。工业管道主要集中在石化炼油、冶金、化工、电力等行业。

公用管道是指城镇范围内用于公用或民用的燃气管道和热力管道。公用管道主要集中在城镇等公用事业行业。

长输管道是指产地、储存库、使用单位之间的用于运输商品介质的管道。长输管道根据所输送介质的不同可以分为输油管道、输气管道、输送浆体管道和输水管道等。

迄今为止，国内外已研究和开发的管道运输系统有水力管道、风动管道、集装胶囊管道和旅客运输管道等。除固体料浆输送管道(如煤浆输送管道已在美国等地应用，国内也正在准备建设)外，应用最广泛的是输油(原油、成品油)管道及输气管道。

4.2　管道失效原因分类

目前，我国油气长输管道总长已超过 4×10^4km，其中运行期超过20年的油气管道约占62%，而10年以上的管道接近85%。我国东部油气管网随其服役期的延长，管道腐蚀、破坏等问题颇为严重；西部油气管道因服役环境自然条件恶劣等问题也面临着严峻的考验。由此可见，我国油气长输管道的安全运行形势不容乐观，开展油气管道事故分析与防护措施的研究工作具有重要意义。

造成管道失效的原因很多，常见的有材料缺陷、机械损伤、各种腐蚀、焊缝缺陷、外力破坏等。将收集到的各种失效案例数据按照管道失效模式影响因素进行归纳，主要可划分为以下几大类：第三方破坏、腐蚀、设计及施工缺陷、误操作、自然灾害、设备故障与缺陷和其他。

《输气管道系统完整性管理》(SY/T 6621) 中将输气管道的失效原因分为以下几类：

1. 与时间有关的

(1) 内腐蚀；

(2) 外腐蚀；

(3) 应力腐蚀开裂。

2. 与时间无关的(随机)

(1) 第三方破坏；

(2) 误操作；

(3) 天气或外力。

3. 固有因素

(1) 制造缺陷；

(2) 设备因素；

(3) 施工缺陷。

上述分类将站场的设备考虑在内，此外国内比较受关注的地质灾害被作为天气或外力中的一个小类。

在收集国内油气管道系统各种类型的失效数据、开挖检测数据和失效案例过程中，同时对国外管道失效数据和案例进行调研、收集，并进行归类整理。管道各种失效数据的收集，主要包括穿孔、断裂、过量变形与表面损伤，以及事故地点、时间、人员伤亡、经济损失等情况。失效模式影响因素数据的收集，包括环境、内外腐蚀、材料及施工缺陷、焊接缺陷、第三方破坏、误操作、设备故障与自然灾害等影响因素。

4.3　外腐蚀因素分析

管道的外腐蚀直接或间接地引起管道事故发生。导致外腐蚀失效的主要原因是外部环境条件的影响，包括土壤腐蚀性、地面管道状况、管道包覆层状况、杂散电流、阴极保护等。

4.3.1　土壤腐蚀性

影响土壤腐蚀性强弱的因素通常认为有 20 多个，许多因素之间存在明显的相关关系，参考有关文献对土壤腐蚀性因素的相关分析和聚类分析，本书采用以下六项主要指标来综合衡量土壤的腐蚀性强弱：

(1) 土壤电阻率　当土壤腐蚀以宏观腐蚀为主时，土壤电阻率对管道腐蚀有重要作用。美国按土壤电阻率对土壤腐蚀性等级的划分(二级法)如表 4-1 所示。

表 4-1 美国按土壤电阻率划分的土壤腐蚀性等级

土壤腐蚀等级	低	中	较高	高	极高
土壤电阻率/Ω·m	>50	49.99~20	19.99~10	9.99~7	<7

（2）土壤氧化还原电位　这是一个综合反应土壤介质氧化还原程度强弱的指标，它与土壤中的氧含量和微生物数量等有密切关系。土壤氧化还原电位与土壤腐蚀性的关系如表 4-2所示。

表 4-2 土壤氧化还原电位与土壤腐蚀性的关系

土壤腐蚀性	不腐蚀	低	中	高
土壤氧化还原电位/mV	>400	400~200	200~100	<100

（3）pH 值　一般来说，酸性土壤比中、碱性土壤腐蚀性强，如表 4-3 所示。

表 4-3 土壤 pH 值与土壤腐蚀性的关系

土壤腐蚀性	极低	低	中	高	极高
pH 值	>8.5	8.5~7.0	7.0~5.5	5.5~4.5	<4.5

（4）含水量及干湿交替频率　土壤含水量同时影响土壤氧含量、电阻率、pH 值等，含水量对土壤腐蚀性的影响存在一个最大值，当含水量大于或小于该值时，土壤腐蚀性都会减弱；土壤的干湿交替一方面使得含水量处于最大腐蚀值，另一方面也因为土壤的溶胀和收缩对管道防腐层产生作用力。土壤含水量与土壤腐蚀性的关系如表 4-4 所示。

表 4-4 土壤含水量与土壤腐蚀性的关系

土壤腐蚀性	极低	低	中	高	极高
含水量/%	<3	3~7 或>40	7~10 或 30~40	10~12 或 25~30 或干湿交替比较频繁	12~25 或干湿交替频繁

（5）杂散电流　杂散电流分为直流杂散电流和交流杂散电流，包括电气化铁路、有轨电车、地下电缆及其他用电设备的漏电、建筑物等的接地装置、输电干线的电磁效应等。杂散电流能对钢制管道造成相当严重的腐蚀。根据杂散电流的强弱可将土壤杂散电流腐蚀性定性分为极低、低、较低、中、较高、高和极高。

（6）含盐量　含盐量的增加一方面能使土壤电阻率下降，另一方面也使土壤氧溶解度下降，使土壤电化学过程被削弱。盐离子带来的阴离子对土壤腐蚀性的影响机理有较大的差别，Cl^-、CO_3^{2-}、SO_4^{2-}、HCO_3^- 和 NO_3^{2-} 等均对土壤腐蚀性有增强作用。Cl^-/SO_4^{2-} 及水溶盐含量与土壤腐蚀性的关系如表 4-5 所示。

表 4-5 Cl^-/SO_4^{2-} 及水溶盐含量与土壤腐蚀性的关系

土壤腐蚀性	低	中	高
Cl^-/SO_4^{2-} 及水溶盐含量/%	>0.05	0.01~0.05	<0.01

土壤的腐蚀性还与很多其他因素有关，以上六项指标是主要因素，且无论哪一个指标

都不能单独判断土壤腐蚀性的高低，通过测量或估计以上六项指标综合判断土壤的腐蚀性是比较可靠的。测量或估计管线沿线的以上六项指标，并按表将其归类为对应的土壤腐蚀性等级，用分值表示土壤腐蚀性的高低。

4.3.2 地面管道状况

地面管道也存在许多危害因素，例如管道处在空气与水界面的部分，由于氧浓度的差异而在金属上形成了阳极与阴极区域。在这种情况下，随着氧气源源不断地提供至被侵蚀部位，致使铁锈增加失去控制，进而加深了机械设施的腐蚀程度。倘若恰巧是海水或水含盐量较高，其强电解特性势必增进腐蚀，因为离子的高浓度含量会促进电化学腐蚀进程。

4.3.3 管道包覆层状况

预防管道外腐蚀发生最为普通的方式就是将金属与恶劣的环境相隔离，即一般采取管道包覆层方式。所谓的包覆层是指涂料层、缠绕带及大量设计特定的塑胶涂料等物。典型的包覆层故障主要有破裂、针孔、锐利物体的撞击、承载重力物件(如已敷包覆层管道的相互叠压)、剥离、软化或溶化、一般性退化(如紫外线降解)。

包覆层如何能有效地降低腐蚀的可能性则取决于下面四个因素：包覆层质量、包覆层的施工质量、检查程序质量以及缺陷修补程序质量。

包覆层具有一些重要的性质，如绝缘电阻高、附着力强、使用方便、具有弹性、抗撞击、抗流变(风干固化处理后)、耐土壤应力、耐水性、耐细菌或是其他生物的侵袭(对于浸没或部分浸没在水中的管道，必须考虑到诸如茗荷芥、凿船虫之类的海洋生物对管道的破坏)。

管道施工单位原所属各个不同的部门，即使都是GA1级长输管道安装单位，由于承建管道历史不同，对规范的理解、认识也不同；即使是同一个系统的GA1级安装单位，由于人员技术水平、施工设备、管理水平不同，施工质量也不同。如果长输管道建设单位技术水平较低、管理又混乱、没有建设经验，或者施工单位违章施工、违规分包、不按设计图纸要求施工，都会对施工质量造成严重问题。虽然中石化、中石油等企业对本系统管道施工队伍有比较规范的管理，但是从全国范围来看，国家对长输管道施工单位及特种作业人员资格还没有形成统一的管理，直至最近几年才开始规范其行为，对其实施有效的监督和管理。

检查者应特别注意哪些急弯及复杂形状的管段。这些地方很难进行预先清理及涂敷施工，难于充分地实施包覆层处理(所刷涂料将沿着管道的锐角处流失)。如螺母、螺栓、螺纹及某些阀门部件常常是出现腐蚀的首要区域，同时也是考验其涂敷施工质量的地方。

4.3.4 杂散电流

在埋地管线附近若有其他埋地金属存在就可能是一个潜在的风险源。其他埋地金属可能产生短路，换言之，会干扰管道阴极保护系统的正常运行。甚至在没有设置阴极保护的情况下，这块金属可能会与管线形成腐蚀原电池，进而可能引起管道腐蚀。最为严重的是：埋地金属流出1A的DC电流，每年可能溶解掉约9.1kg的管道金属。

更加危险的是管线与其他金属发生实质性的接触，哪怕是很短的时间也是无法容忍的。特别是在其他金属有其自身的外加电流系统的情况下则显得尤为严峻。电气铁路系统恰好就是这样一个范例——无论是否存在实质性的接触，均可能给管线造成损失。当其他系统与管线争夺电子的时候，管线就开始有危险了。如果该系统拥有更强大的负电性，那么管线将会变成一个阳极，而且根据电子亲和力的不同，管线可能加速腐蚀。正如前面所提到的，若所有的阳极金属溶成针孔面，包覆层实际上可能会恶化这种情况，进而形成窄而深的点蚀。

邻近交流传输设施的管线易于遭受独特的风险。无论是地面故障还是发生交流感应，管道均可能变成导电性载体，不仅对接触管线的人有潜在的危险，而且也危及管道自身。电流寻求最小的阻抗路径，像管道这样的埋地金属导线，在一定的长度内可以说是一个理想的路径。当电弧击中或脱离管线时，在电流流入或是流出管道的地方，则可能引起严重的金属损耗，最低限度也可能使管道包覆层遭受交流干扰效应的损害。

使管道带电的地面故障包括电传导现象、电阻耦合及电解耦合。电线落地、交流电源穿越大地，偶然与输电塔柱搭接，供电系统即地面电源系统不平衡引起的轻微电击等都可能引起上述问题。而且常常伴随着更为剧烈的交流干扰，但这些也更容易检测出来。有时候因地面故障导致高电位，使管道包覆层处于高应力之下。管道周围的土壤开始带电荷，使得包覆层内外形成电位差，可能出现包覆层与管道的剥离而产生电弧。若这个电势大到一定的程度，所产生电弧可能伤及管道本身。

当管道受到交流电传输产生的电场或磁场的影响时，就会发生感应现象。在管道上产生电流或是电位梯度。形成的电容和电感耦合完全取决于管道通电能力和传输线路之间的几何关系、传输线路的电流强度、输送电的频率、包覆层的电阻率、土壤电阻率以及钢管的纵向阻抗等因素。当土壤电阻率和/或是包覆层电阻率增大时，感应电势则变得更加危险，更加具有危害性。

4.4 内腐蚀因素分析

管道内壁与输送产品之间的相互作用造成内腐蚀。这种腐蚀活动不可能是预期输送产品的结果，而是产品流中的杂质所致。例如，海底天然气流中的海水就是常见的腐蚀杂质。甲烷不会损伤钢铁，但是盐水和其他一些杂质则可能加快钢铁的腐蚀进程。天然气中一些常见的加速腐蚀的物质有 CO_2、氯化物、H_2S、有机酸、氧气、游离水、坚硬物(固体)、沉淀物、硫化物(含硫化合物)等。

应考虑那些可能间接加重腐蚀的微生物。在输气与输油管道中一般均可发现有硫酸盐还原菌和厌氧菌，它们可分别产生 H_2S 和醋酸，两者皆可增进腐蚀。

在管道内部腐蚀中，一般常见的原电池或浓差电池的腐蚀形式限定于点腐蚀与裂隙腐蚀范围内。如果反应过程中有离子存在及其作用，那么势必加快由氧浓差电池引起的腐蚀。304#不锈钢遭受海水浸蚀就是一个典型范例。

本节不考虑那些不伤及管材的产品活动。其中最典型的例子就是石蜡在一些输油管道里的堆积，虽然堆积会引起运行问题，但通常不会增加管道的事故风险，除非它们助长或加重尚未出现或不严重的腐蚀过程。

可应用与预防外腐蚀同样的一些方法来防止管内腐蚀，如管道内部的涂层，应用这些方法不仅可以保护管线，而且还能保护输送产品免于夹带杂质——由于管道内腐蚀可能产生的杂质。喷气机燃料和高纯度化学品就需要谨慎地防护，使之免遭这样的污染。

可用简单的形式评价管道内腐蚀，只需查清产品的特性，同时采取预防措施来弥补输送产品的某些特性即可。

4.4.1　输送介质腐蚀性

管道输送系统面临着最大的风险——就是当输送产品与管材之间存在着固有不相容性的时候。随后由腐蚀产生的杂质可能会定期地进入产品中去，进而形成巨大的风险。

输送介质腐蚀性的强弱主要根据产品的相关特性来决定，分为三类：

（1）强腐蚀：表示可能存在着急剧而又具有破坏性的腐蚀，产品与管道材质不相容。如卤水、水、含有 H_2S 的产品以及许多酸性化合物就是对钢制管道具有高度腐蚀性的物质。

（2）轻微腐蚀：预示着可能伤及管壁，但其腐蚀仅仅以缓慢速率进展。如果对产品的腐蚀性无法了解，亦可以归入此类范畴。保守的方法就是假定任何一类产品均可能招致损害，除非我们能够有证据证明与此相反。

（3）仅在特殊条件下出现腐蚀性：意味着产品在正常情况下是无危险性的，但是存在将有害成分引入产品的可能性。甲烷输气管道中 CO_2 或盐水的漂游就是一常见的事例。甲烷的某些天然组分通常在输入管道前就已消除，然而当用于除去某些杂质的设备由于受到设备自身故障的影响时，随之可能发生杂质泄漏进管道的事件。

（4）不腐蚀：表示不存在合理腐蚀的可能性，即输送产品与管材相适应。

4.4.2　内涂层状况

通常将钢制外管用与输送产品相适应的材料与有潜在损害的产品隔开。常见的隔离材料有塑料、橡胶或陶瓷材料。这些材料可以在初期的钢管加工时期、管线施工期间涂装，也能加到现有的管线上。

4.4.3　流速

输送产品中的高速、磨损颗粒是常见的影响因素。例如弯头以及阀门等撞击点就是最敏感的侵蚀点。流速大的气体可能夹带沙子颗粒或其他固体渣滓等，很可能损害管线的各个元件。

有关流速引起的侵蚀的历史记载就是侵蚀敏感性的强有力证据。另外一些证据则是指高产品流速（在短距离内期待较大的压力变化）或磨蚀性流体。当然，这些因素的组合，则是最强有力的证据。

4.4.4　管道清管

清管器是设计成具有多种效用的在管内移动的圆筒形物体（见图 4-1）。常使用清管器清理管道内壁（通常配置钢丝刷）、隔离输送产品、推进产品（特别是液体）、收集数据（已装备了专门的电子设施的时候)等。随着科技的发展，设计广泛用于各种特殊用途的各式各样清管器已变为现实。甚至可设计出有安全阀的旁路清管器来清除清管器前的碎屑，倘若这些碎屑引起清管器前后有一个高压差的话。

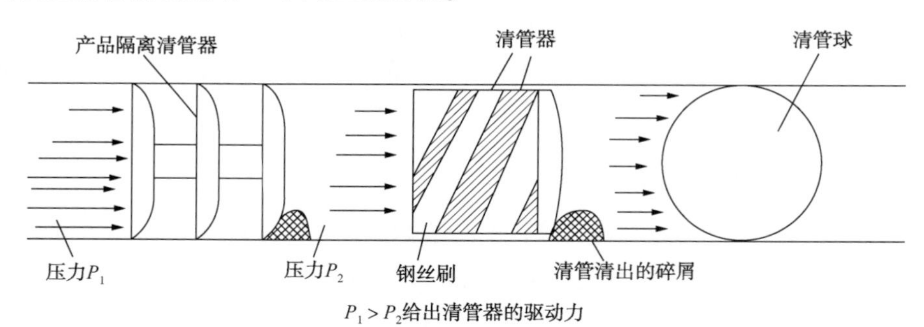

图 4-1　管道清管器

执行规定的清理程序或使用清理型的清管器可定期清除掉潜在的腐蚀性物质，这种方法已被证明能有效降低(但无法消除)管内腐蚀引起的危险。在某些液体或其他物质可能对管壁造成明显损害之前，即应启动这一程序以清除掉这些有害物质。对管道清出物的监控，应包括搜寻诸如钢制管道中氧化铁之类的腐蚀性产物，这将有助于评价管线的腐蚀程度。

清管在一定程度上来说是一项依靠经验运作的技术。由于清管器种类有很多，有经验的操作员工一定会选择一种适宜的清管模式。清管模式包含清管器的行进速度、距离、驱动力以及评价运行期间等。评价者应确信清管工作确实在及时从管道中清除腐蚀物方面是有益和有效的。

4.5　应力腐蚀开裂因素分析

埋地钢质管道失效涂层下应力腐蚀开裂(SCC)已成为影响高压管道安全运行的因素之一，其分为两种类型：高 pH SCC 和近中性 SCC。

SCC 在失效涂层下萌生，起初是浅小裂纹，以群落形式集中出现在管道某一区域，这种裂纹群的出现是管道遭受 SCC 的标志。SCC 事故一般在高压油气管道服役 15~20 年后才可能发生。

高 pH SCC 与近中性 SCC 的区别如下：

(1) 两类 SCC 的重要区别是裂纹路径不同。高 pH SCC 一般是晶间裂纹(IGSCC)，裂纹细窄；近中性 SCC 是穿晶型裂纹(TGSCC)，开裂面存在腐蚀，故裂纹较宽，内部充满腐蚀产物。

(2) 随温度升高，高 pH SCC 增长速度呈指数规律增加，所以多发生在压气站下游 20km 内温度较高的管段；近中性 SCC 与管道温度无明显关联。

(3) 高 pH SCC 由高浓度 HCO_3^-/CO_3^{2-} 溶液引发，该溶液环境由涂层缺陷处的阴极保护电流造成，其 pH 值一般在 9~11 之间；近中性 SCC 没有特定溶液环境，多发生于低矿化度的近中性溶液环境中。

(4) 高 pH SCC 处管道表面一般覆盖有黑色薄膜；近中性 SCC 发生处，涂层和管道表面存在一层较厚的碳酸亚铁白色沉积物，而且其裂纹生长需要一定的载荷条件。

（5）近中性 SCC 的萌生常与材料表面点蚀坑有关，而高 pH SCC 和点蚀坑无必然联系。点蚀可引起应力集中，特别是点蚀较深时；但对穿晶 SCC，点蚀表面的电位显著低于无点蚀表面，可促使蚀坑内溶液成分和电位变化，更易析出氢。

两种类型的腐蚀开裂特征总结见表 4-6。

表 4-6 管道 pH SCC 和近中性 SCC 的特征

项目	近中性 SCC(TGSCC)特征	高 pH SCC(IGSCC)特征
地区	65%发生在压气站和下游第一阀室之间(阀间距离一般为 16~30km) 12%发生在第一阀室和第二阀室之间 5%发生在第二阀室和第三阀室之间	一般发生在压气站下游 20km 以内，发生率随着与压气站距离的增加和管道温度下降而减小
温度	与管道温度无明显关联	随温度下降，增长速度呈指数下降
致裂溶液	近中性 pH 的稀 HCO_3^- 溶液，pH 值在 5.5~7.5 之间	碱性浓 CO_3^- 溶液、HCO_3^- 溶液，pH 值大于 9
敏感电位	自然腐蚀电位区，阴极保护不能到达管道	活化-钝化过渡区，阴极保护可达到该电位
开裂类型	穿晶开裂：宽裂纹，开裂面上存在明显腐蚀	晶间开裂：裂纹窄，没有开裂面腐蚀的证据
机理	阳极溶解+氢致开裂	阳极选择性溶解-保护膜破裂

SCC 的影响因素较复杂，主要包括环境溶液、阴极保护、涂层、温度、电位、腐蚀产物膜、应力应变和管道材质等。

4.5.1 环境溶液

由于涂层阻隔，埋地管道钢质表面不直接和土壤接触，SCC 发生的环境主要是破损涂层下的局部环境。剥离涂层下的溶液(滞留水)都是由最初渗入的地表水变化而来，由于涂层过滤和阴极保护电流作用，滞留水与土壤地下水成分完全不同。由于各种地下管道的涂层、阴极电流密度和所处的土壤成分等的不同，涂层下最终可能形成截然不同的局部环境。

近中性 SCC 发生处，现场挖掘发现：滞留水与地下水差别较小，HCO_3^- 的浓度远高于其他离子浓度，还可能含氯、硫酸根和硝酸根离子等；阳离子主要为 Mg^{2+} 和 Ca^{2+}，其浓度都较低。

在高 pH SCC 发生处，现场挖掘发现：相关溶液是高 pH 碳酸钠/碳酸氢钠溶液，在 SCC 处测量的实际平均值为 0.18mol/L CO_3^{2-} 和 0.05mol/L HCO_3^-，最大记录分别为 0.26mol/L 和 0.10mol/L，远低于试验室中常采用的 0.5mol/L Na_2CO_3+1mol/L $NaHCO_3$ 标准溶液。而地下水中常见的钙离子、镁离子、硫酸盐和氯化物在剥离涂层下溶液中的含量相对较小，但涂层外表面存在碳酸钙和碳酸镁沉积物。高 pH 环境主要是由于大量阴极保护电流流入破坏涂层下的钢表面而引发电化学反应导致的，氢离子或氧还原，产生过量的 OH^-，吸收来自周围空气、水或腐烂植物中的 CO_2，形成了高浓度 CO_3^{2-} 和 HCO_3^- 溶液环境。

4.5.2 阴极保护和涂层

对埋地管道施加阴极保护，可减缓局部腐蚀和均匀腐蚀。可是阴极保护也带来了另外的问题：阴极保护促成的高 pH 环境引发 IGSCC；钢中渗氢易遭受 TGSCC。管道得到足够保护时，由于金属缺陷和涂层孔隙两侧电位变化较大，常会使材料的电位落在 SCC 敏感区。

涂层状况是决定破损涂层下最终溶液成分的主要因素，也是决定 SCC 过程的直接因素，采用胶带涂层和在高电阻率地区采用沥青涂层的管道上容易发生近中性 SCC，这是由于这些涂层的导电性差，涂层一旦剥离就会对阴极保护产生屏蔽作用。高 pH SCC 常发生在煤焦油及石油沥青涂层下。表 4-7 总结了涂层类型对近中性 SCC 的影响。

表 4-7 涂层类型对近中性 SCC 的影响

图层类型	特 点	脱落后	应力腐蚀开裂
沥青、煤焦油图层	黏结性差，相对较脆，易剥离或破裂	剥离区域可通导阳极电流保护管道	阴极保护电流不能到达管道时会发生近中性 SCC；SCC 只可能发生在涂层脱落或缺损处
聚乙烯胶带	易于从管道表面脱离，电绝缘性高	屏蔽阴极保护电流	73%近中性 SCC 发生在该涂层的管道上；发生概率是用煤焦油或沥青涂层管道的 4 倍
溶解环氧涂层(FBE)	一般能防止脱落	允许阴极保护电流到达管道表面	该涂层下未发现过 SCC
挤压聚乙烯涂层	主要用于小口径管道上，厚且结实，缺陷难于发展	—	该涂层下未发现过 SCC

阴极保护能减轻近中性 SCC，但当涂层的剥离面积较大时，阴极保护则失去作用。有研究表明，脉冲阴极保护系统能比传统的阴极保护系统穿透更深的脱落区域，可能有助于控制近中性 SCC。

4.5.3 温度

美国有关的现场调查表明，90%的晶间开裂发生在气压站下游 16km 以内，这正是管道上温度最高的区段。这也说明温度对发生高 pH SCC 有重要作用。试验研究表明：较高温度可加宽 IGSCC 敏感电位范围，且使敏感电位范围负移。此外，高温也是促使涂层失效及破损涂层下溶液蒸发浓缩且形成高 pH HCO_3^- /CO_3^{2-} 溶液的重要因素。在温度较高的管段安装冷却装置进行降温，可降低 SCC 事故发生的可能性。

现场数据和实验室研究表明，TGSCC 与管道温度之间不存在明显关联，但多发生在较冷气候带，如加拿大和苏联，这可能是由于较低温度下地下水中含有较多的二氧化碳所致。

4.5.4 电位及腐蚀产物膜

高 pH SCC 敏感电位在活化/钝化区，范围较窄；而近中性 SCC 不如高 pH SCC 对电位敏感，常在屏蔽阴极保护的剥离涂层下发生。

特定电位下特定腐蚀产物膜的产生对高 pH SCC 的萌生和发展有很大影响。电位高于晶间开裂电位时，形成透明 Fe_2O_3 膜。在开裂电位范围内，产生黑色闪亮膜，该膜由 Fe_3O_4 和 $FeCO_3$ 组成，可能还含有 $Fe(OH)_2$。试验表明，恒电流条件下，带有这种膜的管道更易维持在开裂电位范围内，使其对IGSCC有较高的敏感性。电位更低时，可观察到剥离涂层下附着松散的浅灰色膜，该膜由$Fe(OH)_2$及$FeCO_3$组成。

同样，适当的外表面及腐蚀产物膜对近中性SCC也有影响。交变载荷SCC试验表明，裂纹易于在服役过的带锈表面萌生，而抛光表面很少引发SCC。大部分近中性SCC试验都是在厌氧条件下进行的，这时管道钢表面的腐蚀产物主要是黑色的Fe_3O_4，而有氧环境则形成橙色氧化物Fe_2O_3。

4.5.5 应力应变

试验测得SCC应力阈值约为70%*SMYS*，但服役管道在45%*SMYS*操作应力下也发生过SCC，这可能与管道的应力集中或残余应力有关。大量试验表明，对于静载荷，管道钢发生SCC的临界应力近似为其屈服应力；交变载荷能加速裂纹扩展，可把SCC的临界应力降到低于相应静载荷的临界应力，因此试验室中常用交变载荷。静载、低频应力引起沿晶开裂，应力频率较高时引起穿晶或腐蚀疲劳。

对于IGSCC，应力引起局部塑性变形，使裂尖保护膜不断破裂，活性上升，促进局部发生电化学腐蚀。但在静载荷作用下裂纹很难萌生，更不会扩展。将X70和16Mn放在$NaHCO_3/Na_2CO_3$溶液中进行U型静载裂纹萌生试验，在较高温度和敏感电位下，短时间内就可得到垂直于应力方向的条状纹，但裂纹不扩展。而对TGSCC各种试验方法得到的结论是：如无交变载荷或慢拉伸环境，TGSCC不可能萌生和扩展。

管道表面和裂尖的局部微小塑性变形是SCC萌生和发展的条件。应力低于比例限度时，也有可能引起局部微观形变：管外壁是不受金属限制的自由面，比邻近基体材料更易发生塑性形变；循环负载在正常应力下可能使钢材产生微观拉伸（循环软化）。较小应力下，裂纹可能只在发生局部塑性变形的薄弱部位萌生；而在较高应力下，裂纹继续增长直到管道破裂。

4.5.6 管道材质

管道钢的冶金情况，包括钢材中非金属杂质、焊接和热处理工艺及表面状况等都会对SCC的萌生和发展有重要影响。SCC多发生在碳钢、不锈钢等合金材料上，纯铁不会发生SCC。有研究表明，在钢材中添加一定量的铬、镍和钼能提高对IGSCC的抵抗能力。

经冷加工处理的材料，由于其强度更高、阳极溶解活性点较多，则更易发生SCC。涂层施工前，管道的表面喷丸处理可以提高涂层黏结性，避开IGSCC电位，因存在残余压应力，可有效防止SCC的发生。

管道钢的焊接过程会造成焊缝和热影响区化学成分不均匀、晶粒粗大、组织偏析等缺陷，使管道焊缝处比基体更易发生SCC。对X70钢的研究表明，显微组织和杂质影响TGSCC，退火组织比淬火组织和正火组织抵抗SCC的能力强。Beavers认为，显微组织硬度越高，产生TGSCC的倾向越大；管道表面越粗糙，越易产生TGSCC。侵蚀麻点和其他异常及特殊机械条件对TGSCC发生有重要影响。管道表面加工痕迹对SCC萌生也有影响。

除了上述因素外，SCC的发生可能还受土壤类型、排水情况以及地貌等条件的影响。

4.6 制管缺陷因素分析

长输管道系统的设计是确保工程安全的第一步，也是十分重要的一步，设计质量的好坏对工程质量有直接的影响。而影响设计质量的因素不仅有主观的，也有客观的，下面分别加以介绍。

4.6.1 工艺流程、设备布置不合理

长输管道运行安全与系统总流程、各站(场)工艺流程及系统设备布置有着非常密切的关系。工艺流程设置合理、设备布置恰当并且能够满足输送操作条件的要求时，系统运行就平稳，安全可靠性就高。否则，将给系统安全运行造成十分严重的隐患，甚至使系统无法运行。

4.6.2 系统工艺计算不正确

在进行水力、热力等工艺计算以确定输送摩阻和温度损失(需考虑加热输送的情况)时，一旦设计参数或工艺条件确定不合理，将造成站(场)位置设置或输送泵、压缩机的选取不当，从而给系统造成各种安全隐患。

4.6.3 管道强度计算不准确

管道强度设计计算时，将根据管道所经地区的分级或管道穿跨越公路等级、河流大小等情况，确定强度设计系数。如果管道沿线勘查不清楚，有可能出现地区分级不准确，造成高级定为低级、大冲沟定为小冲沟、大中型河流定为一般河流等，最终造成设计系数选取不恰当，管道壁厚计算不能满足现场实际情况。管道应力分析时，若强度、刚度及稳定性校核失误，则会造成管道变形、弯曲甚至断裂。

4.6.4 管道、站(库)区的位置选择不合理

当管道、站(场)、储存库区位置选在土崩、断层、滑坡、沼泽、流沙、泥石流或高地震烈度等不良地质地段上时，会造成管道弯曲、扭曲、拱起甚至断裂及设备设施损坏；当与周围的建(构)筑物安全防火距离不符合标准要求时，建(构)筑物容易受到影响，给其带来安全隐患；当站(场)内的建(构)筑物布局、分区不合理，防火间距不够，防火防爆等级达不到要求，消防设施不配套，装卸工艺及流程不合理时，极易相互影响，产生安全事故，而一旦出现安全事故，相邻设施也难以幸免。

4.6.5 材料选材、设备选型不合理

在确定管子、管件、法兰、阀门、机械设备、仪器仪表材料时，未充分考虑材料与介质的相容性，导致使用过程中产生腐蚀；输送站(场)、储存库与传动机械相连接的法兰、垫片、螺栓组合未充分考虑振动失效，引起螺栓断裂、垫片损坏而出现泄漏；压力表、温度计、液位计、安全阀等安全附件参数设定不合理，造成安全隐患，并使控制系统数据失

真；爆炸危险场所分区错误，引起电气设施防爆等级确定错误；泵、压缩机、加热炉等关键设备未充分考虑自动控制保护系统或控制系统设计存在缺陷，造成安全隐患。

4.6.6 防腐蚀设计不合理

防腐蚀设计时未充分考虑土壤电阻率、管道附近建(构)筑物和电气设备引起的杂散电流的影响，造成管道防腐层老化、防腐能力不够直至失效；管道内、外表面防腐材料选择不合理、施工方法不正确、厚度不能满足使用工况要求；管道阴极保护站间距太远、保护参数设置不合理或者牺牲阳极选材不当，而造成保护能力不够等。

4.6.7 管线布置、柔性考虑不周

站(库)区管线平面布置不合理，造成管道因热胀冷缩产生变形破坏或振动；管线未装回油阀造成管线憋压。埋地管道弯头的设置、弹性敷设、埋设地质影响、温差变化等，对运行管道产生管道位移具有重要影响，柔性分析中如果未充分考虑或考虑不全面，将会引起管道弯曲、拱起甚至断裂。管内介质不稳定流动和穿越公路、铁路处地基振动产生的管道振动导致管道位移，在振动分析时未充分考虑或考虑不全，将会引起管道弯曲、拱起甚至断裂。

4.6.8 结构设计不合理

在管道结构设计中未充分考虑使用后的定期检验或清管要求，造成管道投入使用后不能保证管道内检系统或清管球的通过，而不能定期检验或清污；或者管道、压力设备结构设计不合理，难以满足工艺操作要求甚至带来重大安全事故。

4.6.9 防雷、防静电设计缺陷

防雷、防静电设计未充分考虑管道所经地区自然和项目运行的实际情况，或设计结构、安装位置等不符合法规、标准要求。

4.7 焊接/施工缺陷因素分析

焊接会使长输管道产生各种缺陷，较为常见的有裂纹、夹渣、未熔透、未熔合、焊瘤、气孔和咬边。长输管道除特殊地形采用地上敷设或跨越外，一般均为埋地敷设。管道一旦建成、投产，一般情况下都是连续运行的。因此管道中若存在焊接缺陷，不但难以发现，而且不易修复，会给管道安全运行构成威胁。

长输管道施工时，影响焊接质量或产生焊接缺陷的主要因素有以下几点。

4.7.1 焊接方法

国内早期的管道都是采用传统的手工焊方法施工，这种焊接方法不仅焊接速度慢、劳动强度大，而且焊接质量低，目前已不再适宜在管道建设中应用。手工下向焊工艺已取代了传统的手工焊方法，这种焊接方法采用多机组流水作业，劳动强度较低，效率较高，焊

接质量也较好，但取决于焊接环境和操作人员素质。自保护半自动焊工艺的优点是可以连续送丝、不用气体保护、抗风性能较强(四五级风以下)、焊工易操作等；其缺点是不能进行根焊，需要采用其他的焊接方法进行根焊，并且操作不当时盖面容易出气孔。自动焊技术适用于大口径、大壁厚管道、大机组流水作业，焊接质量稳定、操作简便、焊缝外观成型美观；其缺点：一是对管道坡口、对口质量要求高，即要求管子全周对口均匀；二是坡口型式要求严格，当管壁壁厚较厚时，确定工艺时采用复合型或U形坡口，不能仅考虑减少工作量，更重要的是要考虑到坡口对焊接质量的保证，小角度V形坡口虽然简化了施工程序，但从保证质量角度分析，复合L形或U形坡口更优；三是受外界气候的影响较大；四是边远地区气源供应问题，尤其是氩气。目前，自动焊技术在国内“西气东输”管道工程中应用较多。

4.7.2 流动性施工

施工作业点随着施工进度而不断迁移，因而焊接作业也处于流动状态，这与工厂产品生产相比，增加了施工管理、质量管理、安全管理等方面的难度，从而也增加了保证管道焊接质量的难度。

4.7.3 地形地貌

敷设一条长输管道可能会遇到多种地形，如“西气东输”工程，自西向东途经戈壁、沙漠、黄土高原、山区、平原、水网等多种地形地貌。施工单位只能根据管道敷设线路现场的施工条件，因地制宜，选择不同的焊接方法来满足工程的需要。因此，地形地貌对焊接质量有直接影响。

4.7.4 施工环境

野外露天施工，经常处于风、雨、温度、湿度等自然环境中，这不仅使人的操作技能难以正常发挥，而且不能提供良好的作业条件。因此，环境对管道焊接质量有着较大的影响。

4.7.5 其他焊接因素

除现场双联管焊接技术外，焊接设备、工艺、材料及焊工技能等因素，对焊接质量也有很大影响。也就是说，先进的焊接设备、合适的焊接工艺、高素质的焊接人员，对管道焊接质量的保证具有重要作用。

4.7.6 人文、社会环境因素

在人口密集、水网密布、雨水较多、经济发达等地区，可能由于种种原因造成施工不能连续进行，往往给现场焊接带来困难。这种外界因素的干扰，造成现场留头多，连头数量增加，焊接质量难以保证。

4.7.7 补口、补伤质量

钢管除端部焊接部位一定长度以外，在钢管生产厂或防腐厂都进行了防腐处理，钢管在现场焊接以后，未防腐的焊接部位需要补口。在施工过程中，由于各种原困造成钢管内外表面的防腐涂层损坏，特别是外表面涂层的损坏，在损坏处要补伤。补口、补伤质量不良会影响管道抗腐蚀性能，从而引起管道腐蚀失效。影响补口、补伤质量的因素有：

（1）钢管补口、补伤之前，需要对钢管表面进行喷砂处理，使其表面粗糙度满足一定的要求，然后才能进行补口、补伤，如果表面处理不好，表面粗糙度达不到标准要求，将严重影响补口、补伤质量。

（2）对于不同的防腐材料，其补口、补伤施工工艺不同，而且有一套非常严格的程序，由于现场施工条件较差，施工人员素质较低，有可能影响施工工艺的执行。

（3）补口时未按规定要求与钢管已有的防腐层进行搭接，或搭接长度不够。

（4）补伤时面积不能满足标准、规范要求，特别是穿越段的补伤，如果补伤面积不够而又未加保护带，极易引起防腐层刮脱。

（5）补口、补伤强度或厚度不符合要求，会造成再次损坏或防腐能力不足。

4.8　设备因素分析

4.8.1　管沟、管架质量

输送站(场)、储存库内的管道，除穿越人行道采用埋地敷设外，一般采用沿地敷设，使用管架支撑；站、库以外的管道基本都采用埋地敷设。管沟、管架质量对管道安装质量有一定的影响，具体如下：

（1）管沟开挖深度或穿越深度不够时，遇洪水或河水冲刷覆土或河床，将使管道悬空或拱起，造成变形、弯曲等。

（2）管沟基础不实，回填压实特别是采用机械压实时，将造成管道向下弯曲变形。

（3）敷设管道时，若地下水位较高而未及时排水，由于管道底部悬空，如果夯实不严，极易造成管道向上拱起变形。

（4）管道敷设时，沟底土及管道两侧和上部回填土中砂石粒度超差而造成防腐覆盖层损坏。

（5）管架强度不够，支撑的管道下沉而产生变形；滑动管架表面粗糙或安装不平整，在热胀冷缩时难以滑动，造成管道变形。

另外，管道埋深不够、管道悬空、管沟基础不实等都会影响管道的安全使用。

4.8.2　穿跨越质量

管道线路在敷设过程中，往往需要穿跨越公路、铁路及江河或其他特殊设施，对于穿跨越段管道，由于敷设完成以后难以实施再检修等工作，因此，对其提出了许多特别的施工要求，以便于充分保证穿跨越管道质量，具体如下：

（1）穿越河流段的管道，当河床受水流冲刷而使其深度逐渐减小，将可能造成管道悬空。对于通航河道，如果进行疏浚或船舶抛锚时，将对管道构成危害。

（2）河流堤岸防护工程的施工或公路和铁路养护工程的施工可能对管道造成损坏。

（3）管道穿越电气化铁路或从高压变电站、高压线路附近通过时，地层的强杂散电流将破坏管道阴极保护电流的保护作用，使局部阴极保护失效，增加管道腐蚀的危险性。管道附近建有腐蚀性较强的化工厂，其废物流入地层中并扩散，而造成腐蚀环境发生改变，使管道防腐层老化，减少管道使用寿命。因此，穿越段环境、地质条件的改变对管道防腐控制影响较大。

（4）对于穿越地段的管道，由于施工存在比其他管道相对大的困难，因此，很容易造成漏检或检验控制不严的情况，从而给管道运行带来安全隐患。

（5）热油管道跨河管段，在管道外壁一般都设有防腐保温层，如果保温层外侧的防护层一旦受到破坏，保温材料很容易进水受潮，不仅会降低保温效果，而且会腐蚀管道。因此，在管道跨越段两侧应设置保护栅栏，禁止行人在管道上方沿管道行走。

4.8.3 安全阀

（1）安全阀弹簧质量差，在使用一段时间后老化、性能降低甚至断裂。

（2）安全阀密封面堆焊硬质合金未达设计要求，在启跳几次以后，密封面损坏，从而无法达到密封要求。

（3）安全阀开启压力调整过高，使安全阀起不到保护作用，或者开启压力调整过低，使安全阀经常开启，导致介质经常泄漏或造成事故。

（4）安全阀回座压力调整过低，或回座失效，使开启后的安全阀不能正常回座，导致大量的介质外泄。

（5）安全阀的排放能力不够，使超压的管道、设备不能及时泄压。

（6）安全阀的阀芯与阀座接触面不严密，阀芯与阀座接触面有污物，阀杆偏斜，造成安全阀漏气。

（7）安全阀开启不灵活，影响正常排气，其主要原因是阀芯与阀座黏住不分离或锈蚀严重。

4.8.4 其他安全附件

除上述安全阀以外，当液位计、温度测量仪表、压力表、紧急切断装置等安全附件存在制造质量问题或出现故障失效时，也将给系统安全运行带来隐患。

4.8.5 控制仪器仪表

长输管道系统除上述使用的安全附件外，还有用于控制液位、温度、压力、流量等的仪器仪表及系统运行管理的控制系统硬件和软件等。这些仪器仪表及控制系统对整个系统的控制、运行和管理，起着十分重要的作用，如果设备选型不当、制造质量存在问题或系统控制用软件不适合工艺要求，则系统参数(如液位、温度、压力、流量等）无法实现有效控制，有可能引发超压、超温、冒罐、混油、泄漏等安全事故，甚至发生火灾、爆炸事故。例如压力表指针不动、不回零、跳动严重时，有可能出现超压情况。

4.8.6 清管设施

如果系统选用的清管球的密封垫片形式不当，或者清管球与管道配合过盈量调整不合适，则难以将管道内部的污物清除干净。而实施清管作业时，造成清管器丢失、卡阻的原因主要有：

（1）管道三通和旁路管道未安装挡条或旁路阀门未关严，有油、气流通过；

（2）管道严重变形或管内有较大异物未清除干净；

（3）管道内发生蜡堵等堵塞管道。

4.9　第三方破坏因素分析

第三方破坏对管道来说是最大的威胁之一。由于电站设施的增加、定向钻的大量使用、通信光缆的铺设以及承包商建设公路、铁路的增加，都使得对管道的威胁增大。使用的工具设施包括挖掘机、钻机、钻孔器和定向钻，威胁同时也来自于其他主体授权资产机构的建设和维护以及在管线的维护工作中发生的问题。通常采用 AS 2885.1 减轻风险标准，每年都对所有管线进行风险评价，GasNet 要求最小埋深为 1200mm，对临时管道埋深要求最小为 900mm。管道与道路交叉口要浇灌混凝土、增加壁厚以及在道路最低处埋深 1.2m，此外还要挖建排水沟槽。

管道巡检的目的是要发现那些身份不明的或已经存在的外界干扰操作、泄漏、违章建筑、标记缺乏、建筑物上的植被、腐蚀、塌方、下沉以及地面管线的安全问题和周围环境问题。巡检要空中巡检和地面人工巡检结合使用。周末在大城市区域要实行地面巡检。在乡村区域要每周、每两周或者每月进行空中巡检，同时以地面巡检进行补充。每年空中巡检要对所有管线进行录像，对地面管线，尤其是容易产生腐蚀的地区要进行拍照。

密切联系土地所有者能够有效阻止第三方破坏，对土地所有者每年都要进行探访并且要经常和他们进行联系。在联系过程中讨论以下的问题：

（1）土地所有者的区域位置；

（2）办好在土地上进行正当施工的手续；

（3）任何存在土地所有者及其相邻区域的变化的可能；

（4）对管线安全潜在的威胁；

（5）管线突发事件反应程序；

（6）24h 都能联系到的方式。

4.9.1　违章占压

目前管道沿线违章占压的现象时有发生，违章占压不但直接危害管道安全，给管道抢修带来困难，也给地方人民和财产带来一些新的危险。违章占压问题主要有两个方面：一是随着城市化发展、城乡规划建设，与管道安全保护发生了冲突，存在协调上的难度；二是一些无规划的乱建、乱采、开矿、放炮、种植根深植物占压管道等现象不断发生，给管道保卫带来了很大隐患。

4.9.2　打孔盗油

1. 打孔盗油风险控制决策树

打孔盗油风险控制决策树如图 4-2 所示。防范打孔盗油的方法主要是加强巡线、安装泄漏检测系统和依靠地方司法部门。

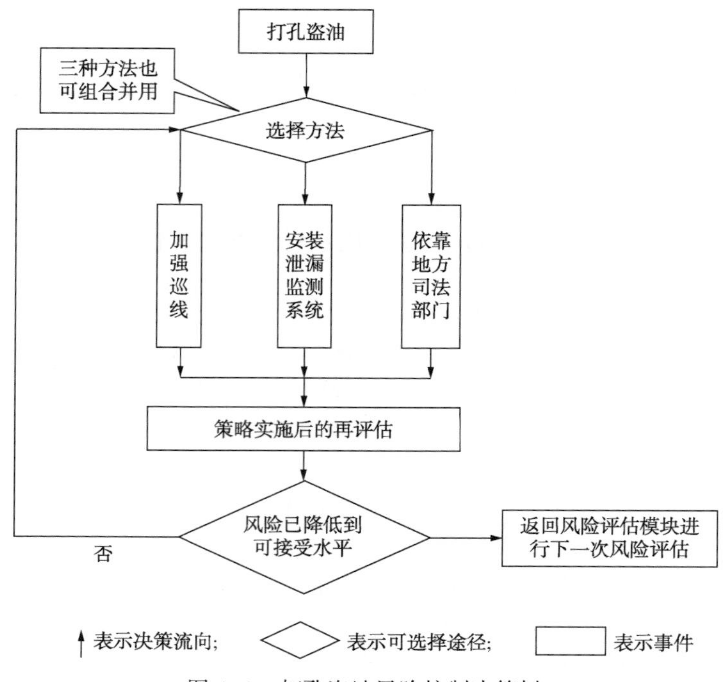

图 4-2　打孔盗油风险控制决策树

巡线有两种方式，即航飞巡线和徒步巡线。巡线间隔有每天 1 次、每 2.5 天 1 次、每周 1 次，最大间隔应不超过两周。原则上，管线各站每 30km 选配 1 名管道保护工，每 8～10km 选配 1 名巡线员。

安装泄漏监测系统不仅可将发现泄漏时间减至最短，降低泄漏量，而且对打孔盗油来说可以尽快发现盗油点，及时前往抓捕盗油犯罪分子，对犯罪分子具有相当的震慑力。泄漏监测系统可在较短时间内检测出大于其检测精度的泄漏量，并发出警报。

2. 打孔盗油事例

以秦京线为例，泄漏监测系统自 2003 年 6 月 30 日投用以来，共发生过 6 起打孔盗油事件，除 2 次（2003 年 7 月 21 日和 10 月 11 日）因人为误操作和通讯中断造成系统判断有误（判断结果已修正），其余均做到了及时自动报警，定位平均相对误差为 0.89%。

兰成渝管道输送介质是成品油，具有高压、易燃易爆的特点，有的管段经过人口密集区、森林区以及黄河、长江流域，一旦发生打孔盗油，遭到人为破坏，极易引起火灾甚至爆炸，给当地人民生命和财产安全造成威胁，给周边生态环境带来严重后果；同时，输油中断，不仅会影响川渝地区油品供应和社会稳定，而且给人民的正常生活带来严重影响，也将造成不良的社会政治影响。例如 2003 年在四川广元发生的“12·19”打孔盗油事件，惊动了国务院、公安部，这次事件共泄漏 90 号汽油 440m^3，造成宝成铁路停运 5 小时 57 分钟，108 国道停运 8 小时，兰成渝管道停输 14 小时 38 分，对清水河造成了严重污染，石油类超标 7951 倍；兰成渝直接经济损失 301.3152 万元。

随着国际国内油价持续上涨，犯罪分子受巨大利益驱动，铤而走险，紧盯管道不放，打孔盗油形势十分严峻。目前，犯罪分子作案具有一定狡猾性、隐蔽性，有的采用打地道方式进行作案；有的是集团化作案，踩点、打孔、盗油、销账一条龙；有的作案网络化，采用高科技手段，装备有武器、成套通信装备，形成比较严密的网络，具有一定危险性。

4.10　误操作因素分析

风险中的一个最为重要的问题就是人为造成失误的潜在可能性。这也是最难进行量化和理解的一个参数。安全方面的专家强调：在事故预防过程中，人们的行为或许是取得成功的关键因素。包含行为与态度的诸多因素均要涉及心理、社会及生物等领域的问题，要远远超出我们考虑和评价的范畴。这就要求我们结合更多的可利用的资源融入参数中去。当统计数据能够证明事故与多年的经验、当时的情况、受教育程度、饮食、薪水等各种变量存在着相关性，那么这些变量就可能影响到风险的进程。

在美国，62%的危险性管材事故是由人为失误造成的。公众对于这类风险尤其敏感。在运输企业当中，管道行业对于人为影响还是相当迟钝的。铁路、高速公路或水运货物的运输界明显更多地考虑到了人的因素。但无论在何种程度上，都涉及“人”的可变性，并影响着风险进程。

管道系统中人们的相互作用可能是积极的——预防或减轻了事故；或者是消极的——恶化或引发了事故。

4.11　天气、外力因素分析

由于大气作用而对人类生命财产、国民经济建设和国防建设等所造成的损害，称为气候灾害，它包括干旱、寒潮、雷电、低温、雪暴、大雾、暴雨、台风、热浪和沙尘暴等。对长输管道系统危害最为严重的是台风、雷电、低温和洪水。

4.11.1　台风

台风又称热带气旋，是发生在热带或副热带海洋上的大气漩涡，在北半球作逆时针方向旋转，在南半球作顺时针方向旋转。它主要是依靠水汽凝结时放出的潜热而生成的。热带气旋的强度是以其中心附近的最大平均风力来确定的，共分为热带低气压(6~7级)、热带风暴(8~9级)、强热带风暴(10~11级)和台风(12级及以上)四级。台风的破坏力最强，而造成破坏的主要原因有：

(1) 热带气旋中心附近的风速常达40~60m/s，有的可达100m/s以上，引起巨浪；

(2) 热带气旋移近陆地或登陆时，由于其中心气压很低及强风可使沿岸海水暴涨，形成风暴潮，致使海浪冲破海堤、海水倒灌，造成人民生命财产的巨大损失；

(3) 迄今为止，最强的暴雨是由热带气旋产生的，并且能引起山洪暴发或使大型水库崩塌等，造成巨大洪涝灾害。

台风对长输管道、站(场)造成的危害有：

(1) 破坏供电、通信系统，引起电力、通信中断，以至于引发故障；

(2) 损坏港口输送(接收)站、陆地管道及储存库内的设备、设施，使系统无法正常工作；

(3) 造成站、库内建(构)筑物倒塌，或管道附近高层建(构)筑物倒塌，从而损坏设备设施或管道。

4.11.2 低温

低温对长输管道的危害主要体现在两个方面：一方面是使管道材料脆化，即随着温度降低，碳素钢和低合金钢的强度提高，而韧性降低，当温度低于韧脆转变温度时，材料从韧性状态转变为脆性状态，使长输管道发生脆性破坏的概率大大提高；另一方面，低温使长输管道输送介质中的液体、气体发生相变，如水蒸气变为水、水变为冰等，引发管路堵塞(凝管)事故。此外，由于热胀冷缩的作用，随着环境温度的降低，有可能导致较大的热应力产生。

4.11.3 洪水

洪水是由于暴雨、急剧的融化冰雪、堤坝垮坝等引起江河水量迅猛增加及水位急剧上涨的现象。暴雨洪水是由较大强度的降雨而形成的洪水，在我国它是最主要的洪水，其主要特点是峰高量大、持续时间长、洪灾波及范围广。

暴雨洪水在山区形成山洪，即山区溪沟中发生暴涨暴落的洪水。由于地面河床坡降都比较陡，降雨后汇流较快，形成急剧涨、落的洪峰。所以山洪具有突发性、水量集中、流速大、冲刷破坏力强、水流中挟带泥沙甚至石块等特点，严重时形成泥石流。

泥石流暴发突然、运动快速、历时短暂、破坏力极大，是特殊的含水固体径流，固体物质含量很高，可达30%~80%。流体作直线惯性运动，遇障碍物不绕流而产生阻塞、堆积等正面冲击作用。

我国洪涝最多的地区是广东、广西大部、闽南地区；湘赣北部；苏浙沿海和闽北；淮河流域；海河流域。其次是湘赣南部和闽西北；汉水流域和长江中游及川东地区；黄河下游地区；辽河地区。

洪水对长输管道、站(场)造成的危害有：

(1) 损坏电力、通信系统，引起电力、通信中断，以至于管道系统无法正常工作；

(2) 冲刷管道周围的泥土，会导致管道裸露或悬空，使管道在热应力和重力的作用下拱起或弯曲变形；

(3) 大面积的洪水会使管道地基发生沉降，造成管道变形甚至断裂；

(4) 洪水引发的泥石流挤压管道，造成管道变形甚至断裂。

4.11.4 雷电

雷电是一种大气中的放电现象，产生于积雨云中。积雨云在形成过程中，某些云团带正电荷，某些云团带负电荷，它们对大地的静电感应，使地面或建(构)筑物表面产生异性电荷，当电荷积聚到一定程度时，不同电荷云团之间，或云团与大地之间的电场强度可以击穿空气(一般为25~30kV/cm)，开始游离放电，称之为“先导放电”。云对地的先导放电是云向地面跳跃式逐渐发展的，当到达地面时，地面上的建筑物、架空输电线等，便会产生由地面向云团的逆导主放电。在主放电阶段，由于异性电荷的剧烈中和，会出现很大的雷电流(一般为几十千安至几百千安)，并随之发生强烈的闪电和巨响，这就形成了雷电。

雷电的危害方式分为直击雷、感应雷、球形雷三种，最常见的是直击雷和感应雷。直击雷就是雷电直接打击到物体上；感应雷是通过雷击目标旁边的金属物等导电体产生感应，间接打到物体上；球形雷民间俗称“滚地雷”，是一种带有颜色的发光球体，一般碰到导体即消失。在这些雷击中，直击雷危害最大。

雷电危害是多方面的，但从其破坏因素分析，可归纳为以下三类：

(1) 电性质的破坏　雷电放电可产生高达数万伏甚至数十万伏的冲击电压，因此，可以毁坏电动机、变压器、断路器等电气设施的绝缘，引起短路，导致火灾、爆炸事故；烧毁电气线路或电杆，造成大规模停电而引发安全事故；反击放电火花也可能引起安全事故；使高电压电流窜入低压电流，造成严重的触电事故；巨大的雷电流流入地下，在雷击点及其连接的金属部分产生极高的对地电压，可直接导致接触电压或跨步电压的触电事故。

(2) 热性质的破坏　当几十至上千安培的强大电流通过导体时，在极短的时间内将转换成大量的热能。雷击点的发热能量约为500~2000J，这一能量可熔化体积为$50\sim200m^3$的钢。因此在雷击通道中产生的高温，往往会造成火灾。

(3) 设备设施的破坏　由于雷电的热效应作用，能使雷电通道中木材纤维缝隙和其他结构缝隙中的空气剧烈膨胀，同时也使木材所含有的水分及其他物质分解为气体。因此，在被雷击的物体内部出现强大的机械压力，导致被雷击物体遭受严重的破坏或爆炸。

长输管道系统中，存在高大建(构)筑物或设施，如办公楼、储存设施、通信塔等。如果这些设备设施的防雷设施未设置、设置不合理或防雷设施损坏未及时进行修复，将造成直接雷击破坏。对于储油罐，呼吸阀、导气管的排出口周围存在的油气，特别是呼吸阀排出口周围的油气，当有雷击火花时，会引起燃烧，如果呼吸阀未带阻火器或阻火器出现故障而不能阻火，将可能造成储油罐燃烧甚至爆炸。另外，对于电气设施，如果接地不良、布线错误，各供电线路、电源线、信号线、通信线、馈线未安装相应的避雷器或未采取屏蔽措施，将有可能遭受感应雷击，造成电力、电气系统损害。

4.11.5　土体移动

自然变异和人为作用都可能导致地质环境或地质体发生变化，当这种变化达到一定程度时，便会给人类和社会造成危害，即地质灾害，如地震、崩塌、滑坡、泥石流、地面沉降、地面塌陷、土地沙漠化等。以下分析部分地质灾害对长输管道运行安全性的影响。

1. 地震

地震是人们通过感觉和仪器察觉到的地面振动，是一种比较普遍的自然现象。它发源于地下某一点，该点称为震源，震动从震源传出，在地层中传播。地面上离震源最近的一点，称为震中，它是接受振动最早的部位。强烈的地面振动，即强烈地震，会直接和间接地造成破坏，成为灾害。凡由地震引起的灾害，称之为地震灾害。

直接地震灾害是指由于强烈地面振动及形成的地面断裂和变形，引起建筑物倒塌、生产设施损坏，造成人身伤亡及大量物质的损失。间接地震灾害则是指由于强烈地震而使山体崩塌，形成滑坡、泥石流，水坝、河堤决口或发生海啸而造成水灾，引起油气管道泄漏、电线短路或火源起火而造成火灾，使生产、储存设备或输送管道破坏造成有毒气体泄漏、蔓延。

国内7级以上地震的地理分布非常局限，仅分布在吉林省的延吉、安图、晖春和黑龙江省的穆棱、东宁、牡丹江一带，大致呈北偏西方向展布，震源深度一般为400~600km，震级为5~7.5级。

地震灾害是由传播的地震波和永久性的地土变形而引起的。地震波所能影响的区域要比永久性的地土变形影响区域大，破坏管道系统薄弱部位的可能性大，而永久性的地土变形比地震波的危害更大，常引起灾难性破坏。

地震对长输管道、输送站(场)造成的危害有：

(1) 造成电力、通信系统中断、毁坏；

(2) 永久性的地土变形，如地表断裂、土壤液化、塌方等，引起管线断裂或严重变形，构(建)筑物倒塌；

(3) 地震波对长输管道产生拉伸作用，但由此动力激发的惯性效应极小，不至于造成按规范标准建设的长输管道的破坏，但是有可能使那些遭受腐蚀或焊接质量较差的薄弱管段破坏；

(4) 地震产生的电磁场变化，干扰控制仪器、仪表正常工作。

提高长输管道抗震能力，应选择适当的管道线路，避开在动力作用下产生液化的地震不稳定性区域及烈度在7度以上的区域。对个别土质较差的地区则应采取夯实、换土、加固等措施，山区管道要敷设在切土后做成的平台上，并设置挡土墙。

2. 滑坡、崩塌

滑坡是指斜坡上的岩土体由于种种原因在重力作用下沿一定的软弱面(或软弱带)整体地向下滑动的现象；崩塌是指斜坡上的岩土体由于种种原因在重力作用下部分地崩落塌陷的现象。滑坡、崩塌除直接成灾外，还常常造成一些次生灾害，如在滑、崩过程中在雨水或流水的参与下直接形成泥石流；堵断河流，引起上游回水使江河溢流，造成水灾。

云南、四川、西藏、贵州等西南地区为我国滑坡、崩塌分布的主要地区，滑坡、崩塌的类型多、规模大、频繁发生、分布广泛、危害严重；西北黄土高原地区，以黄土滑坡、崩塌广泛分布为其显著特；东南、中南等省山地和丘陵地区，滑坡、崩塌规模较小，以堆积层滑坡、风化带破碎岩石滑坡及岩质滑坡为主，其形成与人类工程经济活动密切相关；西藏、青海、黑龙江北部的冻土地区，分布有与冻融有关、规模较小的冻融堆积层滑坡、崩塌；秦岭至大别山地区也是我国主要滑坡、崩塌分布地区之一，堆积层滑坡大量出现。

滑坡、崩塌对长输管道、站(场)造成的危害有：

(1) 损坏电力、通信系统，引起电力、通信中断，以至于管道系统无法正常工作；

(2) 形成的岩石或泥石流挤压管道，造成管道出现拉伸、弯曲、扭曲等变形甚至断裂；

(3) 引发的洪水冲刷管道会导致管道悬空，使管道在热应力和重力的作用下产生拱起或下垂等变形；

(4) 造成管道地基沉降，进而引起管道变形或断裂；

(5) 毁坏输送站、储存库内的储罐、计量设备、泵或压缩机组、阀门及管道等设备和建(构)筑物。

3. 地面沉降

地面沉降是指在一定的地表面积内所发生的地面水平面降低的现象。作为自然灾害，地面沉降发生有着一定的地质原因，如松散地层在重力作用下变成致密地层、地质构造作用、地震都会导致地面沉降。也有人为因素，如人类过度开采石油、天然气、固体矿产、地下水等直接导致了地面沉降。随着人类社会经济的发展、人口的膨胀，地面沉降现象越来越频繁，沉降面积也越来越大，人为因素已大大超过了自然因素。

地面沉降对长输管道、站(场)造成的危害有：

(1) 导致管道下部悬空或产生相应变形，严重时发生断裂；

(2) 造成地面输送站(场)、储存库设备、管道及建(构)筑物损坏，设备与管道连接处变形或断裂；

(3) 造成地下油气储存设施的破坏。

4. 土地沙化、水土流失

在青藏高原，近二十年来进行了两次公路改建施工，施工过程中使公路加宽填高的大量土方取自管道附近，加上农牧民的开垦、放牧，破坏了草原植被而形成大范围沙化地带。高原是多风地区，有资料表明，泵站历年平均风速为3.8~4.9m/s，如此高的风速能使成片沙漠搬家，导致管道长距离裸露或悬空。并且，高原的夏季也常有大雨滂沱和洪水泛滥的情况发生，加上高山上的积雪融化造成的季河奔流，常常冲开沙土，使管道长距离裸露或悬空。

另外，我国又是世界上黄土分布最广的国家。地质地貌为山地丘陵和黄土地区地形起伏。黄土或松散的风化壳在缺乏植被保护的情况下极易发生侵蚀。而国内大部分地区属于季风气候，降水量集中，雨季降水量常达年降水量的60%~80%，且多为暴雨，易于发生水土流失。这些因素会导致管道长距离裸露或悬空。

土地沙化、水土流失对长输管道造成的危害有：

(1) 裸露管道防腐覆盖保护层易于老化，缩短管道的使用寿命；

(2) 破坏管道1.2~1.4m埋深的恒压作用，使管道在热应力的作用下产生拱起或下垂等弯曲变形，甚至产生破坏；

(3) 长距离悬空容易使管道失稳而折断，造成严重的跑油和停输事故。

第 5 章　高后果区识别

5.1　术语与定义

1. 高后果区(HCAs，High Consequence Areas)

高后果区是指管道如果发生泄漏会严重危及公众安全和(或)造成环境较大破坏的区域。随着管道周边人口和环境的变化，高后果区的位置和范围也会随着改变。

2. 地区等级(Class Area)

地区等级是指按沿线居民户数和(或)建筑物的密集程度划分的等级，分为四个地区等级。划分标准见 ASME B31.8/GB 50251 中地区等级划分规定。

3. 特定场所(Identified Site)

特定场所是指除三级、四级地区外，由于天然气管道泄漏可能造成人员伤亡的潜在影响区域。包括以下地区：

特定场所Ⅰ：医院、学校、托儿所、幼儿园、养老院、监狱、商场等人群疏散困难的建筑区域。

特定场所Ⅱ：在一年之内至少有 50 天(时间计算不需连贯)聚集 30 人或更多人的区域，如集贸市场、寺庙、运动场、广场、娱乐休闲地、剧院、露营地等。

5.2　高后果区划分准则

5.2.1　地区等级划分

输气管线通过的地区，应按沿线居民户数和(或)建筑物的密集程度，划分为四个地区等级，并应依据地区等级进行相应的管道设计。地区等级划分应符合下列规定：

(1) 沿管线中心线两侧各 200m 范围内，任意划分成长度为 2km 并能包括最大聚居户数的若干地段，按划定地段内的户数应划分为四个等级。在乡村人口聚集的村庄、大院及住宅楼，应以每一独立户作为一个供人居住的建筑物计算。地区等级应按下列原则划分：

一级一类地区：不经常有人活动及无永久性人员居住的区段；

一级二类地区：户数在 15 户或以下的区段；

二级地区：户数在 15 户以上 100 户以下的区段；

三级地区：户数在 100 户或以上的区段，包括市郊居住区、商业区、工业区、规划发展区以及不够四级地区条件的人口稠密区；

四级地区：四层及四层以上楼房(不计地下室层数)普遍集中、交通频繁、地下设施多的区段。

（2）当划分地区等级边界线时，边界线距最近一幢建筑物外边缘不应小于200m。

（3）在一、二级地区内的学校、医院以及其他公共场所等人群聚集的地方，应按三级地区选取设计系数。

（4）当一个地区的发展规划足以改变该地区的现有等级时，应按发展规划划分地区等级。

5.2.2 输油管道高后果区

输油管道经过区域符合表5-1识别项中任何一条的为高后果区，识别高后果区时，高后果区边界设定为距离最近一幢建筑物外边缘200m，输油管道高后果区分为三级，Ⅰ级代表最小的严重程度，Ⅲ级代表最大的严重程度。

表5-1 输油管道高后果区管段识别分级表

管道类型	识别项	分级
输油管道	（1）管道中心线两侧各200m范围内，任意划分成长度为2km并能包括最大聚居户数的若干地段，四层及四层以上楼房（不计地下室层数）普遍集中、交通频繁、地下设施多的区段	Ⅲ级
	（2）管道中心线两侧200m范围内，任意划分2km长度并能包括最大聚居户数的若干地段，户数在100户或以上的区段，包括市郊居住区、商业区、工业区、发展区以及不够四级地区条件的人口稠密区	Ⅱ级
	（3）管道两侧各200m内有聚居户数在50户或以上的村庄、乡镇等	Ⅱ级
	（4）管道两侧各50m内有高速公路、国道、省道、铁路及易燃易爆场所等	Ⅰ级
	（5）管道两侧各200m内有湿地、森林、河口等国家自然保护地区	Ⅱ级
	（6）管道两侧各200m内有水源、河流、大中型水库	Ⅲ级

5.2.3 输气管道高后果区

输气管道经过区域符合表5-2识别项中任何一条的为高后果区，识别高后果区时，高后果区边界设定为距离最近一幢建筑物外边缘200m，输气管道高后果区分为三级，Ⅰ级表示最小的严重程度，Ⅲ级表示最大的严重程度。

表5-2 输气管道高后果区管段识别分级表

管道类型	识别项	分级
输油管道	（1）管道经过的四级地区，地区等级按照GB 50251中相关规定执行	Ⅲ级
	（2）管道经过的三级地区	Ⅱ级
	（3）如管径大于762mm，并且最大允许操作压力大于6.9MPa，其天然气管道潜在影响区域内有特定场所的区域，潜在影响半径按照公式（5-1）计算	Ⅱ级
	（4）如管径小于273mm，并且最大允许操作压力小于1.6MPa，其天然气管道潜在影响区域内有特定场所的区域，潜在影响半径按照公式（5-1）计算	Ⅰ级
	（5）其他管道两侧各200m内有特定场所的区域	Ⅰ级
	（6）除三级、四级地区外，管道两侧各200m内有加油站、油库等易燃易爆场所	Ⅱ级

输气管道的潜在影响区域是依据潜在影响半径计算的可能影响区域，输气管道潜在影响半径 r 可按下式计算：

$$r = 0.099\sqrt{d^2 p} \tag{5-1}$$

式中 d——管道外径，mm；

p——管段最大允许操作压力（$MAOP$），MPa；

r——受影响区域的半径，m。

注：系数 0.099 适用于天然气管道，对于其他气体或富气管道，应采用不同的系数。

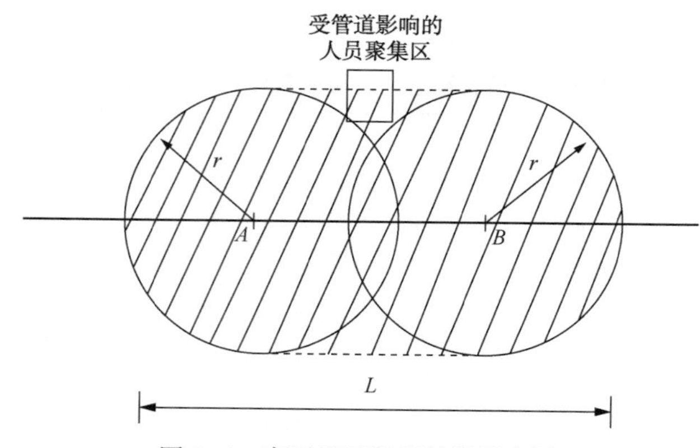

图 5-1　高后果区长度计算示意图

高后果区长度的计算如图 5-1 所示。图 5-1 中，以长方形表示受管道影响的人员聚集区域。以潜在影响半径 r 为半径，分别在受影响区域左右两侧最靠近管道的点作圆，与管道交于 A、B 两点，再以 A、B 两点为圆心，r 为半径画两个圆，两个圆与管道相交的两个距离最远的交点之间的距离即为管道沿线高后果区的长度。

5.3　高后果区识别工作

高后果区识别工作应由熟悉管道沿线情况的人员进行，识别人员应参加有关培训，识别统计结果应按照统一的格式填写，当识别出高后果区的区段相互重叠或相隔不超过 50m 时，作为一个高后果区段管理。输油管道附近地形起伏较大时，可依据地形地貌条件、地下管涵等判断泄漏油品可能的流动方向，对表 5-1 中（3）、（4）、（5）、（6）中的距离进行调整，当输气管道长期低压运行时，潜在影响半径宜按照最大操作压力计算。

5.4　高后果区的管理

建设期识别出的高后果区应作为重点关注区域。试压及投产阶段应对处于高后果区的管段进行重点检查，制定针对性预案，做好沿线宣传并采取安全保护措施，运营阶段应将高后果区管道作为重点管理段。应定期审核管道完整性管理方案以确保高后果区管段完整性管理的有效性。必要时应修改完整性管理方案以反映完整性评价等工作中发现的新的运行要求和经验。地区发展规划足以改变该地区现有等级时，管道设计应根据地区发展规划划分地区等级。对处于因人口密度增加或地区发展导致地区等级变化的输气管段，应评价该管段并采取相应措施，满足变化后的更高等级区域管理要求。当评价表明该变化区域内的管道能够满足地区等级的变化时，最大操作压力不需要变化；当评价表明该变化区域内的管道不能满足地区等级的变化时，应立即换管或调整该管段最大操作压力。

5.5 高后果区识别报告

管道高后果区识别可采用地理信息系统识别或现场调查。在高后果区识别报告中应明确所采用的方法。高后果区识别报告应包括以下内容。

1. 概述

概述应包括以下内容：

（1）本次高后果区识别工作情况概述，包括识别单位、识别方法、识别日期等；

（2）管道参数以及信息的获取方式；

（3）管道周边人口和自然环境情况。

2. 识别结果

识别结果应包括以下内容：

（1）高后果区管段识别统计表；

（2）高后果区管段长度比例图；

（3）减缓措施；

（4）再识别日期。

5.6 高后区识别和管理中存在的主要问题

2017年12月，国家安监总局等8部门〔2017〕138号通知要求，突出加强油气输送管道途经人员密集场所高后果区安全管理工作，建立健全油气输送管道安全风险管控和隐患排查治理工作机制，有效防范油气输送管道重特大生产安全事故。目前全国范围内存在12000多处高后果区，人员密集型高后果区不但是管道企业管理的重点，也是政府监管的重点。政府和企业对高后果区的管理需要在以下方面进行改进。

5.6.1 高后果区覆盖存在的盲区和死角

目前高后果区存在最大的安全隐患在于管理的盲区和死角。当前管道完整性管理的理念基本普及，管道检测评价及风险减缓措施得到企业的高度重视，80%～90%的管道风险得到控制，但还有10%～20%的管道风险处于不能实施内检测、其他检测方法又有局限性的管道特殊地段，如阴极保护屏蔽段、套管段、穿跨越段、老旧管道、未设置收发球筒段、站(库)间连接短距离管道，以及多年没有通球的海底管道等。回顾重大发生事故，均是由于没有得到足够的重视，最终才酿成大祸；另外，目前建设期遗留下来的问题也比较突出，主要是高钢级管道施工遗留的焊接缺陷风险较高，焊口开裂往往没有任何征兆，目前内检测技术有存在较大的局限性。

政府应创造良好的条件，与企业一起研究目前高后果区存在的风险，共同制定机制并提出可行的“一区一案”，针对特殊地段帮助企业解决困难，尽量满足企业内检测具备的条件，如果在设备改造更新过程或改线等风险削减活动中存在征地和地方关系协调问题，政府应加大力度解决。企业应加大完整性管理的覆盖力度，在高后果区焊缝排查、特殊地段整治方面下功夫，当然在第三方管理、地质灾害管理方面更需要强化。

5.6.2 高后果区识别与管理存在的问题

全面开展高后果区风险识别，并采取风险消减的管理措施，是加强高后果区管理工作的一项重要内容。高后果区是管道企业管理的重点，企业在高后区管理过程中问题仍然存在一些问题，这些问题具有一定的普遍性，主要是高后果识别过程中标准尺度不同，存在高后果区扩大识别范围的趋势，一定程度上加大了企业的负担；同时在日常管理过程中，没有认真执行高后果区一区一案的规定要求。以下是目前存在的主要问题：

(1) 高后果区识别存在的问题　主要是指企业按照设计文件识别的模式，设计文件中当一段管道均是 3 级或 4 级地区时，主要是考虑城市的扩展未来规划问题，对于可能将来是 3 级或 4 级地区，GB 50251 和 GB 50253 中均规定了考虑未来发展趋势或规划，但高后果区识别不是将整段均作为高后果区，而是需要按照目前的居民户数考虑，以当前等级确定是否是高后果区。

(2) 高后果区一区一案管理问题　某些企业存在一条管线的各个高后果区段的风险评价结果完全一样、风险控制措施完全一样、风险因素识别完全一样的三个一样的情况，没有遵循高后果区一区一案进行差别化管理。

(3) 高后果区管段修复问题　美国运输部管道安全办公室规定：管道高后果区 2 级升至 3 级地区，一年内修复缺陷的最小深度限定在 50%壁厚，而 1 级升至 3 级地区，一年内修复缺陷的最小深度限定在 40%壁厚，地区等级无变化的一般限定在 60%壁厚；国内对高后果区缺陷修复没有任何规定，与其他段修复条件是一致的，需要对高后果区修复作出规定，缺陷的修复等级应从严掌握。

(4) 高后果区地区等级变化变更问题　企业不仅应及时将高后果区数据更新作变更管理，按照 GB 32167 规定，确定管道等级变化后，还要进行管道工程安全评价，在当前等级下，可以升级的继续运行，不可以升级的要采取措施。

5.6.3 高后果区应急缓冲带设置问题

近年来企业针对高后果区管理过程中，是否应在管道沿线设置高后果区缓冲带意见不同；有关专家也提出了应设置管道外部应急响应距离，设立保护带和安全咨询区等问题，这些确实很值得商榷。其主要问题是针对保护带、响应距离、缓冲带等真正作用是什么，存在的必要性是什么，真正能否对管道管理起到重要作用，会不会影响沿线居民的生产、生活，这些问题均是十分现实的问题，所以很多专家的意见仅处于讨论阶段，没有认真去做论证，到底是否可行也不确定，定位十分不明确。

编者认为，在高后果区设置应急缓冲带的做法值得推广。应急缓冲带是为应急时刻专门设置的，可作为完整性高后果区管理的重要手段，其目的是确保在沿线两侧一定范围内危害管道安全的行为得到控制和扼制，以两侧 50m 的缓冲带为宜，主要功能是在应急时刻能停靠抢险的大型机具，确保进场施工顺利，在非常时期必要时可以占用和征用，另外可有效扼制该范围内的非法挖掘、钻探、打桩、爆破等不受控制的行为，进一步明确高后果区缓冲带的作用和功能，但不能盲目扩大高后果区的缓冲带范围。

第 6 章　风险可接受准则

6.1　风险可接受性的概念

风险评价是管道完整性管理的基础和核心技术，而风险可接受判据是风险评价中必须解决的关键技术问题。按照风险的最低合理可行(ALARP)原则，结合我国油气管道实际，基于历史事故数据统计分析，提出了我国油气管道风险可接受准则。推荐个体风险可接受的临界值为 10^{-6}，可容忍的临界值为 10^{-4}；给出了社会风险可接受判据的 $F-N$ 曲线模型，即死亡人数(N)和超越概率(F)关系曲线。建议加强油气管道失效信息数据库建设，做好历史失效事故数据的积累和统计，对管道风险评价具有重要意义。

风险可接受性(Risk Acceptability)表示在规定时间内或系统某一行为阶段内的风险等级可被接受的程度，它直接为风险分析以及制定风险减缓措施提供参考。

人们对风险可接受性的认知大致经历了三个阶段：第一阶段，认为风险的可接受性是由技术手段决定的；第二阶段，认为风险的可接受性是一个多维变量，由专家与公众共同参与确定；第三阶段，将可接受性风险看成一个社会政治事件，它包括环境风险在内的许多影响因子。

风险不是越低越好，因为降低风险需要采取措施，措施的实施需要付出代价(费用)，所以通常将风险限制在一个可接受的程度。为了分析风险评价结果，确定风险可接受性，需要定义一个风险可接受性的判别准则。

风险可接受准则表示在规定时间内或系统某一行为阶段内可接受的总体风险等级，应在进行风险评价之前预先给出，并尽可能反映安全目标的特点。风险可接受准则的制定应满足工程中的安全性要求，同时应涵盖公认的行为标准及从自身活动和相关事故中得到的经验。常用的风险可接受准则有风险矩阵和 ALARP 准则。在定量风险评价中，一般采用 ALARP 准则。

自 21 世纪初以美国为首的发达国家提出管道完整性管理的理念并颁布了相关标准以后，管道完整性管理受到国际管道业界的普遍关注和重视，管道完整性管理已经成为管道安全管理的重点和发展方向。管道风险评价既是管道完整性管理的基础，也是核心技术。有关管道风险评价的研究主要致力于解决两方面的问题：一是风险估算方法，包括半定量和定量方法；二是风险评价，即判定风险的可接受程度。对于风险估算已研究发布了多种方法，包括风险指数方法、基于历史数据的统计方法、事故树方法、结构可靠性理论方法等。而风险的可接受判据既是风险评价的关键技术问题，也是油气管道风险评价技术亟待研究解决的难点问题。所谓风险的可接受性，也称风险门槛，即风险评价的评判依据，是指社会公众和管道运营商对风险水平的可接受程度。风险评价中所确定的可接受风险值如果超过实际可接受风险值，则将导致管理者决策错误，引发严重后果。因此，合理的风险可接受准则对于保证风险评价的科学性和适用性具有重要意义。

20世纪60年代末，在核能、化工、基因工程等领域展开了有关风险可接受性的争论，美国社会学家则提出了“多安全才够安全”的问题，自此开始了对风险可接受性的早期研究。以英国健康安全环境委员会(HSE)为代表的一些机构和组织在这方面开展了许多研究，取得了一系列成果。1974年，英国在安全生产的相关法规中采用了风险决策领域的ALARP准则，以使风险在合理范围内尽可能低；Fischhoff等主张风险仅仅在所获得的利益可以补偿所带来的风险时才是可以接受的。我国油气管道风险可接受判据的建立，必须结合我国的国情和油气管道的行业特点。基于此，在分析油气管道可接受风险影响因素、确定原则以及国际上已有可接受风险确定方法的基础上，利用我国目前的事故统计数据，研究提出了油气管道可接受风险准则，包括个体风险可接受判据和社会风险可接受判据。

6.2 可接受风险的影响因素和确定原则

6.2.1 可接受风险因素

1. 生命损失风险

1）个人风险

个人风险(Individual Risk)是指在某一特定位置长期生活的未采取任何防护措施的人员遭受特定危害的频率，个体生命损失可接受风险是社会可接受风险的最小单元。个人风险确定方法主要有AFR值、ALARP原则、风险矩阵等。

2）社会风险

社会风险(Societal Risk)用于描述事故发生概率与事故造成的人员受伤或死亡人数的相互关系，是指同时影响许多人的灾难性事故的风险，这类事故对社会的影响程度大，易引起社会的关注。社会风险标准确定的方法主要有F-N曲线、ALARP原则和FAR值等。

2. 财产损失风险

财产损失风险用于度量实际物体的总经济风险。就油气管道而言，财产损失风险并非针对某一特殊物理因素，而是针对整个管道系统。

财产损失风险标准与社会风险标准的建立一样，需要考虑社会价值观念。重点是根据ALARP原则来降低经济风险。

3. 环境损害风险

由于施工造成环境损害的可能性通常很小，一般不予讨论。环境损害风险主要来源于热油管道和管道泄漏，在考虑油气管道的泄漏风险时，应以管道生命期内全部管道的平均风险水平为基础。环境损害的可接受准则取决于油品或气体泄漏对环境造成的后果，不区分损害类型，只注重损害的严重性，并将其区分为当前环境污染和损害较严重的长期环境污染。

6.2.2 风险可接受性的影响因素

风险的可接受性与人们的价值观念和判断有关，不只是自然科学或纯技术问题，也是社会科学问题。同时，公众对风险的可接受程度不仅受事故本身的影响，而且受事件被媒体关注程度的影响。因此，风险可接受性的影响因素众多。

（1）事件后果特征：事实证明，事件后果对风险的可接受性具有重要影响。风险后果越严重，公众越难以接受。

（2）风险的可控性：对于风险的承担者而言，风险的可控性极大地影响着风险的可接受性。风险越难以控制，风险的承担者越难以接受。

（3）个体风险与集体风险：一次事件导致的人员伤亡数目或财产损失越大，公众越难以接受。

（4）不确定性：由于事件的复杂性，因对其给社会和环境造成风险的认识不足或缺少经验，难以准确估计风险大小，而这种存在于风险分析中的不确定性极大地影响着风险的可接受性。通常，风险的不确定性越大，公众越难以接受。

（5）知识的可获得性：越是缺乏对风险发生机理和过程相关知识的学习和理解，越是倾向于消极对待风险的可接受性。

6.2.3 风险可接受性的确定原则

开展风险分析和评价的目的，不是也不可能消灭风险，而是为了采取有效的控制措施，使风险处于可接受的水平。降低风险需要成本，包括投入资金、技术和劳务。确定可接受风险水平，也是为了将风险限定在合理的可接受水平，通过对风险控制措施的级别进行优化（如检测手段选择、检测周期长短等），寻找最佳投资方案（见图6-1）。

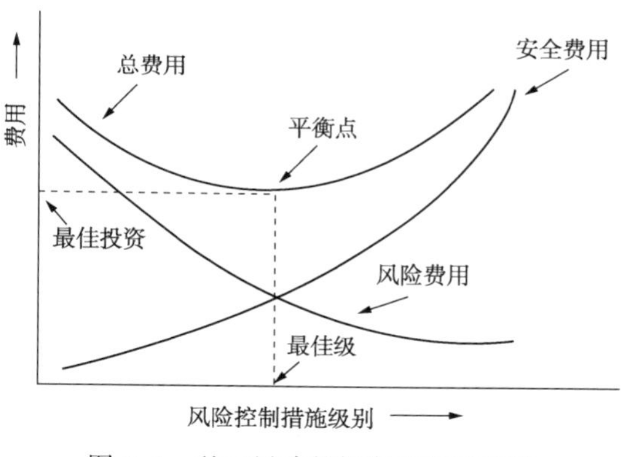

图6-1 基于风险的投资控制原理图

可遵循以下基本原则确定可接受风险水平：

（1）接受合理的风险，避免接受不必要的风险；在合理可行的前提下，最大限度地降低所有重大危害的风险水平。

（2）若某事故发生可能造成较严重的后果，则应该最大限度地降低该事故发生的概率。

（3）确定新系统的可接受风险水平，采取比较原则。该原则是指相比已被接受的现存系统的风险水平，新系统的风险水平至少与之大致相当。

（4）内生源性死亡率最低（Minimum Endogenous Mortality，MEM）原则，即新活动的风险不应比日常生活中其他活动的风险有明显增加。

6.3 风险可接受标准确定方法

6.3.1 AFR值

年死亡风险AFR（Annual Fatality Risk）是指一个人在一年时间内的死亡概率，它是一种常用的衡量个人风险的指标。

荷兰对各种事故造成死亡人数的统计表明，在一定时期内，不同类型的活动中个人死亡的风险几乎保持稳定。荷兰水防治技术咨询委员会(TAW)根据不同的意愿程度，对主动、意愿性强的活动风险(如登山探险)到不情愿活动的风险(如有危害的设施选址)等，分别设定了可接受风险标准：

$$IR<\beta\times10^{-4}$$

式中：β 为意愿系数(或称政策系数)，根据参与活动的意愿程度及获得的利益不同而变化。

Kletz(1982 年)提出工业设施对距离最近居民的最大死亡风险水平是 10^{-6}/年，这一风险水平在英国、美国和丹麦等国的一些公司的内部风险分析中使用了许多年。表 6-1 列出了英国、荷兰等国家和机构制定的个人风险标准。

表 6-1　部分国家和地区指定的个人风险标准

国家或机构	适用范围	最大可接受的风险/(1/年)	可以忽略不计的风险/(1/年)
荷兰	新建工厂	10^{-6}	无
荷兰	现有工厂	10^{-6}	无
英国	(HSE)现有危险性工业	10^{-6}	10^{-6}
英国	(HSE)新建核电站	10^{-6}	10^{-6}
英国	(HSE)现有危险物品运输	10^{-6}	10^{-6}
中国香港	新建工厂	10^{-6}	无
澳大利亚新南威尔士	新建工厂	10^{-6}	无
美国加利福尼亚圣巴巴拉	新建工厂	10^{-6}	10^{-6}

6.3.2　ALARP 原则

最低合理可行原则 ALARP(As Low As Reasonable Practicable)起源于 1949 年 Edwards 与英国煤炭部的一场著名法律纠纷。后来，英国健康安全委员会(HSE)明确指出要使用此原则进行风险管理和决策，它已成为可接受风险标准确立的标准框架。ALARP 原则将风险分为 3 个区域，即不可接受区、合理可行的最低限度区和广泛接受区(见图 6-2)。

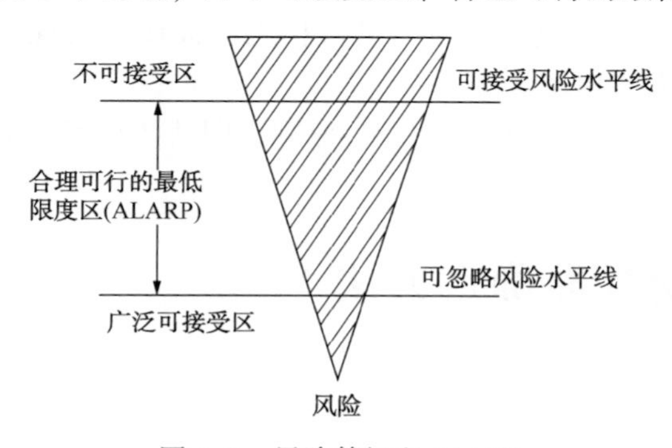

图 6-2　风险等级和 ALARP

若风险评价值在不可接受区，必须采取强制性措施减少风险。在广泛接受区，风险处于很低的水平，完全可以接受，可不采用任何风险减少措施。在合理可行的最低限度区，则需要在可能的情况下尽量减少风险，即对各种风险处理措施方案进行成本效益分析等，以决定是否采取这些措施。ALARP 原则包含两个风险分界线，分别是可接受风险水平线和可忽略风险水平线。国外根据自身实际情况对这两条风险线进行了研究。HSE

提出已建设施的可接受风险线和可忽略风险线分别为年死亡概率 10^{-4}和 10^{-5}，拟建设施分别为 10^{-4}和 10^{-6}。

6.3.3 风险矩阵法

由于量化风险往往受到资料收集不完善或技术上无法精确估算等限制，其量化的数据存在着极大的不确定性，以相对的风险来表示是一种可行的方法，风险矩阵即是一种常用方法。风险矩阵将决定风险的两大变量(可能性估计与后果)采用相对的方法，大致分成数个不同的等级，表 6-2 即是一个典型的风险矩阵。

表 6-2 中的Ⅰ、Ⅱ、Ⅲ、Ⅳ分别代表灾难性后果、严重后果、一般后果、轻微后果；H、M、L 分别代表高风险、中等风险、低风险。可能性估计可用个人风险表示，对不同的研究对象其取值有所不同。

表 6-2　风险评价矩阵

可能性	后　果			
	Ⅰ	Ⅱ	Ⅲ	Ⅳ
A	H	H	M	M
B	H	H	M	M
C	M	M	M	L
D	M	M	L	L
E	M	L	L	L

6.3.4 *F*-*N* 曲线

F-*N* 曲线最初是在核电站的风险评价中引入的。*F*-*N* 曲线是死亡人数 *N* 与其超过某种损失的概率 *F* 之间关系的图形表示。英国等确定了不同危害活动的可接受风险标准，如图 6-3所示。

在用 *F*-*N* 曲线制定社会风险标准时，原则上可把被评价的 *F*-*N* 曲线与标准 *F*-*N* 曲线进行比较：根据被评价的曲线形状与标准曲线相似、高于或者低于，就可判断出高或低；但当二者的曲线交叉时，就不能判定被评价的曲线比标准曲线高或低。

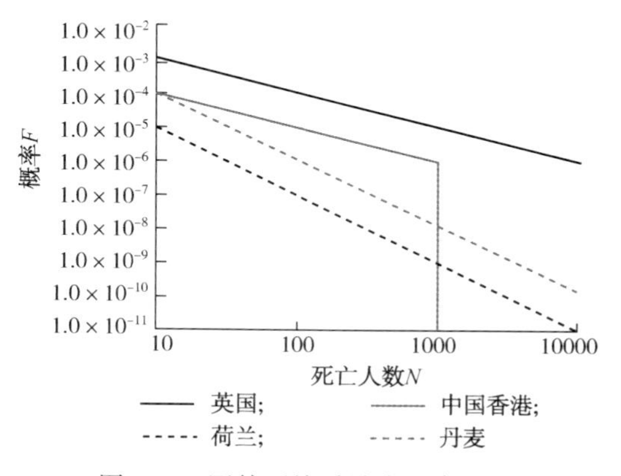

图 6-3　国外可接受社会生命风险

6.3.5 FAR 值

致命事故率 FAR(Fatal Accident Rate)是表示单位时间某范围内全部人员中可能死亡人员的数目。FAR 值是挪威海洋工业中最常用的度量风险的指标，其值约为 32，新设备的 FAR 值稍低，其典型的 FAR 值在 5~10 之间。海洋工业中一般可接受的 FAR 值典型范围是 10~15。日本对于各类活动的 FAR 值规定见表 6-3。

表 6-3 日本各种活动的致命事故率

类别	船舶	机动车	民用飞机	火车	火灾	工业	自然灾害
FAR	6.3	43.5	46.3	4.3	0.20	0.64	0.016

6.4 个体风险可接受准则

个体风险 IR 是指在没有采取任何防护措施的情况下，在某一特定位置长期生活或工作的人员遭受特定危害而死亡的概率。

6.4.1 个体风险的衡量方法

荷兰建设规划和环境部最早提出个体风险的衡量指标，其对个体风险定义为存在于某处的未采取保护措施的人员由于意外事故导致死亡的概率，相应的计算公式为：

$$IR = P_f P_{df} \tag{6-1}$$

式中：P_f为失效事故发生概率；P_{df}为在失效事故发生的条件下造成的个体死亡概率。

个体风险不受人员是否在该位置的影响，只表示在事故发生时处在该位置上人员的死亡概率。因此，个体风险可以视为该位置的一个属性。

6.4.2 国外可接受个体风险的取值

荷兰 TAW 认为确定可接受个体风险时，应考虑涉及风险的人员参与的主动性，例如在登山活动中，个体风险较化工厂建设带来的个体风险更易被接受，在该标准中，可接受个体风险(每年)的表述如下：

$$IR < \beta \times 10^{-4} \tag{6-2}$$

式中：β 为调整系数，与人们接受风险的主观意愿性有关(见表 6-4)。

表 6-4 荷兰 TAW 标准个体可接受风险计算式调整系数 β 的值

风险类型	调整系数 β	举　例
主动	10	登山，患病
自我控制	1	驾车
缺少自我控制	0.1	飞行
不自愿	0.01	做工

英国 HSE 委员会将个体风险划分为不可接受区、可容忍区和广泛接受区。按照 IRHSE 的定义，广泛接受区和可容忍区的界限为 IRHSE = 10^{-6}。另外，在 HSE 相关文献中提出了核电站的风险不可接受区与可容忍区的建议界限，对于工人，可取 10^{-3}人/年；对于公众，可取 10^{-5}人/年。对于广泛接受区和可容忍区的界限，一般界定为 10^{-6}人/年(见表 6-5)，

但对于不可接受区和可容忍区的界限，目前国际上尚无普遍应用的准则。

表 6-5 部分国家和地区个体风险可接受标准

国家/地区	适用范围	最大可接受个体风险/(人/年)
荷兰	新工厂	10^{-6}
荷兰	已有工厂	10^{-6}
英国	已有危险工业	10^{-6}
英国	新核电站	10^{-6}
英国	危险货物运输	10^{-6}
中国香港	新工厂	10^{-6}
澳大利亚	新工厂	10^{-6}

6.4.3 我国油气管道个体风险可接受准则

目前国际上个体风险的可接受准则基本与英国 HSE 标准框架一致，即最低合理可行原则 ALARP，依据该原则，将风险划分为不可接受区、合理可行的最低限度区和广泛接受区。荷兰标准中虽然采用了不同的方法，但该方法与英国 HSE 标准中的风险可接受水平可以取得一致。建立我国油气管道个体风险的可接受准则，建议也采用该框架，基于我国目前人员死亡的统计数据提出推荐的个体风险临界值。

根据国家安全生产监督管理总局 2001～2006 年针对我国事故死亡人数的统计数据(见表 6-6)，自 2001 年以来五年中，我国年事故死亡人数变化不大，通过与当年全国总人口数进行比较，可以得出年事故死亡率约为 1×10^{-4} 人/年。与目前欧美的发达国家相比，中国的事故死亡率较高。

表 6-6 我国总人口数和人员伤亡事故统计数据

年份/年	事故死亡人数/人	总人口数/10^{-6}	死亡率/(人/年)
2001	130 491	1259	1.01×10^{-4}
2002	139 393	1284	1.09×10^{-4}
2003	136 340	1292	1.06×10^{-4}
2004	136 755	1299	1.05×10^{-4}
2005	127 089	1376	9.24×10^{-5}
2006	112 822	1314	8.58×10^{-5}

根据国家统计局发布的数据，1978～2007 年，我国年平均人口死亡率(见图 6-4)为 6.576×10^{-3} 人/年，近似取值 1×10^{-2} 人/年。上述人口死亡率中，包括了事故死亡人数，但事故死亡人数所占比例较小，如 2001 年和 2002 年，事故死亡人数只占该年度总人口死亡人数的 1.56%和 1.69%。因此，年平均人口死亡率受事故死亡人数影响很小，可以视为我国人口的正常死亡率。

分别参照我国的事故伤亡情况和年平均人口死亡率，推荐我国油气管道的个体风险可接受准则如图 6-5 所示。根据上述分析，可将我国的年平均人口死亡率作为不可接受区与可容忍区的界限依据，将年事故死亡率作为可容忍区与可接受区的界限依据。在界限设定的同时，按照尽可能合理可行的低风险原则，鼓励和要求采取适当措施降低个体风险，将可接受的风险水平降至现有死亡概率的1%，因此，分别将两界限值设定为10^{-4}人/年和10^{-6}人/年。若个体风险处在可容忍区，则需要依据ALARP原则，在社会、经济、技术可行的范围内将风险降至最低水平。

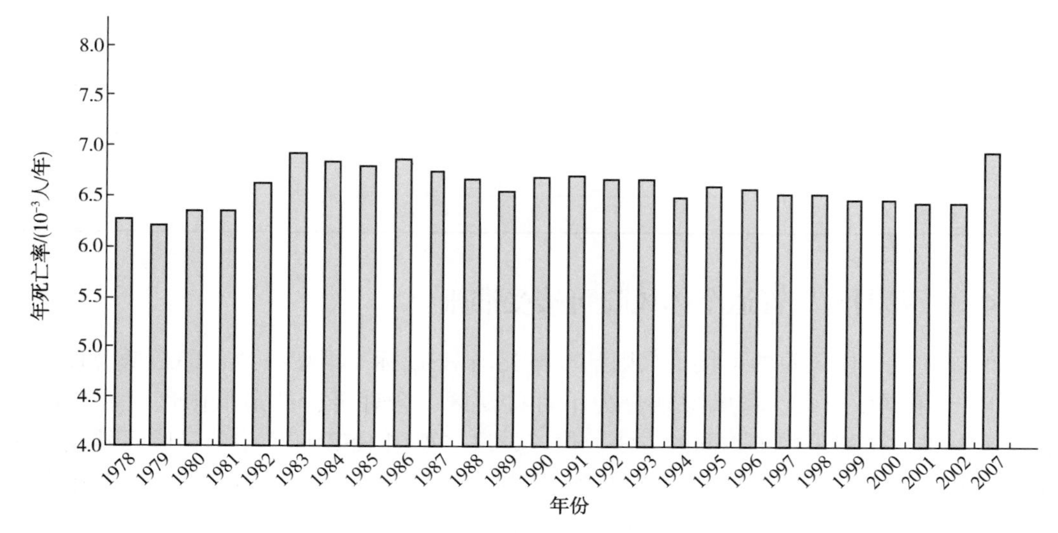

图6-4　我国1978~2007年人口死亡率统计图

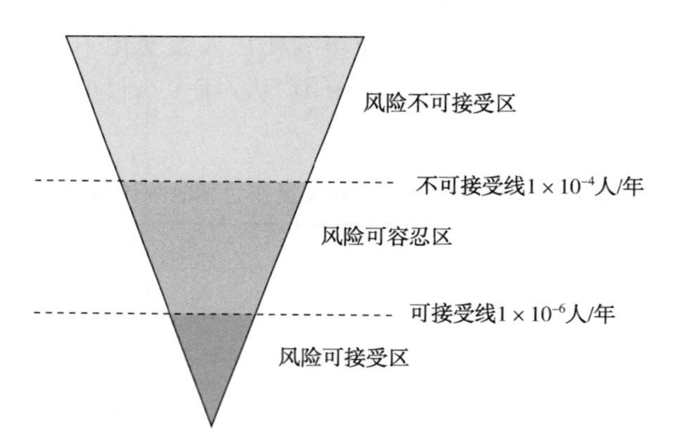

图6-5　我国油气管道个体风险推荐准则

上述可接受风险准则可以按照荷兰标准中的风险准则(见表6-1)表达。参照调整系数β的取值表(见表6-4)，对于不可接受区和可容忍区的分界值，可以认为其自愿程度可自行控制，属于正常的死亡风险，取值为1；对于可容忍区和可接受区的分界值，由于是事故死亡，属于不自愿的风险，取值为0.01。

6.5　社会风险可接受准则

社会风险旨在描述特定事故的发生概率与该事故导致的受伤或者死亡人数的相互关系，侧重反映在整个地区范围内因事故发生导致的死亡或者受伤人数。

6.5.1　社会风险的衡量方法

目前社会风险的表述通常采用 $F-N$ 曲线，即死亡人数超越概率曲线。$F-N$ 曲线方程如下：

$$1 - F_N(x) = P(N > x) = \int_x^{\infty} f_N(x)\,\mathrm{d}x \tag{6-3}$$

式中：$f_N(x)$为每年死亡人数 x 的概率密度函数；$F_N(x)$为每年死亡人数 x 的概率分布函数，表示每年死亡人数小于 x 的概率；$P(N>x)$为死亡人数超过 x 的概率；N 为死亡人数。由此可得，潜在的每年死亡人数期望值 $E(N)$可以表述为：

$$E(N) = \int_0^{\infty} x f_N(x)\,\mathrm{d}x \tag{6-4}$$

公众不愿意看到导致较大死亡人数的事故发生，可以称之为规避风险心理。分析上述方程，考虑风险，规避心理 RI_{COMAH}可以采用一个统一的方程来表述：

$$RI_{\mathrm{COMAH}} = \int x^{\alpha} f_N(x)\,\mathrm{d}x \tag{6-5}$$

当 $\alpha = 1$ 时，RI_{COMAH} 和 $E(N)$相等；当 $\alpha = 2$ 时，则上式为：

$$\int x^2 f_N(x)\,\mathrm{d}x = E(N^2) \tag{6-6}$$

总风险 TR(Total Risk)采用死亡人数的期望值和标准偏差(N)以及风险规避系数 k 来表述：

$$TR = E(N) + k\sigma(N) \tag{6-7}$$

由此可见，总风险考虑了风险规避系数和标准偏差，因此是一种规避风险指标，其标准偏差主要受那些发生概率低、后果严重的事件影响。

6.5.2　国外可接受社会风险的取值

$F-N$ 曲线最早是在核工业领域应用，现在已经作为风险的表述形式在许多行业普遍采用。$F-N$ 曲线可以采用以下形式表达：

$$1 - F_N(x) < \frac{C}{x^n} \tag{6-8}$$

式中：n 反映临界曲线的斜率；C 为常数，决定临界曲线的位置。

如果 $n=1$，可称作中性风险指标；如果 $n=2$，可称作规避风险指标。在这种情况下，后果严重的事故只有在相对较低的概率下才能接受(见表 6-7)。

表 6-7　$F-N$ 曲线参数在部分国家和地区的取值

国家/地区	n	C	适用
英国(HSE)	1	10^{-2}	危险设施
中国香港	1	10^{-3}	危险设施
荷兰(VROM)	2	10^{-3}	危险设施
丹麦	2	10^{-2}	危险设施

6.5.3 我国油气管道社会风险可接受准则的建立

式(6-8)表达的社会风险可接受准则存在一定问题，如当该准则作为一个地区或者项目的风险可接受准则时，在整个国家层面上，可能出现社会风险超过可接受风险水平的情况。这时整个国家的社会风险取决于地区或者项目的数量。随着新建项目数量增加，尽管每一个新建项目都满足已有的可接受社会风险准则，但在国家层面上，有可能出现不可接受的高风险水平。因此，应该从国家的可接受社会风险准则出发，推导地区或者项目的社会可接受风险准则。

1. 国家层面的社会风险可接受准则

我国目前平均事故死亡率为 1×10^{-4}人/年，考虑到非主观自愿的情况，在制定可接受风险指标时，对上述事故死亡率加以修正，以 1×10^{-3}人/年作为工伤事故死亡的统计指标。参考荷兰 TAW 给出的风险指标体系，可接受的国家层面的社会可接受风险判据为：

$$\frac{\sum (N_{pi}P_{dfi}P_{fi}) \times 100}{1.3 \times 10^{9}} < \beta_i \times 10^{-3} \tag{6-9}$$

式中：N_{pi}为活动 i 涉及的人员总数；P_{fi}为活动 i 发生事故的概率；P_{dfi}为发生事故后人员的死亡概率；1.3×10^{9} 为目前人口总数；100 为假设每个个体平均熟知的范围；β_i 为活动 i 的可接受风险调整系数。通常，公众对于风险的认识是建立在他熟知的生活和人员范围内的。换句话说，公众对于熟悉的人的死亡非常敏感，而对于不熟悉的人，则没有较高的风险意识。因此，在建立社会可接受风险准则时，应对此加以考虑。

根据我国 2002 年对各个行业的事故统计数据，石油行业年事故死亡人数约占全国事故死亡人数的 0.0366%，因此得出石油行业的国家层面上的可接受社会风险判据为：

$$N_{pi}P_{dfi}P_{fi} < 4.76\beta \tag{6-10}$$

该式只考虑了估计死亡人数，而预计的死亡人数是以概率的形式给出，存在一定偏差，而且标准偏差如果较大的话，会引起公众的风险规避心理，因此标准偏差的大小会影响公众对风险的可接受性。因此，根据式(6-7)，进一步得出石油行业在国家层面上的可接受社会风险判据为：

$$E(N) + 3\sigma(N) < 4.76\beta \tag{6-11}$$

若 β 取 1，则有：

$$E(N) + 3\sigma(N) < 4.76 \tag{6-12}$$

2. 管道的社会风险可接受准则

目前，我国油气长输管道总里程已达 13.6×10^{4} km，预计“十三五”末达到16.9×10^{4}km。经过收集和统计中国油气管道历史失效事故数据，我国油气管道失效事故发生概率为 1×10^{-3}左右，对于东北和华北的老输油管道，事故发生概率超过 2×10^{-3}，以下计算取 3×10^{-3}。另外，根据历史数据统计，每次事故的平均死亡人数为 0.0164。按照式(6-8)，C 取 3×10^{-3}，n 取 2，计算 $E(N)$和(N)，则有：

$$E(N) = N_{Ai}PN = 100000 \times 3 \times 10^{-3} \times 0.0164 = 4.93 \tag{6-13}$$

$$\sigma(N) = \sqrt{N_{Ai}P}N = \sqrt{100000 \times 3 \times 10^{-3}} \times 0.0164 = 0.28 \tag{6-14}$$

$$E(N) + 3\sigma(N) = 5.77 > 4.76\beta \quad (6-15)$$

式中：N_{Ai} 为油气管道总长度；P 为油气管道失效事故概率；N 为每次事故平均死亡人数。由式(6-15)计算结果可见，总风险超过临界值，需要进一步调整 C 的取值。经过计算，C 取 10^{-3}也不满足式(6-11)，进一步调整为 10^{-4}时满足式(6-13)，即为：

$$E(N) + 3\sigma(N) = 0.046 \quad (6-16)$$

从而得出我国油气管道的社会风险可接受判据的 $F-N$ 曲线(见图 6-6)，曲线方程如下：

$$1 - F_{N_{di}}(x) < \frac{10^{-4}}{x^2} \quad (6-17)$$

式中：$F_{N_{di}}(x)$ 为以函数形式表示的风险临界曲线。

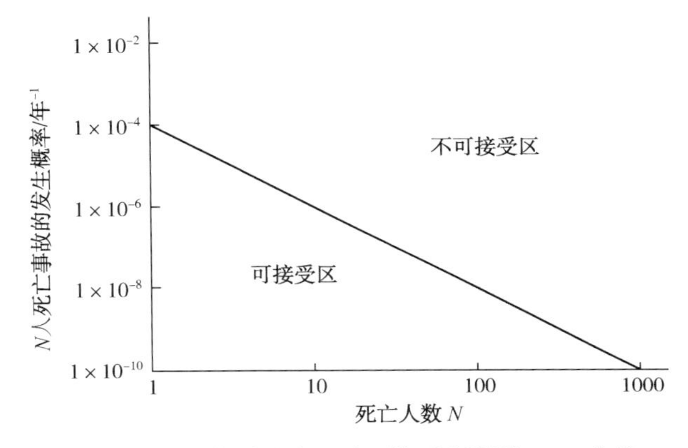

图 6-6　油气管道社会风险可接受判据的 $F-N$ 曲线

需要说明的是，以上提供的是油气管道社会风险可接受准则的确定方法，其中管道总长度、历史事故率和每次事故的死亡人数等重要参数发生变化，社会风险的可接受判据就要作相应的调整和改变。随着国民经济发展对能源需求量的增长，管道总长度会不断增加。失效事故率和每次事故平均死亡人数是基于历史失效事故统计获得的，由于能获取的公开发布的数据有限，因此会影响社会风险判据的可靠性。风险可接受判据要随着事故数据的积累不断改进和完善，管道失效数据库对做好管道的风险评价具有重要意义。为做好油气管道的风险评价和完整性管理，在中国石油天然气集团公司应用基础研究课题资助下，正在建立中国油气管道的失效信息数据库。

第7章　油气管道失效事故树分析

油气管道在运行过程中常常受到人为因素、腐蚀介质、应力和杂质的影响，致使管线发生失效，这直接影响着石油与天然气的正常生产和管线的使用寿命。通过现场调查表明，管道发生失效的主要形式为开裂和穿孔。由于引起管线失效的因素复杂，加之油气管道为埋地管线，更增加了失效分析的难度。利用事故树分析是对其进行可靠性分析与评价的有效方法，对管道进行可靠性分析，以找出管线的主要失效形式与薄弱环节，进而在管线的运行和维护中采取相应的措施以提高管道的可靠性和使用寿命。该方法简明、灵活、直接，十分适用于管道的失效分析。

7.1　基本原理

事故树分析方法，简称FTA(Fault Tree Analysis)，是一种评价复杂系统可靠性和安全性的方法。它使用演绎法找出系统最不希望发生的事件(也称顶事件)发生的原因事件组合(最小割集)，并求其概率。FTA是一种图形演绎法，用一定的符号表示出顶事件→二次事件→…→底事件的逻辑关系，逻辑门的输入为“因”，输出为“果”。这种因果关系用图形表示出来像一棵以顶事件为根的倒挂的树，“事故树”因此而得名。

事故树分析方法的程序是：选择顶事件、建立事故树、定性分析、定量分析。

设 $x_i(t)$ 为底事件 i 在时刻 t 所处的状态。如果底事件 i 在时刻 t 发生，则 $x_i(t)=1$；如果底事件 i 在时刻 t 不发生，则 $x_i(t)=0$。底事件 i 在时刻 t 发生的概率等于随机事件 x_i 的期望值，因而有：

$$p_i(t)=P\{x_i(t)=1\} \tag{7-1}$$

同理，顶事件的状态必然是底事件向量 $X(t)=[x_1(t), x_2(t), \cdots, x_n(t)]$ 的函数，设 Y 为描述顶事件的随机变量，则顶事件在时刻 t 发生的概率 p_Y 为：

$$p_Y=P\{Y[x_1(t), x_2(t), \cdots, x_n(t)]=1\} \tag{7-2}$$

事故树的结构函数可用最小割集进行有效描述，其结构函数一般分为或门和与门两种，分别由下式表示：

$$Y^{\text{or}}=1-\prod_{i=1}^{n}(1-x_i) \tag{7-3}$$

$$Y^{\text{and}}=\prod_{i=1}^{n}x_i \tag{7-4}$$

管道的失效事故树分析，就是通过对导致管线发生失效的各因素进行分析，从而找出管道失效事故树的最小割集。

下面以天然气和原油输送管道为例，说明管道的失效事故树分析方法。

7.2　油气管道失效事故树分析

7.2.1　天然气管道失效事故树分析

1. 天然气管线失效故障的建立

油气管道事故树的建立，首先根据顶事件确定原则，选取“管线失效”作为顶事件。引起油气管道失效的最直接而必要的原因主要是穿孔和开裂，任一因素的出现都将导致管线发生失效。然后以其为次顶事件，由前面几章中的分析可得出相应的影响因素，以此建立用逻辑门符号表示的天然气管道失效事故树，如图 7-1 所示，图中各符号所代表的相应事件列于表 7-1 中。

表 7-1　天然气管线失效事故树中的符号与相应事件

符号	事　件	符号	事　件	符号	事　件
P	管线失效	f_5	管道附近土层运移	f_{38}	焊接材料不合格
A_1	管线穿孔	f_6	管道标志桩不明	f_{39}	管段表面预处理质量差
A_2	管线开裂	f_7	沿线压管严重	f_{40}	管段表面有气孔
B_1	管线腐蚀严重	f_8	管道上方违章施工	f_{41}	管段未焊透部分过大
B_2	管线存在缺陷	f_9	外界较大作用力	f_{42}	焊接区域渗碳严重
B_3	管线承压能力低	f_{10}	管线内应力较大	f_{43}	焊接区域存在过热组织
B_4	管线腐蚀开裂	f_{11}	土壤根茎穿透防腐层	f_{44}	焊接区域存在显微裂缝
C_1	管线外腐蚀	f_{12}	土壤中含有硫化物	f_{45}	焊缝表面有夹渣
C_2	管线内腐蚀	f_{13}	土壤含盐量高	f_{46}	管段焊后未清渣
C_3	管线存在施工缺陷	f_{14}	土壤 pH 值低	f_{47}	弯头内外表面不光滑
C_4	管线存在初始缺陷	f_{15}	土壤中含有 SRB	f_{48}	弯头内外表面有裂纹
C_5	管线存在裂纹	f_{16}	土壤氧化还原电位高	f_{49}	管段间错口大
C_6	管材力学性能差	f_{17}	土壤含水率高	f_{50}	法兰存在裂纹
D_1	管线外防腐失效	f_{18}	阴极保护距离小	f_{51}	螺栓材料与管材不一致
D_2	管线内腐蚀环境	f_{19}	阴极保护电位小	f_{52}	管材中含有杂质
D_3	管线应力腐蚀严重	f_{20}	地床存在杂散电流	f_{53}	管材金相组织不均匀
E_1	第三方破坏严重	f_{21}	阴极保护方式不当	f_{54}	管材晶粒粗大
E_2	较大应力作用	f_{22}	阴极保护材料失效	f_{55}	管材选择不当
E_3	土壤腐蚀	f_{23}	天然气中含有硫化氢	f_{56}	热处理措施不当
E_4	管线阴极保护	f_{24}	天然气含有 O_2	f_{57}	管材存在不椭圆度
E_5	管线防腐绝缘涂层	f_{25}	天然气含有 CO_2	f_{58}	冷加工工艺质量差
E_6	管线内防腐失效	f_{26}	天然气中含水	f_{59}	管材壁厚不均匀
E_7	输送介质含酸性物	f_{27}	缓蚀剂失效	f_{60}	管壁机械伤痕
E_8	管沟施工	f_{28}	管道内涂层变薄	f_{61}	管段存在残余应力
E_9	管道焊接	f_{29}	管道衬里脱落	f_{62}	管段存在应力集中
E_{10}	管道安装	f_{30}	管道清管效果差	f_{63}	管材机械性能差
E_{11}	管线材质存在缺陷	f_{31}	管道深度不够	f_{64}	防腐绝缘层变薄
E_{12}	管线加工工艺差	f_{32}	边坡稳定性差	f_{65}	防腐绝缘层黏接力降低
E_{13}	管线承载大	f_{33}	回填土粒径粗大	f_{66}	防腐绝缘层脆性增加
f_1	管线人为误操作	f_{34}	回填土含水率高	f_{67}	防腐绝缘层发生破损
f_2	管线抗腐蚀性差	f_{35}	管沟排水性能差	f_{68}	防腐绝缘层老化剥离
f_3	管线强度设计不合理	f_{36}	回填土含腐蚀物	f_{69}	防腐绝缘层下部积水
f_4	管线存在违章建筑物	f_{37}	管道焊接方法不当		

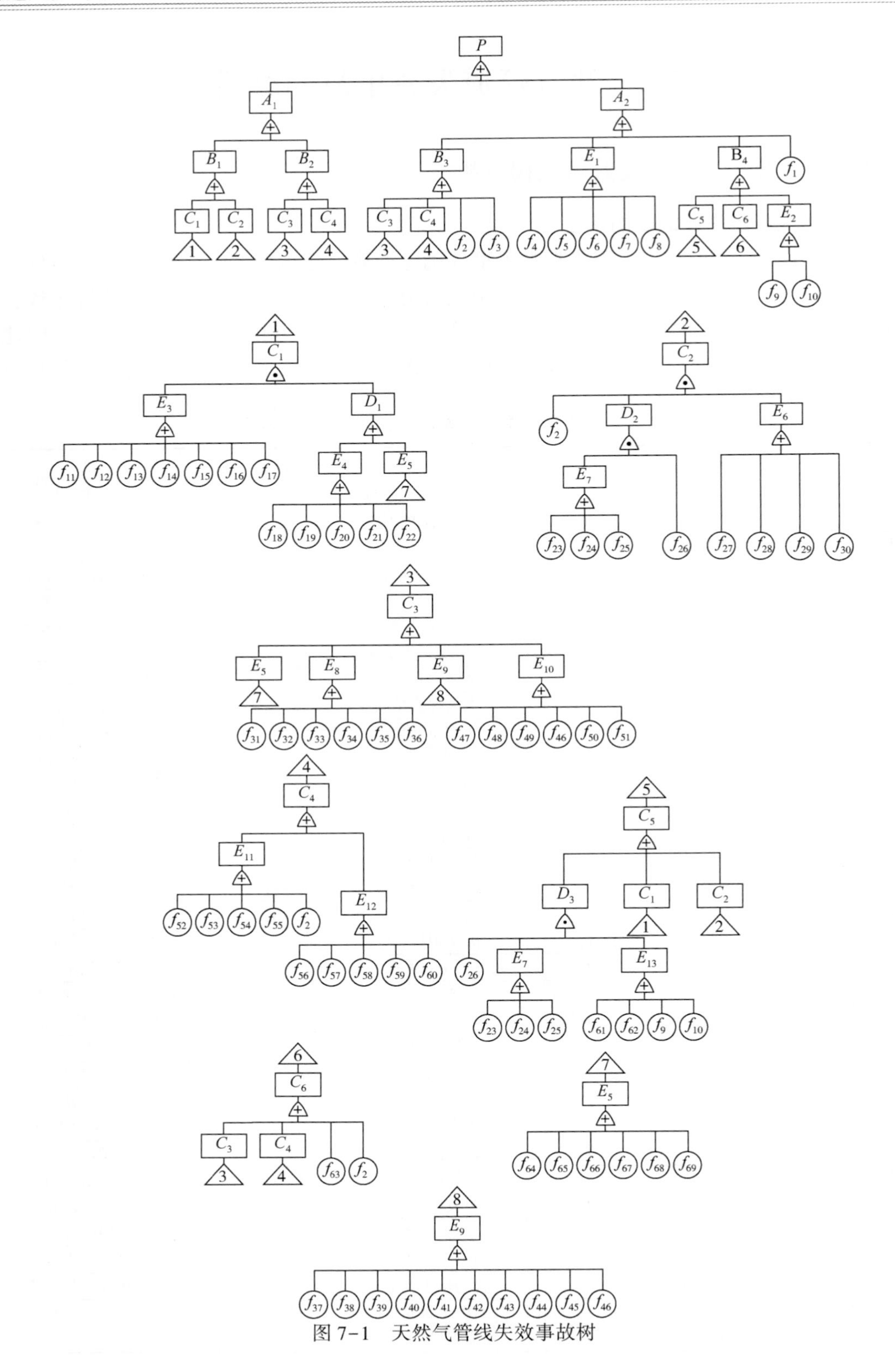

图 7-1　天然气管线失效事故树

2. 天然气管道的薄弱环节

凡是能导致事故树顶事件发生的基本事件的集合定义为割集，而最小割集指在系统没有其他割集发生的条件下，只有割集中基本事件同时发生，顶事件才发生；割集中任一基本事件不发生，则顶事件不发生。采用“自上而下”的代换方法，利用等幂律和吸收律求出事故树的所有最小割集，将其转化为等效的布尔代数方程：

$$P = \sum_{i=1}^{10} f_i + \sum_{i=31}^{60} f_i + \sum_{k=63}^{69} f_k + \sum_{l=18}^{22} f_l \times \sum_{n=11}^{17} f_n + f_{26} \times \sum_{p=23}^{25} f_p \times (f_9 + f_{10} + f_{61} + f_{62}) + f_2 + f_{26} + \left(\sum_{p=23}^{25} f_p + \sum_{q=27}^{30} f_q\right) \tag{7-5}$$

由式(7-5)可知，天然气管道失效事故树由47个一阶最小割集、35个二阶最小割集、12个三阶最小割集、12个四阶最小剖集组成。47个一阶最小割集直接影响着系统的可靠性，为天然气管道系统中的薄弱环节。

3. 天然气管道的失效概率

由式(7-4)、式(7-5)可得顶事件发生的概率大小，用 p_i 表示底事件 i 发生的概率，C_i 表示第 i 个最小割集，N 为最小割集的个数，则有：

$$Y = 1 - \prod_{i=1}^{N} (1 - \prod_{R \in C_i} p_R) \tag{7-6}$$

对于天然气管道失效事故树，$N = 10^6$。对输气干线的失效数据、管线内外腐蚀状况以及现有工况条件进行分析，按照山坡、旱地、水田、公路、穿越、河滩的分类标准，对不同地形管段的失效概率进行计算，计算结果见表7-2。

表7-2 不同地形管段失效概率计算结果

地形分类	失效概率	地形分类	失效概率
山坡、旱地	0.14(1.6×10^{-5}/h)	河滩	0.25(2.9×10^{-5}/h)
水田	0.17(1.9×10^{-5}/h)	公路	0.28(3.2×10^{-5}/h)

4. 影响天然气管道失效的主要因素

通过对天然气管线失效事故树和式(7-6)中的最小割集的分析，得到引起天然气管道发生失效的主要因素有：

(1) 第三方破坏　包括人为破坏和自然灾害破坏。人为破坏主要是沿线公路修、扩建过程中的施工破坏，包括将管段埋于公路下方、暴露、悬空甚至挖破以及管道上方已建、新建和将建的违章建筑物。自然灾害包括水流对管沟和管道的长期冲刷、管道堡坎、护坡失稳以及管沟土层的运移。

(2) 严重腐蚀　严重腐蚀包括外腐蚀和内腐蚀两个方面。外腐蚀主要由土壤腐蚀和防腐绝缘涂层失效引起，内腐蚀主要由输送介质中的硫化氢和二氧化碳等酸性介质引起。严重腐蚀环境导致防腐绝缘涂层失效、管壁减薄、管线穿孔。

(3) 管材缺陷　包括管材初始缺陷和安装缺陷，大多是在天然气管道施工建设过程中形成的。其中初始缺陷主要是在管材的制造加工、运输过程中形成的；安装缺陷是在管段的安装施工过程中形成的。初始微裂纹、毛刺、不光滑部位等都属于管材缺陷，即使它们只在某一局部范围内存在，也将直接为管线腐蚀的发生提供条件，并导致管线整体强度的降低，影响着管线运行的可靠性和使用寿命。

7.2.2 原油管线失效事故树分析

原油管线投入使用后，就不断地受到内外腐蚀、工况条件变化、第三方破坏的影响，致使部分管段发生失效，这直接影响着原油的生产，并降低了原油管线的使用寿命。现场调查结果表明，管线发生失效的主要形式为穿孔和开裂。导致管线发生失效的因素众多，加之原油管线一般为埋地管线，因此应对原油管线系统进行可靠性分析，找出原油管线的主要失效形式、失效机理，进而在原油管线的建设、使用、管理与维护中采取相应的措施，以提高原油管线的可靠性和使用寿命。

1. 原油管线失效故障的建立

根据顶事件确定原则，选择原油管线事故树的顶事件为“原油管线失效”。引起的最直接原因为穿孔与开裂，二者中只要有一个出现，就会引起原油管线失效的发生。同样地，以这两个因素为次顶事件，对引起的相应原因进行分析，共考虑了 47 个基本影响因素，建立了原油管线失效事故树，如图 7-2 所示，图中各符号所代表的意义见表 7-3。

表 7-3 原油管线失效事故树中的符号与相应的事件

符号	事 件	符号	事 件	符号	事 件
P	管线失效	f_2	管材抗腐蚀性差	f_{26}	管道衬里脱落
A_1	管线穿孔	f_3	管道强度设计不合理	f_{27}	管线清管效果差
A_2	管线开裂	f_4	违章建筑物	f_{28}	管沟质量差
B_1	管线腐蚀严重	f_5	管道附近土层运移	f_{29}	管道焊接方法不当
B_2	管线存在缺陷	f_6	管线标志桩不明	f_{30}	焊接材料不合格
B_3	管线承压能力低	f_7	沿线压管严重	f_{31}	管段预处理质量差
B_4	管线腐蚀开裂	f_8	管道上方违章施工	f_{32}	管道焊接表面有气孔
C_1	管线外腐蚀	f_9	外界较大作用力	f_{33}	管段末焊头部分过大
C_2	管线内腐蚀	f_{10}	管线内应力较大	f_{34}	焊接区域渗碳严重
C_3	施工缺陷	f_{11}	土壤根茎穿透防腐层	f_{35}	焊接区域存在过热组织
C_4	初始缺陷	f_{12}	土壤中含有硫化物	f_{36}	焊接区域存在显微裂纹
C_5	管线存在裂纹	f_{13}	土壤含盐量高	f_{37}	焊接表面有夹渣
C_6	管材力学性能差	f_{14}	土壤 pH 值低	f_{38}	管段焊后未清渣
D_1	管线内腐蚀环境	f_{15}	土壤中含有 SRB	f_{39}	管线安装质量差
D_2	管线应力腐蚀严重	f_{16}	土壤氧化还原电位高	f_{40}	管材中含有杂质
E_1	第三方破坏严重	f_{17}	土壤含水率高	f_{41}	管材金相组织不均匀
E_2	土壤腐蚀	f_{18}	阴极保护失效	f_{42}	管材晶粒粗大
E_3	管线外防腐措施	f_{19}	防腐层绝缘老化	f_{43}	管材选择不当
E_4	酸性物质	f_{20}	原油中含有硫化氢	f_{44}	管材加工质量差
E_5	管线内防腐措施	f_{21}	原油含有 O_2	f_{45}	管段存在残余应力
E_6	管道焊接	f_{22}	原油含有 CO_2	f_{46}	管段存在应力集中
E_7	材质存在缺陷	f_{23}	原油含有水	f_{47}	管材机械性能差
E_8	管线承载大	f_{24}	缓蚀剂失效		
f_1	结蜡严重憋压	f_{25}	管道内涂层变薄		

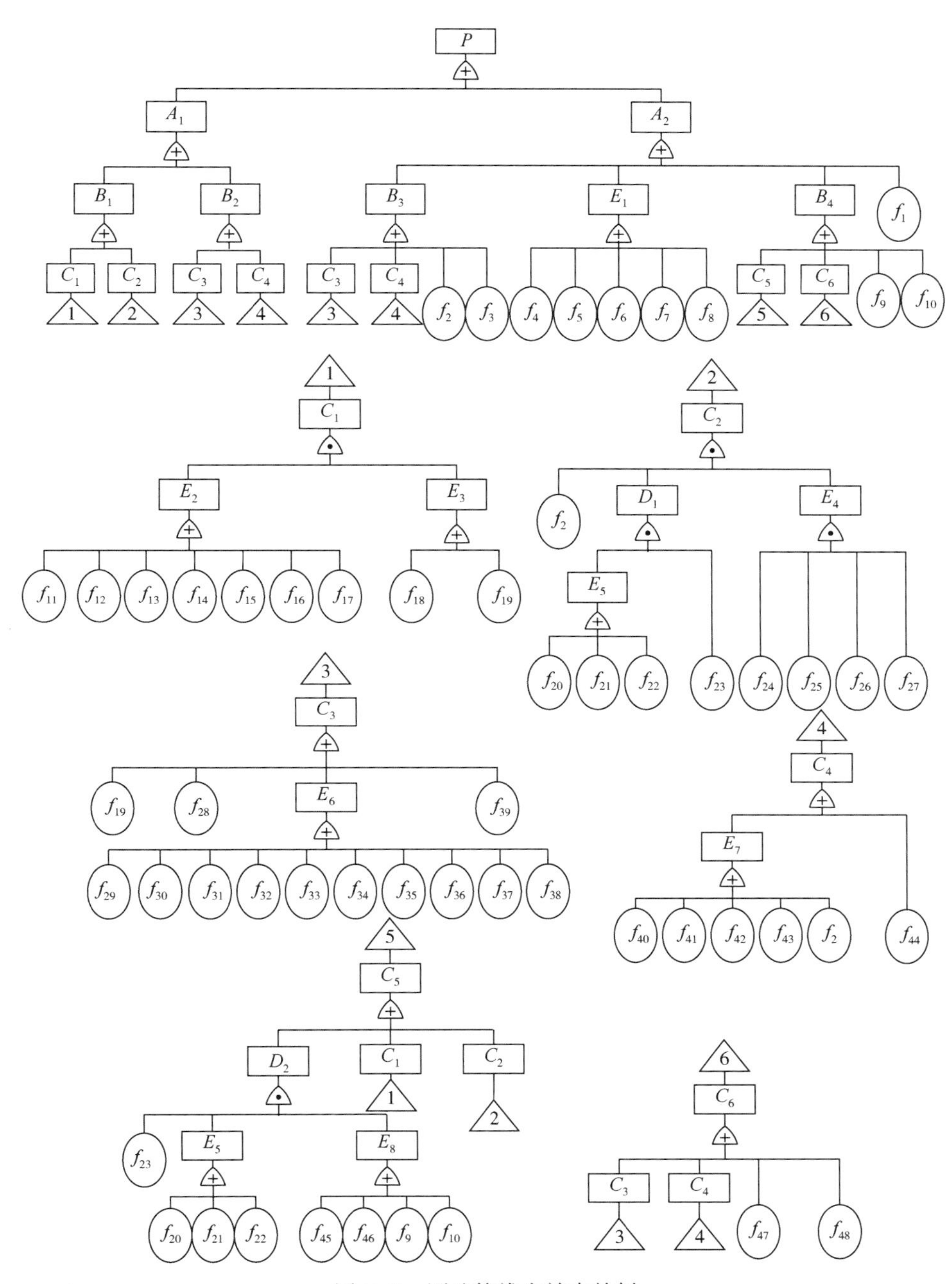

图 7–2　原油管线失效事故树

2. 原油管线薄弱环节与失效概率

采用“自上而下”的代换方法求出事故树的所有最小割集，将事故树转化为等效的布尔代数方程，如下式所示：

$$P=B_1+B_2 \tag{7-7}$$

$$P = \sum_{i=1}^{10} f_i + \sum_{j=28}^{44} f_j + f_{19} + f_{28} + f_{47} + f_{18} \times \sum_{l=11}^{17} f_l + f_{23} + \sum_{n=20}^{22} f_n \times (f_9 + f_{10} + f_{45} + f_{46}) + f_2 \times f_{23} \times \left(\sum_{p=20}^{22} f_p \times \sum_{q=24}^{27} f_q \right) \tag{7-8}$$

由式(7-7)、式(7-8)可知，原油管线失效事故树由60个各阶割集组成，29个一阶最小割集，7个二阶最小割集，12个三阶最小割集，12个四阶最小割集。29个一阶最小割集直接影响着系统的可靠性，为原油管线系统中的薄弱环节，要提高管线的可靠性与使用寿命，应首先从这29个一阶最小割集着手。

原油管线的失效概率与天然气管线的失效概率确定方法一致，由式(7-6)确定。

3. 影响原油管道失效的主要因素与改善措施

对原油长输管线失效事故树和式(7-8)进行分析，可以发现引起管线失效的主要因素。采取相应的处理措施便可以提高管线的可靠性，延长管线的使用寿命。

(1) 第三方破坏　包括人为破坏和自然灾害。自然灾害主要为地面运动以及水流对管沟、管道的长期冲刷，这些影响可导致管线的断裂，或是加速管线的腐蚀。人为破坏主要有误操作、管道上方的违章施工、管道上方的违章构筑物、管线标志物的破坏等。应加强管线的巡线检查，缩短管线的巡线周期，并对管线标志桩进行定期检查与维修。

(2) 管线外腐蚀　外腐蚀主要由土壤腐蚀、防腐绝缘涂层失效和外防腐失效引起。环境土壤中的含盐量、pH值、含水率与电阻率造成防腐层的破坏，加之随着使用年限的增加导致的防腐层的自然老化，都使得管线外腐蚀的发生，特别是在阴极保护效果差时更为严重。应对阴极保护的效果进行定期检查，并在管线环境中埋设腐蚀片，对管线的外腐蚀状况进行分析。

(3) 管线内腐蚀　内腐蚀是在原油中含有的酸性杂质与水分的共同作用下发生的，特别是原油中的硫化物，在一些情况下可导致硫化物应力腐蚀开裂的发生。内腐蚀的发生使得管线内壁局部减薄，造成管线穿孔。应改善原油脱水工艺提高脱水质量，可加入缓蚀剂，并选择合适的清管器进行管线的定期清管。

(4) 管材初始缺陷　包括管材初始缺陷和施工缺陷。初始缺陷主要是由于管材在制造加工、运输过程中的不当造成的。而施工缺陷是在施工过程中形成的，如管道薄厚不均、椭圆度差、防腐绝缘涂层质量差、焊接水平和焊接质量差等。管材缺陷的存在将导致管线整体强度的降低，为管线腐蚀的发生提供条件，直接影响着管线运行的可靠性。应加强对管材的质量检查，提高制造工艺水平，并建立严格的施工质量检测制度，选择合适的焊接工艺。

(5) 严重憋压破坏　这主要是由管线的结蜡引起的，在管线加热效果差时容易引起管线的结蜡使得管线的流通截面减小，管线不断憋压导致破裂。应对原油的加热效果进行定期检测，改善加热效果，并定期清管。

原油管道失效事故树的分析方法同样适用于注水管道、油管和套管等管道的失效分析。

7.3　管道失效严重度多层次评价及应用

外界干扰、内外腐蚀、施工缺陷、材料自身缺陷、地面运移是导致管线发生失效的主要因素。由于管道输送介质多为易燃、易爆物，因而管道一旦发生失效将引起严重的灾害后果，并造成巨大的经济损失。

同样以前面的油气管道为例，说明管道失效严重度多层次评价的基本方法。由前面的分析可知油气管道的失效形式主要包括破裂、穿孔、应力腐蚀开裂等。应用失效事故树分析等方法可对各失效因素进行分析，从而得到失效概率的大小。但又该如何对管线各种失效后果的影响进行评价呢？油气管道失效严重度具有多个模糊因素与多个评价指标，因而借助于模糊数学中的多层次模糊综合评判方法来解决这一问题。油气管道的失效影响程度体现在多个方面，主要包括管线的失效概率大小、损伤程度、对管线系统性能的影响程度、对环境的影响、停输时间、维修时间、维修费用等。根据现场调查结果，将油气管道失效的影响程度分为致命、严重、中等与轻微四个等级，这就构成了多目标评价集。多因素集由失效概率、失效对系统性能的影响以及失效管线可维修性三个因素类构成，每一因素类又包含若干个影响因素。通过专家评分和模糊统计试验得到因素权重系数与模糊评判矩阵，通过多层次模糊综合评判得到评判结果。由于多层次评价较全面地考虑了油气管道失效的影响因素，从而避免了只依靠失效概率进行油气管道失效严重程度评价的片面性。

1. 数学模型的建立

多因素、多目标模糊综合评判方法由以下5个要素构成：

（1）因素集 $U=\{u_1, u_2, \cdots, u_m\}$，$m$ 为因素个数；

（2）评价集 $V=\{v_1, v_2, \cdots, v_n\}$，$n$ 为评语数；

（3）权重集 $\tilde{A}$；

（4）一级模糊综合评判；

（5）用 μ_{ijk} 表示因素 u_{ij} 对于评价集中 v_k 的隶属度，对于每一因素类 u_i 可表示为相应的评判矩阵 $\tilde{R}_i$：

$$\tilde{R}_i=\begin{bmatrix}\mu_{i11} & \mu_{i12} & \cdots & \mu_{i1k} & \cdots & \mu_{i1n}\\ \vdots & \vdots & & \vdots & & \vdots\\ \mu_{ij1} & \mu_{ij2} & \cdots & \mu_{ijk} & \cdots & \mu_{ijn}\\ \vdots & \vdots & & \vdots & & \vdots\\ \mu_{ig_i1} & \mu_{ig_i2} & \cdots & \mu_{ig_ik} & \cdots & \mu_{ig_in}\end{bmatrix} \tag{7-9}$$

式中：g_i 表示第 i 因素类中构成因素的个数。评判矩阵 R_i 可通过模糊统计试验得到，一级模糊综合评判矩阵 $\tilde{B}_i$ 为：

$$\tilde{B}_i=\tilde{A}_i\cdot\tilde{R}_i=(b_{i1}, b_{i2}, \cdots, b_{i3}),\ b_{ik}=\sum_{j=1}^{gi}a_{ij}\cdot\mu_{ijk} \tag{7-10}$$

$$\tilde{R}=(B_1, \cdots, B_i, \cdots, B_m)^T \tag{7-11}$$

式中：$\tilde{R}$ 为 $[U\times V]$ 的模糊矩阵。

2. 二级模糊综合评判

在一级模糊综合证券的基础上，对因素类的影响进行二级模糊综合评判，二级模糊综合评判矩阵 $\tilde{B}$ 为：

$$\tilde{B}=\tilde{A}\cdot\tilde{R}=(b_1,\ \cdots,\ b_k,\ \cdots,\ b_m)b_k=\sum_{i=1}^{n}a_i\cdot b_{ik} \tag{7-12}$$

利用上述方法，可进行多级模糊综合评判。

3. 油气管道失效严重度评价

1）失效严重度评价因素集

对油气管道失效影响进行分析，确定其综合评判因素集 U 为：

$$U=\{u_1,\ u_2,\ u_3\} \tag{7-13}$$

$$u_1=\{u_{11}\},\ u_2=\{u_{21},\ u_2,\ u_{23}\},\ u_3=\{u_{31},\ u_{32},\ u_{33}\}$$

式中 u_1——油气管道系统失效概率；

u_2——表示失效对管线系统性能的影响；

u_3——失效管线的可维修性；

u_{21}——失效对管线的损伤程度；

u_{22}——失效对管线性能的影响程度；

u_{23}——失效对管线沿线环境的影响；

u_{31}——失效管线停输时间，天；

u_{32}——失效管线维修时间，天；

u_{33}——失效管线的维修费用，万元。

以上述分析为基础，建立各因素的评价等级，见表 7-4。

2）失效严重度评价集

依据油气管道失效严重程度的分级情况确定评价集 V 为：

$$V=\{v_1,\ v_2,\ v_3,\ v_4\} \tag{7-14}$$

式中：v_1、v_2、v_3、v_4 分别表示致命、严重、中等及轻微四个失效等级。

3）失效严重度权重系数

权重系数包括因素类权向量 $\underset{\sim}{A}_c$ 和因素间权向量 $\underset{\sim}{A}_f$ 两种。因素类权重系数 $\underset{\sim}{A}_c$ 反映因素类在整个因素体系中的重要程度，而因素间权重系数 $\underset{\sim}{A}_f$ 反映各因素在同一因素类中的重要程度。油气管道失效严重权重系数 $\underset{\sim}{A}_c$、$\underset{\sim}{A}_f$ 分别表示为：

$$\underset{\sim}{A}_c=(a_1,\ a_2,\ a_3),\ \underset{\sim}{A}_f=(\underset{\sim}{A}_1,\ \underset{\sim}{A}_2,\ \underset{\sim}{A}_3) \tag{7-15}$$

$$\underset{\sim}{A}_1=(a_{11}),\ \underset{\sim}{A}_2=(a_{21},\ a_{22},\ a_{23}),\ \underset{\sim}{A}_3=(a_{31},\ a_{32},\ a_{33}) \tag{7-16}$$

$\underset{\sim}{A}_c$、$\underset{\sim}{A}_f$ 可通过专家的评分方法确定，评判矩阵 $\tilde{R}_i$ 依据表 7-4 进行模糊统计试验而得到，$g_1=1$，$g_2=2$，$g_3=3$。由式(7-15)、式(7-16)进行多因素、多目标模糊综合评判得到油气管道失效严重度的各层次评判结果。

表 7-4 各因素等级评价表

因素集		评价集			
		致命(v_1)	严重(v_2)	中等(v_3)	轻微(v_4)
U_1	$U_{11}/(\times10^{-5}/h)$	>0.5	2.5~5.0	0.5~2.5	<0.5
U_2	U_{21}	破裂	穿孔	局部减薄	轻微损害
	U_{22}	完全丧失	基本丧失	明显下降	有所下降
	U_{23}	严重影响	显著影响	一定影响	影响很小

续表

因素集		评价集			
		致命(v_1)	严重(v_2)	中等(v_3)	轻微(v_4)
U_3	U_{31}/天	>2	1~2	0.5~1	<0.5
	U_{32}/天	>4	2~4	1~2	<0.5
	U_{33}/万元	>1	0.1~1	0.01~0.1	<0.01

7.4 现场应用分析

应用油气管道失效严重度多层次评价方法，对某输气干线在目前工况条件、环境状况下的失效严重程度进行分析，影响该管线失效严重度的各因素的权重系数通过专家评分方法确定：

$$\underset{\sim}{A}_c=(0.4, 0.4, 0.2) \tag{7-17}$$

$$\underset{\sim}{A}_1=(1), \underset{\sim}{A}_2=(0.4, 0.5, 0.1), \underset{\sim}{A}_3=(0.6, 0.3, 0.1) \tag{7-18}$$

将该管线按地形条件分为旱地、河滩、水田与公路四类，进行模糊统计得到各地段的评判矩阵。

旱地：

$$R_1=(0, 0, 1, 0) \tag{7-19a}$$

$$R_2=\begin{bmatrix} 0.1 & 0.3 & 0.5 & 0.1 \\ 0.3 & 0.4 & 0.2 & 0.1 \\ 0.2 & 0.5 & 0.2 & 0.1 \end{bmatrix} \tag{7-19b}$$

$$R_3=\begin{bmatrix} 0.1 & 0.2 & 0.5 & 0.2 \\ 0 & 0.3 & 0.6 & 0.1 \\ 0.1 & 0.6 & 0.1 & 0.2 \end{bmatrix} \tag{7-19c}$$

河滩：

$$R_1=(0, 1, 0, 0) \tag{7-20a}$$

$$R_2=\begin{bmatrix} 0.5 & 0.3 & 0.1 & 0.1 \\ 0.6 & 0.2 & 0.2 & 0 \\ 0.3 & 0.4 & 0.1 & 0.2 \end{bmatrix} \tag{7-20b}$$

$$R_3=\begin{bmatrix} 0.3 & 0.2 & 0.4 & 0.1 \\ 0.1 & 0.4 & 0.5 & 0 \\ 0.4 & 0.3 & 0.1 & 0.2 \end{bmatrix} \tag{7-20c}$$

水田：

$$R_1=(0, 0, 1, 0) \tag{7-21a}$$

$$R_2=\begin{bmatrix} 0.2 & 0.2 & 0.5 & 0.1 \\ 0.2 & 0.5 & 0.2 & 0.1 \\ 0.1 & 0.2 & 0.5 & 0.2 \end{bmatrix} \tag{7-21b}$$

$$R_3=\begin{bmatrix}0.3 & 0.6 & 0.1 & 0\\ 0 & 0.3 & 0.7 & 0.1\\ 0.5 & 0.3 & 0.2 & 0\end{bmatrix} \tag{7-21c}$$

公路：

$$R_1=(0,\ 1,\ 0,\ 0) \tag{7-22a}$$

$$R_2=\begin{bmatrix}0.6 & 0.3 & 0.1 & 0\\ 0.9 & 0.1 & 0 & 0\\ 0.7 & 0.2 & 0.1 & 0\end{bmatrix} \tag{7-22b}$$

$$R_3=\begin{bmatrix}0.4 & 0.3 & 0.2 & 0.1\\ 0.2 & 0.5 & 0.2 & 0.1\\ 0.7 & 0.2 & 0.1 & 0\end{bmatrix} \tag{7-22c}$$

将上述参数代入式(7-17)、式(7-18)进行模糊综合评判，评判结果见表7-5。

表7-5　失效严重度的模糊综合评判结果

地形	隶属制				评价结果
	致命	严重	中等	轻微	
旱地	0.1	0.2	0.62	0.08	中等
水田	0.12	0.23	0.6	0.05	中等
河滩	0.26	0.56	0.14	0.04	严重
公路	0.38	0.55	0.06	0.01	严重

由表7-5的综合评判结果可知：

(1) 该管线失效严重程度在公路与河滩地段较高，属“严重”，其隶属度分别为0.55和0.56，且公路地段的“致命”程度高于河滩，这与公路地段的实际失效后果是一致的。旱地与水田地段的失效严重程度相对低些，属“中等”，其后者的隶属度分别为0.20和0.23。

(2) 该管线在公路地段多为居民集聚区，其失效后果最为严重，应加强该地段的安全管理与应急措施准备。

第8章　QRA 失效后果计算模型

8.1　失效后果模型分析

8.1.1　泄漏模型

无论是气体泄漏还是液体泄漏，泄漏量的多少都是决定泄漏后果严重程度的主要因素。到目前为止，对于气体或液体的泄漏的计算模型主要包括以下内容。

1. 泄漏量的计算

当发生泄漏的设备的裂口是规则的，而且裂口尺寸及泄漏物质的有关热力学、物理化学性质及参数已知时，可根据流体力学中的有关方程式计算泄漏量。当裂口不规则时，可采取等效尺寸代替；当遇到泄漏过程中压力变化等情况时，往往采用经验公式计算。

1）液体泄漏量

液体泄漏速度可用流体力学的伯努利方程计算，其泄漏速度为：

$$Q_0 = C_d A \rho \sqrt{\frac{2(p+p_0)}{\rho} + 2gh} \tag{8-1}$$

式中　Q_0——液体泄漏速度，kg/s；

C_d——液体泄漏系数，按表 8-1 选取；

A——裂口面积，m^2；

ρ——泄漏液体密度，kg/m^3；

p——容器内介质压力，Pa；

p_0——环境压力，Pa；

g——重力加速度，$9.8m/s^2$；

h——裂口之上液位高度，m。

表 8-1　液体泄漏系数 C_d

雷诺数 Re	裂口形状		
	圆形（多边形）	三角形	长方形
>100	0.65	0.60	0.55
≤100	0.50	0.45	0.40

常压下的液体泄漏速度取决于裂口之上液位的高低，低压下的液体泄漏速度主要取决于窗口内介质压力与环境压力之差和液位高低。

当容器内液体是过热液体时，即液体的沸点低于周围环境温度时，液体流过裂口时由于压力减小而突然蒸发。蒸发所需热量取自于液体本身，而容器内剩下的液体温度将降至常压沸点。在这种情况下，泄漏时直接蒸发的液体所占百分比 F 可按下式计算：

$$F=c_{\mathrm{p}}\frac{T-T_0}{H} \tag{8-2}$$

式中 c_{p}——液体的比定压热容，J/(kg·℃)；

T——泄漏前液体的温度，K；

T_0——液体在常压下的沸点，K；

H——液体的汽化热，J/kg。

按式(8-2)计算的结果，几乎总是在0~1之间。事实上，泄漏时直接蒸发的液体将以细小烟雾的形式形成云团，与空气相混合而吸收热蒸发。如果空气传给液体烟雾的热量不足以使其蒸发，一些液体烟雾将凝结成液滴降落到地面，形成液池。根据经验，当 $F>0.2$ 时，一般不会形成液池；当 $F<0.2$ 时，F 与带走液体之比有线性关系，即当 $F=0$ 时，没有液体带走(蒸发)；当 $F=0.1$ 时，有50%的液体被带走。

2）气体泄漏量

气体从裂口泄漏的速度与其流动状态有关。因此，计算泄漏量时首先要判断泄漏时气体流动属于音速还是亚音速流动，前者称为临界流，后者称为次临界流。

当式(8-3)成立时，气体流动属音速流动：

$$\frac{p_0}{p}\leqslant\left(\frac{2}{k+1}\right)^{\frac{k}{k-1}} \tag{8-3}$$

当式(8-4)成立时，气体流动属亚音速流动：

$$\frac{p_0}{p}>\left(\frac{2}{k+1}\right)^{\frac{k}{k-1}} \tag{8-4}$$

式中 p——容器内介质压力，Pa；

p_0——环境压力，Pa；

k——气体的绝热指数，即比定压热容 c_{p} 与比定容热容 c_{v} 之比。

气体呈音速流动时，其泄漏速度为：

$$Q_0=C_{\mathrm{d}}A\rho\sqrt{\frac{Mk}{RT}\left(\frac{2}{k+1}\right)^{\frac{k+1}{k-1}}} \tag{8-5}$$

气体呈亚音速流动时，其泄漏速度为：

$$Q_0=YC_{\mathrm{d}}A\rho\sqrt{\frac{Mk}{RT}\left(\frac{2}{k+1}\right)^{\frac{k+1}{k-1}}} \tag{8-6}$$

式中 C_{d}——气体泄漏系数，当裂口形状为圆形时取1.00，三角形时取0.95，长方形时取0.90；

Y——气体膨胀因子，由下式计算：

$$Y=\sqrt{\left(\frac{1}{k-1}\right)\left(\frac{k+1}{2}\right)^{\frac{k+1}{k-1}}\left(\frac{p}{p_0}\right)^{\frac{2}{k}}\left[1-\left(\frac{p_0}{p}\right)^{\frac{k-1}{k}}\right]} \tag{8-7}$$

A——裂口面积，m^2；

ρ——气体密度，kg/m^3；

M——气体相对分子质量；

R——气体常数，$J/(mol \cdot K)$；

T——气体温度，K。

当容器内物质随泄漏而减少或压力降低而影响泄漏速度时，泄漏速度的计算比较复杂。如果流速小或时间短，在后果计算中可采用最初排放速度，否则应计算其等效泄漏速度。

3）两相流动泄漏量

在过热液体发生泄漏时，有时会出现气、液两相流动。均匀两相流动的泄漏速度可按下式计算：

$$Q_0 = C_d A \sqrt{2\rho(p-p_c)} \tag{8-8}$$

式中 Q_0——两相流泄漏速度，kg/s；

C_d——两相流泄漏系数，可取0.8；

A——裂口面积，m^2；

p——两相混合物压力，Pa；

p_c——临界压力，Pa，可取0.55Pa；

ρ——两相混合物的平均密度，kg/m^3，由下式计算：

$$\rho = \frac{1}{\frac{F_v}{\rho_1}+\frac{1-F_v}{\rho_2}} \tag{8-9}$$

ρ_1——液体蒸发的蒸气密度，kg/m^3；

ρ_2——液体密度，kg/m^3；

F_v——蒸发的液体占液体总量的比例，由下式计算：

$$F_v = \frac{c_p(T-T_c)}{H} \tag{8-10}$$

c_p——两相混合物的比定压热容，$J/(kg \cdot ℃)$；

T——两相混合物的温度，K；

T_c——临界温度，K；

H——液体的汽化热，J/kg。

当 $F_v>1$ 时，表明液体将全部蒸发成气体，这时应按气体泄漏公式计算；如果 F_v 很小，则可近似按液体泄漏公式计算。

2. 泄漏后的扩散

如前所述，泄漏物质的特性多种多样，而且还受原有条件的强烈影响，但大多数物质从容器中泄漏出来后，都可发展成弥散的气团向周围空间扩散。对可燃气体若遇到引火源会着火。在这个模型中仅讨论气团原形释放的开始形式，即液体泄漏后扩散、喷射扩散和绝热扩散。关于气团在大气中的扩散属环境保护范畴，在此不予考虑。

1）扩散

液体泄漏后立即扩散到地面，一直流到低洼处或人工边界，如防火堤、岸、墙等，形成液池。液体泄漏出来不断蒸发，当液体蒸发速度等于泄漏速度时，液池中的液体量将维持不变。

如果泄漏的液体是低挥发度的，则从液池中蒸发量较少，不易形成气团，对厂外人员没有危险；如果着火则形成池火灾；如果渗透进土壤，有可能对环境造成影响。如果泄漏的是挥发性液体或低温液体，泄漏后液体蒸发量大，大量蒸发在液池上面后会形成蒸气云，并扩散到厂外，对厂外人员有影响。

（1）液池面积

如果泄漏的液体已达到人工边界，则液池面积即为人工边界围成的面积。如果泄漏的液体未达到人工边界，则从假设液体的泄漏点为中心呈扁圆柱形在光滑平面上扩散，这时液池半径 r 用下式计算：

瞬时泄漏（泄漏时间不超过 30s）时：

$$r=\left(\frac{8gm}{\pi p}\right)^{\frac{\sqrt{t}}{4}} \tag{8-11}$$

连续泄漏（泄漏持续 10min 以上）时：

$$r=\left(\frac{32gmt^{3}}{\pi p}\right)^{\frac{1}{4}} \tag{8-12}$$

式中 r——液池半径，m；

m——泄漏的液体质量，kg；

g——重力加速度，9.8m/s^2；

p——设备中液体压力，Pa；

t——泄漏时间，s。

（2）蒸发量

液池内液体蒸发按其机理可分为闪蒸、热量蒸发和质量蒸发三种。

① 闪蒸　过热液体泄漏后，由于液体的自身热量而直接蒸发称为闪蒸。发生闪蒸时液体蒸发速度 Q_t 可由下式计算：

$$Q_t=F_v m/t \tag{8-13}$$

式中 F_v——直接蒸发的液体与液体总量的比例；

m——泄漏的液体总量，kg；

t——闪蒸时间，s。

② 热量蒸发　当 $F_v<1$ 或 $Q_t<m$ 时，则液体闪蒸不完全，有一部分液体在地面形成液池，并吸收地面热量而汽化，称为热量蒸发。热量蒸发速度 Q_t 按下式计算：

$$Q_t=\frac{KA_1(T_0-T_b)}{H\sqrt{\pi\alpha t}}+\frac{K(N\mu)A_1}{HL}(T_0-T_b) \tag{8-14}$$

式中 A_1——液池面积，m^2；

T_0——环境温度，K；

T_b——液体沸点，K；

H——液体蒸发热，J/kg；

L——液池长度，m；

α——热扩散系数，m^2/s，见表8-2；

K——导热系数，J/(m·K)，见表8-2；

t——蒸发时间，s；

N_u——努塞尔(Nusselt)数。

表8-2　某些地面的热传递性质

地面情况	$K/[J/(m \cdot K)]$	$\alpha/(m^2/s)$
水泥	1.1	1.29×10^{-7}
土地(含水8%)	0.9	4.3×10^{-7}
干润土地	0.3	2.3×10^{-7}
湿地	0.6	3.3×10^{-7}
砂砾地	2.5	11.0×10^{-7}

③ 质量蒸发　当地面传热停止时，热量蒸发终止，转而由液池表面之上气流运动使液体蒸发，称为质量蒸发。其蒸发速度 Q_1 为：

$$Q_1=\alpha(Sh)\frac{A}{L}\rho_1 \tag{8-15}$$

式中　α——分子扩散系数，m^2/s；

Sh——首伍德(Sherwood)数；

A——液池面积，m^2；

L——液池长度，m；

ρ_1——液体的密度，kg/m^3。

2）喷射扩散

气体泄漏时从裂口喷出，形成气体喷射。大多数情况下气体直接喷出后，其压力高于周围环境大气压力，温度低于环境温度。在进行气体喷射计算时，应以等价喷射孔口直径计算。等价喷射的孔口直径按下式计算：

$$D=D_0\sqrt{\frac{\rho_0}{\rho}} \tag{8-16}$$

式中　D——等价喷射孔径，m；

D_0——裂口孔径，m；

ρ_0——泄漏气体的密度，kg/m^3；

ρ——周围环境条件下气体的密度，kg/m^3。

如果气体泄漏能瞬时间达到周围环境的温度、压力状况，即 $\rho_0=\rho$，则 $D=D_0$。

(1) 喷射的浓度分布

在喷射轴线上距孔口 x 处的气体的质量浓度 $C(x)$ 为：

$$C(x)=\frac{\dfrac{b_1+b_2}{b_1}}{0.32\dfrac{x}{D}\cdot\dfrac{\rho}{\sqrt{\rho_0}}+1-\rho} \tag{8-17}$$

式中 b_1，b_2——分布函数，$b_1=50.5+48.2\rho-9.95\rho^2$，$b_2=23+41\rho$；

其余符号同前。

如果把式(8-17)改写成 x 是 $C(x)$ 的函数形式，则给定某质量浓度值 $C(x)$，就可算出具有浓度的点至孔口的距离 x。

在过喷射轴线上距孔口距离 x 且垂直于喷射轴线的平面内任一点处的气体质量浓度为：

$$\frac{C(x, y)}{C(x)}=e^{-b_2(y/x)^2} \tag{8-18}$$

式中 $C(x, y)$——距孔口距离 x 且垂直于喷射轴线的平面内 y 点气体浓度，kg/m^3；

$C(x)$——喷射轴线上距孔口 x 处的气体的质量浓度，kg/m^3；

b_2——分布参数；

y——目标点到喷射轴线的距离，m。

（2）喷射轴线上的速度分布

喷射速度随着轴线距离增大而减少，直到轴线上的某一点喷射速度等于风速为止，该点称为临界点。临界点以后的气体运动不再符合喷射规律。沿喷射轴线上的速度分布由下式得出：

$$\frac{v(x)}{v_0}=\frac{\rho_0}{\rho}.\ \frac{b_1}{4}\left(0.32\frac{x}{D}\cdot\frac{\rho}{\rho_0}+1-\rho\right)\left(\frac{D}{x}\right)^2 \tag{8-19}$$

式中 ρ_0——泄漏气体的密度，kg/m^3；

ρ——周围环境条件下的密度，kg/m^3；

D——等价喷射孔径，m；

b_1——分布参数；

x——喷射轴线上距孔口某点的距离，m；

$v(x)$——喷射轴线上距孔口 x 处的气体速度，m/s；

v_0——喷射初速，等于气体泄漏时流出裂口时的速度，m/s，用下式计算：

$$v_0=\frac{Q_0}{C_d\rho\pi\left(\frac{D_0}{2}\right)^2} \tag{8-20}$$

Q_0——气体泄漏速度，kg/s；

C_d——气体泄漏系数；

D_0——裂口直径，m。

当临界点处的浓度小于允许浓度(如可燃气体的燃烧下限或者有害气体最高允许浓度)时，只需按喷射来分析；若该点浓度大于允许浓度时，则需要进一步分析泄漏气体在大气中扩散的情况。

3）绝热扩散

闪蒸液体或加压气体瞬时泄漏后，有一段快速扩散时间，假定此过程相当快以致在混合气团和周围环境之间来不及热交换，则称此扩散为绝热扩散。

根据 TNO(1979 年)提出的绝热扩散模式，泄漏气体(或液体闪蒸形成的蒸气)的气团呈半球形向外扩散。根据浓度分布情况，把半球分成内外两层，内层浓度均匀分布，且具有 50%的泄漏量；外层浓度呈高斯分布，具有另外 50%的泄漏量。

绝热扩散过程分为两个阶段，第一阶段气团向外扩散至大气压力，在扩散过程中，气团获得动能，称为“扩散能”；第二阶段，扩散能再将气团向外推，使紊流混合空气进入气团，从而使气团范围扩大。当内层扩散速度降到一定值时，可以认为扩散过程结束。

（1）气团扩散能

在气团扩散的第一阶段，扩散的气体（或蒸气）的内能一部分用来增加动能，对周围大气做功。假设该阶段的过程为可逆绝热过程，并且是等熵的。

① 气体泄漏扩散能　根据内能变化得出扩散能计算公式如下：

$$E=c_v(T_1-T_2)-0.98p_0(V_2-V_1) \tag{8-21}$$

式中　E——气体扩散能，J；

c_v——比定容热容，J/(kg·K)；

T_1——气团初始温度，K；

T_2——气团压力降至大气压力时的温度，K；

p_0——环境压力，Pa；

V_1——气团初始体积，m^3；

V_2——气团压力降至大气压力时的体积，m^3。

② 闪蒸液泄漏扩散能　蒸发的蒸气团扩散能可以按下式计算：

$$E=[H_1-H_2-T_b(S_1-S_2)]W-0.98(p_1-p_0)V_1 \tag{8-22}$$

式中　E——闪蒸液体扩散能，J；

H_1——泄漏液体初始焓，J/kg；

H_2——泄漏液体最终焓，J/kg；

T_b——液体的沸点，K；

S_1——液体蒸发前的熵，J/(kg·K)；

S_2——液体蒸发后的熵，J/(kg·K)；

W——液体蒸发量，kg；

p_1——初始压力，Pa；

p_0——周围环境压力，Pa；

V_1——初始体积，m^3。

（2）气团半径与浓度

在扩散能的推动下气团向外扩散，并与周围空气发生紊流混合。

① 内层半径与浓度　气团内层半径 R_1 和浓度 C 是时间函数，计算公式如下：

$$R_1=2.72\sqrt{K_d t} \tag{8-23}$$

$$C=\frac{0.0059V_0}{\sqrt{(K_d t)^3}} \tag{8-24}$$

式中　t——扩散时间，s；

V_0——在标准温度、压力下气体体积，m^3；

K_d——紊流扩散系数，按下式计算：

$$K_d=0.0137\sqrt[3]{V_0}\cdot\sqrt{E}\cdot\left(\frac{\sqrt[3]{V_0}}{t\sqrt{E}}\right)^{\frac{1}{4}} \tag{8-25}$$

如上所述，当中心扩散速度(dR/dt)降到一定值时，第二阶段才结束。临界速度的选择是随机的且不稳定的。设扩散结束时扩散速度为1m/s，则在扩散结束时内层半径R_1和浓度C可按下式计算：

$$R_1 = 0.08837E^{0.3}V_0^{\frac{1}{3}} \tag{8-26}$$

$$C = 172.95E^{-0.9} \tag{8-27}$$

② 外层半径与浓度　第二阶段末气团外层的大小可根据试验观察得出，即扩散终结时外层气团半径R_2由下式求得：

$$R_2 = 1.456R_1 \tag{8-28}$$

式中　R_2，R_1——分别为气团内层、外层半径，m。

外层气团浓度自内层向外呈高斯分布。

8.1.2　气体扩散模型

危险化学品事故泄漏后的空中扩散过程极其复杂，扩散过程中的一些现象和规律还没有被人们很好理解，其根本原因是危险化学品可能的泄漏与扩散机理太多。装有压缩气体、冷冻液化气体、加压液化气体、常温常压液体的容器或管道可能发生瞬间泄漏，也可能发生连续泄漏。泄漏的气体(包括蒸汽，下同)可能比空气重，也可能比空气轻。从加压容器泄漏或液池蒸发的气体的速率可能相对稳定，也可能随时间变化。事故泄漏的方向可能垂直向上，可能与水平风向相同，也可能与水平风向相反，还可能是其他任何方向。事故泄漏可能涉及相变，如液滴的蒸发或冷凝。泄漏形成的气云可能与环境发生热力学作用，气云中还可能产生液滴沉降现象。泄漏和扩散环境的气象条件复杂多变，可能是晴天，可能是阴天，也可能是雨天；风向和风速可能比较稳定，也可能随时间发生变化。泄漏源周围可能是空旷的平整地面，也可能是建筑密集地区或地形很不规则的地区。由泄漏气体和空气形成的气云在扩散过程中，一般受机械湍流、内部浮力湍流和环境湍流三者的共同作用。在不同的泄漏条件下和扩散的不同阶段，扩散可能受机械湍流支配，也可能受内部浮力湍流支配，还可能受环境湍流支配。这一切使得危险化学品的泄漏扩散分析十分复杂。

危险化学品事故泄漏扩散分析涉及非常复杂的问题，为了简化分析，特作如下假设：气云在平整、无障碍物的地面上空扩散；气云中不发生化学反应和相变反应，也不发生液滴沉降现象；危险化学品泄漏速率不随时间变化；风向为水平方向，风速和风向不随时间、地点和高度变化；气云和环境之间无热量交换。

1. 瞬间泄漏和连续泄漏的判断准则

泄漏源的类型直接关系到扩散模型的选择。简单的扩散模型将泄漏类型分为瞬间泄漏和连续泄漏两种类型。它们都是实际泄漏源的理想化。那么，在分析任何具体的假想事故时，究竟应该使用哪种类型的泄漏模型呢？许多人对这个问题进行了研究，并提出了各自的区分瞬间泄漏和连续泄漏的准则。1987年，Britter和McQuaid通过对实验数据的分析，提出了瞬间泄漏和连续泄漏的如下判断准则：

如果$VT_0/x \geq 2.5$，那么泄漏为连续泄漏；如果$VT_0/x \leq 0.6$，那么泄漏为瞬间泄漏。其中，V为环境风速(m/s)，T_0为泄漏持续时间(s)，x为观察者离开泄漏源的距离(m)。

根据这样的准则，泄漏类型与观察者离开泄漏源的距离有关。对于一个泄漏源来说，近场观察者可能认为是瞬间泄漏；远场观察者可能认为是连续泄漏。

如果某一泄漏既不能视为瞬间泄漏，也不能视为连续泄漏，那么，为了保险起见，应该同时进行瞬间泄漏扩散分析和连续泄漏扩散分析，并以危险性大的泄漏类型为最终选择的泄漏类型。

2. 重气云扩散和非重气云扩散判断准则

大多数危险气体泄漏后形成的气云密度比空气密度大，只有少数危险气体泄漏后形成的气云密度比空气密度小。这是因为大多数危险气体的相对分子质量大于空气的平均相对分子质量。即使有些危险气体的相对分子质量小于空气的平均相对分子质量，但是由于是冷冻储存，发生泄漏后形成的气云温度较低，或者由于气云中含有大量的液滴，因此气云密度仍然可能大于空气的密度。

根据气云密度与空气密度的相对大小，将气云分成重气云、中性气云和轻气云三类。如果气云密度显著大于空气密度，气云将受到方向向下的重力作用，这样的气云称为重气云。如果气云密度显著小于空气密度，气云将受到方向向上的浮力作用，这样的气云称为轻气云。如果气云密度与空气密度相当，气云将不受明显的浮力作用，这样的气云称为中性气云。轻气云和中性气云统称为非重气云。非重气云的空中扩散可用众所周知的高斯模型描述，重气云的空中扩散过程可用20世纪70年代以后陆续提出的重气扩散模型描述。

在进行危险气体泄漏扩散分析时，研究人员一般根据泄漏源 Richardson 数的大小来决定是使用非重气云扩散模型还是重气云扩散模型。Richardson 数是一个无量纲参数，定义为气云势能与泄漏环境湍流能量之比。不同的研究人员对气云势能和泄漏环境湍流能量的定义稍有区别。例如，Havens 和 Spicer 对 Richardson 数的定义为：

对于瞬间泄漏：

$$Ri_0 = g'_0 V_0^{1/3} / V_*^2 \tag{8-29}$$

对于连续泄漏：

$$Ri_0 = g'_0 V'_0 / (VDV_*^2) \tag{8-30}$$

式中：Ri_0 为 Richardson 数；V_0为气体瞬间泄漏形成的云团的初始体积(m^3)；V'_0 为是气体连续泄漏形成的云羽的初始体积通量(m^3/s)，由于危险气体泄漏时的快速稀释，云团初始体积或云羽初始体积通量将显著大于泄漏的危险气体的体积或体积通量；D 为泄漏源的特征水平尺度(m)，它取决于泄漏源的类型，例如，对于液池蒸发，它是蒸发液池的直径，对于高速气体泄漏，它是当泄漏源的动量效应变得不再重要时云羽的宽度；V 为环境风速(m/s)；V_* 为摩擦速度(m/s)，与地面粗糙度和大气稳定度有关，近似等于10m高度风速的1/15；g'_0 为折合引力常数，定义为：

$$g'_0 = g(\rho_0 - \rho_g)/\rho_g \tag{8-31}$$

式中 g——引力常数，取9.8m/s^2；

ρ_0——气云的初始密度，kg/m^3；

ρ_g——环境空气密度，kg/m^3。

3. 射流扩散模型

工业压力容器常因化学反应失控、外部热源的强烈作用等原因导致内部压力快速升高。当压力高于某一临界值时，容器的安全阀或爆破片就会开启或破裂，从而泄漏出高速气流。

压力管道破裂时也会泄漏出高速气流。

所谓射流是指泄漏出的高速气流与空气混合形成的轴向蔓延速度远远大于环境风速的云羽。射流扩散过程受泄漏源本身特征参数如泄漏时的气体压力、温度、泄漏口面积等控制。

1）基本假设

为了理解射流扩散的基本特征，方便射流扩散分析，射流扩散模型使用如下假设：

(1) 射流的横截面为圆形，气流速度、浓度、密度、温度等参数沿横截面均匀分布。

(2) 射流的横截面初始半径为 r_0(m)，初始轴向速度为 v_0(m/s)，密度为 ρ_0(kg/m^3)。随着云羽的扩散，空气不断进入，射流的横截面尺寸增大。在下游距离 S(m)处，横截面半径为 r(m)，轴向速度为 v(m/s)，密度为 ρ_p(kg/m^3)。

(3) 射流的轴向速度与环境风速位于同一垂直平面内，夹角为 θ。环境风速远远小于射流的初始轴向速度。

射流的扩散过程如图 8-1 所示。

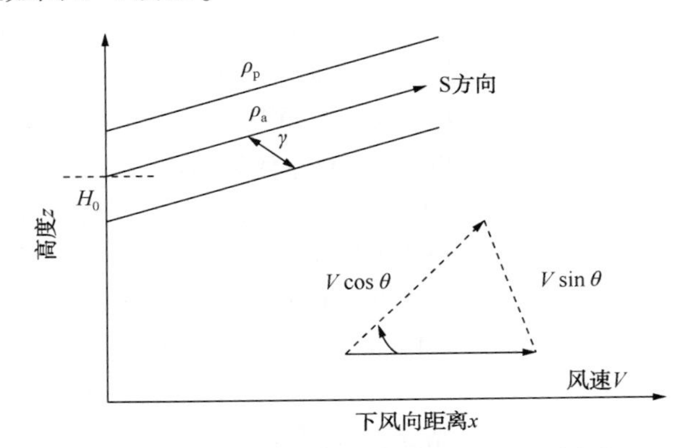

说明：高速云羽横截面为圆形，半径为r

图 8-1 高速云羽扩散示意图

2）扩散分析

由于射流扩散过程中动量守恒，因此下式成立：

$$\rho_0 r_0^2 v_0^2 = \rho_p r^2 v^2 \tag{8-32}$$

在下游距离足够大的地方，气流密度近似等于空气密度。由式(8-32)可知，云羽轴向速度和横截面半径之间近似存在如下关系：

$$v = (\rho_0/\rho_a)^{0.5} v_0 r_0 / r \tag{8-33}$$

式中 ρ_a——空气密度，kg/m^3。

从式(8-33)可以看出，随着空气的不断进入，云羽的横截面半径不断增大，轴向速度不断下降。

由于射流质量守恒，因此下式成立：

$$d(r^2 v \rho_p)/ds = 2arv\rho_a \tag{8-34}$$

式中 s——下游距离，m；

a——空气卷吸系数，定义为垂直于云羽轴线的空气进入速度与云羽轴向速度之比，近似等于 0.08。

如果仍然假设$\rho_p=\rho_a$，将式(8-33)代入式(8-34)可以得到：

$$r=r_0+2as \tag{8-35}$$

将云羽轴向速度$v=ds/dt=(2a)^{-1}(dr/dt)$代入式(8-33)，得到：

$$rdr=2a(\rho_0/\rho_a)^{0.5}v_0r_0dt \tag{8-36}$$

对式(8-36)积分，可以得到：

$$r=r_0[1+4a(\rho_0/\rho_a)^{0.5}v_0t/r_0]^{0.5} \tag{8-37}$$

由于射流横截面上危险物质通量守恒，因此下式成立：

$$C_0v_0r_0^2=Cvr^2 \tag{8-38}$$

式中　C_0——射流中$s=0$处危险物质浓度，kg/m³；

C——射流中s处危险物质浓度，kg/m³。

如果下游距离足够大以至于$\rho_p=\rho_a$，那么将式(8-33)代入式(8-38)中，可以得到射流中危险物质浓度计算公式：

$$C=C_0(\rho_a/\rho_0)^{0.5}r_0/(r_0+2as) \tag{8-39}$$

将式(8-33)代入式(8-37)可以推导出射流前锋到达下游任意位置所需时间的计算公式：

$$t=r_0[(2as+r_0)^2/r_0^2-1]/[4av_0(\rho_0/\rho_a)^{0.5}] \tag{8-40}$$

式中　t——射流前锋到达下游距离s所需要的时间，s。

为了计算射流中心线的运动轨道，除了考虑云羽初始轴向速度大小和方向以外，还必须考虑环境风速和浮力的影响。假设云羽轴向与风向的夹角为θ，x为下风向距离，z为垂直方向高度(见图8-1)，则云羽中心线轨道坐标由下面的公式确定：

$$x(t)=[r_0/(2a)]A_1A_2+Vt \tag{8-41}$$

$$z(t)=H_0+[r_0/(2a)\sin\theta A_2-g/(12a^2)](r_0/v_0)B_1B_2 \tag{8-42}$$

式中：H_0为泄漏源高度，m；A_1、A_2、B_1、B_2分别定义为：

$$A_1=\cos\theta-(V/v)(\rho_a/\rho_0)^{0.5} \tag{8-43}$$

$$A_2=\{1+4av_0t/[r_0(\rho_a/\rho_0)^{0.5}]\}^{0.5}-1 \tag{8-44}$$

$$B_1-(\rho_0-\rho_a)/\rho_0 \tag{8-45}$$

$$B_2=\{1+4av_0t[r_0(\rho_a/\rho_0)^{0.5}]\}^{3/2}-1 \tag{8-46}$$

3）转变条件

随着空气的不断进入，云羽轴向速度将接近环境风速。一般来说，当云羽轴向速度等于环境风速时，机械湍流占主导地位的射流扩散阶段也就终止了。随后的扩散过程将主要由重力湍流或环境湍流占主导地位。如果是垂直向上喷射，高速扩散阶段终止时的云羽将变成水平状。将式(8-35)代入式(8-33)中，并令云羽轴向速度等于环境风速，可推导出射流扩散阶段终止时的下游距离s_p(m)的计算公式：

$$s_p=(r_0/2a)[(\rho_0/\rho_a)^{0.5}v_0/V-1] \tag{8-47}$$

令式(8-40)中的$s=s_p$，便能得到射流扩散阶段终止时间t_p。

判断射流扩散阶段终止的另一准则是云羽轴向速度等于浮力效应引起的云羽上升或下降速。根据这一准则，射流扩散阶段终止时间由下式确定：

$$t_{\mathrm{p}}'=v_0/[2g(\rho_0/\rho_{\mathrm{a}})^{0.5}][(\rho_0-\rho_{\mathrm{a}})/\rho_0] \tag{8-48}$$

将 t_{p}' 代入式(8-40)中，可以得到云羽轴向速度等于浮力效应引起的云羽上升或下降速度时下游距离的计算公式：

$$s_{\mathrm{p}}'=\{r_0\{t_{\mathrm{p}}'[4av_0(v\rho_0/\rho_{\mathrm{a}})^{0.5}]r_0^{-1}+1\}^{0.5}-r_0\}/2a \tag{8-49}$$

建议将 t_{p}' 和 t_{p} 中较小值作为射流扩散阶段终止时间。

射流扩散阶段结束以后，云羽中心线运动轨道和云羽的蔓延将受重力湍流或环境湍流控制。因此，下面我们将对重气云扩散和非重气云扩散进行讨论。

4. 重气云扩散模型

在大多数事故泄漏情形下，危险化学品泄漏形成的气云是重气云。由于重气云密度显著大于环境空气密度，重气云扩散具有与非重气云扩散明显不同的特点。与非重气云扩散不同，重气云扩散过程中的横风向蔓延特别快，而在垂直方向的蔓延非常缓慢。重气云扩散时可能向上风向蔓延，而非重气云扩散时一般不会向上风向蔓延。如果扩散过程中遇到障碍物，重气云可能从旁边绕过而不是从头顶上越过障碍物，而非重气云扩散时不仅能从旁边绕过而且常常能从头顶上越过障碍物。

较大的气云密度显著影响环境空气的进入速率，从而也显著影响气云深度的变化速率。由于重气云的扩散过程非常复杂，而且人们对重气云扩散现象的研究历史才二十多年，因此已经提出的重气云扩散模型都只能是对实际问题的一种近似。同时必须指出，在已有的大约 200 个重气云扩散模型中，大多数模型还没有得到试验数据的充分检验。重气云扩散过程目前仍是一个十分活跃的研究领域，平均每年有 10 个左右新的重气云扩散模型问世。

为方便起见，根据重气云中性能参数的分布方式，将所有的重气云扩散模型分为三类：一维模型、二维模型、三维模型。一维模型假设所有性能参数(如密度、浓度、温度等)在重气云团内部或重气云羽的横截面上均匀分布，因此模型的建立和求解过程比较简单。在很多情况下，模型存在分析解。广泛使用的“BOX”(盒子)模型和“SLAB”(平板)模型都是一维模型。盒子模型用来描述瞬间泄漏形成的重气云团的运动，平板模型用来描述连续泄漏形成的重气云羽的运动。这两类模型的核心是因空气进入而引起的气云质量增加速率方程。盒子模型一般假设环境空气或者从云团的边缘进入，或者从云团的顶部进入。建模者对这两个过程一般采用分别建模的方法。它们对云团发展的相对贡献随时间变化而变化。离泄漏源较近的地方，边缘进入占主导地位。随着气云的蔓延和远离泄漏源，边缘进入的重要性逐渐降低。一维模型的假设简单明了，求解方便，模型的正确性便于评价。而且，就预测结果与试验结果的一致性而言，它们一点也不比现有的复杂三维模型差。因此，一维模型在重气云扩散分析中得到了广泛的应用，就像高斯模型在中性气云扩散分析中得到广泛应用一样。不过，由于不能考虑复杂地形的影响，也不能分析泄漏源泄漏速率随时间变化带来的影响，一维模型进一步发展的空间十分有限。

三维模型则认为，气云中不同空间位置的性能参数互不相同。三维模型的建立和求解比较复杂，一般只能求数值解。

二维模型以三维模型为基础，同时增加了一些简化假设。所谓“帽子”模型就是二维模型的具体例子。帽子模型假设在重气云团的中央所有性能参数均匀分布，而在云团的边缘服从某种特殊分布，例如正态分布。二维模型的复杂性和求解难易程度介于一维模型和三维模型之间。它保留了三维模型的很多优点，同时又避免了三维模型的复杂计算。在某些情况下，甚至可以求出二维模型的分析解。

1984 年，Wheatbey 和 Webber 非常全面地综述了各种类型的扩散模型，对它们的特点进行了客观、严格地评价，并提出了模型的改进建议，以便纠正已经发现的各类模型的缺陷。

下面先讨论描述重气云团扩散的“BOX”模型，然后讨论描述重气云羽扩散的“SLAB”模型。

1）“BOX”模型

（1）基本假设

为了分析危险气体近地面瞬间泄漏形成的重气云团在空中的扩散过程，研究人员提出了“BOX”模型。为了分析方便，在“BOX”模型中使用如下假设：

① 重气云团为正立的坍塌圆柱体，圆柱体初始高度等于初始半径的一半，如图 8-2 所示。

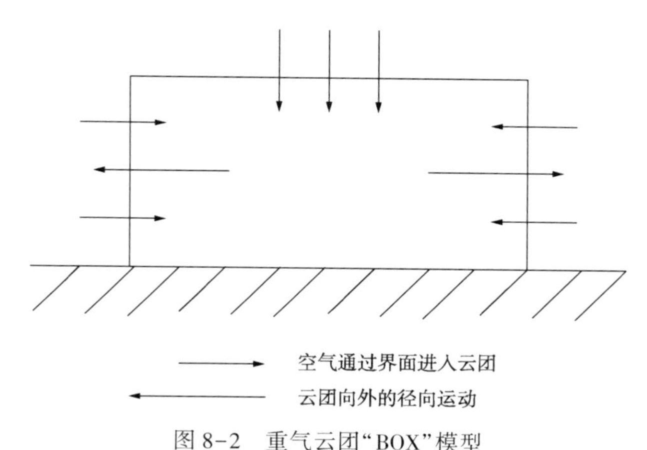

图 8-2　重气云团“BOX”模型

② 在重气云团内部，温度、密度和危险物质浓度等参数均匀分布。

③ 重气云团中心的移动速度等于风速。

（2）扩散分析

坍塌圆柱体的径向蔓延速度由式(8-50)确定。

$$V_f = \mathrm{d}r/\mathrm{d}t = \{g[(\rho_p - \rho_a)/\rho_a]h\}^{0.5} \tag{8-50}$$

式中　V_f——圆柱体的径向蔓延速度，m/s；

r——圆柱体半径，m；

h——圆柱体高度，m；

t——泄漏后时间，s。

等式两边同时乘以 $2r$，式(8-50)变为：

$$\mathrm{d}r^2/\mathrm{d}t = 2\{g[(\rho_p - \rho_a)/\rho_a]hr^2\}^{0.5} \tag{8-51}$$

由于假设重气云团和环境之间没有热量交换，重气云团的浮力将守恒，即

$$g[(\rho_p - \rho_a)/\rho_a]V = g[(\rho_p - \rho_a)/\rho_a]V_0 \tag{8-52}$$

将式(8-52)代入式(8-51)，积分得到：

$$r^2=r_0^2+2\{g[(\rho_p-\rho_a)/\rho_a]V_0/\pi\}^{0.5}t \quad (8-53)$$

式中 r_0——为重气云团的初始半径，m；

V_0——为重气云团的初始体积，m^3；

ρ_0——为重气云团的初始密度，kg/m^3。

由于假设重气云团是圆柱体，初始高度等于初始半径的一半，因此重气云团初始半径的计算公式为：

$$r_0(2V_0/\pi)^{1/3} \quad (8-54)$$

随着空气的不断进入，云团的高度和体积也将不断变化。云团体积随时间的变化速率由下式确定：

$$dV/dt=(\pi R^2)V_T+(2\pi Rh)V_p \quad (8-55)$$

式中：重气云团体积为 $V=\pi R^2h$，V_T 和 V_p 分别为空气从顶部和边缘进入重气云团的速率(m/s)。不同研究人员提出的“BOX”模型所使用的空气进入假设经常互不相同。不过，如何规定 V_T 和 V_p 并不重要，重要的是 V_T 和 V_p 的组合能够模拟重气云团体积随时间的变化规律。

由于重气云团内部危险气体质量守恒，因此，在重气云团扩散过程中，下式成立：

$$C/C_0=V_0/V=(h_0r_0^2)/(hr^2) \quad (8-56)$$

式中：C_0 和 C 分别为初始时刻和终止时刻重气云团内部危险物质浓度，kg/m^3。

任意时刻重气云团的半径按照式(8-53)计算。如果知道任意时刻重气云团高度的计算公式，利用式(8-56)就可计算任意时刻重气云团内部危险物质浓度。但这里不准备采用先推导重气云团高度的计算公式，然后计算重气云团体积和危险物质浓度的方法。而是先采用量纲分析法求重气云团的体积和浓度，然后利用式(8-56)反推重气云团的高度。

为了研究危险化学品事故泄漏形成的重气云团扩散规律，20世纪70年代在英国三里岛(Thorney Island)进行了一系列的大规模气体泄漏模拟试验。例如，为了研究事故瞬间泄漏形成的重气云团的扩散规律，研究人员将2000m^3的氟利昂(一种无色气体，密度比空气密度大，遇火焰或热表面能分解形成有毒光气)盛装在可迅速移去的大容积圆柱形容器中。环境风速的变化范围为1~8m/s，$(\rho_0-\rho_a)/\rho_a$ 的变化范围为0.4~4。

综合三里岛气体泄漏试验数据和量纲分析的结果，发现在重气云团扩散过程中，无纲量 V/V_0 与 $x/V_0^{1/3}$ 之间存在如下函数关系：

$$V=V_0(x/V_0^{1/3})^{1.5},\ x\geqslant V_0^{1/3} \quad (8-57)$$

式中：x 为下风向距离，m。它与时间、风速之间的关系为：

$$x=Vt \quad (8-58)$$

将上式代入式(8-56)，得到：

$$C=C_0(x/V_0^{1/3})^{1.5},\ x\geqslant V_0^{1/3} \quad (8-59)$$

将圆柱形重气云团的体积 $V=\pi^{R2}h$ 代入式(8-57)，可以推导出：

$$h=V_0(x/V_0^{1/3})^{1.5}/(\pi R^2),\ x\geqslant V_0^{1/3} \quad (8-60)$$

(3) 转变准则

随着空气的不断进入，重气云团的密度将不断减少，重气坍塌引起的扩散将逐步让位于环境湍流引起的扩散。目前，判断重气坍塌过程终止的准则主要有：

① ε 准则

定义 $\varepsilon=(\rho_p-\rho_a)/\rho_a$。$\varepsilon$ 准则认为，如果 ε 小于或等于某个临界值（在 0.001～0.01 之间），重气坍塌引起的扩散将让位于环境湍流引起的扩散。

下面推导转变点发生的位置。令：

$$E=gV(\rho_p-\rho_a)/\rho_a=gV\varepsilon \tag{8-61}$$

将式(8-57)代入式(8-61)中得到：

$$E=g\varepsilon V_0(x/V_0^{1/3})^{1.5} \tag{8-62}$$

从式(8-62)中求出 x，得到：

$$x=E^{2/3}V_0^{1/3}(g\varepsilon)^{-2/3} \tag{8-63}$$

由于不考虑云团与环境之间的热交换，云团浮力守恒，$E=E_0$，代入式(8-63)中得到转变点对应的下风向距离为：

$$x_f=E^{2/3}V_0^{1/3}(g\varepsilon_{cr})^{-2/3} \tag{8-64}$$

② Ri 准则

对于瞬间泄漏，定义 Richardson 数 $Ri=[g(\rho_p-\rho_a)/\rho_a]V^{1/3}/V_*^2$。$Ri$ 准则认为，如果 Ri 小于或等于某个临界值（在 1～10 之间），重气坍塌引起的扩散将让位于环境湍流引起的扩散。下面推导转变点发生的位置。

由于云团内部浮力守恒，因此：

$$E_0=E=gV(\rho_p-\rho_a)/\rho_a \tag{8-65}$$

对式(8-65)进行恒等计算，得到：

$$(\rho_p-\rho_a)/\rho_a=E_0/(gV) \tag{8-66}$$

从式(8-66)中求出转变点下风向距离 x，得到：

$$x_f=E_0/(Ri_{cr}V_0^{1/3}V_*^2) \tag{8-67}$$

③ V_f 准则

定义重气云团径向蔓延速度 $V_f=dr/dt$。V_f 准则认为，如果 V_f 小于或等于某个临界值，重气坍塌引起的扩散将让位于环境湍流引起的扩散。

不同研究人员提出的重气云扩散阶段终止时的临界 V_f 值相差很大。例如，VanUlden 认为，重气云扩散阶段终止的条件是 $V_f=2V_*$；Germeles 和 Drake 认为，重气云扩散阶段终止的条件是 $V_f=V$；Cox 和 Carpenter 认为，重气云扩散阶段终止的条件是 $V_f=d\sigma_y/dt$，σ_y 为横峰县扩散系数(m)；Eidsvik(1980)认为重气云扩散阶段终止的条件是 $V_f=0.39V_*$。这些准则覆盖的范围很宽，从 $V_f=0.02V$ 到 $V_f=V$（假设摩擦速度 $V_*=V/15$）。Germeles 和 Drake 提出的准则太严，按照他们提出的准则，即使存在重气云扩散阶段，这个阶段持续的时间也很短。不过，多数研究人员认为，V_f 的临界值具有与 V_* 相同的数量级。

2）“SLAB”模型

（1）基本假设

为了进行危险气体近地面连续泄漏形成的重气云羽的扩散分析，研究人员提出了“SLAB”模型。在“SLAB”模型中使用了如下假设：

① 重气云羽横截面为矩形，横风向半宽为 b(m)，垂直方向高度为 h(m)。在泄漏源

点，云羽半宽为高度的两倍，即：$b_0=2h_0$。

② 重气云羽横截面内，浓度、温度、密度等参数均匀分布。

③ 重气云羽的轴向蔓延速度等于风速。

（2）扩散分析

在重气云羽的扩散过程中，横截面半宽的变化由下式确定：

$$V\mathrm{d}b/\mathrm{d}x=[gh(\rho_p-\rho_a)/\rho_a]^{0.5} \tag{8-68}$$

由于假设重气云羽与环境之间无热量交换，重气云羽的浮力通量在扩散过程中守恒，即

$$2gVbh(\rho_p-\rho_a)/\rho_a=2gVb_0h_0(\rho_p-\rho_a)/\rho_a \tag{8-69}$$

将式(8-69)代入式(8-68)中，积分得到：

$$b=b_0\{1+1.5[gh_0(\rho_0-\rho_a)/\rho_a]^{0.5}x(Vb_0)^{-1}\}^{2/3} \tag{8-70}$$

由于重气云羽初始半宽等于初始高度的2倍，重气云羽的初始体积通量为：

$$V'_0=2b_0h_0V=b_0^2V \tag{8-71}$$

由式(8-71)可以求出重气云羽的初始半宽：

$$b_0=2h_2=(V'_0/V)^{0.5} \tag{8-72}$$

随着空气的进入，不仅重气云羽的横风向水平尺寸要增大，重气云羽的高度也要增加。重气云羽高度的变化与下风距离间的关系由下式确定：

$$\mathrm{d}h=(We/V)\mathrm{d}x \tag{8-73}$$

式中：We 为空气卷吸系数，且假设空气卷吸系数由下式确定：

$$We=3.5v'_*/(11.67+Ri) \tag{8-74}$$

式中：Ri 当地 Richardson 数。

式(8-74)表明，随着 Ri 的增加，空气卷吸系数减小。Ri 的定义为：

$$Ri=[g(\rho_p-\rho_a)/\rho_a]h/v'^2_* \tag{8-75}$$

式中：v'_* 为垂直方向的特征湍流速度(m/s)，由下式确定：

$$v'_*=1.3(v_*/V)[(4/9)(\mathrm{d}b/\mathrm{d}t)^2+V^2]^{0.5} \tag{8-76}$$

式中：v_* 为摩擦速度。

由于 $x=Vt$，因此 $\mathrm{d}b/\mathrm{d}t=V\mathrm{d}b/\mathrm{d}x$，结合式(8-70)得到：

$$\mathrm{d}b/\mathrm{d}t=(2/3)\{1.5[gh_0(\rho_0-\rho_a)/\rho_a]^{0.5}\}\times\{1+1.5[gh_0(\rho_0-\rho_a)/\rho_a]^{0.5}x(V_eb_0)^{-1}\}^{-1/3} \tag{8-77}$$

将式(8-73)～式(8-77)组成联立方程组，可以求得任意下风向距离重气云羽的高度。

由于重气云羽横截面上危险物质通量守恒，因此

$$2bhVC=2b_0h_0VC_0 \tag{8-78}$$

式(8-78)两边同时除以 $2bhV$，得到重气云羽中危险物质浓度的计算公式：

$$C=b_0h_0C_0/(bh) \tag{8-79}$$

式中：C 表示重气云羽内危险物质浓度，kg/m^3；下标0指初始条件。

（3）虚源计算

无论是重气云团扩散，还是重气云羽扩散，一旦满足前面讨论过的转变条件，重力驱动扩散将转变为环境湍流驱动扩散。

为了将转变前后两个不同的扩散过程有机地衔接起来，需要进行虚源计算。所谓虚源，是指位于转变点上游某处的虚拟泄漏源。虚源计算的目的是确定虚源与转变点之间的距离。进行虚源计算时应该遵循下面的原则：在相同的泄漏和扩散条件(相同源强、相同地形、相同气象条件等)下，利用重气云扩散模型对实源泄漏进行扩散分析得到的转变点所在位置危险物质浓度等于利用高斯模型对虚源泄漏进行扩散分析得到的转变点所在位置危险物质浓度。

虚源计算时假设转变点的下风向扩散系数 σ_x、横风向扩散系数 σ_y 和垂直方向扩散系数 σ_z 分别由下面三个公式计算：

$$\sigma_x=\sigma_y\text{(瞬间泄漏才需要)} \tag{8-80}$$

$$\sigma_x=b/2^{0.5} \tag{8-81}$$

$$\sigma_z=h/2^{0.5} \tag{8-82}$$

因此，如果知道扩散系数与下风向距离的关系，就可以计算出虚源与转变点之间的距离。例如，如果 $\sigma_y=0.1x$，那么虚源与转变点之间的距离 $x_v=10b/2^{0.5}$。

5. 非重气云扩散模型

高斯模型用来描述危险物质泄漏形成的非重气云扩散行为，或描述重气云在重力作用消失后的远场扩散行为。为了便于分析，建立如下坐标系 $oxyz$：其中原点 o 是泄漏点在地面上的正投影，x 轴沿下风向水平延伸，y 轴在水平面上垂直于 x 轴，z 轴垂直向上延伸，如图 8-3 所示。

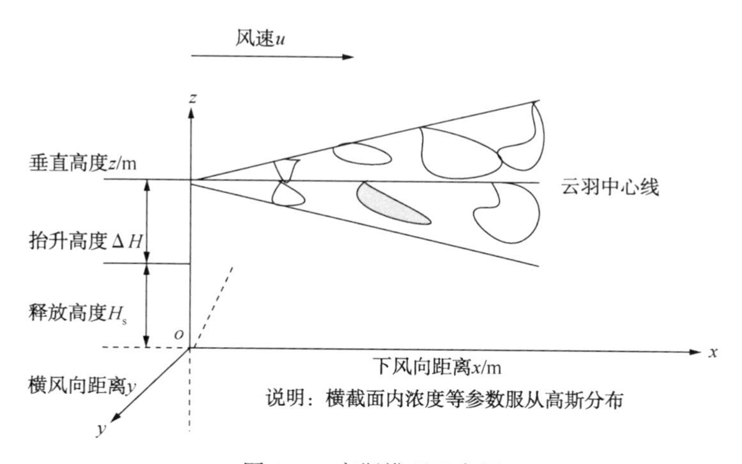

图 8-3 高斯模型示意图

高斯模型使用了以下假设：

(1) 气云密度与环境空气密度相当，气云不受浮力作用。

(2) 云团中心的移动速度或云羽轴向蔓延速度等于环境风速。

(3) 云团内部或云羽横截面上浓度、密度等参数服从高斯分布(即正态分布)。

根据高斯模型，泄漏源下风向某点(x、y、z)在 t 时刻的浓度用下面的公式计算：

$$C(x,\ y,\ z,\ t)=\frac{2Q}{(2\pi)^{3/2}\sigma_x\sigma_y\sigma_z}\times\exp\left[-\frac{(x-ut)^2}{2\sigma_x^2}\right]\times\exp\left(-\frac{y^2}{2\sigma_y^2}\right)\times$$

$$\left\{\exp\left[-\frac{(z-H)^2}{2\sigma_z^2}\right]+\exp\left[-\frac{(z+H)^2}{2\sigma_t^2}\right]\right\} \tag{8-83}$$

式中　Q——泄漏质量，kg；

u——风速，m/s；

t——时间，s；

H——有效源高度，m，它等于泄漏源高度 H_s 和抬升高度 ΔH 之和，$H=H_s+\Delta H$。

σ_x，σ_y，σ_z——分别是 x、y、z 方向上的扩散系数。

推荐使用 $P-G$ 扩散曲线方法确定扩散系数。$P-G$ 扩散曲线方法是在 Pasquill 和 Gifford 扩散参数估算的基础上，将它修改为表示扩散参数的曲线，用近幂函数表示。

$$\begin{cases}\sigma_y=ax^b\\ \sigma_z=cx^d\end{cases}$$

$$\sigma_x=\sigma_y=\sigma(x+x_y) \tag{8-84}$$

$$\sigma_z=\sigma(x+x_z)$$

式中：x_y 和 x_z 为到上风向虚拟点远距离。

$$\sigma_{y0}a(x_y)^b=L/4.3 \tag{8-85}$$

$$\sigma_{z0}=c(x_z)^d=H_0/2.15 \tag{8-86}$$

式中　L——初源云宽度，m；

H_0——初泄源云高度，m；

x——表示下风向距离，m；

a，b，c，d——取决于大气稳定度和地面粗糙度的扩散系数，按表 8-3 取值。

表 8-3　扩散系数

稳定度级别	扩散系数			
	a	b	c	d
A	0.527	0.865	0.28	0.90
B	0.371	0.866	0.23	0.85
C	0.209	0.897	0.22	0.80
D	0.123	0.905	0.20	0.76
E	0.098	0.902	0.15	0.73
F	0.065	0.902	0.12	0.67

按照 Pasquill 的分类方法，随着气象条件稳定性的增加，大气稳定度分为 A、B、C、D、E 和 F 六类。其中 A、B 和 C 三类表示气象条件不稳定，E 和 F 两类表示气象条件稳定，D 类表示中性气象条件，也就是说气象条件的稳定性在稳定和不稳定之间。A、B 和 C 三类稳定度中，A 类表示气象条件极不稳定，B 类表示气象条件中等程度不稳定，C 类表示气象条件弱不稳定。E 和 F 两类稳定度中，E 类表示气象条件弱稳定，F 类表示气象条件中等程度稳定。大气稳定度的具体分类见表 8-4 和表 8-5。

表 8-4 Pasquill 大气稳定度的确定

地面风速/(m/s)	白天日照			夜间条件	
	强	中等	弱	阴天且云层薄，或低空云量为 4/8	天空云量为 3/8
<2	A	A~B	B		
2~3	A~B	B	C	E	E
3~4	B	B~C	C	D	E
4~6	C	C~D	D	D	D
>6	C	D	D	D	D

表 8-5 日照强度的确定

天空云层情况	日照角>60°	日照角<60°且>35°	日照角>15°且<35°
天空云量为 4/8，或高空有薄云	强	中等	弱
天空云量为 5/8~7/8，云层高度为 2134~4877m	中等	弱	弱
天空云量为 5/8~7/8，云层高度为<2134m	弱	弱	弱

云量是指当地天空的云层覆盖率，例如云量为 3/8 是指当地 3/8 的天空有云层覆盖。日照角是指当地太阳光线与地平线之间的夹度，例如阳光垂直照射地面时的日照角为 90°。

6. 扩散模型的性能和不确定性

为了模拟危险化学品事故泄漏后的空中扩散机理，人们进行了各种各样的努力，开发了各种各样的分析方法。尽管如此，大多数扩散模型离理想的进行危险品泄漏风险评价的要求还有很大差距。这主要是由这些过程固有的复杂性和随机性、描述泄漏机理的输入数据的缺乏性和不确定性造成的。即使是那些最复杂的三维扩散模型，也受到湍流运动的随机性以及物理方程没有精确解的限制。同时，三维扩散模型需要的输入数据通常是不能得到的，而且模型求解需要大量机时，而这在多数应用情况下是不切实际的。在这种求简化解的过程中，在设定条件下得到的实验数据被推广到一般应用中去，因此不可避免地带来不准确性。

前面描述的高斯模型就是求扩散问题的一种简化方法。通常使用的扩散系数 σ_y 和 σ_z 是在特定试验条件、地点、抽样频率下得到的，很可能对其他条件并不适用。另外，还有一些假设必须满足，例如风速、风向、大气稳定度在模拟期间保持稳定，气象参数在模拟地域保持空间均匀一致，地域平坦、开阔，在模拟时间内源泄漏机理保持恒定，在整个扩散过程中泄漏气体质量守恒等。

总之，无论是危险化学品泄漏扩散分析人员还是分析结果的实际使用人员，都应该知道在危险化学品泄漏扩散模型中有许多简化和假设，通过泄漏扩散模型计算得到的危险物质的浓度只是一种估计值。

8.1.3 中毒模型

有毒物质泄漏后生成有毒蒸气云，它在空气中飘移、扩散，直接影响现场人员，并可能波及居民区。大量剧毒物质泄漏可能带来严重的人员伤亡和环境污染。

毒物对人员的危害程度取决于毒物的性质、毒物的浓度和人员与毒物接触的时间等因素。有毒物质泄漏初期，其毒气形成气团密集在泄漏源周围，随后由于环境温度、地形、风力和湍流等影响气团飘移、扩散，扩散范围变大，浓度减小。在后果分析中，往往不考虑毒物泄漏的初期情况，即工厂范围内的现场情况，主要计算毒气气团在空气中飘移、扩散的范围、浓度、接触毒物的人数等。

1. 毒物泄漏后果的概率函数法

概率函数法是用人们在一定时间接触一定浓度毒物所造成影响的概率来描述毒物泄漏后果的一种表示法。概率与中毒死亡百分率有直接关系，两者可以互相换算，见表 8-6。概率值在 0~10 之间。

表 8-6 概率与死亡百分率的换算

死亡百分率/% \ 概率 Y	1	2	3	4	5	6	7	8	9
0	2.67	2.95	3.12	3.25	3.36	3.45	3.52	3.59	3.66
10	3.77	3.82	3.87	3.92	3.96	4.01	4.05	4.08	4.12
20	4.19	4.23	4.26	4.29	4.33	4.26	4.39	4.42	4.45
30	4.50	4.53	4.56	4.59	4.61	4.64	4.67	4.69	4.72
40	4.77	4.80	4.82	4.85	4.87	4.90	4.92	4.95	4.97
50	5.03	5.05	5.08	5.10	5.13	5.15	5.18	5.20	5.23
60	5.28	5.31	5.33	5.36	5.39	5.41	5.44	5.47	5.50
70	5.55	5.58	5.61	5.64	5.67	5.71	5.74	5.77	5.81
80	5.88	5.92	5.95	5.99	6.04	6.08	6.13	6.18	6.23
90	6.34	6.41	6.48	6.55	6.64	6.75	6.88	7.05	7.33
99	0.1	0.2	0.3	0.4	0.5	0.6	0.7	0.8	0.9
	7.37	7.41	7.46	7.51	7.58	7.58	7.65	7.88	8.09

概率值 Y 与接触毒物浓度及接触时间的关系如下：

$$Y=A+B\ln(C^n \cdot t) \tag{8-87}$$

式中 A，B，n——取决于毒物性质的常数，表 8-7 列出了一些常见有毒物质的有关常数；

C——接触毒物的浓度，10^{-6}；

t——接触毒物的时间，min。

表 8-7 一些毒性物质的常数

物质名称	A	B	n	参考资料
氯	-5.3	0.5	2.75	DCMR 1984
氨	-9.82	0.71	2.0	DCMR 1984
丙烯醛	-9.93	2.05	1.0	USCG 1977
四氯化碳	0.54	1.01	0.5	USCG 1977
氯化氢	-21.76	2.65	1.0	USCG 1977
甲基溴	-19.92	5.16	1.0	USCG 1977
光气(碳酸氯)	-19.27	3.69	1.0	USCG 1977
氰氢酸(单体)	-26.4	3.35	1.0	USCG 1977

使用概率函数表达式时，必须计算评价点的毒性负荷($C^n \cdot t$)，因为在一个已知点，其毒物、浓度随着气团的稀释而不断变化，瞬时泄漏就是这种情况。确定毒物泄漏范围内某点的毒性负荷，可把气团经过该点的时间划分为若干区段，计算每个区段内该点的毒物浓度，得到各时间区段的毒性负荷，然后再求出总毒性负荷：

$$总毒性负荷 = \sum 时间区段内毒性负荷$$

一般说来，接触毒物的时间不会超过30min。因为在这段时间里人员可以逃离现场或采取保护措施。

当毒物连续泄漏时，某点的毒物浓度在整个云团扩散期间没有变化。当设定某死亡百分率时，由表8-6查出相应的概率Y值，根据式(8-87)有：

$$C^n t = e^{\frac{y-A}{B}} \tag{8-88}$$

由上式可以计算出C值，于是按扩散公式可以算出中毒范围。

如果毒物泄漏是瞬时的，则有毒气团的某点通过时该点处毒物浓度是变化的。这种情况下，考虑浓度的变化情况，计算气团通过该点的毒性负荷，算出该点的概率值Y，然后查表8-6就可得出相应的死亡百分率。

2. 有毒液化气体容器破裂时的毒害区估算

液化介质在容器破裂时会发生蒸气爆炸。当液化介质为有毒物质时，如液氯、液氨、二氧化硫、硫化氢、氢氰酸等，爆炸后若不燃烧，会造成大面积的毒害区域。

设有毒液体氧化质量为W(kg)，容器破裂前器内介质温度为t(℃)，液体介质比热为C[kJ/(kg·℃)]。当容器破裂时，器内压力降至大气压，处于过热状态的液化气温度迅速降至标准沸点t_0(℃)，此时全部液体所放出的热量为：

$$Q = WC(t-t_0) \tag{8-89}$$

设这些热量全部用于器内液体的蒸发，如它的汽化热为q(kJ/kg)，则其蒸发量为：

$$W' = \frac{Q}{q} = \frac{WC(t-t_0)}{q} \tag{8-90}$$

如介质的相对分子质量为M，则在沸点下蒸发蒸气的体积V_g(m^3)为：

$$V_g = \frac{22.4W}{M} \cdot \frac{273+t_0}{273} = \frac{22.4WC(t-t_0)}{M_q} \cdot \frac{273+t_0}{273} \tag{8-91}$$

为便于计算，现将压力容器最常用的液氨、液氯、氢氰酸等的有关物理化学性能列于表8-8中。部分有毒气体的危险浓度见表8-9。

若已知某种有毒物质的危险浓度，则可求出其危险浓度下的有毒空气体积。如二氧化硫在空气中的浓度达到0.05%时，人吸入5~10min即致死，则V_g的二氧化硫可以产生令人致死的有毒空气体积为：

$$V = V_g \times 100/0.05 = 2000V_g \tag{8-92}$$

假设这些有毒空气以半球形向地面扩散，则可求出该有毒气体扩散半径为：

$$R = \sqrt[3]{\frac{V_g/C}{\frac{1}{2}\times\frac{4}{3}\pi}} = \sqrt[3]{\frac{V_g/C}{2.0944}} \tag{8-93}$$

式中 R——有毒气体的半径，m；

V_g——有毒介质的蒸气体积，m^3；

C——有毒介质在空气中的危险浓度值，%。

表 8-8 部分毒物质的有关物化性能

物质名称	相对分子质量 M	沸点/℃	液体平均比热/($kJ \cdot kg^{-1} \cdot ℃^{-1}$)	汽化热/($kJ \cdot kg^{-1}$)
氨	17	-33	4.6	1.37×10^3
氯	71	-34	0.96	2.89×10^2
二氧化碳	64	-10.8	1.76	3.93×10^2
丙烯醛	56.06	52.8	1.88	5.73×10^2
氢氰酸	27.03	25.7	3.35	9.75×10^2
四氯化碳	153.8	76.8	0.85	1.95×10^2

表 8-9 部分有毒气体的危险浓度 %

物质名称	吸入 5~10min 致死的浓度	吸入 0.5~1h 致死的浓度	吸入 0.5~1h 致重病的浓度
氨	0.5		
氯	0.09	0.0035~0.005	0.0014~0.0021
二氧化碳	0.05	0.053~0.065	0.015~0.019
氢氰酸	0.027	0.011~0.014	0.01
硫化氢	0.08~0.1	0.042~0.06	0.036~0.05
二氧化氮	0.05	0.032~0.053	0.011~0.021

8.1.4 火灾模型

易燃、易爆的气体、液体泄漏后遇到引火源就会被点燃而着火燃烧。它们被点燃后的燃烧方式有池火、喷射火、火球和突发火 4 种。

1. 池火

可燃液体(如汽油、柴油等)泄漏后流到地面形成液池，或流到水面并覆盖水面，遇到火源燃烧而成池火。

1) 燃烧速度

当液池中的可燃液体的沸点高于周围环境温度时，液体表面上单位面积的燃烧速度 dm/dt 为：

$$\frac{dm}{dt}=\frac{0.001H_c}{c_p(T_b-T_0)+H} \tag{8-94}$$

式中 dm/dt——单位表面积燃烧速度，$kg/(m^2 \cdot s)$；

H_c——液体燃烧热，J/kg；

c_p——液体的比定压热容，$J/(kg \cdot K)$；

T_b——液体的沸点，K；

T_0——环境温度，K；

H——液体的汽化热，K/kg。

当液体的沸点低于环境温度时，如加压液化气或冷冻液化气，其单位面积的燃烧速度 dm/dt 为：

$$\frac{dm}{dt}=\frac{0.001H_c}{H} \tag{8-95}$$

燃烧速度也可从手册中直接得到。表 8-10 列出了部分可燃液体的燃烧速度。

表 8-10　部分可燃液体的燃烧速度

物质名称	汽油	煤油	重油	苯	甲苯	乙醚	丙酮	甲醇
燃烧速度/($kg \cdot m^{-2} \cdot s^{-1}$)	92~81	55.11	78.1	165.37	138.29	125.84	66.36	57.6

2）火焰高度

设液池为一半径为 r 的圆池子，其火焰高度可按下式计算：

$$h=84r\left[\frac{dm/dt}{\rho_0(2gr)^{1/2}}\right]^{0.6} \tag{8-96}$$

式中　h——火焰高度，m；

r——液池半径，m；

ρ_0——周围空气密度，kg/m^3；

g——重力加速度，$9.8m/s^2$；

dm/dt——燃烧速度，$kg/(m^2 \cdot s)$。

3）热辐射通量

当液池燃烧时放出的总热辐射通量为：

$$Q=(\pi r^2+2\pi rh)\frac{dm}{dt}\eta H_c/\left[72\left(\frac{dm}{dt}\right)^{0.60}+1\right] \tag{8-97}$$

式中　Q——总热辐射通量，W；

η——效率因子，可取 0.13~0.35；

其余符号同前。

4）目标入射热辐射强度

假设全部辐射热量由液池中心点的小球面辐射出来，则在距离池中心某一距离(x)处的入射热辐射强度为：

$$I=\frac{Qt_c}{4\pi x^2} \tag{8-98}$$

式中　I——热辐射强度，W/m^2；

Q——总热辐射通量，W；

t_c——热传到系数，在无相对理想的数据时，可取值为 1；

x——目标点到液池中心距离，m。

2. 喷射火

加压的可燃物质泄漏时形成射流，如果在泄漏裂口处被点燃，则形成喷射火。这里所用的喷射火辐射热计算方法是一种包括气流效应在内的喷射扩散模式的扩展。把整个喷射火看成是由沿喷射中心线上的全部点热源组成，每个点热源的热辐射通量相等。

点热源的热辐射通量按下式计算：

$$q=\eta Q_0 H_c \tag{8-99}$$

式中 q——点热源热辐射通量，W；

η——效率因子，可取0.35；

Q_0——泄漏速度，kg/s；

H_c——燃烧热，J/kg。

从理论上讲，喷射火的火焰长度等于从泄漏口到可燃混合气燃烧下限（LFL）的射流轴线长度。表面火焰热通量则集中在LFL/1.5处。对危险评价分析而言，点热源数 n 一般取5就可以了。

射流轴线上某点热源 i 到距离该点 x 处一点的热辐射强度为：

$$I_i=\frac{q\cdot R}{4\pi x^2} \tag{8-100}$$

式中 I_i——点热源 i 至目标点 x 处的热辐射强度，W/m²；

q——点热源的辐射通量，W；

x——点热源到目标点的距离，m；

R——发射率，取决于燃烧物质的性质，取0.2。

某一目标点处的入射热辐射强度等于喷射火的全部点热源对目标的热辐射强度的总和：

$$I=\sum_{i=1}^{n} I_i \tag{8-101}$$

式中 n——计算时选取的点热源数，一般取 $n=5$。

3. 火球和爆燃

低温可燃液化气由于过热，容器内压增大，使容器爆炸，内容物释放并被点燃，发生剧烈的燃烧，产生强大的火球，形成强烈的热辐射。

1）火球半径

$$R=2.665M^{0.327} \tag{8-102}$$

式中 R——火球半径，m；

M——急剧蒸发的可燃物质的质量，kg。

2）火球持续时间

$$t=1.089M^{0.327} \tag{8-103}$$

式中 t——火球持续时间，s。

3）火球燃烧时释放出的辐射热通量：

$$Q=\frac{\eta H_c M}{t} \tag{8-104}$$

式中 Q——火球燃烧时辐射热通量，W；

H_c——燃烧热，J/kg；

η——效率因子，取决于容器内可燃物之的饱和蒸气压 p，$\eta=0.27p^{0.32}$；

其他符号意义同前。

4）目标接收到的入射热辐射强度

$$I=\frac{QT_c}{4\pi x^2} \tag{8-105}$$

式中 T_c——传到系数，保守取值为1；

x——目标距火球中心的水平距离；

其他符号同前。

4. 固体火灾

固体火灾的热辐射参数按点源模型估计。此模型认为火焰射出的能量为燃烧的一部分，并且辐射强度与目标至火源中心距离的平方成反比，即

$$q_r=fM_cH_c/(4x^2) \tag{8-106}$$

式中 q_r——目标接收到的辐射强度，W/m^2；

f——辐射系数，可取$f=0.25$；

M_c——燃烧速率，kg/s；

H_c——燃烧热，J/kg；

x——目标至火源中心间的水平距离，m。

5. 突发火

泄漏的可燃气体、液体蒸发的蒸气在空中扩散，遇到火源发生突然燃烧而没有爆炸。此种情况下，处于气体燃烧范围内的室外人员将会全部烧死，建筑物内将有部分人被烧死。

突发火后果分析，主要是确定可燃混合气体的燃烧上、下极限的边界线及其下限随气团扩散到达的范围。为此，可按气团扩散模型计算气团大小和可燃混合气体的浓度。

6. 火灾损失

火灾通过辐射热的方式影响周围环境。当火灾产生的热辐射强度足够大时，可使周围的物体燃烧或变形，强烈的热辐射可能烧毁设备甚至造成人员伤亡等。

火灾损失估算建立在辐射通量与损失等级的相应关系的基础上，表8-11为不同入射通量造成伤害或损失的情况。

表8-11 不同入射热辐射通量的危害破坏情况

热通量/(kW/m^2)	伤害类型	
	对设备的伤害	对人的伤害
35.0~37.5	对操作设备全部损坏	100%死亡/1min，1%死亡/10s
25	为无火焰、长时间辐射时，木材燃烧的最小能量	重大损伤/10s，100%死亡/1min
12.5~15.0	为有火焰时，木材燃烧塑料熔化的最低能量	一度烧伤/10s，1%死亡/1min
9.5	—	8s感觉疼痛，二度烧伤/20s
4.0~4.5	—	20s以上感觉疼痛，但不会起水疱
1.6	—	长期辐射无不舒服感觉

从表8-11中可看出，在较小辐射等级时，致人重伤需要一定的时间，这时人们可以逃离现场或掩蔽起来。

8.1.5 爆炸模型

爆炸是物质的一种非常急剧的物理、化学变化，也是大量能量在短时间内迅速释放或急剧转化成机械功的现象。它通常借助于气体的膨胀来实现。

从物质运动的表现形式来看，爆炸就是物质剧烈运动的一种表现。物质运动急剧增速，由一种状态迅速地转变成另一种状态，并在瞬间释放出大量的能量。

1. 爆炸的特征

一般说来，爆炸现象具有以下特征：

(1) 爆炸过程进行得很快；

(2) 爆炸点附近压力急剧升高，产生冲击波；

(3) 发出或大或小的响声；

(4) 周围介质发生震动或邻近物质遭受破坏。

一般将爆炸过程分为两个阶段：第一阶段是物质的能量以一定的形式(定容、绝热)转变为强压缩能；第二阶段强压缩能急剧绝热膨胀对外做功，引起作用介质变形、移动和破坏。

2. 爆炸类型

按爆炸性质可分为物理爆炸和化学爆炸。物理爆炸就是物质状态参数(温度、压力、体积)迅速发生变化，在瞬间放出大量能量并对外做功的现象。其特点是在爆炸现象发生过程中，造成爆炸发生的介质的化学性质不发生变化，发生变化的仅是介质的状态参数。例如锅炉、压力容器和各种气体或液化气体钢瓶的超压爆炸以及高温液体金属遇水爆炸等。化学爆炸就是物质由一种化学结构迅速转变为另一种化学结构，在瞬间放出大量能量并对外做功的现象。例如可燃气体、蒸气或粉尘与空气混合形成爆炸性混合物的爆炸等。化学爆炸的特点是：爆炸发生过程中介质的化学性质发生了变化，形成爆炸的能源来自物质迅速发生化学变化时所释放的能量。化学爆炸有 3 个要素，即反应的放热性、反应的快速性和生成气体产物。雷电是一种自然现象，也是一种爆炸。

从工厂爆炸事故来看，有以下几种化学爆炸类型：

(1) 蒸气云团的可燃混合气体遇火源突然燃烧，是在无限空间中的气体爆炸；

(2) 受限空间内可燃混合气体的爆炸；

(3) 化学反应失控或工艺异常所造成压力容器爆炸；

(4) 不稳定的固体或液体爆炸。

总之，发生化学爆炸时会释放出大量的化学能，爆炸影响范围较大；而物理爆炸仅释放出机械能，其影响范围较小。

3. 物理爆炸的能量

物理爆炸，如压力容器破裂时，气体膨胀所释放的能量(即爆破能量)不仅与气体压力和容器的容积有关，而且与介质在容器内的物性相态相关。因为有的介质以气态存在，如空气、氧气、氢气等；有的介质以液态存在，如液氨、液氯等液化气体、高温饱和水等。容积与压力相同而相态不同的介质，在容器破裂时产生的爆破能量也不同，而且爆炸过程也不完全相同，其能量计算公式也不同。

1）压缩气体与水蒸气容器爆破能量

当压力容器中介质为压缩气体，即以气态形式存在而发生物理爆炸时，其释放的爆破能量为：

$$E_g=\frac{pV}{k-1}\left[1-\left(\frac{0.1013}{p}\right)^{\frac{k-1}{k}}\right]\times10^3 \tag{8-107}$$

式中　E_g——气体的爆破能量，kJ；

p——容器内气体的绝对压力，MPa；

V——容器的容积，m^3；

k——气体的绝热指数，即气体的定压比热与定容比热之比，其值见表8-12。

表8-12　常用气体的绝热指数

气体名称	空气	氮	氧	氢	甲烷	烷	乙烯	丙烷	一氧化碳
k值	1.4	1.4	1.397	1.412	1.316	1.18	1.22	1.33	1.395
气体名称	二氧化碳	一氧化氮	二氧化氮	氨气	氯气	过热蒸汽	干饱和蒸汽		氢氰酸
k值	1.295	1.4	1.31	1.32	1.35	1.3	1.135		1.31

从表8-12中可看出，空气、氮、氧、氢及一氧化氮、一氧化碳等气体的绝热指数均为1.4或近似1.4，若用$k=1.4$代入式(8-107)中，则

$$E_g=2.5pV\left[1-\left(\frac{0.1013}{p}\right)^{0.2857}\right]\times10^3 \tag{8-108}$$

令$C_g=2.5p\left[1-\left(\frac{0.1013}{p}\right)^{0.2857}\right]\times10^3$，则式(8-108)可简化为：

$$E_g=C_gV \tag{8-109}$$

式中　C_g——常用压缩气体爆破能量系数，kJ/m^3。

压缩气体爆破能量系数C_g是压力p的函数。常用压力下的气体爆破能量系数列于表8-13中。

表8-13　常用压力下的气体容器爆破能量系数($k=1.4$时)

表压力/MPa	0.2	0.4	0.6	0.8	1.0	1.6	2.5
爆破能量系数/(kJ/m^3)	2×10^2	4.6×10^2	7.5×10^2	1.1×10^3	1.4×10^3	2.4×10^3	3.9×10^3
表压力/MPa	4.0	5.0	6.4	15.0	32	40	
爆破能量系数/(kJ/m^3)	6.7×10^3	8.6×10^3	1.1×10^4	2.7×10^4	6.5×10^4	8.2×10^4	

若将$k=1$代入式(8-107)，可得干饱和蒸气容器爆破能量为：

$$E_g=7.4PV\left[1-\left(\frac{0.1013}{p}\right)^{0.1189}\right]\times10^3 \tag{8-110}$$

用式(8-110)计算有较大的误差，因为它没有考虑蒸气干度的变化和其他的一些影响，但它可以不用查明蒸气热力性质而直接进行计算，因此可供危险性评价参考。

对于常用压力下的干饱和蒸气容器的爆破能量可按下式计算：

$$E_g=C_gV \tag{8-111}$$

式中 E_g——水蒸气的爆破能量，kJ；

V——水蒸气的体积，m^3；

C_g——干饱和水蒸气爆破能量系数，kJ/m^3，其值见表 8-14。

表 8-14 常用压力下干饱和水蒸气容器爆破能量系数

表压力/MPa	0.3	0.5	0.8	1.3	2.5	3.0
爆破能量系数/(kJ/m^3)	4.37×10^2	8.31×10^2	1.5×10^3	2.75×10^3	6.24×10^3	7.77×10^3

2）介质全部为液体时的爆破能量

通常将液体加压时所做的功作为常温液体压力容器爆炸时释放的能量，计算公式如下：

$$E_L=\frac{(p-1)^2V\beta_t}{2} \tag{8-112}$$

式中 E_L——常温液体压力容器爆炸时释放的能量，kJ；

p——液体的压力（绝），Pa；

V——容器的体积，m^3；

β_t——液体在压力 p 和温度 T 下的压缩系数，Pa^{-1}。

3）液化气体与高温饱和水的爆破能量

液化气体和高温饱和水一般在容器内以气液两态存在，当容器破裂发生爆炸时，除了气体的急剧膨胀做功外，还有过热液体激烈的蒸发过程。在大多数情况下，这类容器内的饱和液体占有容器介质质量的绝大部分，它的爆破能量比饱和气体大得多，一般计算时考虑气体膨胀做的功。过热状态下液体在容器破裂时释放出的爆破能量可按下式计算：

$$E=[(H_1-H_2)-(S_1-S_2)T_1]W \tag{8-113}$$

式中 E——过热状态液体的爆破能量，kJ；

H_1——爆炸前饱和液体的焓，kJ/kg；

H_2——在大气压力下饱和液体的焓，kJ/kg；

S_1——爆炸前饱和液体的熵，kJ/(kg·℃)；

S_2——在大气压力下饱和液体的熵，kJ/(kg·℃)；

T_1——介质在大气压力下的沸点，℃；

W——饱和液体的质量，kg。

饱和水容器的爆破能量按下式计算：

$$E_w=C_wV \tag{8-114}$$

式中 E_w——饱和水容器的爆破能量，kJ；

V——容器内饱和水所占的容积，m^3；

C_w——饱和水爆破能量系数，kJ/m^3，其值见表 8-15。

表 8-15 常用压力下饱和水爆破能量系数

表压力/MPa	0.3	0.5	0.8	1.3	2.5	3.0
爆破能量系数/(kJ/m^3)	2.38×10^4	3.25×10^4	4.56×10^4	6.53×10^4	9.56×10^4	1.06×10^4

4. 爆炸冲击波及其伤害、破坏作用

压力容器爆炸时，爆破能量在向外释放时以冲击波能量、碎片能量和容器残余变形能量三种形式表现出来。后二者所消耗的能量只占总爆破能量的3%~15%，也就是说大部分能量是产生空气冲击波。

1）爆炸冲击波

冲击波是由压缩波叠加形成的，是波阵面以突进形式在介质中传播的压缩波。容器破裂时，器内的高压气体大量冲出，使它周围的空气受到冲击波而发生扰动，使其状态（压力、密度、温度等）发生突跃变化，其传播速度大于扰动介质的声速，这种扰动在空气中的传播就成为冲击波。在离爆破中心一定距离的地方，空气压力会随时间发生迅速而悬殊的变化。开始时，压力突然升高，产生一个很大的正压力，接着又迅速衰减，在很短时间内由正压降至负压。如此反复循环数次，压力渐次衰减下去。开始时产生的最大正压力即是冲击波波阵面上的超压 Δp。多数情况下，冲击波的伤害、破坏作用是由超压引起的。超压 Δp 可以达到数个甚至数十个大气压。

冲击波伤害、破坏作用准则有：超压准则、冲量准则、超压-冲量准则等。为了便于操作，下面仅介绍超压准则。超压准则认为，只要冲击波超压达到一定值，便会对目标造成一定的伤害或破坏。超压波对人体的伤害和对建筑物的破坏作用见表8-16和表8-17。

表8-16 冲击波超压对人体的伤害作用

Δp/MPa	伤害作用	Δp/MPa	伤害作用
0.02~0.03	轻微损伤	0.05~0.10	内脏严重损伤或死亡
0.03~0.05	听觉器官损伤或骨折	>0.10	大部分人员死亡

表8-17 冲击波超压对建筑物的破坏作用

Δp/MPa	伤害作用	Δp/MPa	伤害作用
0.005~0.006	门、窗玻璃部分破碎	0.06~0.07	木建筑厂房房柱折断，房架松动
0.006~0.015	受压面的门窗玻璃大部分破碎	0.07~0.10	砖墙倒塌
0.015~0.02	窗框损坏	0.10~0.20	防震钢筋混凝土破坏，小房屋倒塌
0.02~0.03	墙裂缝	0.20~0.30	大型钢架结构破坏
0.03~0.05	墙大裂缝，屋瓦掉下		

2）冲击波的超压

冲击波波阵面上的超压与产生冲击波的能量有关，同时也与距离爆炸中心的远近有关。冲击波的超压与爆炸中心距离的关系为：

$$\Delta p \propto R^{-n} \tag{8-115}$$

式中 Δp——冲击波波阵面上的超压，MPa；

R——距爆炸中心的距离，m；

n——衰减系数。

衰减系数在空气中随着超压的大小而变化，在爆炸中心附近为2.5~3；当超压在数个大气压以内时，$n=2$；当小于1个大气压时，$n=1.5$。

实验数据表明，不同数量的同类炸药发生爆炸时，如果 R 与 R_0之比与 q 与 q_0之比的三次方根相等，则所产生的冲击波超压相同，用公式表示如下：

若$\frac{R}{R_0}=\sqrt[3]{\frac{q}{q_0}}=\alpha$，则

$$\Delta p=\Delta p_0 \tag{8-116}$$

式中 R——目标与爆炸中心的距离，m；

R_0——目标与基准爆炸中心的距离，m；

q_0——基准炸药量(TNT)，kg；

q——爆炸时产生冲击波所消耗的炸药量(TNT)，kg；

Δp——目标处的超压，MPa；

Δp_0——基准目标处的超压，MPa；

α——炸药爆炸试验的模拟比。

式(8-116)也可写成为：

$$\Delta p(R)=\Delta p_0(R/\alpha) \tag{8-117}$$

利用式(8-117)就可以根据某些已知药量的试验所测得的超压来确定任意药量爆炸时在各种相应距离下的超压。

表 8-18 是 1000kg TNT 炸药在空气中爆炸时所产生的冲击波超压。

表 8-18 1000kg TNT 爆炸时的冲击波超压

距离 R_0/m	5	6	7	8	9	10	12	14
Δp_0/MPa	2.94	2.06	1.67	1.27	0.95	0.76	0.50	0.33
距离 R_0/m	16	18	20	25	30	35	40	45
Δp_0/MPa	0.235	0.17	0.126	0.079	0.057	0.043	0.033	0.027
距离 R_0/m	50	55	60	65	70	75		
Δp_0/MPa	0.0235	0.0205	0.018	0.016	0.0143	0.013		

综上所述，计算压力容器爆破时对目标的伤害、破坏作用，可按下列程序进行：

(1) 首先根据容器内所装介质的特性，计算出其爆破能量 E。

(2) 将爆破能量 q 换算成 TNT 当量 q TNT。因为 1kg TNT 爆炸所放出的爆破能量为 4230~4836kJ/kg，一般取平均爆破能量为 4500kJ/kg，故其关系为：

$$q=E/q_{\text{TNT}}=E/4500 \tag{8-118}$$

(3) 按下式求出爆炸的模拟比 α，即

$$\alpha=(q/q_0)^{1/3}=(1/1000)^{1/3}=0.1q^{1/3} \tag{8-119}$$

(4) 求出在 1000kg TNT 爆炸试验中的相当距离 R_0，即 $R_0=R/\alpha$。

(5) 根据 R_0值在表 8-18 中找出距离为 R_0处的超压 Δp_0(中间值用插入法)，此即所求距离为 R_0 处的超压。

(6) 根据超压 Δp 值，从表 8-17、表 8-16 中找出对人员和建筑物的伤害、破坏作用。

3) 蒸气云爆炸的冲击波伤害、破坏半径

爆炸性气体以液态储存，如果瞬间泄漏后遇到延迟点火，或气态储存时泄漏到空气中

遇到火源，则可能发生蒸气云爆炸。导致蒸气云形成的力来自容器内含有的能量或可燃物含有的内能，或两者兼而有之。“能”的主要形式是压缩能、化学能或热能。一般说来，只有压缩能和热量才能单独导致形成蒸气云。

根据荷兰应用科研院TNO(1979)建议，可按下式预测蒸气云爆炸的冲击波的损害半径：

$$R=C_s(N\cdot E)^{1/3} \tag{8-120}$$

式中 R——损害半径，m；

E——爆炸能量，kJ，可按下式取值：

$$E=V\cdot H_c \tag{8-121}$$

V——参与反应的可燃气体的体积，m^3；

H_c——可燃气体的高燃烧热值，kJ/m^3，取值情况见表8-19；

N——效率因子，其值与燃烧浓度持续展开所造成损耗的比例和燃料燃烧所得机械能的数量有关，一般取$N=10\%$；

C_s——经验常数，取决于损害等级，取值情况见表8-20。

表8-19 某些气体的高燃烧热值 kJ/m^3

气体名称		高热值	气体名称	高热值
氢气		12770	乙烯	64019
氨气		17250	乙炔	58985
苯		47843	丙烷	101828
一氧化碳		17250	丙烯	94375
硫化氢	生成SO_2	25708	正丁烷	134026
	生成SO_3	30146	异丁烷	132016
甲烷		39860	丁烯	121883
乙烷		70425		

表8-20 损害等级表

损害等级	C_s	设备损坏	人员伤害
1	0.03	重创建筑物的加工设备	1%死亡与肺部伤害 >50%耳膜破裂 >50%被碎片击伤
2	0.06	损坏建筑物外表可修复性破坏	1%耳膜破裂 1%被碎片击伤
3	0.15	玻璃破碎	被碎玻璃击伤
4	0.4	10%玻璃破碎	

8.2 失效频率分析

失效频率分析是个体风险计算中非常重要的一步。失效频率分析分为两个部分，一是泄漏的频率分析；二是泄漏后引起火灾、爆炸等事故的频率分析。

管道泄漏的频率分析是确定管道发生泄漏可能发生的频率。通过失效频率分析，可以预测现在或将来管道发生泄漏的频率，并作为起始频率供管道泄漏事故频率分析作用。

8.2.1 泄漏的频率分析

1. 分析依据

泄漏的频率分析主要是通过历史数据统计得到。目前，在国际上有一些组织和部门都建立了自己的事故数据库，从中可以得到事故发生的频率。这种方法比较简单，易于理解，常用来作为定量风险评价中个体风险计算中失效频率分析的方法。目前常用的历史数据包括 CCPS 的 PERD 数据库、DNV 的 OREDA 数据库、WORD 数据库、NPD 数据库以及 EGPIG 失效频率数据库。

2. 管道容器泄漏频率分析

管道容器泄漏(LOC)频率包括了各类型输送管道和受控区域地上部分各内部单元之间的管道系统。长输管道的泄漏频率将在后面分析。管道的 LOC 频率见表 8-21。

表 8-21 管道的 LOC 频率

管道类型	满孔破裂	泄 漏
公称直径<75mm	1×10^{-6}/(m/a)	5×10^{-6}/(m/a)
75mm<公称直径<150mm	3×10^{-7}/(m/a)	2×10^{-6}/(m/a)
公称直径>150mm	1×10^{-7}/(m/a)	5×10^{-7}/(m/a)

对于表 8-21，有以下几点需要说明：

(1) 所给出的管道损坏率数据是基于输送管道在没有过度的振动、腐蚀或循环热应力作用的工作环境下给出的。如果有潜在的引起重大泄漏的危险，比如腐蚀，应视具体情况乘以 3~10 的系数。

(2) 管道可以在室内或室外，LOC 与其所处的位置无关。

(3) 满孔破裂的位置可能对泄漏影响很大。如果满孔破裂的位置确实重要的话，至少有三种满孔破裂必须进行模拟：

① 上游，即正好位于容器处，处于高压端，此处为零管长；

② 中游，即位于管道中部；

③ 下游，即正好位于容器处，处于低压端。

对长度小于 20m 的短管，满孔破裂的位置可能不太重要；对满孔破裂模拟一个位置(如上游)就足够了。对于渗漏的 LOC，渗漏位置对于泄漏可能不太重要，所以对于渗漏来说，模拟一个位置就足够了。

(4) 对于长管道，损坏位置必须按规则的距离选择以形成一条光滑的危险曲线。应该选择足够多的损坏位置，以保证损坏位置继续增加时风险曲线不会发生重大的变化。在两个损坏位置之间的合理的初始距离应为 50m。

(5) 假定法兰盘的损坏已包括在管道的破坏频率中，因此，管道最小长度设定为 10m。

8.2.2 频率调整

失效频率需要根据具体的情况进行调整，例如维修项目的质量，某地与其他地方相比土壤腐蚀性条件的差异，以及在某一特殊管段附近很可能遇到的第三方活动的类型。失效频率的调整因子可根据过去一段时间熟悉此段管道情况的专家作出相应的判断，进行相应数值调整和管线管理上的变更。

鉴于地震对管线造成的潜在损害可能会有很大区别，在认为必要时，可把当地地震可能性考虑在分析中。为此，在风险分析时需要经过资质认证的地理/管道专家(如CA认证和注册)作进一步的失效频率调整因子修正。如果地区地理条件对管线的威胁被视为较严重时，具有资格的特定的专家们将决定管道失效校对值和产品释放基本概率值上调的幅度。

8.2.3　泄漏后引起事故频率分析

泄漏后受当时情况的限制可能会导致不同的后果。易燃、易爆的气态泄漏物，在泄漏后遇点火源点燃会立即发生喷射火；泄漏后扩散形成爆炸性混合物，遇点火源会发生蒸气云爆炸。如果泄漏物体有毒，泄漏后还会造成毒性伤害。

通过事件树分析，可以得到管道泄漏后发生各种事故的频率，利用这个频率结合事故的后果就可以计算出管道的个体风险。分析计算管道泄漏后发生各种事故的频率是个体风险计算非常重要的一步。

1. 事件树方法

事件树分析是用来分析管道泄漏导致各种事故的可能性的。在事件树分析中，分析人员首先从初始事件开始，然后根据安全保护在事故发展中是否起作用(成功或失败)，分析可能导致事故的可能顺序。事件树分析为记录事故发生的顺序过程以及确定导致事故的初始事件与后续事件的关系，提供了一种系统的分析方法。

事件树分析非常适合分析初始事件可能导致多个结果的情况。事件树强调可能导致事故的初始事件以及初始事件到最终结果的发展过程。每一个事件树的分枝代表一种事故发展过程，它准确地表明了初始事件与安全保护功能之间的对应关系。

事件树分析过程包括六个步骤：

(1) 识别可能导致重要事故的初始事件；

(2) 识别为减小或消除初始事件影响设计的安全功能；

(3) 构建事件树；

(4) 对得到的事故顺序进行说明；

(5) 确定事故顺序的最小割集；

(6) 编制分析结果文件。

初始事件列在最左边，安全功能列在最上面。在一般情况下，对于安全功能只考虑两种可能：成功(YES)或失败(NO)，安全功能成功的路径在上，失败的路径在下。在定量风险评价中，针对这些安全功能在以前的经验操作数据或科学分析的基础上，还需要给出其成功或失败的条件概率，如对于检测功能，在事件树中检测失效的概率为0.02，检测成功的概率为0.98。事件树中最终结果的概率就等于最终结果分支上各个条件概率的乘积，最终结果的失效频率就等于最终结果的概率再乘以初始事件的失效频率。图8-4给出了管道泄漏的事件树。

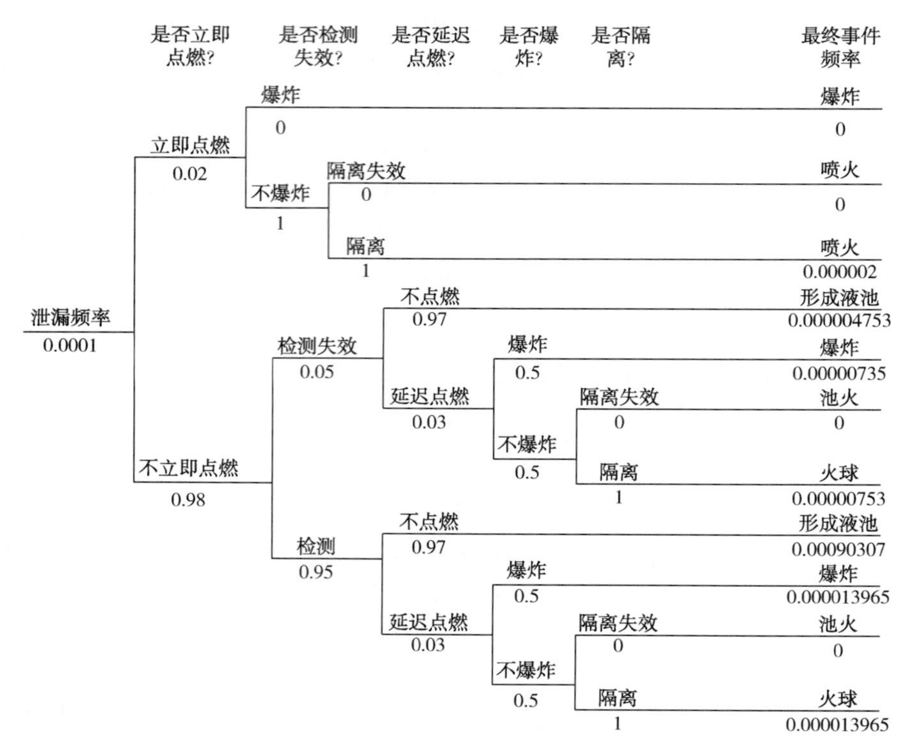

图 8-4 管道泄漏的事件树

2. 事件树分枝概率确定

事件树分析中的主要分枝包括：立即点燃；检测失效；延迟点燃；爆炸；隔离失效。

事件树分枝概率的确定如下：

1）点燃概率

点燃分立即点燃和延迟点燃两种，其主要的区别有以下几点：

(1) 立即点燃是由偶然事件如火花引起的，这种类型的点燃在火灾发生之前人是很难逃离的。

(2) 延迟点燃是由可燃蒸气云团扩散到点火源引起的。这种类型的点燃在火灾发生之前有一段时间的延迟，可以允许人员有充分的时间撤离。

延迟点燃的概率很大程度上取决于以下一些因素：

(1) 泄漏的物质　总地来说，气体泄漏较液相泄漏更加容易被点燃。因为在相同的扩散速率时，气体扩散的空间要大于油相的扩散空间，同时可能有一种气体组分具有比较低的点火温度。

(2) 云团的尺寸　大的云团更加可能扩散到点火源。在定量风险评价中，一般假定可燃气体云团的尺寸正比于气体泄漏的质量速率。

(3) 泄漏的持续时间　泄漏时间是影响在可燃上限和下限之间的云团大小的重要因素。

(4) 点火源数目　点火源包括发动机、电器、焊接和其他一些带火活动。

点火概率的计算方法如下：

（1）点燃总概率：

气体点燃总概率：

$$P=e^{-4.16}m^{0.642} \tag{8-122}$$

液体点燃总概率：

$$P=e^{-4.333}m^{0.392} \tag{8-123}$$

（2）延迟点燃概率：

气体延迟点燃概率：

$$P=(e^{-4.16}m^{0.642})\times(e^{-2.995}m^{0.38}) \tag{8-124}$$

液体延迟点燃概率：

$$P=(e^{-4.333}m^{0.392})\times(e^{-2.995}m^{0.38}) \tag{8-125}$$

式中 P——总的点燃概率；

m——泄漏的质量速率。

立即点燃=点燃总概率-延迟点燃概率。

2）检测失效概率

检测失效概率考虑的是气体泄漏以后且在延迟点燃之前没有被检测到的概率，所以没有采取措施来组织人员消除潜在的后果。气体检测的可能性取决于泄漏的位置、通风速率、气体检测器的位置和类型、检测系统的有效性等。根据相关气体检测和报警方面的研究，检测失效概率一般采用以下数值：小泄漏的检测失效概率为5%，中泄漏或大泄漏的检测失效概率为0。

3）隔离失效

如果泄漏被检测到了，主要工艺过程单元可以通过相关的阀门将泄漏点进行隔离。当没有紧急切断阀的时候，隔离失效的概率取决于手工隔离阀门的位置和泄漏或火灾的严重程度。远控操作的紧急切断阀往往是在中心操作室里进行控制。在这种情况下，隔离失效的原因可能有操作失效、控制系统失效、阀门失效等。对于远控操作控制阀门进行隔离的情况，隔离失效的概率假定为0.1。

3. 分枝事故频率确定

事件树的分枝事故事件主要有以下几类：喷火；爆炸；闪火；未点燃安全泄放。

事件树分枝事故频率确定：

$$F_u=F\times P_1\times P_2\times\cdots\cdots \tag{8-126}$$

式中 F_u——分枝事故发生的频率；

F——初始原因事件频率；

P_1，P_2——条件事故发生的概率（条件1，条件2……）。

天然气管道如果发生泄漏事故，势必对附近居民和环境造成极大的危害，是输气管道事故危害的根本原因。若泄漏物质发生火灾或爆炸，将造成更大的灾难。高压天然气管道泄漏后形成的危害和潜在影响区域取决于管线泄漏模式及气体释放、扩散条件和点燃方式等。天然气泄漏后造成的事故及事故影响范围的确定思路可参见图8-5。

从图8-5可以看出，天然气管道发生事故所带来的后果可以分为三类：如果立即点燃，则后果以喷射火导致的热辐射危害为主；如果天然气发生扩散后点燃，则会导致扩散的蒸

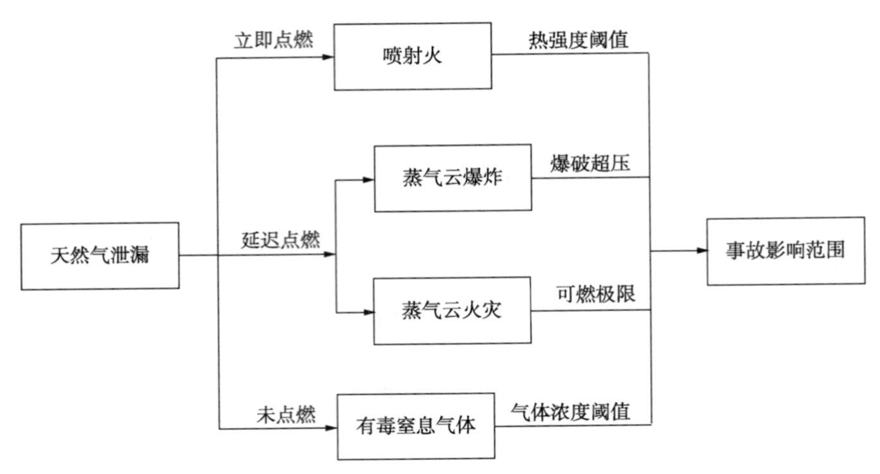

图 8-5　天然气管道事故事件树

气云发生爆炸或者蒸气云火灾；此外，若未发生点燃，则形成漂浮混合气体。

当高压天然气管线断裂后，泄漏气体将形成一个逐渐变大、上升的气云，并迅速扩散，最后形成一个类似稳定状态的烟羽。如果点燃发生在气云扩散之前，则将形成一个短时间上升和膨胀的火球，火球最后发展为稳定的喷射火或沟火。如果延迟点燃，则只形成喷射火或沟火。由于火球经历的时间很短，在后果预测时可以不考虑火球的影响。沟火在本质上为喷射火。当地下高压管线爆裂时会冲起回填土层，在破坏点形成一个凹坑，从而导致气体在释放时受到阻力。泄漏气体以相反方向相互碰撞或者在地面形成的凹坑一侧相互碰撞，这种碰撞消耗了扩散气体的部分能量，气体被点燃后，将形成一个更宽、更短、有着水平侧面的火焰，形成一个持续的喷射火或沟火。

天然气管道泄漏扩散导致的事故影响范围较喷射火要大得多，由于管内气体泄漏到大气中后，气体喷射动能将大量损失，此时外部风和内部浓度梯度的作用占主导地位，与空气形成的混合气云将向下风向区域运移扩散，在事故现场形成燃烧或爆炸危险区。这个危险区域主要与空气中的天然气浓度有关，一定浓度的天然气气云不仅对人体健康会产生危害，而且当某区域气云浓度高于爆炸下限(LEL)且低于爆炸上限(UEL)时，遇热源和明火将会引发火灾爆炸事故，给周围的人员和建筑物造成重大的危害。

8.3　天然气管道泄漏模型

天然气管道泄漏模型主要描述气体从压力管线中释放，模型的输出量为气体释放速率。

在本模型中，假设介质为理想气体。管线失效分为泄漏和断裂。采用气体流动标准方程计算。首先判断泄漏时气体流动属于亚音速流动还是音速流动，并考虑泄漏孔处的摩擦效应，取摩擦因子为 0.62，此数值多用于锋利边缘的圆形孔。

对于小泄漏，可保守假设起始最大释放速率持续不变。而对于大泄漏和断裂，由于摩擦效应和管线有效压力的降低，最初的释放速率迅速降低。在描述急性灾害(喷射火)时，对这种随时间降低的释放速率，选择了一种降低了的有效稳态释放速率作为等效释放速率。

等效释放速率假设为起始最大释放速率的分数，假设用于乘积的份数因子随有效孔径和管径比率线性变化，比率为1时，乘积因子为1/3，比率为0时(针孔)，乘积因子为1。

8.3.1　模型描述

气体在压力条件下从设备的裂口泄漏时，通常用气体流动标准方程计算。首先要判断泄漏时气体属于亚音速流动还是音速流动，前者称为次临界流，后者称为临界流。临界流的发生与否依赖于内压和大气压力之比。因此，输气压力管线最大释放速率可计算如下：

1. 临界流情形(音速)

$$Q_{max}=C_dA_h\left[\gamma P_1\rho\left(\frac{2}{1+\gamma}\right)^{\frac{\gamma+1}{\gamma-1}}\right]^{1/2} \tag{8-127}$$

上式需满足的条件为$\frac{P_2}{P_1}\leqslant\left(\frac{2}{1+\gamma}\right)^{\frac{\gamma}{\gamma-1}}$。

2. 亚临界流情形(亚音速)

$$Q_{max}=C_dA_h\left\{\frac{2\gamma P_1\rho}{\gamma-1}\left[\left(\frac{P_2}{P_1}\right)^{2/\gamma}-\left(\frac{P_2}{P_1}\right)^{(\gamma+1)\gamma}\right]\right\}^{1/2} \tag{8-128}$$

上式满足条件为$\frac{P_2}{P_1}\geqslant\left(\frac{2}{1+\gamma}\right)^{\frac{\gamma}{\gamma-1}}$。

式中　Q_{max}——气体释放速度，kg/s；

C_d——摩擦因子，取值0.62；

A_h——孔面积，m^2；

γ——为介质的指定比热；

R_1——绝对内压($P_1+P_0+P_a$)，Pa，其中P_0为管道操作压力，P_a为大气压力；

P_2——外压，对于陆上管道来说，等于大气压力，Pa；

ρ——理想气体在管道操作压力和温度下密度，kg/m^3，$\rho=(P_0+P_a)M_w/RT_1$，其中M_w为气体分子质量(kg/mol)，R为气体常数[8.413J/(mol·K)]，T_1为介质流动温度(K)。

8.3.2　计算方法

采用式(8-127)或式(8-128)计算最大气体释放速率Q_{max}，再根据计算当量稳态释放速度Q_{eff}：

$$Q_{eff}=\alpha Q_{max}\geqslant Q_0A_h/A_0 \tag{8-129}$$

式中　Q_0——介质流动速率，kg/s；

A_0——管道横截面面积，m^2；

α——等效泄漏速率系数，是泄漏孔有效面积的线性函数：

$$\alpha=1-2A_h/3A_0\geqslant 1/3 \tag{8-130}$$

从式(8-130)可知，释放速度总是大于管道中介质的流动速度。

第 9 章　天然气管道事故影响范围

管道事故影响范围与管道事故的类型有关。本章针对不同的事故类型，从而确定事故的影响范围。因此将事故类型分为三类，即泄漏后立即点燃、延迟点燃和未点燃三种情况，在泄漏速率计算的基础上来确定不同事故类型的影响范围。

9.1　喷射火的影响范围

9.1.1　喷射火强度模型

喷射火模型描述从输气或输 HVP 介质管线喷出的气体在穿孔处遇火变成喷射火苗。输出量为热辐射强度的分布。

本模型假设火苗中心位于释放点和火苗尖端之间的中心位置。火的总辐射热集中在火苗中心，以点源进行辐射。

喷射火火苗无量纲曲线长度为：

$$\bar{S}_L = 2.04\bar{C}_L^{-1.03} \quad (当\ \bar{C}_L < 0.5\ 时) \tag{9-1}$$

$$\bar{S}_L = 2.51\bar{C}_L^{-0.625} \quad (当\ \bar{C}_L \geqslant 0.5\ 时) \tag{9-2}$$

式中：

$$\bar{C}_L = C_{LFL}\frac{Q_{eff}M_w}{A_h\rho u_a M_{wa}} \tag{9-3}$$

式中：$(Q_{eff}/A_h\rho)$ 项为释放介质的速度 u_j，m/s；M_{wa} 为空气的分子质量（约 29g/mol）；C_{LFL} 为介质低燃烧极限，对于天然气，可取 0.05（体积分数）。

对应于 $\bar{S}_L$，无量纲的垂直和水平距离（$\bar{Z}_L$ 和 $\bar{X}_L$）分别为：

$$1.04\bar{X}_L^2 + 2.05\bar{X}_L^{0.28} = \bar{S}_L \quad (当\ \bar{C}_L \geqslant 0.5\ 和\ \bar{S}_L \leqslant 2.35\ 时) \tag{9-4}$$

$$\bar{X}_L = \bar{S}_L - 1.65 \quad (当\ \bar{C}_L < 0.5\ 和\ \bar{S}_L < 2.35\ 时) \tag{9-5}$$

$$\bar{Z}_L = 2.05\bar{X}_L^{0.28} \tag{9-6}$$

它们可以用来估计释放源与火苗高度一半点之间的垂直和水平顺风距离：

$$Z_L = \frac{\bar{Z}_L}{2} \tag{9-7}$$

$$X_L = k\left(\frac{\bar{Z}_L}{4.1}\right)^{3.57} \tag{9-8}$$

式中：$k = \dfrac{Qd_h}{u_a A_h\sqrt{\rho\rho_a}}$ 为转换因子，m；d_h 为泄漏孔径，m。

利用式(9-5)~式(9-8)计算喷射火苗的尺寸。再通过计算得到总辐射能力：

$$P = \chi Q_{\mathrm{eff}} H_{\mathrm{c}} \tag{9-9}$$

式中：H_c 为燃烧热，J/kg；χ 为辐射热分数，取值为0.2(天然气)。

将辐射源定位在火苗高度一半处的一点，利用点源模型计算热辐射强度：

$$I_{\mathrm{F}} = \frac{P}{4\pi r^2} \tag{9-10}$$

式中：r 为假设的火源中心到目标点的距离，m；I_F 为热辐射强度，W/m^2。

通过转换，可以看出喷射火的影响半径与管道事故造成的总辐射能力和热辐射强度阈值有关：

$$r = \sqrt{\frac{P}{4\pi I_{\mathrm{F}}}} \tag{9-11}$$

9.1.2　喷射火的影响范围

对于户外的人，当暴露时间取30s、致死率取1%时，热辐射强度约为15.8kW/m^2。对于建构筑物的破坏，常以木质结构为代表。表9-1为热辐射致人伤害的强度阈值。表9-2为在一定的热辐射强度水平下，木质建构筑物引燃和自燃的时间。在15.8kW/m^2热辐射强度下，如果持续暴露20min后，将会引燃木质建构筑物。

表9-1　人员伤害热辐射强度阈值

辐射强度/(kW/m^2)	烧伤	起水泡(下限)	起水泡(上限)	1%死亡	50%死亡	100%死亡
5.05	30.3	24.4	81.3	123.1	267.1	406.4
6.31	23.5	18.1	60.4	91.5	198.5	302.1
9.46	14.7	10.6	35.2	53.4	115.8	176.2
15.77	8.2	5.4	17.9	27.0	58.7	89.3
25.24	4.8	2.9	9.6	14.5	31.4	47.8

表9-2　建筑物热辐射强度阈值

辐射强度/(kW/m^2)	引燃时间/s	自燃时间/s
12.62	不会点燃	不会点燃
15.77	1162.3	不会点燃
25.24	37.8	不会点燃
31.55	18.7	65.0

综合表9-1和表9-2，推荐采用15.8kW/m^2作为定义天然气管道危险区域的热辐射强度阈值。

在确定人员和建筑物的热辐射强度阈值之后，采用式(9-11)，则可得到喷射火的影响半径，与火焰中心的位置结合，即可计算管道发生喷射火后的影响范围。

9.2 蒸气云的影响范围

9.2.1 蒸气云的散布模型

管道发生事故后，进入大气的气体顺风散布，形成的云如果点燃可能会燃烧或爆炸，若不发生点燃或者爆炸，则形成可能导致人员窒息的混合气。蒸气云散布模型的输出量为散布的天然气浓度分布。

本模型假设天然气连续释放，采用烟羽模型来描述气体的扩散，烟流以平均风速顺风移动，与空气的混合假设发生在侧风向，不考虑起始动量和漂浮上升。

在一个给定位置(x, y)，x、y分别为与释放点的顺风和侧风距离。地面高度的最大浓度分布利用高斯散布模型计算：

$$C_{max} = 0.5C_c\left[\mathrm{erf}\left(\frac{x}{\sqrt{2}\sigma_x}\right) - \mathrm{erf}\left(\frac{y - u_a t_s}{\sqrt{2}\sigma_x}\right)\right] \quad (\text{当 } x \leqslant 0.5u_a t_s \text{ 时}) \tag{9-12}$$

$$C_{max} = C_c\mathrm{erf}\left(\frac{u_a t_s}{2\sqrt{2}\sigma_x}\right) \quad (\text{当 } x > 0.5u_a t_s \text{ 时}) \tag{9-13}$$

式中：$C_c = \frac{Q_{eff}}{\pi\sigma_y\sigma_z u_a}\exp(-y^2/2\sigma_y^2)$，kg/m^3，其中$Q_{eff}$为散布源的供给速率，kg/s；$t_s$为散布持续时间；$\sigma_x$、$\sigma_y$、$\sigma_z$分别为顺风、侧风和垂直方向的散布系数；erf为误差函数，$\mathrm{erf}(x) = \frac{2}{\sqrt{\pi}}\int_0^x e^{-t^2}\mathrm{d}t$。

散布持续时间t_s则等于泄漏持续时间t_R：

$$t_R = \min\left(\frac{M_R}{Q_{eff}},\ t_2\right) \tag{9-14}$$

$$M_R = \min(M_0 + Q_0 t_1,\ M_0 + Q_{eff}t_1) \quad (d_{hole} > 0.005\mathrm{m}) \tag{9-15}$$

$$M_R = Q_{eff}t_2 \quad (d_{hole} \leqslant 0.005\mathrm{m}) \tag{9-16}$$

$$t_1 = \min(t_{dtect},\ \rho V_{dtect}/Q_{eff}) + t_{close} \tag{9-17}$$

$$t_2 = \min(t_{dtect},\ \rho V_{dtect}/Q_{eff}) + t_{stop} \tag{9-18}$$

式中：M_0为失效点两端的截断阀之间的输送介质总质量，kg；t_1为失效后到截断阀关闭的时间，s；t_2为失效发生后到泄漏停止的时间，s；V_{dtect}为可检测到的泄漏体积，m^3；t_{dtect}为泄漏从开始到被发现的时间，s；t_{close}为截断阀关闭的时间，s；t_{stop}为泄漏被中止的时间，s；d_{hole}为等效泄漏孔径，m。

散布系数σ_x、σ_y、σ_z与大气稳定度、风速、太阳辐射等级等有关。大气稳定度越低，越有利于扩散；反之则越不利于扩散，不利于扩散意味着气团浓度降低得慢，危险越大。若已知大气稳定度，散布系数的确定有多种方法，如现场测定、通过风洞模拟试验确定或利用经验公式和图表进行估算。由于各方法研究的目的和研究的对象不同，试验条件也有较大差别，所以各种扩散参数系统之间存在较大差异。因此，在选择或确定扩散参数时，必须衡量和比较各自适用的条件，以达到最佳模拟效果。

大气情况可以根据六种不同的稳定度等级进行分类，具体情况见表9-3。稳定度等级依赖于风速和日照程度。白天，风速的增加导致更加稳定的大气稳定度，在夜晚则相反，这是由于从白天到夜晚，在垂直方向上的温度变化引起的。

表9-3 使用Pasquill-Gifford散布模型的大气稳定度等级

风速 m/s	白天日照			夜间条件	
	强	适中	弱	多云	晴、少云
<2	A	A~B	B	F	F
2~3	A~B	B	C	E	F
3~4	B	B~C	C	D	E
4~6	C	C~D	D	D	D
>6	C	D	D	D	D

对于连续源的扩散系数，计算公式见表9-4。方程中x为距离泄漏点的顺风方向的距离，其中σ_x、σ_y取值相同。

表9-4 推荐的烟羽扩散模型散布系数方程

Pasquill-Gifford稳定度等级	σ_x，σ_y	σ_z
农村条件		
A	$0.22x(1+0.0001x)^{-0.5}$	$0.20x$
B	$0.16x(1+0.0001x)^{-0.5}$	$0.12x$
C	$0.11x(1+0.0001x)^{-0.5}$	$0.08x(1+0.0002x)^{-0.5}$
D	$0.08x(1+0.0001x)^{-0.5}$	$0.06x(1+0.0015x)^{-0.5}$
E	$0.06x(1+0.0001x)^{-0.5}$	$0.03x(1+0.0003x)^{-1}$
F	$0.04x(1+0.0001x)^{-0.5}$	$0.016x(1+0.0003x)^{-1}$
城市条件		
A~B	$0.32x(1+0.0004x)^{-0.5}$	$0.24x(1+0.0001x)^{0.5}$
C	$0.22x(1+0.0004x)^{-0.5}$	$0.20x$
D	$0.16x(1+0.0004x)^{-0.5}$	$0.14x(1+0.0003x)^{-0.5}$
E~F	$0.11x(1+0.0004x)^{-0.5}$	$0.08x(1+0.0015x)^{-0.5}$

计算方法：

(1) 对一个给定位置(x, y)，根据实际情况，选择适当的散布系数方程，计算σ_x、σ_y、σ_z。

(2) 计算(x, y)处的浓度水平。对于给定的浓度水平，则可反推得到一系列坐标点，从而确定扩散的影响范围。

9.2.2 蒸气云着火影响范围

在管道发生蒸气云扩散后，气体的散布形成可燃烧气体云，延迟点燃使气体云(上、下可燃极限浓度范围)突然燃烧。保守估计认为突然燃烧区域为下限可燃极限对应的体积分数轮廓范围。因此可利用可燃蒸气云的形状和尺寸确定蒸气云火的燃烧面积，利用蒸气云扩散模型可以确定可燃云的范围和对应的浓度水平。这些模型认为等体积分数的轮廓为椭圆形状，蒸气云燃烧的有效面积就可以利用下限燃烧极限对应的体积分数轮廓的椭圆形状确定。

天然气在空气中燃烧的下限为5%(体积分数)，因此可根据此浓度水平，采用式(9-12)和式(9-13)，计算天然气泄漏后超过低燃烧下限的范围，即蒸气云燃烧的影响范围。应注意，式(9-12)和式(9-13)计算出的为质量浓度，需要将可燃下限体积分数换算成质量浓度。

9.2.3 蒸气云爆炸影响范围

如果扩散的蒸气云发生延迟点燃，在一定环境下导致蒸气云爆炸，则需要计算蒸气云爆炸产生的超压分布，来计算事故的影响范围。

超压计算公式为：

$$P_{\mathrm{E}}=\exp\left\{9.097-\left[25.13\ln\left(\frac{r}{M_{\mathrm{TNT}}^{1/3}}\right)-5.267\right]^{1/2}\right\}\leqslant 14.7\mathrm{psi} \tag{9-19}$$

式中：r为影响半径，ft；M_{TNT}为当量TNT质量，lb(FEMA/DOT/EPA1989)。

$$M_{\mathrm{TNT}}=Y_{\mathrm{f}}M_{\mathrm{c}}H_{\mathrm{c}}/1155 \tag{9-20}$$

式中：Y_{f}为屈服因子(对碳氢化合物为0.03)；H_{c}为燃烧热，kcal/kg；M_{c}为可燃气体云的总质量，lb。

$$M_{\mathrm{c}}=Q_{\mathrm{eff}}L_1/u_{\mathrm{d}} \tag{9-21}$$

式中：$L_1=\min(x_{\mathrm{LFL}},\ u_{\mathrm{a}}t_{\mathrm{s}})$；$x_{\mathrm{LFL}}$为下可燃极限散布距离，m。

式(9-20)计算得出的总质量单位为kg，在代入式(9-21)时应换算为lb。

表9-5 蒸气云爆炸容许阈值

灾害	暴露种类	参数	单位	下限	上限	死亡概率
VCE	户外	爆炸压力	kPa	61.4	134	0.5
VCE	户内	爆炸压力	kPa	15.9	69.0	0.5

蒸气云爆炸产生的超压会造成人员死亡。蒸气云爆炸容许阈值见表9-5。在爆炸上限内的人员的死亡概率可认为为100%，下限之外的死亡概率为0%，上、下限之间的死亡概率可取50%。在计算蒸气云爆炸影响范围时，为保守起见，可选择户内/户外的爆炸超压下限作为蒸气云爆炸的影响范围。

9.2.4 蒸气云窒息气体影响范围

管道输送的天然气主要成分为甲烷，甲烷属单纯窒息性气体，无害，但浓度过高时，会使空气中氧含量明显降低。当预混气云中甲烷含量为25%~30%时，就会引起头痛、头晕、乏力、呼吸和心跳加速等症状，甚至可致窒息死亡。根据C-FER研究中心的统计，当天然气的体积分数为62%时，在该范围内人员的死亡概率大约为20%(见表9-6)。

表 9-6　天然气窒息容许阈值

灾害	暴露种类	参数	单位	下限	上限	死亡概率
窒息 VC	户内或外	体积分数	分数	0.62	—	0.2

因此，在计算中取62%作为造成窒息的气体浓度，来计算窒息气体的影响范围。通过式(9-19)反推，即可计算出窒息气体的影响范围。

9.3　计算举例

以陕京管道为例，按照上述模型，分别计算陕京一线和二线的事故影响范围。

9.3.1　泄漏速率计算

泄漏速率计算所需要的参数如表 9-7 所示，分为三类：默认参数，指一些计算中相对比较固定的参数，可根据不同需要进行修改；管道设计运行参数，指管道规格、操作压力等参数；计算参数，根据计算模型的需要计算的中间参数。

表 9-7　泄漏速率参数需求及取值说明

数据项	单　位	取　值	说　　明
默认参数			
泄漏孔径-小泄漏	m	0.0015	根据管道事故统计
泄漏孔径-大泄漏	m	0.05	根据管道事故统计
泄漏孔径-断裂	m	$D-2t$	根据陕京管道管径确定
泄漏孔摩擦因子 C_d	—	0.62	本参数根据文献取值
大气压力 P_a	Pa	101325	可根据实际情况取值，也可近似采用标准值
气体常数 R	J/(mol·K)	8.413	—
天然气分子质量 M_w	kg/mol	0.016043	近似值，可根据实际情况取值
管道设计运行参数			
管径 D	m		陕京一线和陕京二线
壁厚 t	m		数据收集，参考管道实际情况
管道操作压力 P_0	Pa		数据收集，参考管道实际情况
介质流速 Q_0	kg/s		数据收集，参考管道实际情况
介质流动温度 T_1	K		数据收集，参考管道实际情况
计算参数			
气体在管道操作压力下的密度 ρ	kg/m^3		根据上述数据计算

根据陕京管道实际情况，对表9-7中的参数取值，见表9-8。

表9-8 泄漏率计算取值情况

数据项	单位	取值	说明
默认参数			
泄漏孔径-小泄漏	m	0.0015	
泄漏孔径-大泄漏	m	0.05	
泄漏孔径-断裂	m	0.643/0.981	
泄漏孔摩擦因子 C_d	—	0.62	
大气压力 P_a	Pa	101325	
气体常数 R	J/(mol·K)	8.413	
天然气分子质量 M_w	kg/mol	0.016043	
介质比热 γ		1.306	
管道设计运行参数			
管径 D	m	660/1016	按设计参数计算
壁厚 t	m	0.00874/0.0175	按设计壁厚中主要的规格计算
管道操作压力 P_0	Pa	6400000/10000000	按设计压力计算
介质流速 Q_0	kg/s	77/258	根据年设计输量计算
介质流动温度 T_1	K	288.15	取运行温度15℃

根据实际情况，对陕京管道泄漏速率的计算结果见表9-9。

表9-9 陕京管道泄漏速率计算结果

泄漏模式	陕京一线/(kg/s)	陕京二线/(kg/s)
小泄漏	0.012	0.019
大泄漏	13.553	21.106
断裂	51.333	171.787

9.3.2 喷射火的影响范围计算

喷射火影响范围示意图如图9-1所示。喷射火影响范围计算所需要的参数如表9-10所示。

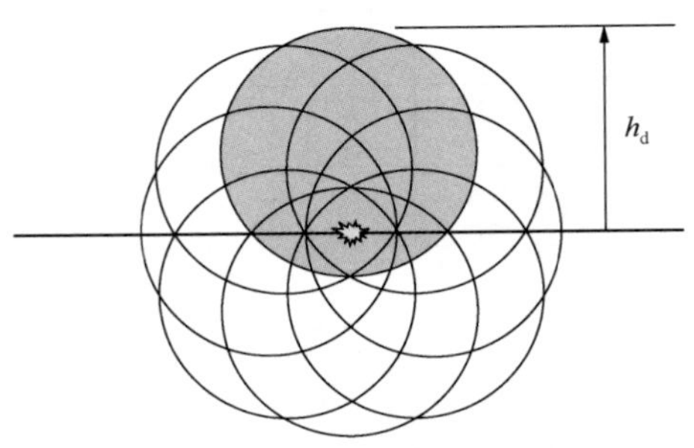

图9-1 喷射火影响范围示意图

1. 计算火苗中心点的位置坐标

根据式(9-5)~式(9-8)，计算火苗中心顺风方向的偏移距离 X_L 和高度 Z_L。

表 9-10 喷射火参数需求及取值说明

数据项	单位	取值	说明
默认参数			
空气分子质量 M_w	kg/mol	0.029	本参数根据文献取值
空气密度 ρ_a	kg/m^3	1.29	本参数根据文献取值
标准状态下天然气密度 ρ	kg/m^3	0.677203	本参数根据文献取值
低可燃极限 C_{LFL}		0.05	本参数根据文献取值
热辐射分数 χ		0.2	本参数根据文献取值
天然气燃烧热 H_c	J/kg	5.002×10^7	本参数根据文献取值
环境参数			
风速 u_a	m/s	5	收集数据，可选取全年有代表性的风速

陕京管道喷射火火苗中心坐标的计算结果如表 9-11 所示。

表 9-11 陕京管道喷射火火苗中心坐标

泄漏模式	陕京一线	陕京二线
小泄漏	(0.02，1.04)	(0.03，1.04)
大泄漏	(0.82，1.04)	(1.02，1.04)
断裂	(25.47，3.83)	(48.64，3.92)

注：以顺风向为 x 轴正向，y 轴为垂直风向方向，z 轴为平行地面的方向。

2. 计算喷射火的影响半径

根据式(9-9)和式(9-11)，计算不同失效模式的辐射能力，再给定热辐射强度阈值，计算得到以喷射火火苗中心为圆心的影响半径，见表 9-12。

表 9-12 陕京管道喷射火影响半径

泄漏模式	陕京一线/m	陕京二线/m
小泄漏	0.79	0.98
大泄漏	26.13	32.61
断裂	50.86	93.04

3. 计算喷射火的总影响范围

经计算得到喷射火的总影响范围见表 9-13。

表 9-13 陕京管道喷射火总影响范围

泄漏模式	陕京一线/m	陕京二线/m
小泄漏	0.81	1.01
大泄漏	26.95	33.63
断裂	76.33	141.68

9.3.3 蒸气云火的影响范围计算

蒸气云火影响范围示意图如图 9-2 所示。蒸气云火影响范围所需要的参数如表 9-14 所示。

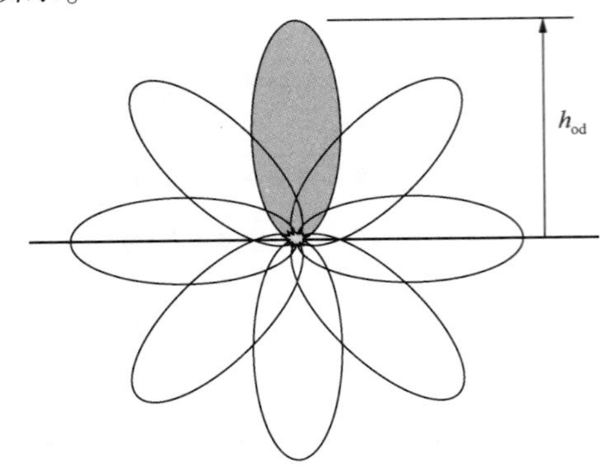

图 9-2 蒸气云火影响范围示意图

天然气在空气中燃烧的下限为 5%（体积分数），因此可根据此浓度水平，计算天然气泄漏后超过低燃烧下限的范围，即蒸气云燃烧的影响范围。

（1）根据天然气在空气中的燃烧下限，计算质量浓度。

$$0.05 \times 0.677203\text{kg/m}^3 = 0.03386\text{kg/m}^3$$

采用断裂的泄漏速率，风速为 5m/s。

（2）根据浓度，反推一个椭圆形，求得一个椭圆形的长轴。

表 9-14 蒸气云火模型参数需求及取值说明

数据项	单位	取值	说明
维护参数			
可检测到的泄漏体积 V_{dtect}	m^3	1000	根据文献取值
发现泄漏时间 t_{dtect}	s	21600	发现时间为 6h
截断阀关闭时间 t_{close}	s	300	假设截断阀关闭时间为 5min
泄漏停止时间 t_{stop}	s	43200	泄漏停止时间假设为 12h
失效点两端截断阀之间的距离	m	10000	

（3）蒸气云火影响范围计算结果如表 9-15 所示。

表 9-15 蒸气云火影响范围

泄漏模式	陕京一线/m	陕京二线/m
小泄漏	1.44	1.79
大泄漏	47.46	59.28
断裂	92.67	170.48

9.3.4 蒸气云爆炸影响范围计算

蒸气云爆炸影响范围示意图如图 9-3 所示。蒸气云爆炸影响范围所需要的参数如表 9-16 所示。

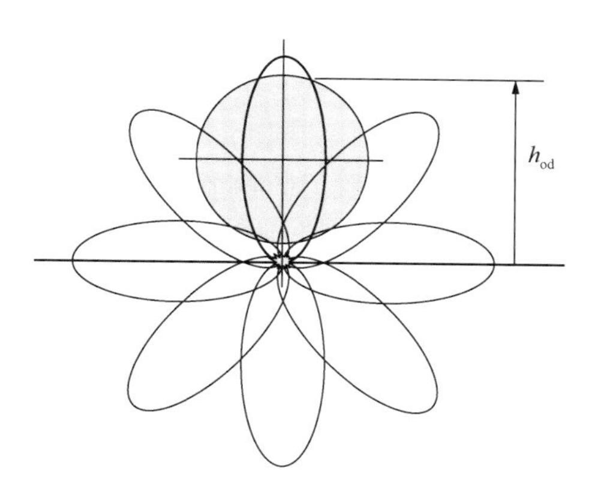

图 9-3　蒸气云爆炸影响范围示意图

表 9-16　蒸气云爆炸参数需求及取值说明

数据项	单　位	取　值	说　　明
默认参数			
屈服因子 Y_f		0.03	对碳氢化合物的取值，取自参考文献
燃烧热 H_c	J/kg	5.002×10^7	对碳氢化合物的取值，取自参考文献

（1）根据式(9-21)计算可燃气体云的总质量 M_c，根据式(9-20)计算当量 TNT 质量。

（2）根据表 9-5 选择爆炸超压下限。

（3）根据选择的下限，换算为 psi，代入下式，计算影响半径。

$$r=M_{\mathrm{TNT}}^{1/3}\exp\left\{\frac{[9.097-\ln(P_E)]^2+5.267}{25.13}\right\} \tag{9-22}$$

式中：r 为影响半径，ft；M_{TNT} 为当量 TNT 质量，lb（FEMA/DOT/EPA1989）；P_E 为超压，psi。

（4）影响半径+散布的一半距离等于蒸气云爆炸的影响半径，见表 9-17。

表 9-17　蒸汽云爆炸影响范围

泄漏模式	陕京一线/m		陕京二线/m	
	户外	户内	户外	户内
小泄漏	1.06	1.49	1.32	1.86
大泄漏	35.08	49.40	43.81	61.68
断　裂	68.46	96.35	125.78	176.90

9.3.5　蒸气云窒息影响半径计算

管道输送的天然气主要成分为甲烷，甲烷属单纯窒息性气体，无害，但浓度过高时会使空气中氧含量明显降低。当预混气云中甲烷含量为 25%～30%时，就会引起头痛、头晕、乏力、呼吸和心跳加速等症状，甚至可致窒息死亡。根据 C-FER 研究中心的统计，当天然气的体积分数为 62%时，在该范围内人员的死亡概率大约为 20%。瑞士职业接触限值甲烷

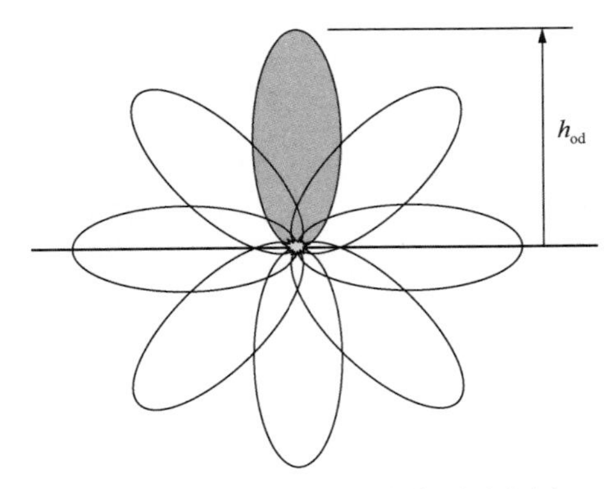

图 9-4 蒸气云窒息影响范围示意图

容许最高接触浓度(TWA)为 6700mg/m³，进入此浓度区域的抢修人员需要佩戴防护器具。

因此，在计算中取体积分数 25%作为蒸气云置信影响半径的下限阈值来计算窒息气体的影响范围。通过式(9-22)反推，即可计算出窒息气体的影响范围。采用该标准相对来说较为保守。

蒸气云窒息影响范围如图 9-4 所示。

(1) 根据天然气在空气中的燃烧下限，计算质量浓度。

$$0.25\times0.677203\text{kg/m}^3=0.1693\text{kg/m}^3$$

采用断裂的泄漏速率，风速 5m/s。

(2) 根据浓度，反推一个椭圆形，求得一个椭圆形的长轴。

(3) 蒸气云窒息影响半径计算结果见表 9-18。

表 9-18 蒸气云窒息影响半径计算结果

泄漏模式	陕京一线/m	陕京二线/m
小泄漏	0.72	0.89
大泄漏	23.44	29.26
断裂	45.68	83.79

第 10 章　管道专项风险评价

10.1　腐蚀风险评价

10.1.1　腐蚀风险因素

管道敷设时存在两种情况，暴露在地表或者埋入地下。针对这两种情况，受到腐蚀的影响也不同。裸露在空气中的管道会受到大气腐蚀，影响腐蚀结果的因素主要是当地的大气类型。除此之外，管道设施的质量、外包覆层的完好情况以及平日检测工作的力度，也是影响大气腐蚀结果的因素。

埋入地下的金属管道受到土壤包裹，其腐蚀情况相应地与土壤酸碱度有关，与前者相似之处在于包覆层状况的好坏和日常腐蚀检测工作也是埋地管道外腐蚀的影响因素，其特殊性在于埋地管道需要进行阴极保护，主要为消杂散电流，避免干电池效应对管道的腐蚀。阴极防护水平是影响腐蚀结果的重要因素。除此之外，影响腐蚀情况的因素还有管道运行年限、管道内检测器的工作情况等。

内腐蚀是指管道输送的油气引起管道内壁的腐蚀减薄，典型的情况有油气含水、含硫化氢等。外腐蚀是指阴保和防腐层都失效时，管道外部环境中的土壤、杂散电流引起管道外壁的腐蚀减薄，典型的情况有阴保电位不足或过高、杂散电流、防腐层破损和剥离、套管处阴保不足、加剧外腐蚀等。

10.1.2　管线分段

以两个站间距(含上游阀室、站场、井场)为一个风险评价段，当管道壁厚、防腐层类型、阴极保护类型、管道建设时间、管道周边环境等发生明显变化时应插入一划分段以确保风险评价的科学性和准确性。

其中河流穿跨越、与主管道有电绝缘的站场、阀室、井场应单独进行评价。

10.1.3　评分细则

每段管道的腐蚀风险评价由大气腐蚀(权重 20%)、内部腐蚀(权重 20%)、埋地金属腐蚀(权重 60%)三部分构成，情况越差，得分越低。

评价得分由固有属性和预防措施两部分组成，评分时应说明其得分的类型，以便于区分和风险的消减。

1. 大气腐蚀(权重 20%)

大气腐蚀主要是管材与大气之间的相互作用而发生的一种化学变化，这种作用一般是引起金属氧化。

1）设施（固有属性 0~5 分）

评价应根据暴露于最恶劣大气环境的管段来确定本段管道风险分值，暴露于大气环境下各种环境状况的风险评分如下：

（1）空气/水界面（0 分）；

（2）钢套管（1 分）；

（3）支架/吊架（2 分）；

（4）管道绝缘层一般（2 分）；

（5）管道绝缘层良好（3 分）；

（6）水泥套管（3 分）；

（7）地面/空气界面（3 分）；

（8）其他暴露情况（4 分）；

（9）大气中无暴露（5 分）；

（10）破坏性因素多次出现（破坏因素在同管段重复 10 次）（-1 分）。

例如，某钢制管道评价段内，管道穿越道路 2 次使用钢套管、2 次使用水泥套管，该区域有一截断阀室，阀室内有 3 个支撑基座，其他管道均埋地，则就该段管道大气腐蚀“设施”这一项按如下进行评价：钢套管（1 分），支架（2 分），水泥套管（3 分），地面/空气界面（3 分），根据风险评价原则挑选最差状况，因此给该段管道赋值 1 分。

2）大气类型（固有属性 0~10 分）

大气的某些特性可能增强或加速腐蚀的发生，与此相关的大气特性有化学成分、湿度、温度等。

（1）化学成分　是指自然空气中不存在的具有腐蚀性的化学品，如盐或二氧化碳或人工合成产品如 Cl_2 和 SO_2（两者可生成 HCl、H_2SO_3 或 H_2SO_4 等酸性物质）加速金属腐蚀。

（2）湿度　潮湿可能是腐蚀得以发展的一个首要因素，空气中的高湿度通常更容易造成腐蚀。

（3）温度　较高的温度更具腐蚀性。

从腐蚀的角度，按其腐蚀性的强弱将大气状况按以下标准评分：

（1）空气中有腐蚀性化学品及海洋气候（0 分）；

（2）空气中有腐蚀性化学品及高度潮湿气候（2 分）；

（3）海洋、沼泽及海岸性气候（4 分）；

（4）高温度、高湿度（6 分）；

（5）空气中有腐蚀性化学品及低湿度气候（8 分）；

（6）低湿度气候（10 分）。

注：应用此评分表时，所评价的可能不是上述六类中的一个，但通常会和其中一种类型接近，应按最接近的一种类型进行评分。

3）包覆层/检查（0~5 分）

包覆层是指涂料层、缠绕层、保温层及大量设计特定的塑胶涂料等物。该部分共三个要素，各要素分值及评分原则如下：

（1）包覆层（固有属性 2 分）

① 优良（2 分） 为目前该环境下设计的高质量包覆层；

② 中等（1.4 分） 有适当的包覆层，但不一定专门为特殊环境设计；

③ 低劣（0.7 分） 有适当的包覆层，但不适合在目前环境下长期工作；

④ 缺项（0 分） 无包覆层。

（2）检查（预防措施 1.5 分）

① 优良（1.5 分） 针对大气腐蚀状况，每年进行专项的抽查；

② 中等（1 分） 工作人员按要求进行常规检查；

③ 低劣（0.5 分） 很少检查，仅依靠对问题区域的偶然发现；

④ 缺项（0 分） 无检查。

（3）缺陷修复（预防措施 1.5 分）

① 优良（1.5 分） 包覆层缺陷得到证实并及时报告，为及时修复制定进度计划表；

② 中等（1 分） 包覆层缺陷能得到证实但未及时报告，虽然进行了修复但修复时间超过了 1 年；

③ 低劣（0.5 分） 没有包覆层缺陷报告或没有缺陷修复；

④ 缺项（0 分） 很少或根本没有关注包覆层缺陷。

2. 管道内腐蚀（0～20%）

管道内壁与输送产品之间的相互作用形成的金属腐蚀叫作内腐蚀。

1）产品腐蚀性（固有属性 0～10 分）

由于输送气体中腐蚀杂质的存在，可能会造成管道内壁腐蚀的危险。根据输送气体腐蚀性的强弱，按以下标准打分：

（1）强腐蚀（0 分） 表示可能存在着急剧而又具有破坏性的腐蚀。如含有水、H_2S 的天然气及许多酸性化合物就是对钢制管道具有高度腐蚀性的物质。

（2）轻微腐蚀（5 分） 预示着可能伤及管壁，但其腐蚀仅以缓慢速率进展，如对产品的腐蚀性不确定，可归入此类范畴。保守方法是假定任何一类产品均可能造成危害，除非有与此相反的证据。

（3）不腐蚀（10 分） 表明不存在合理腐蚀的可能性。

（4）地形低洼处（-2 分） 管道位于 V 字形低谷处有积水风险。

2）内部防护（预防措施 0～10 分）

不同的内部防护措施可使内部腐蚀的风险有效降低，因此本部分各项措施得分可以累加，但最高分数不能超过 10 分。

（1）无措施（0 分） 没有采取任何降低内部腐蚀风险的措施；

（2）管内监控（2 分） 对管道内部输送气体的腐蚀性及腐蚀速率进行定期监控；

（3）注入缓蚀剂（4 分） 对管道注入缓蚀剂；

（4）不需要采取措施（10 分） 管道内部输送气体不存在腐蚀性风险；

（5）管内涂层（5 分） 管内涂层的评价标准可参考大气腐蚀的包覆层评分标准进行评判；

（6）运行方式（3 分） 通过一定的运行操作方法使腐蚀风险有效降低；

（7）管道清管（3分） 定期使用清理型的清管器可有效清除掉潜在的腐蚀性物质，从而有效降低（非消除）管内腐蚀引起的风险。

3. 埋地金属腐蚀（60%）

本项评分仅适用于埋地管道的腐蚀风险评价，如果评价管道完全位于地面之上，则本评价结束，总得分为第一项大气腐蚀和第二项管内腐蚀之和的2.5倍。

1）阴极保护（预防措施0~10分）

该分项总分（8分）与评价周期内评价段的阴极保护合格率的乘积为该项评价得分。

2）温度影响（固有属性-1~0分）

评价管段位于压缩机热影响范围8km内时对阴极保护和防腐层均有不同程度的影响，应进行风险减分。

3）涂层状况（0~12分）

该部分的评价与大气腐蚀包覆层评价大体相同，但部分评价内容有改变。

（1）涂层（固有属性0~4分）

① 优良（4分） 为目前该环境下设计的优质涂层；

② 中等（2.5分） 有一个适宜的涂层，但或许不是专门为其特别环境所设计；

③ 低劣（1分） 有涂层，但在目前环境下不适宜长期工作；

④ 缺项（0分） 没有涂层。

（2）检查（预防措施0~4分）

① 优良（4分） 以当地腐蚀特点为指导原则，有经过专门培训的人员依据检测清单（方案）应用一个或更多的间接检测技术进行检查；

② 中等（2.5分） 由专人按体系文件要求进行例行检查，可能应用一项间接检测技术，但可能没有发挥出全部潜能；

③ 低劣（1分） 很少检查，依靠于问题区域的偶然发现，有机会进行简略的直观检查；

④ 缺项（0分） 无检查。

（3）缺陷修复（预防措施0~4分）

① 优良（4分） 涂层缺陷得到证实并及时报告，为及时修复已制定了进度计划表；

② 中等（2.5分） 涂层缺陷得到证实但未及时上报，虽然得到了修复，但修复时间超过1年；

③ 低劣（1分） 涂层缺陷一直没有报告或是进行修正；

④ 缺项（0分） 很少或根本没有关注到防腐层缺陷。

4）土壤腐蚀性（固有属性2分）

① pH值（-2~0分）

a. pH值<6（-2分）；

b. 6<pH值<8（-1分）；

c. pH值>8（0分）。

② 土壤电阻率（固有属性0~2分）

a. 低土壤电阻率（高腐蚀电位）<5Ω·m（0分）；

b. 中等土壤电阻率为5~100Ω·m（1分）；

c. 高土壤电阻率(低腐蚀电位)>100Ω·m(2 分)；

d. 缺项(0 分)。

5）系统运行年限(固有属性 0~3 分)

(1) 投用 0~5 年(3 分)；

(2) 投用 5~10 年(2 分)；

(3) 投用 10~20 年(1 分)；

(4) 运行年限大于 20 年(0 分)。

6）其他埋地金属干扰(固有属性直流干扰)(0~4 分)

埋地金属干扰以管道周边 150m 范围内有大型金属构筑物或金属接地体数量为评价标准，对于采取了保护/缓解措施并对其有效性进行了监控的其分值可增大一倍，但最大不超过 3 分。

(1) 没有埋地金属结构(4 分)；

(2) 1~10 个埋地金属结构(2 分)；

(3) 11~25 个埋地金属结构(1 分)；

(4) 大于 25 个埋地金属结构(0 分)。

7）交流干扰(固有属性 0~4 分)

(1) 交流干扰电压<15V(4 分)；

(2) 采取消减措施后交流干扰小于 15V，并定期对措施有效性进行检查(3 分)；

(3) 检测到大于 15V 的电压，但仍未采取措施(1 分)；

(4) 未测试交流干扰(0 分)。

8）机械腐蚀效应(固有属性 0~5 分)

机械腐蚀包括应力腐蚀开裂(SCC)、氢致开裂(HIC)、氢脆化、腐蚀疲劳(CF)等，腐蚀疲劳主要与管道运行压力和周围环境有关，机械腐蚀风险得分与两者之间的关系如表 10-1所示。

表 10-1 机械腐蚀风险得分

环境得分 \ 运行压力/设计压力	2%~20%	21%~50%	51%~75%	>75%
0	3	2	1	1
4	4	3	2	1
9	4	4	3	2
14	5	5	4	3

注：环境得分=(输送介质的腐蚀性得分)+(土壤腐蚀性得分)，环境得分介于评判项之间的，取接近项进行评分。

9）电位测试桩(预防措施 0~6 分)

电位测试桩的腐蚀风险评价由测试桩使用率和电位测试准确性两项组成。

(1) 测试桩使用率(0~3 分)

测试桩使用率的计算方法为评价间隔期间(一般为 2 年)评价段内测试桩实际在役天数之和与理论在役天数之和的百分比。如评价管道内有 4 个测试桩，其中一个测试桩损坏 60 天，则该段管道测试桩使用率为[1-60/(365×2×4)]×100%，则管道测试桩在役率为

97.9%。测试桩使用率的评分标准如下：

① 使用率大于99.5%(3分)；

② 使用率大于99%(2分)；

③ 使用率大于97%(1分)；

④ 使用率小于97%(0分)。

使用率介于两者之间时可根据线性比折中得分。

(2) 电位测试(3分)

① 每次测试管道极化电位(消除*IR*降因素)(3分)；

② 测通电电位，根据*IR*降大小计算极化电位(2分)；

③ 只进行通电电位测试(1分)；

④ 未进行测试(0分)。

10) 密间隔测量(CIPS)(预防措施0~8分)

分值=8-(距上次检测的年限)

测试应由经过专门培训的人员对整个管道进行彻底的密间隔电位测量，测量数据应由经验丰富的防腐工程师来解释并对测试发现问题进行整改，或已打算及时整改，如不能满足上述要求可在已得分基础上酌情减去1~2分，但总分值不能低于0分。

11) 管道内检测(预防措施0~6分)

分值=8-(距上次检测年限)

评价管段已确定所用的内检测技术已能够提供有意义的结果(即可能对管道完好性造成短期影响的所有缺陷的探测率达到95%)对测试发现问题进行整改，或已打算及时整改，根据清管器的运行安排时间可授予分值。

10.1.4 评分要求

由于腐蚀风险评分与周围环境密切相关，因此本评价办法应在要求的时间段内完成，否则可能影响评价数据的准确性。

风险评价过程为不断完善修正的过程，各现场管理单位应对风险评价进行统计比较，对于风险最大管段或腐蚀风险得分小于60分的管段应根据《陕京管道外防腐有效性管理办法》或其他标准提出风险消减措施。

10.2 第三方风险评价

第三方破坏主要是指管线沿途发生偷油盗气行为，给管道运输带来巨大损失。出现这样行为的原因在于安全教育不足，法制宣传力度不够，人员素质水平偏低。巡线频率过低，会给不法分子带来可乘之机。另一方面，人类活动过于频繁也会给管道带来风险因素，特别是农耕活动和交通运输活动等。

第三方对管道造成的损伤和破坏，典型的有打孔盗油点、管道上方违章占压、管道周围挖掘施工、农耕破坏(尤其是深层农作)、埋深过浅(发达地区至少0.8m)、管道标识不足、穿越处的管道承受载荷过重等。

10.2.1 一般要求

（1）第三方是指非管道公司职工。第三方破坏不是指第三方对管线实施的故意破坏，而是第三方在从事其他活动过程中由于不了解管线在地下的准确位置或无视输气管线的危险性所引起的管线损坏。

（2）管道管理者必须采取措施减少第三方破坏其管道设施的可能性。应该采取什么样的措施取决于管线系统被破坏的容易程度和破坏机会出现的频率。

（3）在役输气管线遭受第三方破坏的可能性大小主要取决于管线周围可能存在的第三方因素、第三方接近管线的难易程度以及地面活动的活跃程度。

① 可能的第三方因素：包括各种挖掘设备、射击装置、机动车通道、火车、农机具、地震作用、围栏桩、电话线及电线桩、锚、河道挖泥机械等。

② 影响第三方接近管线难易程度的因素：包括覆盖层厚度、覆盖层的性质(泥土、石块、混凝土、路面等)、人为障碍(围栏、堤坝、沟渠、人防工事等)、自然障碍物(树、河流、岩石、河沟等)、有无管道标志、管道路权状况、巡线的频率、方式及质量、对报告有威胁时的响应时间等。

③ 地面活动的活跃程度：主要取决于人口密度、附近的建设活动、火车或机动车的邻近程度和通过量、船舶锚泊区域、通讯情况、该地区的地下装置的数量等。

（4）根据我国在役输气管线的实际环境状况和管理条件，将第三方破坏的影响因素分为覆土最小厚度、地面活动程度、管道地面装置、公众教育与法制观念、管道线路标志、巡线频率等六种。在半定量风险评价中规定第三方破坏影响的总评分为100分。

（5）按照各种影响因素对引起第三方破坏的贡献率，确定长距离输气管线的各种影响因素的评分权重分别为：覆土最小厚度占20%，地面活动程度占20%，管道地面装置占15%，公众教育与法制观念占20%，管道线路标志占15%，巡线频率占10%。

（6）按照各种影响因素对引起第三方破坏的贡献率，确定矿场输气管线的各种影响因素的评分权重分别为：覆土最小厚度占20%，地面活动程度占20%，管道地面装置占15%，公众教育与法制观念占20%，管道线路标志占10%，巡线频率占15%。

10.2.2 覆土最小厚度评分方法

对于长距离输气管道和矿场输气管道而言，此项评分方法和因素的权重均相同，覆土最小厚度 V_{11} 的评分按以下公式计算：

$$V_{11}=(\text{单位为厘米的覆土厚度})\div 8 \tag{10-1}$$

1. 埋地管道

对于有附加保护层的埋地管道按下列原则增加覆土的厚度：

（1）6cm 水泥保护层：增加 20cm 的覆土厚度；

（2）12cm 水泥保护层：增加 30cm 的覆土厚度；

（3）管道套管：增加 60cm 的覆土厚度；

（4）加强水泥盖板：增加 60cm 的覆土厚度。

2. 水下穿越管道

对于水下穿越管道的覆土最小厚度按表 10-2 确定的几种情况进行评分。

表 10-2 水下穿越管道覆土最小厚度评分分类表

水面以下深度(评分权重：7/20)	0~1.5m
	1.5~5.0m
	>5.0m
低于河床表面以下深度(评分权重：10/20)	0~0.5m
	0.5~1.0m
	1.0~1.5m
	1.5~2.0m
	2.0~5.0m
	>5.0m
穿越管道保护(评分权重：3/20)	无保护措施
	有保护措施

10.2.3 地面活动程度评分方法

地面活动程度主要受地区等级和建设活动频繁程度两方面的影响，所以根据此项的评分权重，可分别对地区等级(建议评分 0~15 分)和建设活动频繁程度(建议评分 0~5 分)进行评分。

1. 地区等级分值

根据国标 GB 50251 的规定，管线通过地区等级可按沿线居民户数和(或)建筑物的密集程度(每 2km 管线两侧各 200m 范围内)分为 5 级来评分：

(1) 在管道附近不可能有挖掘活动的地区(荒野、沙漠、无人区等)；

(2) 一级地区(2km×400m 范围内的住户低于 15 户)；

(3) 二级地区(2km×400m 范围内的住户为 15~100 户)；

(4) 三级地区(2km×400m 范围内的住户大于 100 户)；

(5) 四级地区(2km×400m 范围内聚集有四层及四层以上建筑物)。

2. 建设活动频繁程度分值

根据在役输气管线沿线地区建设活动，可按以下几种情况来评分：

(1) 矿藏开发及重工业生产地区；

(2) 在建的经济技术开发区；

(3) 规划的经济技术开发区；

(4) 商贸繁华地区；

(5) 未考虑开发的地区。

10.2.4 管道地面装置评分方法

根据我国对在役输气管线地面装置所采取保护措施的实际情况，可分为以下几种情况来评分：

(1) 无地面装置；

（2）地面装置与公路的距离大于 60m；
（3）地面装置有保护围栏；
（4）地面装置上有警示标志符号。

10.2.5 公众教育与法制观念评分方法

公众教育与法制观念反映了管道沿线居民对输气管道的自觉保护意识，结合我国乡村实际情况可将此项分解为村镇文明建设（建议评分 0~4 分）、村镇经济发达程度（建议评分 0~6分）、村镇社会治安状况（建议评分 0~5 分）、管道公司的宣传教育工作（建议评分 0~5 分）和违章建筑情况（建议评分 0~5 分）五个子因素来分别评分，然后将这五个子因素的评分之和乘以一个换算系数 N_1，且 $N_1=20/25$。

1. 村镇文明建设分值

根据村镇文明建设情况，可分为以下几种情况来评分：
（1）连续 5 次以上的文明村镇；
（2）曾获得过 1~2 次文明称号的村镇；
（3）从未获得过文明称号的村镇。

2. 村镇经济发达程度分值

根据我国乡村经济评价标准，可分为以下几种情况来评分：
（1）人均 GDP>8000 元人民币；
（2）人均 GDP＝6000~8000 元人民币；
（3）人均 GDP＝4000~6000 元人民币；
（4）人均 GDP<4000 元人民币。

3. 村镇社会治安状况分值

根据在役输气管线沿途村镇的社会治安状况，可分为以下几种情况来评分：
（1）从未发生过治安和刑事案件；
（2）近 5 年发生过 1~2 次刑事案件；
（3）每年仅有 1~2 次治安案件发生；
（4）每年都有刑事案件发生。

4. 管道公司的宣传教育工作分值

根据管道公司可能采取的宣传教育方式，可分为以下几种情况来评分：
（1）与村镇签订有联防协议；
（2）每年到村镇走访一次以上；
（3）每年与当地干部举行一次联席会；
（4）张贴或书写宣传标语；
（5）定期给沿线村镇寄送宣传资料。

5. 违章建筑情况分值

根据《中华人民共和国石油天然气管道保护条例》规定，严禁在管道中心线两侧各 5m 范围内修建各种建构筑物。在役输气管线沿线的违章建筑情况可按以下几种情况来评分：
（1）管道附近不存在违章建筑；

（2）管道附近存在 1~3 处违章建筑；

（3）管道附近存在 3 处以上违章建筑。

10.2.6 管道线路标志评分方法

对长距离输气管线而言，此项因素的评分权重为 15%；而对于矿场输气管线，此项的评分权重为 10%。根据我国在役输气管线常以各种标志桩作为线路标志的实际，线路标志的评分将由标志桩和检测桩的完好程度来确定，具体可按以下几种情况来评分：

（1）所有标志桩和检测桩完好无损；

（2）80%以上标志桩和检测桩完好；

（3）60%以上标志桩和检测桩完好；

（4）40%以上标志桩和检测桩完好；

（5）现存标志桩和检测桩不足 40%；

（6）无各种线路标志。

10.2.7 巡线频率评分方法

对长距离输气管线而言，巡线频率的评分权重为 10%；对矿场输气管线而言，评分权重为 15%。根据在役输气管线的巡线实际，可按以下几种情况来评分：

（1）每日巡线；

（2）隔日巡线；

（3）每周两次巡线；

（4）每周一次巡线；

（5）每月两次巡线；

（6）每月低于一次巡线；

（7）从不巡线。

10.3 管道本体安全风险评价

10.3.1 本体安全影响因素

（1）在役输气管线的本体影响必须考虑管道结构、管道系统状况和外部环境的影响。

（2）在管道的本体影响因素中，既要考虑到对管道自身本体的影响，又要考虑到防止管道事故发生的防护措施。

（3）根据在役输气管线本体影响考虑因素，管道的本体影响主要包括管道设计安全系数、系统安全系数、钢管材料选择、安全防御系统、系统水压试验、滑坡处理和外防腐材料选择七种情形，评分为 100 分；选择管道本体内检测结果影响和管道基础数据的评定的分析评价八种情形，评分为 100 分。在半定量风险评价中规定本体影响的总评分为 200 分。

① 按照设计影响因素对本体影响的贡献率，确定油气管线的本体设计影响因素的评分权重分别为：管道设计安全系数为 20%，系统安全系数为 15%，钢管材料选择为 15%，安

全防御系统为10%，系统水压试验为20%，滑坡处理为10%，外防腐材料选择为10%。

② 按照本体内检测结果影响和管道基础数据的评定的分析评价，确定油气管线的本体内检测相关影响因素的评分权重分别为：金属腐蚀为20%，凹坑为20%，焊缝异常为10%，管道投产时间因素为15%，管道内涂层情况为15%。

10.3.2　管线本体设计影响指标体系

1. 管道设计安全评分方法

管道设计安全可按如下的计算公式来评分：

$$V_{ds}=(G-0.5)\times 20 \tag{10-2}$$

式中：$G=t_a/t_c$，其中t_a为管道实际壁厚，即用名义壁厚减去最大制造公差所得的壁厚，t_c为按设计压力确定的管道设计壁厚。

2. 系统安全系数评分方法

系统安全系数分值根据设计压力与最大允许工作压力的比值H来确定。

$$H=P_S/P_Y \tag{10-3}$$

式中　H——系统安全系数；

P_S——设计压力，MPa；

P_Y——最大允许工作压力，MPa。

可按如下参数标准分等级评分：

H等于或大于2.0；

H=1.75~1.99；

H=1.50~1.74；

H=1.25~1.49；

H=1.10~1.24；

H=1.00~1.09；

H小于1.00。

3. 钢管材料选择评分方法

钢管材料选择可进一步细分为选择原则（建议评分0~5分）、管材技术标准（建议评分0~7分）和制管质量（建议评分0~3分）三个子因素来评分。

1）选材原则分值

根据选材原则是否符合设计标准，可按以下几种情况分等级评分：

（1）选材合理（符合设计选材原则）；

（2）选材不完全合理（个别指标不符合使用环境）；

（3）未按设计原则选材；

（4）选用非容器钢材。

2）管材技术标准分值

根据现行国际、国内的管材标准，可按以下几种情况分等级评分：

（1）符合API标准的进口管材；

（2）符合其他标准的进口管材；

(3) 符合 API 标准的国产管材；

(4) 符合国标的国产管材；

(5) 达不到国标要求的国产管材。

3) 制管质量分值

根据实际工程中选用的钢管的生产厂家，可按以下几种情况分等级评分：

(1) 进口钢管或由国家定点钢管制造厂生产；

(2) 由企业定点钢管制造厂生产；

(3) 由一般钢管制造厂生产。

4. 安全防御系统评分办法

根据实际工程中安全防御系统的性能，可按以下几种情况分等级评分：

(1) 安全系统完善，设备选型合理；

(2) 有安全防御系统，但设备选型不合理；

(3) 未设计任何安全防御系统。

5. 系统水压试验评分办法

根据试压水平和前次试压的时间间隔两个因素来评分：

$$V_{HY}=V_P+V_T \tag{10-4}$$

式中 $V_P=(H_1-1)\times30$，其中 H_1 为试验压力(P_T)/最大允许工作压力(P_W)，V_P的最大分值不超过 15 分；

$V_T=5-$(上次试压力至今的年数)，V_T的最低分为 0 分。

6. 滑坡处理评分办法

根据实际工程中堡坎的状况，可按以下几种情况分等级评分：

(1) 在所有可能滑坡段均设计堡坎；

(2) 在明显滑坡段设计堡坎；

(3) 堡坎段的设计长度不足；

(4) 在明显滑坡段未设计堡坎；

(5) 未对地质条件作评价。

7. 外防腐材料选择评分办法

根据我国在役长距离输气管线常用涂层材料，可按以下几种涂层材料评分：

(1) 三层 PE 复合涂层；

(2) 熔结环氧粉末；

(3) 煤焦油瓷漆或环氧煤沥青；

(4) 沥青加玻璃布；

(5) 防锈油漆。

10.3.3 内检测数据本体因素

基于管道基础数据和最新内检测数据评价，根据内检测结果的评定主要从检测结果中金属的异常缺失来评定，即金属腐蚀、凹坑、焊缝异常，进行风险评定时应从这三个方面进行。总分为 50 分，其中金属腐蚀为 20 分，凹坑为 20 分，焊缝异常为 10 分。根据管道基础数据的评定主要从管道投产日期、管道里程、管道内涂层情况、管材来进行分析评价。总分为 50 分，管道投产时间因素为 15 分，管道内涂层情况为 15 分，上次检测时间为 20 分。

1. 金属腐蚀评价

由于采用的技术不同，可能导致最终发现的腐蚀总数会有变化。

1）金属腐蚀为轻度的(20%及以下)

管段范围腐蚀总数(低于 500 的)　　不扣分
管段范围腐蚀总数(超过 500 低于 2000 的)　　扣 4 分
管段范围腐蚀总数(超过 2000 低于 3000 的)　　扣 8 分
管段范围腐蚀总数(超过 3000 的)　　扣 10 分

2）金属腐蚀为中度的(20%~40%)

管段范围腐蚀总数(低于 20 的)　　不扣分
管段范围腐蚀总数(超过 20 低于 50 的)　　扣 1 分
管段范围腐蚀总数(超过 50 低于 70 的)　　扣 2 分
管段范围腐蚀总数(超过 70 的)　　扣 3 分

3）金属腐蚀为严重的

管段范围腐蚀总数(低于 2 的)　　不扣分
管段范围腐蚀总数(超过 2 低于 5 的)　　扣 3 分
管段范围腐蚀总数(超过 5 低于 10 的)　　扣 5 分
管段范围腐蚀总数(超过 10 的)　　扣 10 分

4）凹坑

管段范围凹坑总数(低于 2 的)　　不扣分
管段范围凹坑总数(超过 2 低于 5 的)　　扣 5 分
管段范围凹坑总数(超过 5 低于 10 的)　　扣 10 分
管段范围凹坑总数(超过 10 的)　　扣 20 分

5）焊缝异常

管段范围焊缝异常总数(低于 2 的)　　不扣分
管段范围焊缝异常总数(超过 2 低于 5 的)　　扣 3 分
管段范围焊缝异常总数(超过 5 低于 10 的)　　扣 5 分
管段范围焊缝异常总数(超过 10 的)　　扣 10 分

2. 根据管道基础数据的评定

主要从管道投产日期、管道内涂层情况、管道检测时间等来进行分析评价。

1）管道投产时期

投产超过 10 年　　扣 15 分
投产 5~10 年　　扣 10 分
投产 2~5 年　　扣 5 分

2）管道内涂层情况

有内涂层　　不扣分
无内涂层　　扣 15 分

3）上次检测时间

3 年内实施内检测的	不扣分
3~5 年内实施内检测的	扣 5 分
5~8 年内实施内检测的	扣 10 分
8 年以上未检测的	扣 20 分

10.4 自然地质灾害风险评价

10.4.1 地质灾害风险因素

自然灾害取决于管道所处的地理位置。对于并行天然气管道，原管线已经选择优质路由，所以新管敷设的地段地理条件相对复杂，地质灾害难免发生。威胁管道安全的地质灾害主要有地震、滑坡、泥石流、黄土湿陷、洪水等。所以进行并行管道风险评价时，应注意当地的气候水文环境因素、地壳活动状况以及地形地貌，全面考虑灾害类型，提高防患意识。

自然灾害对并行管道的破坏力很大，一旦发生管道破裂，极易引发火灾、爆炸事故，也会给自然环境带来不可挽回的损伤。所以对自然灾害的预测和对管道进行工程防护是避免自然灾害引发管道事故的有效途径。

典型的地质灾害有地形地貌、地面移动(崩塌、滑坡、泥石流、黄土湿陷、地裂缝)、极端气候(暴雨、酷夏、严寒、雷电)。

10.4.2 地质灾害综合风险打分段的划分

本评分办法按照 2km 左右划分一个风险评价段，针对每一个段，从管线所经地区的地质构造和土壤类别、降水情况、管道保护措施、最小埋深和巡线频率等五个方面的风险因素对管道进行地质灾害风险分析、评价和打分，并根据评价结果制定相应的风险消减措施。单项工程可划分为一个打分段，如黄河隧道穿越、黄河跨越等。

10.4.3 地质灾害综合风险评分细则

1. 地形和土壤(20 分)

(1) 评分段中存在下列情况之一，为地质灾害 1 类地区，根据情况扣除 20~15 分：

① 管道经过未经整治的煤矿采空区；

② 管道沿黄土地区的山坡敷设，或沿黄土地区山梁敷设但距冲沟沟头不足 100m；

③ 以开挖方式穿越大、中型河流；

④ 管道在河床内顺水流敷设超过 20m；

⑤ 穿越地震断裂带。

(2) 如不存在上述情况，评分段中存在下列情况之一，为地质灾害 2 类地区，根据情况扣除 14~10 分：

① 管道沿黄土地区山梁敷设，距冲沟沟头 100m 以上；

② 以开挖方式穿越一般河流、冲沟；

③ 敷设于山区（人工或天然）泄洪水道或水库泛洪区内；

④ 顺河岸敷设达20m以上，距河岸不足50m。

（3）如不存在上述情况，评分段中存在下列情况之一，为地质灾害3类地区，根据情况扣除9~5分：

① 管道在黄土塬地区敷设；

② 管道在山区敷设；

③ 管道以跨越或定向钻方式穿越河流、冲沟；

④ 管道两侧500m范围内有水库或河流。

（4）如不存在上述情况，评分段中存在下列情况之一，为地质灾害4类地区，根据情况扣除4~1分：

① 管道经过已经整治的煤矿采空区；

② 管道穿越沙漠地区；

③ 管道所经地段的植被（特别是汛期）覆盖情况不良。

（5）不存在任何可能造成管道周围土壤移动的情况，为无地质灾害区，不扣分。

2. 降水情况（10分）

（1）评分段中存在下列情况之一，根据情况扣除10~7分：

① 降水集中，往年汛期有5次/年以上大到暴雨的记录；

② 气象预报本年度降雨超过常年平均降雨量；

③ 大雨曾引发洪水、滑坡等地质灾害。

（2）如不存在上述情况，评分段中存在下列情况之一，根据情况扣除6~1分：

① 往年汛期有大到暴雨的记录；

② 降雨或灌溉行为曾引发管道露管或小范围内的管沟沉降。

3. 消减措施效果（30分）

（1）评价段距防汛和抢修物资距离（5分）。

① 距离小于30km，3~5分；

② 距离在30~50km之间，1~2分；

③ 距离大于50km，0分。

（2）汛期获取气象信息（5分）。

① 汛期每日获取气象信息，5分；

② 汛期每周获取气象信息，2~4分；

③ 气象信息更新时间超过一周，0分。

（3）地质灾害监测措施（5分）。

① 采取连续监测技术，5分；

② 每年监测，2~4分；

③ 未监测，0分。

（4）水工保护工程（15分）

① 水工保护、植被恢复措施合理有效（8~15分）。

a. 1、2、3 类地质灾害地区山区采取了有效的防治滑坡、冲沟发育等危害的水工保护措施，水工保护设施维修周期大于 3 年；

b. 4 类地质灾害地区采取了有效的植被恢复措施；

c. 河流穿越管道采取连续稳管措施、下游修建淤土坝等保护措施。

② 采取水工保护措施(1~7 分)。

a. 水工保护设施维修周期小于 3 年；

b. 水工保护设施设计不合理，汛期发生(或可能发生)非灾难性后果的地质灾害；

c. 河流穿越管道采用非连续性稳管措施或下游没有采取其他保护措施。

③水工保护设施设计不合理、施工质量不佳、穿河管道未采取稳管措施(0 分)。

4. 管道埋深(20 分)

管线埋深分数计算方法：

覆盖层厚度(in)÷3=分数(直到最大值：20 分)。其中：

(1) 2in(50mm)厚的混凝土(或浆砌石)防护层：增加 8in(203mm)厚土质覆盖层；

(2) 4in(100mm)厚的混凝土(或浆砌石)防护层：增加 12in(304mm)厚土质覆盖层；

(3) 穿河管道连续稳管措施：增加 24in 厚土质覆盖层；

(4) 沙漠管道固沙草格：增加 12in 厚土质覆盖层。

5. 巡线频率(20 分)

(1) 每天巡线，汛期加密巡线(视工作效果 15~20 分)；

(2) 每周发现一次巡线不到位(视工作效果 5~14 分)；

(3) 每周发现一次不巡线(视工作效果 1~4 分)；

(4) 每周发现二次不巡线(0 分)。

10.4.4 地质灾害综合风险评价要求

(1) 时间是风险的间接要素，地质灾害风险与季节紧密相关，因此需要在汛期前后 5 月和 10 月进行 2 次整体定期评价。维护站在开展地质灾害完整性管理过程中，发现某一管段一项或多项危害因素发生变化时，即需要对变化的影响范围进行实时不定期的评价，并根据《管道周边环境和地质灾害完整性管理办法》《管道维护站管理规定》等的要求采取相应的风险削减措施。

(2) 管道地质灾害风险识别和评价应由全体线路管理人员参与，并进行书面记录。

(3) 评价后得分低于 65 分的管段为地质灾害管道高风险段，应针对 5 项影响因素进行深入分析，并按照《管道周边环境和地质灾害完整性管理办法》的有关要求，逐项采取措施削减、控制风险。

(4) 对于高风险段，应针对其主要风险因素，制定应急预案并落实。

10.4.5 地质灾害单体滑坡风险评价

1. 地质灾害危险性区划

管道采用因子叠加的方式对该管道实施地质灾害危险度划分和分级评价。影响管道沿线地质灾害形成的主要因子及其分级依据见表 10-3。

表 10-3　影响管道沿线地质灾害形成的主要因子及其分级依据

一级因子	二级因子	分级依据
地形因子	陡坡	坡度 25°~45°
	缓坡	坡度 10°~25°
	平缓坡	坡度<10°
地层岩性因子	极软弱岩组	各类土、半成岩地层、煤系地层、千枚岩地层等
	软岩组	泥岩、页岩、泥质砂岩、薄层灰岩、变质片岩、板岩等
	硬岩组	岩浆岩、厚层石灰岩、砂岩等
地质构造因子	强作用带	断裂、褶皱强烈发育，分布密集，延伸距离长
	弱作用带	断裂、褶皱发育，分布密集，延伸距离小于 100km
	无断裂作用带	断裂、褶皱不发育，构造作用不明显
年均降雨量因子	丰雨区	年均降雨量>1000mm
	多雨区	年均降雨量为 700~1000mm
	少雨区	年均降雨量<700mm
地震因子	强作用区	地震烈度>8 度
	中强作用区	地震烈度为 6~8 度
	弱作用区	地震烈度<6 度

2. 区域划分及危害性评价

根据叠加计算结果，将管道沿线地质灾害危害性分为 5 个等级(见图 10-1)，分别采取不同级别的监管措施，同时为地质灾害防治规划提供参考。

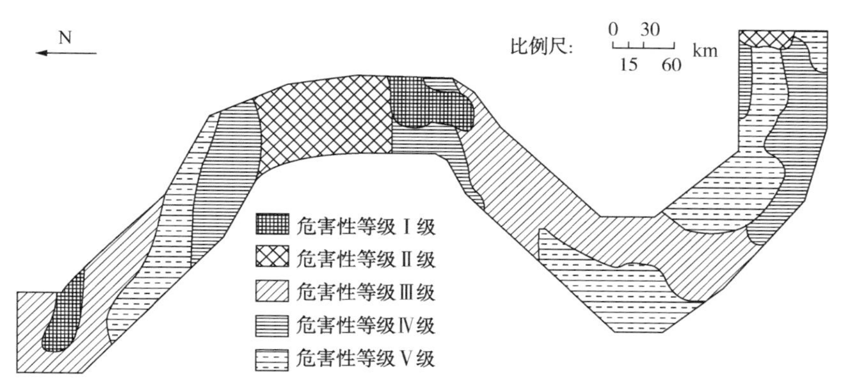

图 10-1　管道沿线地质灾害危害性分段区划

3. 单体地质灾害危害性计算模型

根据国际普遍认可的自然灾害风险定义，地质灾害对管道的危险性可采用以下公式表示：

$$危害性=易发性\times易损性$$

易发性表示地质灾害本身爆发的可能性及其危害严重性，易损性表示在地质灾害爆发的情况下管道受损的可能性及受损的严重程度，二者构成了管道的地质灾害危害性。

指标评分法是现阶段应用最为广泛的地质灾害危害性评价方法。在地质灾害危害性计算模型的基础上，针对地质灾害的易发性和管道的易损性建立指标评分模型和计算方法，用来评价不同类型地质灾害隐患的危害性，如图 10-2 所示。

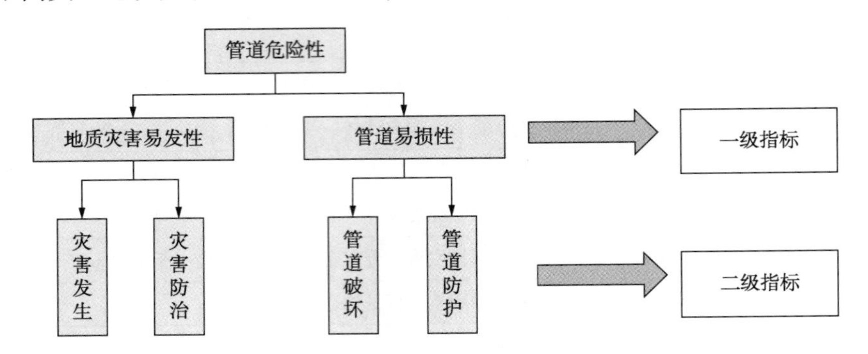

图 10-2 管道地质灾害指标评分模型

地质灾害易发性由两部分组成，一是灾害在自然条件下发生的可能性，二是地质灾害防范措施的灾害减缓效果。

$$P(H)=P_1(H)\times P_2(H) \tag{10-5}$$

式中 $P_1(H)$——灾害在自然条件下发生的可能性；

$P_2(H)$——地质灾害防范措施的灾害减缓效果的度量。

管道易损性由两部分组成，一是地质灾害发生后在未采取防护措施的条件下管道破坏发生的可能性，二是管道防护措施的危害减缓效果。

$$P(V)=P_1(V)\times P_2(V) \tag{10-6}$$

式中 $P_1(V)$——地质灾害发生后未采取防护措施的条件下管道破坏发生的可能性；

$P_2(V)$——管道防护措施的危害减缓效果的度量。

针对每个二级指标，指标评分体系设置三级指标和评分项(见表 10-4)，用于评价各个三级指标的状况。在评分项设置中，评分越高，表示状况越好。

表 10-4 地质灾害三级指标及评分项

地质灾害类型	三级指标数量	评分项数量
滑坡	15	57
崩塌	15	59
泥石流	17	65
坡面水毁	11	42
河沟道水毁	13	50
台田水毁	11	42

4. 滑坡灾害风险评价

以坡面水毁地质灾害为例，该类地质灾害的形成条件，即自然条件下发生的可能性指标评体系如图 10-3 所示。

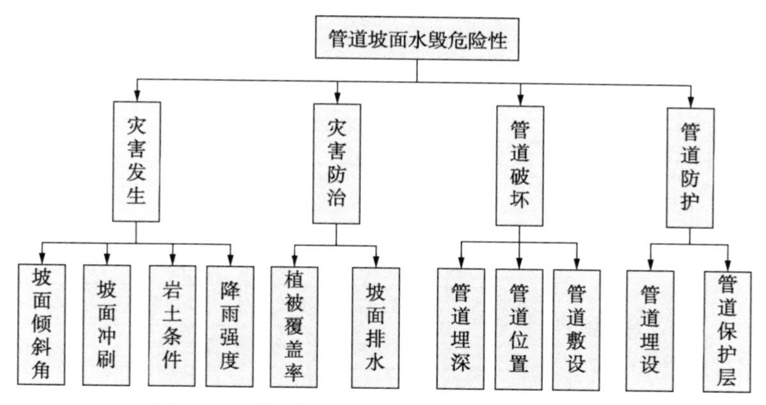

图 10-3 管道坡面水毁危险性指标评价体系

以坡面水毁地质灾害为例，对该类地质灾害的形成条件，即自然条件下发生的可能性指标评分如表 10-5 所示。

表 10-5 坡面水毁发生的指标评分

一级指标	二级指标	评分项	评分	权重
坡面水毁发生	坡面倾斜角	0°~5°	1	0.2
		15°~35°	5	
		5°~15°	3	
		>35°	4	
	坡面冲刷	坡面形成深沟(深沟>0.5m)	5	0.3
		坡面形成浅沟(浅沟<0.5m)	4	
		坡面形成随机分布细沟	3	
		坡面未受到冲刷，比较完整	1	
	坡面岩土	砂土	5	0.2
		黄土	4	
		粉质黏土	3	
		砂石/泥岩/密致泥土	1	
	降雨强度	>400mm/a	5	0.3
		350~400mm/a	3	
		<350mm/a	1	

坡面水毁地质灾害防治措施的指标评分如表 10-6 所示。

表 10-6　坡面水毁防治措施的指标评分

二级指标	三级指标	评分项	评分	权重
坡面水毁防治	植被覆盖率	>20%	5	0.2
		15%～20%	4	
		10%～15%	3	
		5%～10%	2	
		<5%	1	
	坡面排水	有良好的排水系统，及时疏干和排出地下水	5	0.8
		有良好的坡面排水系统，部分受损	4	
		有坡面排水系统，严重受损	3	
		无坡面排水系统	1	

在无防护措施条件下，坡面水毁地质灾害管道破坏的指标评分如表 10-7 所示。

表 10-7　坡面水毁地质灾害管道破坏的指标评分

二级指标	三级指标	评分项	评分	权重
管道破坏	管道埋深	管道露管	5	0.2
		管道埋深小于 0.5m	4	
		管道埋深在 0.5～0.8m	3	
		管道埋深大于 0.8m	1	
	管道位置	管道位于坡面上部	5	0.5
		管道位于坡面中部	3	
		管道位于坡脚	2	
		管道远离坡面	1	
	管道敷设	管道顺向敷设与坡面垂直	5	0.3
		管道斜向敷设与坡面相切	3	
		管道横向敷设与坡面平行	1	

坡面水毁地质灾害中，管道防护措施的指标评分如表 10-8 所示。

表 10-8　坡面水毁地质灾害管道防护措施的指标评分

二级指标	三级指标	评分项	评分	权重
管道防护	管道埋设	管沟回填土夯实达到回填标准	5	0.2
		管道上方土质疏松，向下凹陷	3	
		管沟回填土流失	1	
	管道保护层	管道附加盖板或套管等保护层	5	0.8
		管道额外保护层部分损坏	4	
		管道额外保护层严重损坏	3	
		管道无额外保护层	1	

风险指标评分完毕，按照以下公式计算管道地质灾害隐患危害性：

$$P=\frac{\sum_{1}^{n_1} y_{1i}\cdot w_{1i}}{a}\times\left(1-\frac{\sum_{1}^{n_2} y_{2i}\cdot w_{2i}}{a}\right)\times\frac{\sum_{1}^{n_3} y_{3i}\cdot w_{3i}}{a}\times\left(1-\frac{\sum_{1}^{n_4} y_{4i}\cdot w_{4i}}{a}\right)\quad(10-7)$$

式中 n_1——自然条件下地质灾害发生的可能性对应的三级评价指标个数；

n_2——地质灾害减缓措施效果对应的三级评价指标个数；

n_3——地质灾害发生后，未采取防护措施情况下管道发生破坏可能性对应的三级评价指标个数；

n_4——管道防护措施的防护效果对应的三级评价指标个数；

y_{1i}——自然条件下地质灾害发生的可能性对应的三级评价指标评分，w_{1i}为指标权重；

y_{2i}——地质灾害减缓措施效果对应的三级评价指标评分，w_{2i}为指标权重；

y_{3i}——地质灾害发生后，未采取防护措施情况下管道发生破坏可能性对应的三级评价指标评分，w_{3i}为指标权重；

y_{4i}——管道防护措施的防护效果对应的三级评价指标评分，w_{4i}为指标权重；

a——归一化因子，取5。

风险指标评分完毕，按照表10-9对管道地质灾害隐患危害性进行分级。

表10-9　地质灾害危害性分级方法

危害性分级	分级依据	危害性分级	分级依据
高危害性	$P>0.7$	中等危害性	$0.3<P<0.5$
较高危害性	$0.5<P<0.7$	低危害性	$P<0.3$

第 11 章　输油管道风险评价案例分析

11.1　概　　述

针对大庆油田北油库-南三油库 ϕ529×7 输油管道 85km、大庆-哈尔滨 ϕ377×7 输油管道 183km，收集管道腐蚀内检测、历年管道防腐层检测、管道大修、人为盗油破坏的有关数据，找出影响输油管道安全运行的风险因素，参照国际、国内输油管道风险评价的准则对风险因素进行排列，分段给出风险等级，制定可行的管道风险控制措施。

11.2　管道风险评价系统流程

管道风险评价的系统流程如图 11-1 所示。管道风险评价分为三个步骤：

第一步，计算评价模块的“指标和”。这些评分项大致与管道事故报告的典型分类相对应，即每个项目大致反映了一种事故类型。它包括四项指标，分别为第三方破坏指标、腐蚀指标、设计指标和误操作指标，对每一项的各项数据进行评分，得到该项的指标值，对每项指标通过泄漏历史的调整，求出每项指标的最后评价值，然后这四种指标乘以各自的权重后求和，得到“指标和”。评分“指标和”表示管道事故发生的相对风险性，指标评分越低，事故发生的概率越高，即安全程度越低。通过对“指标和”作规一化处理，得到管段的相对失效概率(0~1 之间)，相对失效概率越大，事故发生的概率越高。

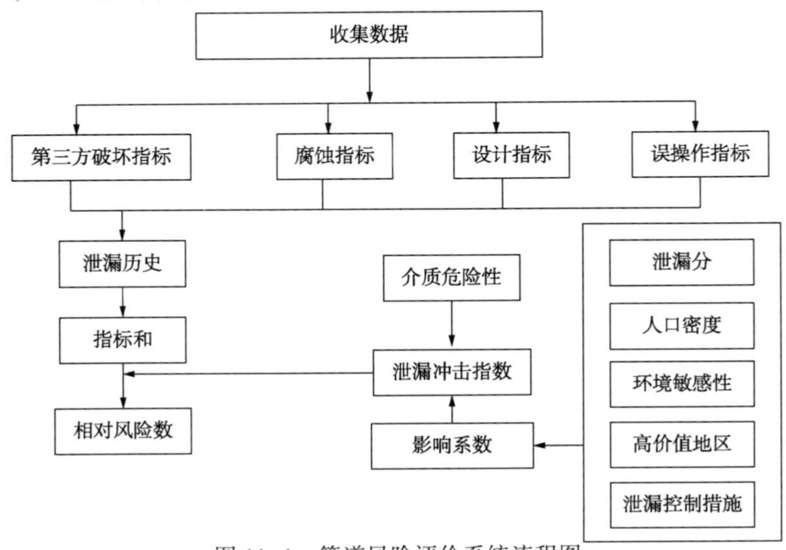

图 11-1　管道风险评价系统流程图

第二步，对管输介质特性、管道运行状态、管道位置以及管道附近人口密度、环境敏感性、高价值地区等因素评分，得出“泄漏冲击指数”。它表示管道事故的损失，评分越高，损失越大。

第三步，将通过规一化处理得到的管段相对失效概率乘以泄漏冲击指数，得到管道的风险值，风险值越大，表示管段的危险程度越高。对管道的各段利用此技术进行评价，其最后结果(相对风险值)反映了管道相对风险程度，是对管道环境和运行状态的完整评价。

11.3 数据结构

管道风险评价分值的数据结构如下式：

$$R=\left(1-\frac{\sum_{i=1}^{4}\alpha_i F_i}{100}\right)\times H \tag{11-1}$$

式中：R 为相对风险值；α_i 为各模块的权重，一般情况下，第三方破坏取 0.3，腐蚀取 0.4，设计指标取 0.15，误操作取 0.15；F_i 为各模块的指标值；H 为泄漏冲击指数。

风险评价的模块及其分值汇总于表 11-1 中。

关于管道风险评价数据说明：

(1) 评价系统中，风险体系中各因素的权重可由技术人员根据管道运营公司自身的实际情况、统计资料来确定，或使用风险评价程序采用的权重。

(2) 风险评价模型中，风险评分数据代表该管线的相对风险，该数据是该部分管线环境和运行状况的一个完整反映。

(3) 数据采集的方式：可由一个评价者或评价小组访问管道运营公司来汇集管线评价所需要的信息，必须提前做好重新评价的安排，或者要求管道运营公司定期更新数据。

表 11-1 风险评分汇总

模块	因素		分值	权重
第三者破坏指标(100分)	覆盖层深度		0~20	20%
	地面活动活跃程度		0~20	20%
	地面设施		0~10	10%
	公众热线系统		0~15	15%
	公众教育		0~15	15%
	管道施工带状况		0~5	5%
	巡线频率		0~15	15%
腐蚀指标(100分)	大气腐蚀	管道设施	0~5	5%
		大气类型	0~10	10%
		防蚀涂层/检测	0~5	5%
	内腐蚀	输送介质腐蚀性	0~10	10%
		内防腐蚀保护	0~10	10%

续表

模　　块	因　　素		分值	权重
腐蚀指标（100分）	埋地金属腐蚀	阴极保护	0~8	8%
		涂层状况	0~10	10%
		土壤腐蚀性	0~4	4%
		管道系统运行年龄	0~3	3%
		其他金属	0~4	4%
		交流干扰电流	0~4	4%
		应力腐蚀	0~5	5%
		测试极	0~6	6%
		密集电位测试	0~8	8%
		管内检测工具	0~8	8%
设计指标（100分）	管道安全系数		0~20	20%
	系统安全系统		0~20	20%
	疲劳		0~15	15%
	水击倾向		0~10	10%
	系统水试压		0~25	25%
	土壤运动		0~10	10%
误操作指标（100分）	设计	危险识别	0~4	4%
		可能达到的最大运行压力	0~12	12%
		安全系统	0~10	10%
		材料选择	0~2	2%
		检查	0~2	2%
	施工	检查	0~10	10%
		材料	0~2	2%
		连接	0~2	2%
		回填	0~2	2%
		处理	0~2	2%
		涂层	0~2	2%
	操作运行	操作规程	0~9	9%
		SCADA/通讯	0~5	5%
		安全方案	0~2	2%
		调查	0~2	2%
		培训	0~10	10%
		防止机械性失误的措施	0~7	7%
	维护保养	档案资料管理	0~2	2%
		计划	0~3	3%
		维护保养规程	0~10	10%

续表

模块	因素		分值	权重
泄漏冲击指数	泄漏冲击指数=输送介质危险性/扩散参数			
输送介质危险性	急性危害	可燃性	0~4	
		反应性	0~4	
		有毒性	0~4	
	长期危害		0~10	
影响系数	泄漏值		0~6	
	人口密度分值		0~4	
	环境敏感性，高价值地区，泄漏控制措施		0~3	

11.4 庆-哈输油管道风险评价

庆-哈输油管道1999年11月10日投产。管道全长128.8km，全线共4座输油站，分别是葡北加热输油首站、洪河加热站（中一站）、凤阳热泵站（中二站）、哈尔滨收油计量末站。全线共有5座阀室，分别位于30.6km、95.93km、148.9km、164.3km、169.3km处。庆-哈线设计输量为$(200\sim300)\times10^4$t/a，输量大于250×10^4t/a时，首站、中二站同时运行外输泵，输量小于250×10^4t/a时，首站一泵到底输到末站。庆-哈线为$\phi377\times6.4(8)$mm两种规格的螺旋焊缝钢管，管道全程正常地段防腐采用S52涂料，江滩、泄洪区、沼泽地、低洼地段共40km采用钢塑聚乙烯包覆管，穿江部分长1.5km，采用三层PE防腐。全线设置4座阴极保护站，分别设在首、末站及2个中间站内。每站设一台恒电位仪，1套深井阳极，另有2台备用。

庆-哈输油管道沿线情况极为复杂，管道总体走向为西北向东南，沿线经过大庆市、肇东市、哈尔滨市，沿线地势平坦。大庆地区人口稀少，多为荒草地，沼泽地、油井、电网分布较密；哈尔滨地区人口相对较密，尤其进入市区的东北部，人口稠密，建构筑物密集。管线中部地段沿线主要为农田耕地，种植大田。庆-哈管道穿越公路、铁路、河流、水渠较多，其中江河有松花江、安肇新河，铁路3条，高速公路1条，普通公路钢顶穿越26处，钢开穿越21处，套管穿越43处，水渠穿越10处。

本次对庆-哈输油管道的风险评价的依据来自于设计资料、施工资料、现场运行情况以及新疆三叶管道技术公司对庆-哈线的漏磁检测数据，并参照国际、国内输油管道风险评价方法。

11.4.1 管线分段

管线分段的基本原则：

（1）根据沿线的地势、防腐层类型、穿越江河、地区人口密度进行分段；

（2）在两输油站之间进行分段，即管段不跨越输油站。

具体的分段情况如表11-2所示。

管线各段的腐蚀缺陷的分布情况如图 11-2 所示，其中在管段 1、3、4、7 和 9 上有较多数量的腐蚀缺陷。

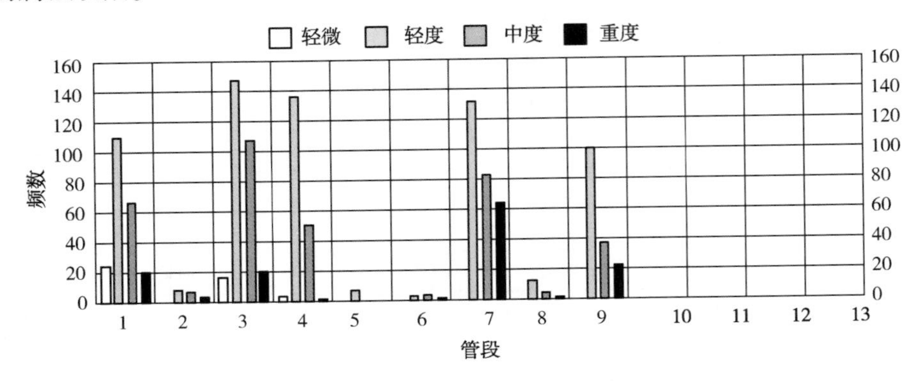

图 11-2 管线各段的缺陷分布

表 11-2 庆-哈输油管道风险评价分段表

管段	里程/km	输油站	地势	腐蚀程度	备注
1	0~9	首站~中一站	低洼、沼泽地	严重	穿越公路 7 处，水渠 2 处，此外还有 3 处使用套管，5# 桩附近管线有 2 处高压线，其他管线分布 3 处，管线附近的临近建筑物中有配电所；地震烈度 6 度
2	9~19	首站~中一站	农田	较轻	25# 桩桩附近有油井，埋地设施少；穿越公路 2 处，水渠穿越 1 处；22# 桩附近发生过盗油事故；地震烈度 6 度
3	19~36	首站~中一站	低洼、农田	严重	穿越安肇新河；钢顶钢开穿越 11 处，42# 桩后 1.35km 有 150m 的水渠穿越；30.6km 为截断阀室 1；35~36km 间管道经过宋一联合站，29# 桩、39# 桩附近发生过盗油事件
4	36~49	首站~中一站	农田、盐碱地	中度	沿线有计量间，45# 桩后 1.25km 有油井，47# 桩向东 1.35km 有油井，51# 桩附近有树带，55 桩向东 600m 处有一粮库，此外 55# 桩向东 700m 处有高压线
5	49~62	首站~中一站	农田、庄稼地	轻微	经过兴城公社，59# 桩附近有高压线，钢顶穿越 3 处
6	中二站~72	中一站~中二站	农田	轻微	
7	72~93	中一站~中二站	低洼和正常地	严重	74.4~75km 为低洼，81.8~84.5km 为低洼，公路穿越 3 处，水渠 2 处，76# 桩附近发生过 2 次腐蚀穿孔
8	93~108	中一站~中二站	农田耕地	轻微	95.93km 处为截断阀室 2，穿路套管 3 处，地震烈度 6 度，84# 桩附近发生过盗油事件
9	108~117	中一站~中二站	农田耕地	严重	2002 年 4 月 5 日 86# 桩附近发生过腐蚀穿孔，1 处钢顶穿路套管，89# 桩附近新增钢顶穿路套管 1 处
10	117~126.8	中一站~中二站	农田耕地	轻微	漏磁内检测的结果表明腐蚀缺陷较少，但 93# 桩附近发生过腐蚀穿孔，钢开穿路套管 1 处

续表

管段	里程/km	输油站	地势	腐蚀程度	备 注
11	126.8~149	中二站~末站	农田耕地	中度	104#桩附近发生过腐蚀穿孔，路径五站公社、万宝公社，钢开穿路3处
12	149~164.3	中二站~末站	农田耕地	轻微	108#桩和109#桩之间发生过盗油事件，松浦镇、松南村、南家屯后1km处发生过盗油事件，6处钢开穿路套管，2处钢顶穿路套管
13	164.3~末站	中二站~末站	农田耕地滩地	中度	穿越松花江，外管 $\phi610\times8$，主管 $\phi377\times7$，河道岸坡每年平均冲刷7~8m；松花江穿越段管子碰头焊接有一处有50mm的微裂纹，施工时已处理；人口密集，无腐蚀穿孔和盗油事件

11.4.2 管段风险值的评价

根据管道风险评价体系，利用编制的庆-哈输油管道风险评价软件进行管道各管段的相对失效概率评价和泄漏冲击指数计算，最后计算出管线各段的风险值。此外该软件根据对管段风险结果的分析，找出影响管道风险的一些可变因素，为采取措施、减少风险提出建议和方法。

1. 管道失效概率

庆-哈输油管道从1999年11月投产以来，发生了多次管道腐蚀穿孔、盗油事故，引起管道停输。表11-3为庆-哈输油管道1999~2002年的事故统计。

表11-3 庆-哈输油管道1999~2002年事故统计

事故类别	时 间	地 点	事故次数	比例
腐蚀穿孔	2002年4月25日	86#桩附近	5	33%
	2002年5月6日	76#桩附近		
	2002年5月21日	104#桩附近		
	2002年6月28日	76#桩西侧500m附近		
	2002年8月31日	93#桩附近		
盗油	2000年5月13日	39#桩附近	6	40%
	2001年3月	22#桩附近		
	2001年5月25日	35#桩阀附近		
	2002年3月5日	108#桩和109#桩之间		
	2002年8月13日	29#桩附近		
	2002年12月3日	84#桩附近100m处		
误操作	1999年12月20日	末站(哈炼油品车间切换流程失误)	1	7%
设备	2000年年初	中二站收球阀存在严重的质量缺陷	3	20%
	2000年8月31日	1#桩、2#桩外输泵盘不动车		
	2001年8月	中二站发球阀关不严		

根据庆-哈管道的事故统计，引起庆-哈管道事故的主要原因是腐蚀和第三方破坏，此

外庆-哈管道在施工时留下的严重隐患和设备问题也增加了庆-哈管道失效的可能性。参照国内、国外长输管线的事故统计，结合庆-哈线的实际状况，制定了风险评价四个模块的权重：第三方破坏 0.2，腐蚀 0.5，设计 0.15，误操作 0.15。

通过对影响管道事故四个模块各个因素的调查，用庆-哈输油管道风险评价软件计算出管线各段的相对失效概率，如图 11-3 所示。

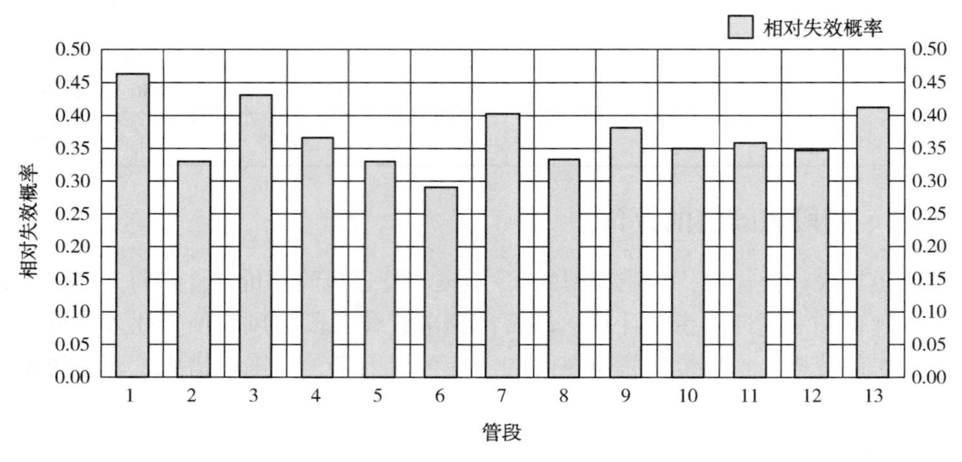

图 11-3　管段相对失效概率

从图 11-3 中可以看出相对失效概率高的管段为管段 1（首站～9km）、管段 3（19～36km）、管段 7（72～93km）、管段 13（164.3km～末站）。

管段 1 从首站到 J14 桩，地势为低洼，管线沿途多为沼泽地，防腐层类型为钢塑聚乙烯包覆管。引起管段 1 失效的主要原因为腐蚀和第三方破坏：该管段土壤腐蚀性较强，电网较密，在管道上方有 2 处存在高压线，由于处于油田地区，地下埋设金属物较多，与管线平行或相交的管道有 3 处，此外管线附近建筑物中还存在配电所，这些都严重地影响了管道的阴极保护效果。此外该管段公路穿越 7 处，水渠穿越 2 处，使用套管 10 处，套管虽然增加了管道的强度，但是同时增加了管道的腐蚀风险。工业实践表明，埋地套管是发生腐蚀的主要位置，尽管套管和其内部的管道是在地面以下，环境腐蚀仍然是主要的腐蚀机理。虽然尽力防止管道与套管之间发生电接触，但这类情况却难于避免，因此套管的过多使用也增加了管段 1 腐蚀的风险。管道内检测数据表明管段 1 存在的缺陷较多，腐蚀严重，从而反映出管段 1 的腐蚀和防腐上存在较多问题。

从庆-哈输油大队提供的维修总结报告来看，管段 1 的缺陷维修由安装公司下属的防腐公司承担，从管线维修过程和质量来看，施工人员素质较差，工作不认真，虽然监督人员严看死守，但仍存在质量不过关的可能，此外还存在湿泡沫没有掏干净的问题。因此管段 1 的腐蚀评价为 43.9，为庆-哈全线最低，腐蚀相对失效概率为 0.56。管段 1 为油田地区，虽然人口稀少，但埋地设施较多，勘察爆破活动较多，这些都增加了第三方破坏的风险。因此管段 1 的四个模块指标评价总值为 51.4，失效概率为 0.49。

管段 3 从 28#桩附近到 45#桩，地势多为低洼，防腐层类型为 S52 涂料和钢塑聚乙烯包覆管，穿越安肇新河；钢顶钢开穿越 11 处，42#桩后 1.35km 有 150m 的水渠穿越；30.6km

为截断阀室 1；35~36km 间管道经过宋一联合站。该段腐蚀较为严重，人口密度比管段 1 大，土壤腐蚀性较强，防腐保温的质量不高。此外管段 3 人为破坏的概率较大，29#桩、39#桩附近发生过盗油事件。因此第三方破坏、腐蚀使该管段的失效风险增加。

管段 13 从截断阀室 4 到末站，地处哈尔滨地区，人口稠密，埋地设施较多，建设活动比较多，属于高活动地区，第三方破坏的风险较大。松花江穿越工程施工难度大，工程量多，工期紧张。施工队伍组成复杂，多为临时组建，穿越施工经验较少。虽然质检合格，但由于松花江特殊的地貌土质，工程难度增加了失效的风险，穿越段管道接头焊接有一处 50mm 的微裂纹，施工时在焊口焊接了四块 100mm×150mm 的加强板来增加焊道强度，以消除微裂纹的影响。松花江定向穿越长度内应考虑 20 年的岸坡平均冲蚀的影响，但在设计中未采取主河道岸坡的护岸措施，因此存在土壤移动的可能性。此外内检测数据表明该管段腐蚀较为严重，因此管段 13 失效概率相对较高。

由于相对失效概率的主要因素与管道的腐蚀有关，并且庆-哈输油管道腐蚀较为严重，因此，对各管段腐蚀概率作一比较，如图 11-4 所示。

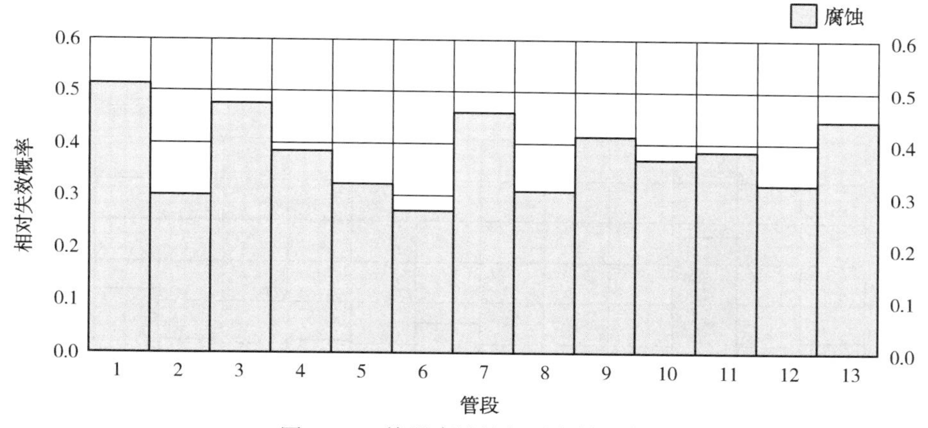

图 11-4　管段腐蚀的相对失效概率

从图 11-4 中可以看出腐蚀引起管段失效的可能性的排列顺序为：1—3—7—13—11—4—12—5—8—2—6。

管道第三方破坏和设计模块的评分情况如图 11-5 和图 11-6 所示。管道误操作模块评分在各个管段上的评分差别不大。

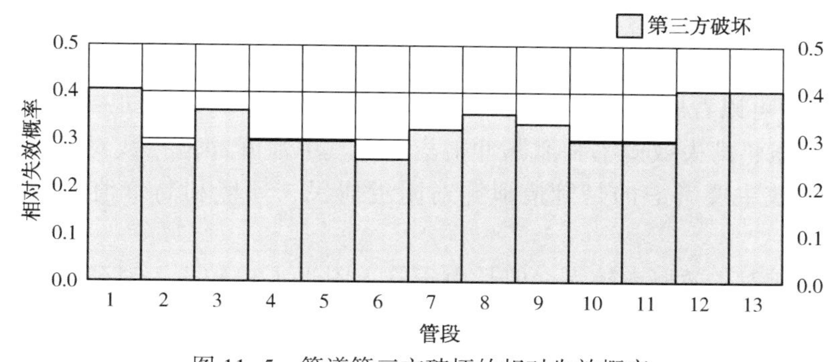

图 11-5　管道第三方破坏的相对失效概率

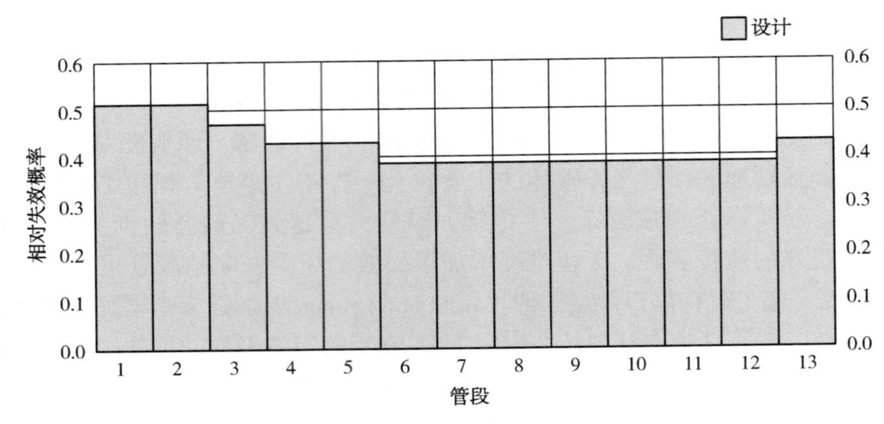

图 11-6　管道设计的相对失效概率

2. 庆-哈输油管道的风险评价

在计算管道风险评价四个模块的失效概率的基础上，通过对沿线的人口分布、环境影响、高价值地区以及管道公司对泄漏的预防和控制措施的调查分析，用庆-哈输油管道计算出管线各管道的风险值。图 11-7 为庆-哈输油管道的风险分布图。

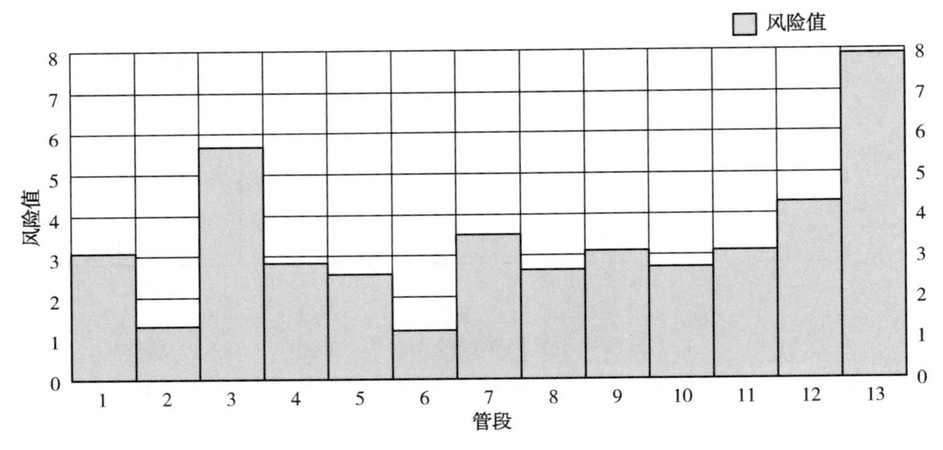

图 11-7　庆-哈输油管道的风险分布图

从图 11-7 中可以看出庆-哈输油管道的风险值的分布情况：在管线开始段风险较高，随后开始降低，进入中部地区风险又升高并变化不大，管线在进入哈尔滨地区风险值最大。为了进一步分析管线的这种风险趋势，表 11-4 列出了管线各段风险评价的具体评价值。

从图 11-7 中可以看出管段的风险排序为：13—3—12—7—9—11—1—2—6。影响管道风险的有两个因素，即失效概率和泄漏冲击指数，其中泄漏冲击指数对管线的风险影响巨大，泄漏冲击指数主要考虑的是管道泄漏对附近居民、环境和高价值地区造成的损失和伤害。

管段 1 虽然相对失效概率较大，但是由于管道附近人口较少，对环境造成的伤害也较小，泄漏冲击指数小，因此管段的风险并不是很大；管段 3 腐蚀严重，盗油频率较高，第三方破坏的风险较大，管段的相对失效概率大，管段 3 穿越安肇新河，安肇新河为人工河流，年平均流速为0.6m/s，河水与地下水成互不结构，它属于一般河流，在环境因素调整中给予0.4调整值，主要考虑的是泄漏后可能对环境造成的污染，此外河流穿越处无截断阀室，这些都可能增加污染的面积和维修的难度。管段三路经宋一联合站，沿线人口密度比管段1大，所以泄漏冲击指数为12.5，风险值高。管段13人口密度大，属于高活动地区，埋地设施多，第三方破坏的概率大，而且腐蚀程度为中度，虽然运行压力低，但失效概率还是比较大的。管段13穿越松花江，穿越全长1500m，松花江江面宽约800m，主河道内主要为砂质土，土壤渗透率较高，松花江属于季节性航运河流，穿越处虽然过往船只不多，但仍存在破坏的可能性，如果发生管段的泄漏，将造成环境的严重污染，因此其环境调整分值为0.6。管段13进入哈尔滨地区，管段沿线建筑物和工厂较多，高价值地区调整0.1，因此管线泄漏后冲击指数大，其风险最高。

表11-4 庆-哈输油管道风险评价汇总表

管段ID	第三方破坏	腐蚀指标	设计运行	误操作	评价值	期望值	非可变因素总分	非可变因素评分	可变因素总分	可变因素评分	介质危险性	泄漏	影响系数	泄漏冲击指数	风险值
1	59.7	43.9	49	70.5	51.8	77.4	38	19.8	62	34.5	11	2.1	1.2	6.3	3
2	68.1	69.8	49	72.5	66.7	77.4	38	29.7	62	37.8	11	2.8	1	3.9	1.3
3	63.8	47.2	53	71	54.9	77.4	38	22.2	62	35.4	11	2.1	2.4	12.5	5.6
4	70.7	61.3	57	71.5	64.1	77.4	38	28.7	62	35.4	11	2.8	2	7.8	2.8
5	70.6	67.8	57	72.5	67.4	77.4	38	29.7	62	37.8	11	2.8	2	7.8	2.6
6	74.7	72.8	61	72.5	71.4	77.4	38	33.6	62	37.8	11	2.8	1	3.9	1.1
7	67.7	48.7	61	70.5	57.6	77.4	38	25.2	62	35.1	11	2.7	2	8.2	3.5
8	64.7	68.8	61	72.5	67.4	77.4	38	30.6	62	36.8	11	2.9	2.1	7.9	2.6
9	66.7	52.6	61	71	59.4	77.4	38	28	62	34.4	11	2.9	2	7.6	3.1
10	67.2	62.8	61	72.5	64.9	77.4	38	28.8	62	36.8	11	2.9	2	7.6	2.7
11	70.7	55.3	61	70.5	61.5	77.4	38	28.8	62	35.8	11	2.9	2.1	7.9	3.1
12	56.7	67.8	61	72.5	65.3	77.4	38	29.1	62	36.8	11	2.8	3.1	12.2	4.2
13	56.7	55.8	57	72.5	58.7	77.4	38	22.5	62	36.8	10	1.9	3.6	18.9	7.8

注：①四种模块指标值越大，失效概率越小；介质危险性分值越大，危险性越高；泄漏冲击指数越大，危害性越大。

②泄漏冲击指数=介质危险性×影响系数/泄漏；失效概率=1-模块总指标评价值/100。

③期望值：四种模块指标达到的目标值(达到目标值，管段失效概率小)。

11.4.3 管道风险管理

影响风险分析的因素可大致分为两类，即可变因素和非可变因素，在风险因素中其属性值分别为1和2。可变因素是指通过人的努力可以改变的因素，如操作人员的培训、施工质量等；非可变因素指通过人的努力也不可能改变或只能有很少改变的因素，如沿线土壤性质、沿线的人文状况等。在风险评价中对每一种管段分析出风险因素没有达到期望值的因素，为减少该管段的失效可能性和风险性，增加安全性和可靠性，要在这些未达标的可变因素上下功夫。表 11-5 示例性地给出了管段 1 的一些可变因素的评价值、期望值及其差值，差值越大，表示越需要改进，管道运营公司可根据此表逐项整改，提高风险评分，改善管道的运行状况，当然，改变可变因素的具体方案，还需要通过经济及技术评价后再行确定。

表 11-5　管段 1 的风险分析表

因素名称	属性	评价值	期望值	差值	风险源
涂层状况	2	5.5	9	3.5	防腐涂层质量和检测、应用有问题
交流干扰电流	2	0	3	3	有高压线
测试极	2	2.5	5	2.5	有套管和埋地金属没有被检测，测试频率低
密集电位测试	2	0	6	6	无密集检测
疲劳因素	2	9	13	4	存在压力波动
安全系统	2	6	7	1	有二级或二级以上的安全装置，但不能远程监视
施工涂层	2	0	2	2	涂层施工质量差
操作检测	2	1	2	1	出现问题后才进行检测
档案资料管理	2	1	2	1	虽然对设备进行维护，但文件、资料保存不全
泄漏控制	2	0.1	0.5	0.4	无泄漏检测工具，依靠人工巡线，泄漏培训需加强

11.5　北一线和北三线风险评价

管线基本参数如表 11-6 所示。

表 11-6　北一线、北三线管线基本参数

长度	42.5km	最高工作压力	3.5MPa
规格	ϕ529mm×7mm	外防腐层	沥青加玻璃丝布特加强级
工作介质	原油	阴极保护	强制电流
设计压力	5.5MPa		

北一线、北三线单线长度为 42.5km，原年设计输量为 2000×10^4t，2003 年实际输量为 1000×10^4t。管线主要经过大庆地区，人口较少，多为荒草地，沼泽地、油井、电网分布较密。北一线 1971 年投产，北三线 1989 年建成。北一线、北三线分别从 1988 年、1989 年开始实施外加电流阴极保护，并从 1988 年开始逐年根据对管线外防腐层的检测情况安排大修管段，但目前对这两条管线尚未进行管道腐蚀内检测。全线全天设有巡逻守护队伍对管线沿线进行巡查。由于采用了外加电流阴极保护技术，并结合外防腐层检测、管道维修，近

三年来无管道腐蚀穿孔泄漏事故发生。

11.5.1　管线分段

对于长输管道来讲，由于在整条管道长度上没有相同的危害性倾向，管线通常不是所有部分都具有完全相同的风险，必须划分区段，对每个区段进行风险评价，最终获得整条管道准确的风险全貌。对北一线、北三线输油管线，划分管段主要考虑阴极保护、防腐层维修和穿越情况、沿线人口分布等因素。分段具体情况见表11-7。

表11-7　北一线、北三线风险评价分段表

管段	里　　程	输　油　站	备　　注
北一线			
管段1	0～4km	北油库～南三油库	阴极保护站为北油库阴极保护系统。1号恒电位仪保护北一线，1.8km处有6.6kV和380V高压线穿越，3km处有6kV高压线穿越，均有干扰现象。出站300m左右与北油库至黑龙江化工厂两条输送管线交叉。0～3km管段大修过。管段穿越铁路两条
管段2	4～8km	北油库～南三油库	阴极保护站为北油库阴极保护系统。4～5km在1998年大修过，6～7km在2002年大修过，7～8km在1997年大修过，沿线人口稀少
管段3	8～17km	北油库～南三油库	阴极保护站为北油库阴极保护系统。9～10km在1999年大修过，14～15km大修过，13km处有11kV高压线穿越，有干扰现象。穿越公路一条
管段4	18号桩～28号桩	北油库～南三油库	阴极保护站为南一油库长输管线阴极保护系统。北一线在南一保护站管辖范围内无绝缘法兰。北一线地床阻值为0.44Ω，穿越水渠2处
管段5	28号桩～南三油库	北油库～南三油库	阴极保护站为南三油库长输管线保护系统。绝缘法兰位于消气间后侧，绝缘性能良好，地床阻值为0.97Ω，沿线人口稀少
北三线			
管段1	0～6km	北油库～南三油库	阴极保护站为北油库阴极保护系统。1.8km处有6.6kV和380V高压线穿越，3km处有6kV高压线穿越，均有干扰现象。出站300m左右与北油库至黑龙江化工厂两条输送管线交叉。地床阻值小于1Ω。穿越铁路2条。0～6km大修过
管段2	6～17km处	北油库～南三油库	阴极保护站为北油库阴极保护系统。穿越公路1条，13km处有11kV高压线穿越，有干扰现象。8～9km在2002年大修过，10～12km在1999年大修过，16～17km在1997年大修过
管段3	17～33km	北油库～南三油库	阴极保护站为南一油库长输管线保护系统。北三线在南一保护站管辖范围内无绝缘法兰。南一线出站5km处有一变电所对管线有干扰，管线穿渠

续表

管段	里　　程	输　油　站	备　　注
管段 4	33km～南三油库	北油库～南三油库	阴极保护站为南三油库长输管线保护系统。36～46km 在 1995 年大修过，34～36km 在 1996 年大修过，绝缘法兰位于消气间后侧，绝缘性能良好，地床阻值为 0.97Ω，沿线人口稀少

11.5.2　失效可能性评价

用输油管道风险评价软件分别计算北一线、北三线的第三方破坏得分 S_1、腐蚀得分 S_2、设计得分 S_3、误操作得分 S_4，并按下式分别计算北一线和北三线的相对失效概率 β：

$S_{北一}=0.2S_1+0.4S_2+0.3S_1+0.1S_1$

$\beta_{北一}=1-S_{北一}/100$

$S_{北三}=0.3S_1+0.4S_2+0.15S_3+0.15S_4$

$\beta_{北三}=1-S_{北三}/100$

具体的评价值见风险评价软件。北一线各管段的失效概率如图 11-8 所示，北三线各管段相对失效概率如图 11-9 所示。

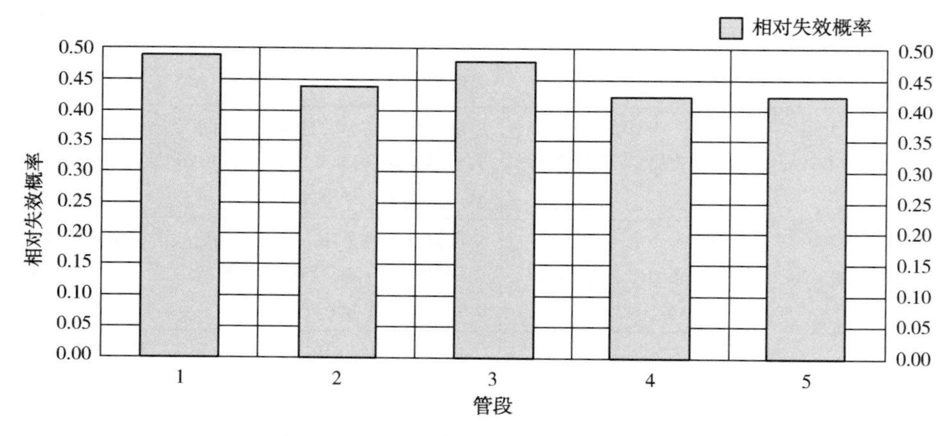

图 11-8　北一线各管段相对失效概率

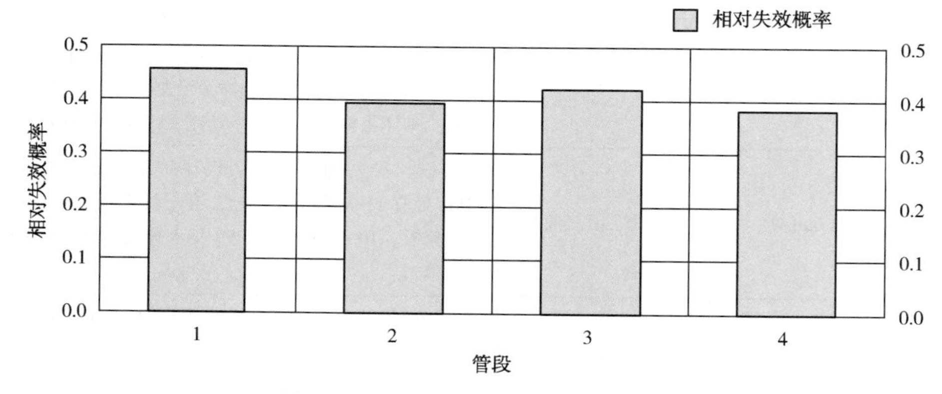

图 11-9　北三线各管段相对失效概率

北一线和北三线各模块评分和失效概率如表11-8所示。

表11-8 北一线和北三线各模块具体评价值

管段ID	第三方破坏	第三方失效概率	腐蚀指标	腐蚀失效概率	设计运行	设计失效概率	误操作	误操作失效概率	总失效概率
北一线									
1	66.200	0.338	43.290	0.567	45.000	0.550	72.00	0.280	0.488
2	65.700	0.343	55.620	0.444	45.000	0.550	72.000	0.280	0.439
3	65.700	0.343	42.840	0.572	48.600	0.514	72.000	0.280	0.479
4	73.700	0.263	45.990	0.540	58.000	0.420	72.000	0.280	0.423
5	70.700	0.293	47.790	0.522	58.000	0.420	72.000	0.280	0.421
北三线									
1	65.700	0.343	43.650	0.563	45.000	0.550	72.000	0.280	0.453
2	73.700	0.263	49.500	0.505	54.000	0.460	72.000	0.280	0.392
3	73.700	0.263	45.990	0.540	52.200	0.478	72.000	0.280	0.409
4	72.700	0.273	51.840	0.482	58.000	0.420	72.000	0.280	0.380

从表11-8可知：

（1）第三方破坏的失效概率为0.263~0.343，各区段得分的差异是由于沿线人口密度、施工活动频率不同引起的；总体来看，第三方破坏失效概率不是很高，这主要是因为巡线频率高，但是公众教育和保护意识工作开展不够，对热线系统的宣传不够导致第三方有增加的趋势。进一步开展公众教育和保护意识工作，可以进一步降低第三方破坏的得分。

（2）腐蚀失效概率为0.482~0.572，各区段得分的差异主要是由于个别区段受到杂散电流干扰，或其他埋地金属干扰而造成的；总体来看，由于对土壤的腐蚀性数据不清楚，再加上北一线使用的年限已超过20年，并且没有对管线进行腐蚀内检测，对管线的腐蚀情况不清楚，因此造成腐蚀失效概率的得分较高。

（3）操作不当的得分为0.28，反映了整个管段按同一模式进行管理，管理水平较高。

（4）管道设计失效概率为0.420~0.550，反映了整个管段按同样的规范进行设计、制造。但由于对北一管线的剩余强度不清楚，管线试压的年代较久，因此在评价时，给予了北一线该模块比较高的权重，因此造成失效概率较高。建议对管线的剩余强度进行评价。

（5）总体失效可能性为0.380~0.488，北一线较高，北三线低一些，但差异不大，这是因为各区段在沿线人口密度、沿线环境状况、覆土层厚度和最外层覆土层性质、土壤腐蚀性、杂散电流干扰程度等方面相近，所选管段按同样的规范进行设计、制造、安装和验收，并且按照同样的模式进行管理，各区段共同点远多于其差异之处。总体来看，北一线相对失效概率较高，考虑到北一线的使用年限，建议对腐蚀缺陷进行检测，并评价管线的剩余强度，以保证管道的安全运行。

11.5.3 失效后果评价

输油管道泄漏后将造成环境的污染、直接的经济损失以及人员伤亡。北一线和北三线失效后果评价见表 11-9。

表 11-9 北一线和北三线失效后果评价表

管 段	介质危险性	泄 漏	影响系数	泄漏冲击指数
北一线				
1	11	2.1	1.2	6.3
2	11	2.1	1.2	6.3
3	11	2.1	1.2	6.3
4	11	2.1	1.2	6.3
5	11	2.6	1.2	5.1
北三线				
1	11	2.1	1.2	6.3
2	11	2.1	1.2	6.3
3	11	2.1	1.2	6.3
4	11	2.3	1.2	5.7

总体来看，该管段的泄漏冲击指数不高，这是因为管道所经过的地区人口稀少，对环境和人造成的伤害较小，因此北一线、北三线失效后果差别不大。

11.6 输油管道风险等级评定

采用相对的风险等级划分，评定庆-哈输油管道、北一和北三线的风险等级。

如风险最低得分为 Min，最高得分为 Max，则风险相对等级划分如下：

(1) 低风险相对等级：[Min，Min+(Max-Min)×3/25]；

(2) 较低风险相对等级：[Min+(Max-Min)×3/25，Min+(Max-Min)×6/25]；

(3) 中等风险相对等级：[Min+(Max-Min)×6/25，Min+(Max-Min)×13/25]；

(4) 较高风险相对等级：[Min+(Max-Min)×13/25，Min+(Max-Min)×21/25]；

(5) 高风险相对等级：[Min+(Max-Min)×21/25，Max]。

但是，如果所评价的管段中存在以下情况，则表明无法确保其安全运行，无论风险评价的结果如何，均按照高风险等级处理：

(1) 使用压力超过设计压力；

(2) 实测最小壁厚低于设计计算的最小壁厚；

(3) 含有不满足“合于使用”标准的缺陷。

表 11-10 为庆-哈输油管道、北一线、北三线的汇总评价结果。由于北一线、北三线没有进行内检测，对于是否含有不满足“合于使用”标准的缺陷不清楚，因此在评价时，没有考虑实测最小壁厚低于设计计算的最小壁厚和含有不满足“合于使用”标准的缺陷对风险等级的影响。

表 11-10　输油管道风险等级表

管段 ID	腐蚀失效概率	失效概率	泄漏冲击指数	风险值	风险相对等级
庆-哈输油管道					
1	0.561	0.482	6.3	3.01	中等
2	0.302	0.340	3.9	1.33	低
3	0.528	0.451	12.5	5.64	较高
4	0.387	0.359	7.8	2.81	中等
5	0.322	0.326	7.8	2.55	较低
6	0.272	0.286	3.9	1.12	低
7	0.513	0.424	8.2	3.45	中等
8	0.312	0.326	7.9	2.59	较低
9	0.474	0.406	7.6	3.07	中等
10	0.372	0.351	7.6	2.66	较低
11	0.447	0.385	7.9	3.06	中等
12	0.322	0.347	12.2	4.23	中等
13	0.442	0.413	18.9	7.79	高
北一线					
1	0.567	0.488	6.3	3.05	中等
2	0.444	0.439	6.3	2.75	中等
3	0.572	0.479	6.3	3.00	中等
4	0.540	0.423	6.3	2.64	较低
5	0.522	0.421	5.1	2.13	较低
北三线					
1	0.505	0.453	6.3	2.83	中等
2	0.540	0.392	6.3	2.45	较低
3	0.482	0.409	6.3	2.56	较低
4	0.567	0.380	5.7	2.17	较低

风险评价的结果表明，失效可能性得分范围为 0.340~0.488，泄漏冲击指数得分范围为 3.9~18.9，风险值范围为 1.12~7.79。对庆-哈线评价的统计结果为：低风险管段 20km，较低风险管段 37.8km，中等风险管段 89.5km，较高风险管段 17km，高风险管段 18.5km。

11.7　结论与建议

在对庆-哈输油管道、北一线和北三线进行了较为深入的现场调研和资料收集的基础上，进行了风险评价，得出以下结论：

（1）庆-哈线的评价结果为：低风险管段 20km，较低风险管段 37.8km，中等风险管段

89. 5km，较高风险管段 17km，高风险管段 18. 5km。

(2) 从庆-哈输油管道整体来看，腐蚀、第三方破坏以及施工时的误操作(管线建设施工遗留问题)是庆-哈线的主要问题。

(3) 庆-哈输油管道的管段 1 的相对失效概率较高，其原因是管道的腐蚀情况较为严重，而产生腐蚀的原因是多方面的，防腐涂层质量、土壤腐蚀性较强以及阴极保护存在干扰因素等是管道相对失效概率高的原因。

(4) 从风险评价的结果来看，庆-哈输油管道的管段 13 风险值最高，它处于截断阀室 4 和末站之间，其原因是这一段管线处于人口相对密集地区，泄漏冲击指数很大。

(5) 北一线的相对失效概率较高，其原因是尽管北一线结合防腐层检测、管道维修技术，近三年来无管道腐蚀穿孔泄漏现象发生，但是该管线输量较大，使用年限较长，且对管道的剩余强度不太清楚。

第12章　天然气管道风险定量评价

12.1　概　　述

针对我国天然气管道特点，特别近年来大口径高压天然气管道的发展趋势，将引进消化吸收和自主创新相结合，进行了系统性的理论方法研究、技术开发和现场应用，解决了天然气管道风险定量评价中的多项关键技术问题，包括天然气管道失效概率计算方法、失效后果评价方法、管道目标可靠度评价方法、管道风险门槛(可接受风险准则)、管道风险综合评价方法、基于风险的管道检测方案优化等。在上述关键技术问题基础上，研究建立了系统的天然气管道定量风险评价方法，开发了功能完备的定量风险评价软件，制定了石油行业标准《油气输送管道风险评价导则》(SY/T 6859—2012)，在国内首次建立了系统的天然气管道风险定量评价技术体系。

天然气管道风险定量评价技术，不仅保障了许多重要管道的安全运营，而且大大促进了我国管道安全管理的技术进步。该技术在西气东输二线、陕京输气管道、新疆塔里木油田克轮输气管道、西气东输一线等国内重要天然气管道和西安市天然气管网风险评价中得到成功应用，识别出了管道高风险因素、高后果区段和高风险区段，为优化管道检测维修方案，以及开展基于风险的管道完整性管理提供了有力的技术支持和科学依据，保障了天然气管道安全运行，取得了显著的经济效益和社会效益。

12.2　管道失效概率估算计算模型

采用基于历史失效数据和基于可靠性理论的计算模型，考虑天然气管道失效模式对后果的影响，建立了管道失效概率计算方法；分析管道事故灾害类型，研究建立管道泄漏速率模型和各种事故灾害模型，并考虑财产损失、人员伤亡、管道破坏、服务中断和介质损失等管道失效后果情景，建立天然气管道失效后果的定量估算模型；在管道失效概率计算模型和失效后果估算模型研究的基础上，研究建立了管道风险计算和分析方法。

在失效概率计算模型方面，针对内腐蚀、外腐蚀、制造缺陷、地质灾害、建造缺陷、地震灾害、第三方损伤等12种风险因素，考虑泄漏孔的尺寸大小，将管道失效区分为小泄漏、大泄漏和断裂三种失效模式，建立了基于历史失效数据和基于可靠性的管道失效概率计算模型。

12.2.1　基于历史失效数据的管道失效概率计算模型

基于历史失效数据的管道失效概率基本模型如下：

$$R_{f_{ij}}=R_{fb_j}M_{F_{ij}}A_{F_j} \tag{12-1}$$

式中：R_{fb_j}为失效原因j的基线失效概率；$M_{F_{ij}}$为失效模式因子，指对失效原因j、失效模式i的相对失效概率；A_{F_j}为失效原因j的失效概率修正因子。

基线失效概率R_{fb}被定义为对一个特定工业部门、管道运营公司或管线系统的参比管段的平均失效概率。基线失效概率R_{fb}通过管道运营公司的历史失效数据统计分析得到。当缺少这方面的数据时，基线失效概率R_{fb}的估计也可以通过被政府部门、工业协会和顾问专家收集和发布的历史失效事故数据估算得到。

失效模式因子$M_{F_{ij}}$是指由于小泄漏、大泄漏和断裂造成管线失效的相对概率。不同的失效原因造成的主要失效模式有所不同。失效模式因子也主要是通过历史失效数据统计分析获得。

失效概率修正因子A_F用来反映被评价管道属性对基线失效概率的影响，针对不同的失效原因，利用所评价管道的实际属性进行计算。几种典型的失效概率修正因子如下(这里仅列出计算公式，公式中字母的含义请参考相关资料)。

1. 外腐蚀

$$A_F=K_{EC}\left[\frac{\tau_{ec}^*}{t}(T+17.8)^{2.28}\right]F_{SC}F_{CP}F_{CF} \tag{12-2}$$

2. 内腐蚀

$$A_F=K_{ICG}\left(\frac{\tau_{ic}^*}{t}\right)V_0F_{H_2S}F_{scale}F_{pH}F_{oil}F_{cond}F_{inhibit} \tag{12-3}$$

3. 第三方损伤

$$A_F=K_{MD}R_{HIT}P_{F\setminus H} \tag{12-4}$$

4. 应力腐蚀开裂(SCC)

$$A_F=K_{SCCH}\left(\frac{\tau_{SCC}^*}{t}\right)F_{SCCH}F_{PSH}\max(F_{TSH},\ F_{SSH})F_{TT}F_{SF}\quad (\text{高 pH 值环境}) \tag{12-5a}$$

$$A_F=K_{SCCN}\left(\frac{\tau_{SCC}^*}{t}\right)F_{SCCN}F_{PSN}\max(F_{THN},\ F_{SSN})\quad (\text{中性 pH 值环境}) \tag{12-5b}$$

对于地质灾害、制造缺陷、地震灾害等几种原因导致的失效，由于管线失效事故与管线位置和具体管线关系很大，在失效概率估计时，不能采用通过具体管线属性调整历史失效概率的方法，而应根据特定管线属性建立失效概率估算模型。

5. 制造缺陷

$$R_f=N_{SW}P_{SWF} \tag{12-6a}$$

$$P_{SWF}=P(N_L>N_R)=P(N_R-N_L<0) \tag{12-6b}$$

6. 地震灾害

$$R_f=R_{f500}/500 \tag{12-7a}$$

$$R_{f500}=7.82u_{PG_{500}}^{0.56}P_{LIQ}F_{JNT} \tag{12-7b}$$

12.2.2 基于结构可靠性的管道失效概率计算模型

由于管道载荷的波动、管材强度变化以及缺陷的复杂性状，造成载荷和抗力的不确定性，这时管道失效概率的计算只有通过标准可靠性模型进行计算，如图 12-1 所示。如果缺陷处载荷超过了抗力，则失效会在缺陷处发生(图中两个分布的重叠区)。因此，失效概率就是载荷超过抗力的概率。对于不同的失效形式，如外腐蚀、内腐蚀、应力腐蚀开裂、裂纹、地址灾害、机械损伤缺陷等，需要建立不同的可靠性模型来计算不同失效模式的管道失效概率。

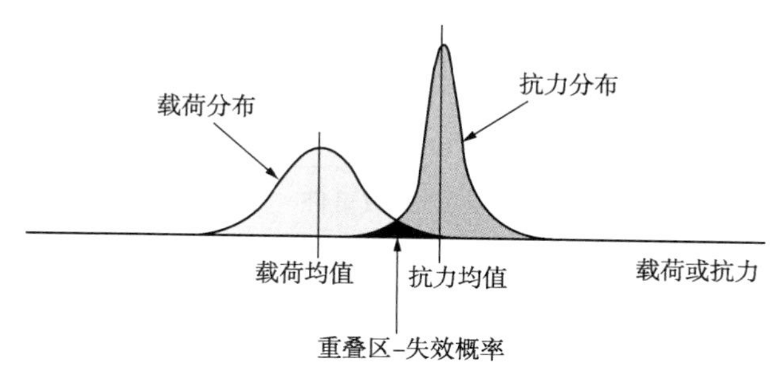

图 12-1　管道失效概率计算

在计算管道失效概率时，需要考虑两方面的因素：

(1) 时间相关性　为了和与时间无关的失效概率联合，将时间相关概率转化为标准年平均概率形式；

(2) 同时考虑多个响应函数　对应不同失效模式，同时考虑不同失效准则，得到不同模式的失效概率。

与时间相关的管道失效概率模型如下，τ 时刻前的失效概率等于失效时间小于 τ 的概率，也就等于失效时的累计概率分布：

$$F_T(\tau)=p[P>R(\tau)]=p[R(\tau)-P<0] \tag{12-8}$$

时间段(τ_1，τ_2)内的失效概率可以利用失效概率累计分布 $F_T(\tau)$计算，关系式如下：

$$p_f(\tau_1, \tau_2)=p(\tau_1<\tau<\tau_2)=\frac{F_T(\tau_2)-F_T(\tau_1)}{1-F_T(\tau_1)} \tag{12-9}$$

式(12-9)表明时间段内发生失效是有条件的，τ_1 前没有发生失效。可以用来计算以下概率：

(1) 时间 τ_1 前的失效概率：

$$p_f(0, \tau_1)=p(0<\tau<\tau_1)=\frac{F_T(\tau_1)-F_T(0)}{1-F_T(0)} \tag{12-10}$$

(2) 时间段(τ_1，τ_2)内的年失效概率：

$$\bar{p}_f(\tau_1, \tau_2)=\bar{p}(\tau_1<\tau<\tau_2)=\frac{F_T(\tau_2)-F_T(\tau_1)}{1-F_T(0)} \tag{12-11}$$

τ_1 时间前发生小泄漏(sl)的概率计算式如下：

$$p_{sl}(0, \tau_1)=\frac{F_{T|sl}(\tau_1)-F_{T|sl}(0)}{1-F_{T|sl}(0)} \tag{12-12}$$

$F_{T|sl}(\tau)$为发生小泄漏时的累计概率分布函数。同样，每年的概率可以用下式计算：

$$\bar{p}_{sl}(\tau_1, \tau_2)=\frac{F_{T|sl}(\tau_2)-F_{T|sl}(\tau_1)}{1-F_{T|sl}(0)} \tag{12-13}$$

与式(12-12)和式(12-13)类似的公式可以应用于大泄漏和断裂情况。

12.2.3 天然气管道失效后果估算模型

天然气管道失效后果模型的估算结果一般用三个数来衡量管道失效后果：死亡人数用来衡量与人员安全相关的后果；财产损失费用用来衡量经济后果；综合影响用来衡量整个失效后果。失效后果估算模型的框架如图 12-2 所示。

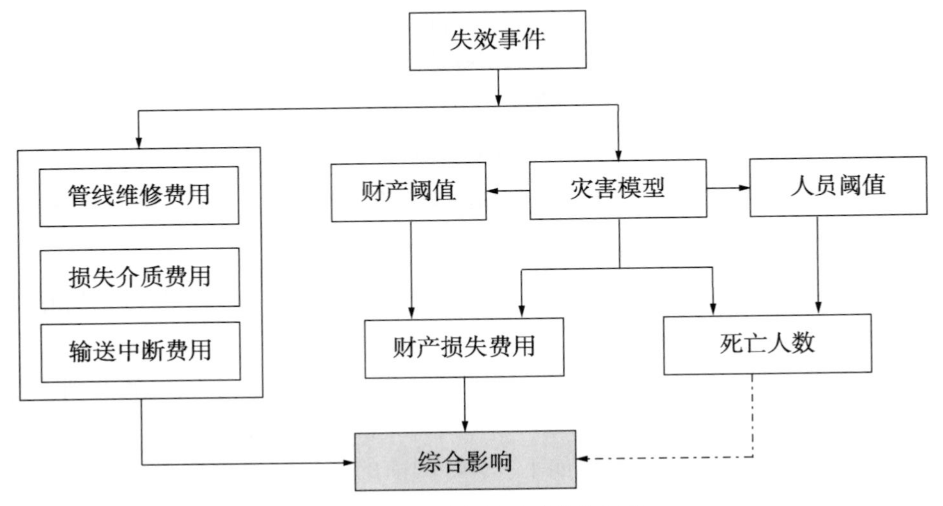

图 12-2 管道失效后果估算模型

1. 灾害模型

管道发生失效后，会发生各种各样的灾害，灾害种类依赖于输送介质和大气稳定性。通常对于天然气管道，可能的灾害有：①喷射火(JF)；②蒸气云火(VCF)；③蒸气云爆炸(VCE)；④有毒或能使人窒息的蒸气云(VC)。天然气管道事故树如图 12-3 所示。

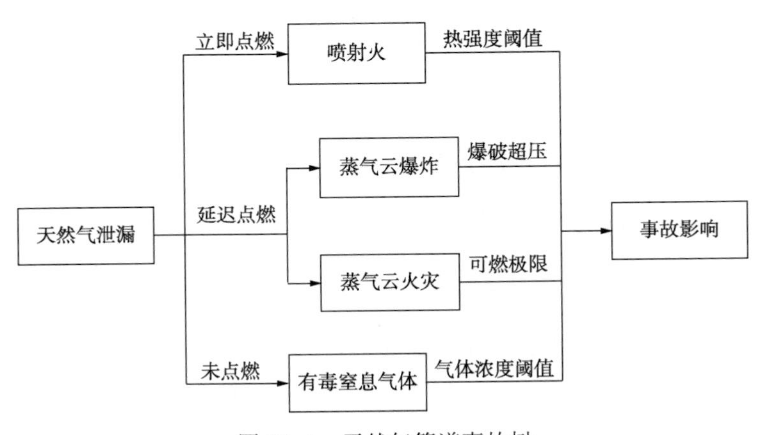

图 12-3 天然气管道事故树

在失效后果评价中，管道输送介质泄漏率的精确估算是非常关键的，直接影响到后果估算的准确性。由于用现有的严格动力学方程计算泄漏量，过程较为繁杂，且 Y-D Jo 和 B. J. Ahn 提出的一级近似简化模型所估算出的泄漏率与理论计算相比，存在 20%左右的正偏差。

通过对稳态流动条件下动量方程中动能项的近似处理，建立了流体泄漏率的二级近似估算模型，该模型可以使误差减小到 7%以内，克服了严格动力学方程的繁杂和一级近似的误差：

$$Q_p=\frac{\frac{\pi d^2}{4}\sqrt{\frac{1}{2\bar{L}}\left(\frac{\gamma p_0\rho_0}{\gamma+1}\right)\left(\frac{\eta}{1+\eta}\right)}}{\left[1+\frac{\eta(\beta-1)}{(1+\eta)}\right]} \tag{12-14}$$

经转换，天然气泄漏等效速率为：

$$Q_{eff}=\alpha Q_p\geqslant\frac{Q_0A_h}{A_0} \tag{12-15}$$

喷射火灾害的危害以热辐射强度来衡量，火源附近热辐射强度的分布为：

$$I_F=\frac{P}{4\pi r^2},\ P=\chi Q_{eff}H_c \tag{12-16}$$

蒸气云爆炸的危害以爆炸超压来衡量：

$$P_E=\exp\left\{9.097-\left[25.13\ln\left(\frac{r}{M_{TNT}^{1/3}}\right)-5.267\right]^{1/2}\right\}\leqslant 14.7\text{psi} \tag{12-17}$$

蒸气云火和有毒窒息气体的影响范围都是根据受影响区域的天然气浓度来衡量的，泄漏点附近地面高度的天然气最大浓度分布利用高斯散布模型计算：

$$C_{max}=0.5C_c\left[\text{erf}\left(\frac{x}{\sqrt{2}\sigma_x}\right)-\text{erf}\left(\frac{y-u_at_s}{\sqrt{2}\sigma_x}\right)\right]\quad(当\ x\leqslant 0.5u_at_s\ 时) \tag{12-18a}$$

$$C_{max}=C_c\text{erf}\left(\frac{u_at_s}{2\sqrt{2}\sigma_x}\right)\quad(当\ x>0.5u_at_s\ 时) \tag{12-18b}$$

$$C_c=\frac{Q_{eff}}{\pi\sigma_y\sigma_zu_a}\exp(-y^2/2\sigma_y^2) \tag{12-18c}$$

2. 死亡人数的计算

死亡人数是灾害种类、灾害强度以及此类灾害情况下人员允许的强度阈值的函数。在坐标点$(x,\ y)$处，设灾害强度为$I(x,\ y)$，死亡概率为$p(x,\ y)$，人口密度为$\rho(x,\ y)$，则大小为 $\Delta x\Delta y$ 的面积内死亡人数为：

$$n(x,\ y)=p[I(x,\ y)]\times[\rho(x,\ y)\Delta x\Delta y] \tag{12-19}$$

整个区域内的死亡总人数按下式计算：

$$N=\sum_{Area}p[I(x,\ y)]\times\rho(x,\ y)\Delta x\Delta y \tag{12-20}$$

3. 财产损失费用的计算

管道失效后，泄漏的介质发生火灾或爆炸事故，不仅对管道附近的人员造成伤害，建筑物、农田等也会遭到不同程度的损害。总的财产损失包括两部分：①更换损伤建筑及其附属设施的费用；②现场复原费用，包括现场的清理和补救。财产损失的计算公式为：

$$c_{dmg} = \sum c_u \times g_c \times A \tag{12-21}$$

式中：c_u 为单位面积复原费用；g_c 为地面的有效覆盖，定义为财产总面积和地面总面积的比率；A 为灾害发生的总面积。

4. 总的经济损失

总的经济损失包括管道检测和维护的直接费用以及与管道失效相关的风险费用，用来反映管道公司总的经济成本。计算公式如下：

$$c = c_{main} + c_{prod} + c_{rep} + c_{int} + c_{clean} + c_{dmg} + a_n n \tag{12-22}$$

式中：c_{main} 为管线检测和维护的直接费用；c_{proa} 为损失介质费用；c_{rep} 为管道维修费用；c_{mt} 为管道输送中断费用；c_{clean} 为现场清理费用；c_{dmg} 为财产损伤费用；a_n 为常数，是将死亡人数 n 转化为经济费用的参数；n 为死亡人数。

5. 综合影响

为了更加直观地表示管道失效对公众、运营公司带来的影响，把失效事故对人员、财产以及管道公司运营成本的影响合成一个参数来综合考虑。可以用两种方法来衡量管道失效的综合影响：一种是货币当量法；另一种是严重指数法。货币当量法是将死亡人数当量费用，然后加到总费用中，构成一个用现金形式表示的管线失效综合测量。严重指数法是将死亡人数和总费用转化为严重性分数，然后构成一个用严重性分数形式表示的管线失效后果综合测量。可按下式进行计算：

货币当量法：
$$I_{eq} = c + a_n n \tag{12-23a}$$

严重性分数法：
$$I_{se} = \beta_c c + \beta_n n \tag{12-23b}$$

式中：c 为总的经济损失；n 为死亡人数；a_n 为管道公司或社会愿意支付的避免某个统计生命死亡的费用；β_c、β_n 分别为将经济损失、人员死亡转化为严重性分数的转化系数。

12.3 管道风险水平计算

管道的风险水平是将失效概率(每千米每年的失效次数)与失效结果(例如经济费用、死亡人数、综合影响等)相乘得到的。把三种可能的失效模式(小泄漏、大泄漏及断裂)相关的风险分量加起来得到每种失效原因的风险水平，计算出的风险估计值以每千米每年作为基础。在计算管道风险水平时，首先计算区段的风险水平，然后基于区段风险水平计算管段的风险水平。区段是指管道上特征参数相同的连续一段管道；管段是管道上连续的一段，在风险评价分析以及制定维护计划时作为一个独立的一段管道处理。

12.4 管道风险评价及控制

管道风险评价及控制包括定点分析、管段分析和维护方案确定三个方面。

定点分析是在管道沿线上任取一点进行个体风险分析。定点分析包括单个风险轮廓、风险趋势分析和敏感性分析。单个风险轮廓是指在管道沿线上任取一点，查看此点个体风险水平距离管道远近的关系。单个风险轮廓分析主要用来评价公众安全风险水平和设置安全距离。风险趋势是指在管道上任取一点，查看此点个体风险水平如何随时间变化。风险趋势主要用来分析管道上给定点个体风险水平的变化规律。

管段分析用来对管道上各个管段进行风险排序，从而定位管道上的高风险段，并依此实施强化的维护措施。管段分析可以通过失效概率和风险水平计算结果开展分析工作，为维护方案的确定提供依据。

维护方案确定是通过对比不同维护方案的收益/费用比，从而对管道各种可能的维护方案进行比较以确定最佳维护行动。

第 13 章　油气输送站场风险评价

13.1　术语与定义

受影响区域：超过预定极限值后导致的有毒物质、热辐射、爆炸产生的超压等的影响范围。

止回阀：指使流体只能朝一个方向流动的阀，并能自动关闭以防倒流。

断流阀：为停止管内气体流动而安装的阀门。

调压站：调压站装有为了自动降压，并调节与其相连接的下游干线或总管内压力的配套设备，包括管道以及阀门、控制仪表、控制管线、掩体和通风设备等辅助设备。

限压站：限压站装有配套装备，能在异常情况下对进入系统的介质起到降低、限制或切断的作用，以防气体压力超过某一设定值。在正当压力条件下，限压站可对流量起一定程度的控制，或处于全开状态。站内有按照相关规范要求安装的管道及阀门、控制仪表、控制管线、掩体和通风设备等辅助设备。

泄压站：泄压站装有能排放被保护系统中的气体，以防气体压力超过设定极限值的设备。气体或排入大气，或排入能安全地吸收该排入气体的低压系统。站内装有按照相关规范要求安装的管道以及阀门、控制仪表、控制管线、掩体和通风设备等辅助设备。

自燃温度：可在没有点火源的情况下点火的某一物质温度。

瞬时泄放：是指在一个相对短的时间内将容器中的盛装流体倒空，就像容器脆性失效时的情况那样。

持续泄放：是指在相对长的时间内以一相对恒定的速率泄放的情形。

小孔隙泄漏：是指裂纹尺寸小于 6. 35mm 的情形。

中等孔隙泄漏：是指裂纹尺寸在 6. 35~25. 4mm 之间的情形。

大孔隙泄漏：是指裂纹尺寸在 25. 4~101. 6mm 之间的情形。

排放：因失效而产生的物质泄放。它在本质上可以是瞬时的，或固定不变的。

设备的寿命周期：根据设备项的设计寿命和设备项的当前使用年限得出的一个参数。

条件系数：维护和管理设备方面的物理条件。

设备修正系数：可能对设备项的失效频率有重大影响的特定条件的修正系数。

后果：定性或定量表达的一个事件或情形的结果，它可能是损失、伤害、不利或赢利。

管理系统评价：对直接或间接影响设备完整性的过程安全管理系统进行的全面评价。

管理系统评价系数：由于过程安全管理的不同而对总的失效频率的修正系数，它与影响站场风险的设施或操作单元的管理系统评价结果有关。

机械设计系数：度量装置的设计内安全系数，无论其是否按当前标准设计，并且装置设计是如何独特、复杂或具有创新性。

管道复杂度：由连接头数、注入点数、支管数和管段的阀门数量组成。

13.2　站场风险评价的基本概念

风险评价，或称风险分析，是一种基于数据资料、运行经验、直观认识的科学方法。通过将风险量化，便于进行分析、比较，为风险管理的科学决策提供可靠的依据，从而能够合理地运用有限的人力、财力和物力等资源条件，采取最为合理的措施，达到最为有效的减少风险的目的。

站场的风险评价是选用科学的风险分析方法对站场进行风险分析，为站场的风险控制、风险管理和决策提供可靠的依据，以便对现有资源进行合理的调配和利用，在降低风险的同时获得最大的经济效益和社会效益。

对于已建站场进行风险分析，可以摸清事故原因可变因素与不可变因素的组成，进行分析和制定安全维护计划，采取减少风险的最佳对策。对于同一管道系统的不同站场的风险评价，可以明确薄弱环节，分清轻重缓急，掌握减少风险的最佳时机。此外，借鉴其他站场系统的事故原因，通过采用数据库查询的方式，可以查明已建站场系统是否存在类似问题，以防患于未然。

对于新建站场，选址和选设备时不仅要选择省工时、省费用的方案，而且要考虑风险小的方案，通过综合考虑找出最优方案。也就是说，当有多个方案互相比较时，要经过仔细的计算和认真的评价，求得各个方案的工时、费用、相对风险等，并运用工程最优化原理，确定最终方案。这不仅能节省建设投资，加快速度，方便运用管理，而且能减少站场的风险，从而获得最大的收益。

站场风险评价技术以诱发站场事故的各种因素为依据，以影响因素发展成危险的可能性为条件，以事故后果造成的综合经济损失为评价指标，对站场的安全程度进行综合评价。

13.3　站场风险评价技术的分类

评价工业风险的主要方法一般可分为定性法、半定量法和定量法。

13.3.1　定性风险评价法

定性风险评价方法主要是根据经验和直观判断力对生产系统的工艺、设备、设施、环境、人员和管理等方面的状况进行定性的分析，安全评价的结果是一些定性的指标，如是否达到了某项安全指标、事故类别和导致事故发生的因素等。

属于定性风险评价方法的有安全检查表、专家现场询问观察法、因素图分析法、事故引发和发展分析、作业条件危险评价法、故障类型和影响分析、危险可操作性研究等。

其特点是不必建立精确的数学模型和计算方法，不必采用复杂的强度理论和现代分析手段，不必具有完备充分的数据库系统。它是在有经验的现场操作人员和专家意见的基础上进行打分评判的，其评价的精确性取决于专家的经验全面性、划分影响因素的细致性、层次性以及权值分配的合理性。它的优越性在于可依据一些程序进行操作，加强了许多没有规律性的因素之间的信息交流。

13.3.2 矩阵风险评价法

该方法可以对站场管道系统的各部分快速地进行风险排序，虽然是比较粗略的，但可以为进一步的风险控制提供基础。定性评价的结果放入 5×5 的矩阵中，是按高风险、中高风险、中等风险及低风险来分级的，垂直轴代表可能性的大小，水平轴代表失效后果的严重程度(见图 13-1)。可能性等级确定的因素有：

(1) 所评价设备的可靠度；

(2) 设备可能的损伤类型或机制；

(3) 所采用损伤检测方法的适合程度；

(4) 所评价设备的运行历史(包括失效事故历史)和现状；

(5) 输送介质的品质；

(6) 设备的设计及制造、建设质量。

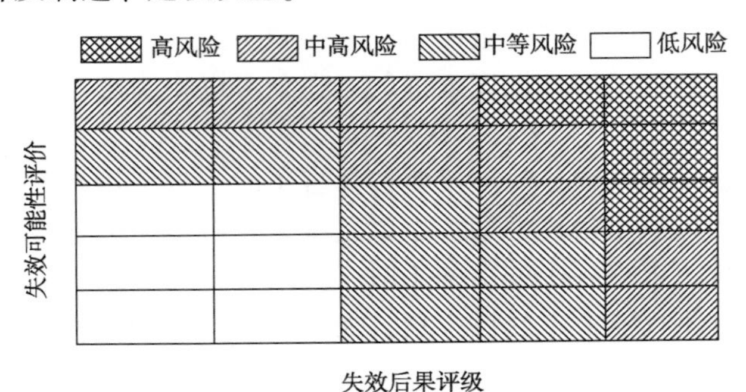

图 13-1 失效后果评级图

站场主要的潜在危险是火灾或爆炸的风险、毒害空气危害健康的风险、生态环境遭破坏的风险以及输送中断的风险。失效后果的分类以火灾或爆炸的风险为例，需要综合考虑的因素有：

(1) 火灾或爆炸触发的固有倾向；

(2) 可燃或可爆物质释放出的能量；

(3) 蒸气点燃的能力；

(4) 从轻微到严重升级的可能性；

(5) 站场系统的安全监督；

(6) 站场周围的人口、交通、建筑设施状况等。

一旦风险评价结果列入风险矩阵中，就会得到风险水平的指示。风险矩阵的评价结果可用于确定有潜在危险最大的区域、需要加强检测的管段以及相应减少风险的方法，同时可用于是否要进行全面的定量评价的决策。

站场风险程度计算公式为：

$$\text{相对风险值}=\frac{\text{风险指数总数}\times\text{泄漏程度}}{\text{介质风险}\times\text{人口密度}} \tag{13-1}$$

（1）风险指标总数 包括地面设施、设备情况、日常巡查频率；腐蚀指标：大气腐蚀、内腐蚀、外腐蚀；设计指标：管材安全系数、系统安全系数、疲劳、冲击势能、系统静力液压试验、土壤移动等；不正确操作风险指标：设计、建造、施工、运营操作、保养与维修等。

（2）输送介质风险 剧烈危害，即急性危害(易燃性、反应活性、毒性)；缓慢危害，即慢性危害(环境污染，包括水生毒性、动物性病毒、可燃性和反应性、长期的毒性、潜在的致癌作用、可燃性、腐蚀性、反应性、提炼过程中产生的毒性等)。

（3）泄漏程度(状态) 蒸气云泄漏(在密闭空间爆炸增强)；液体泄漏(泄漏检测、对紧急情况反映、限制泄漏的措施、疏散、封锁及其措施、紧急操作、保养、通讯、消防、医院、巡逻等)。

（4）人口密度 以1km×400m的长方形区的人口数、住宅数和高层建筑数来定义。

13.3.3 半定量风险评价法

半定量风险分析是以危险的数量指标为基础的一种分析方法。对识别到的事故，首先为事故发生后果和事故发生频率各分配一个目标，然后用相加和相除将两个对应事故概率和严重程度的指标进行组合，从而形成一个相对风险指标。半定量法允许使用一种统一而有效的处理方法将风险划分等级，其指标可以用来确定资金分配的优先权。这种方法综合了定性法的以图表为基础的HAZOP模型和定量法的知识(例如对某些事故分布概率模型的运用)，排除了一些不可预见的事故后果，使人们的注意力集中到更可能发生的事故后果上，极大地提高了风险评价的实用性和准确性。

13.3.4 定量风险评价法

定量风险评价法(Quantitative Risk Analysis，QRA)，有时也称作概率风险分析(Probability Risk Analysis)，它是一种定量绝对事故频率的严密的数学方法。该方法运用基于大量的实验结果和广泛的事故资料统计分析获得的指标或规律(数学模型)，对生产系统的工艺、设备、设施、环境、人员和管理等方面的状况进行定量的计算，安全评价的结果是一些定量的指标，如事故发生的概率、事故的伤害(或破坏)范围等。

按照安全评价给出的定量结果的类别不同，定量安全评价方法还可以分为概率风险评价法、伤害(或破坏)范围评价法和危险指数评价法。

13.3.5 概率风险评价法

概率风险评价法是根据事故的基本致因因素的事故发生概率，应用数理统计中的概率分析方法，求取事故基本致因因素的关联度(或重要度)或整个评价系统的事故发生概率的安全评价方法。故障类型及影响分析、事故树分析、逻辑树分析、概率理论分析、马尔可夫模型分析、模糊矩阵法、统计图表分析法等都可以用基本致因因素的事故发生概率来计算整个评价系统的事故发生概率。因此该系统评价方法不适用基本致因因素不确定或基本致因因素事故概率不能给出的系统。

13.3.6 伤害(或破坏)范围评价法

伤害(或破坏)范围评价法是根据事故的数学模型，应用数学方法，求取事故对人员的伤害范围或对物体的破坏范围的安全评价方法。液体泄漏模型、气体泄漏模型、气体绝热扩散模型、池火火焰与辐射强度评价模型、火球爆炸伤害模型、爆炸冲击波超压伤害模型、蒸气云爆炸超压破坏模型、毒物泄漏扩散模型和锅炉爆炸伤害 TNT 当量法都属于伤害(或破坏)范围评价法。该类评价方法适用于系统的事故模型和初值比较确定的安全评价。

13.3.7 危险指数评价法

危险指数评价法应用系统的事故危险指数模型，根据系统及其物质、设备(设施)和工艺的基本性质和状态，采用推算的办法，逐步给出事故的可能性损失、引起事故发生或使事故扩大的设备、事故的危险性以及采取安全措施的有效性的安全评价方法。常用的危险指数评价法有道化学公司火灾爆炸危险指数评价法、蒙德火灾爆炸毒性指数评价法以及易燃、易爆、有毒重大危险源评价法。

13.4 场站风险评价的一般步骤

1. 确定研究的目标变量和关键变量

目标变量就是计算过程中的衡量标准，如人的死亡概率、事故的发生概率、损失度等。关键变量是影响目标变量的主要因素。

2. 根据风险变量建立模型

模型包括风险模型、数学计算模型等，能否建立一个正确合理的模型对于计算结果的准确性、可靠性有很大的影响。

3. 风险变量的定量化

能否找到一个合适的数学方法将风险变量定量化是科学地进行风险分析的基础，是决策者决策的理论基础和衡量标准。

4. 风险失效概率计算

根据建立的模型运用定量化的数学方法计算风险和子风险的失效概率。

5. 风险后果的计算

根据不同性质的风险影响后果建立不同的计算模型，找出合适的数学方法并将其定量化。

6. 风险数的计算

根据公式“风险=风险失效概率×风险后果”，计算出风险评价的风险数。

7. 风险分析

对计算结果进行详细的分析，为风险决策提供科学的依据。

13.5 站场设备失效可能性分析

失效概率计算分为相对失效概率计算和绝对失效概率计算两种情况。

相对失效概率是使用因子(F_{p_i})代表由于特定风险(i)带来的失效可能性。这里有上百种独立的因子需要加以考虑。这些各自的因子简单地相加形成因子组，例如第三方破坏、腐蚀、保养和设计。

不论因子是否在一组，总的概率因子就是每个因子的加和：

$$F_p=F_{p1}+F_{p2}+\cdots+F_{pn} \tag{13-2}$$

这种算法虽然简单，但各自的因子却不能反映出实际的失效概率。

绝对失效概率，即失效的绝对概率(P)由每个特定风险(P_i)以下式表示：

$$P=1-(1-P_1)(1-P_2)\cdots(1-P_n) \tag{13-3}$$

如果系统保养得很好，失效可能性很小，式(13-3)可表示为式(13-4)：

$$P=P_1+P_2+\cdots+P_n \quad (\text{如果对于所有的 } i,\ P_i \ll 1) \tag{13-4}$$

两种失效概率的不同之处在于特定风险值的取法。

系统中每个设备的相对风险因子 F_R 可以应用失效概率影响因子(F_I)来描述：

$$F_R=F_p \cdot F_I \tag{13-5}$$

安全因子为相对风险因子的倒数，即 F_R^{-1}，由于当 F_p 很小时，$(1-F_p)^{-1}$ 就近似地等于 F_p，因此得到式(13-6)：

$$F_R^{-1}=(1-F_p)/F_I \tag{13-6}$$

这样，一旦相对风险因子已知，站场设备就可以进行风险排序。

API 581 提供的方法将可能性分析从特定设备类型的同类失效概率数据开始，通过设备修正系数(F_E)和管理系统修正系数(F_M)这两项来修改这些同类概率，计算出一个经过调整的失效概率，表达式如下：

$$\text{概率}_{\text{调整}}=\text{概率}_{\text{同类}}\times F_E\times F_M \tag{13-7}$$

同类失效概率数据建立在多个工业设备失效的历史数据汇编的基础上。设备修正系数是根据设备运行的特定环境来编制其独特的修正系数。管理系统修正系数是根据具体的安全管理系统来判断其对同类失效频率的影响，系数区分了具有不同管理系统的装置之间的失效可能性。

13.5.1　同类失效概率

API 581 提供了设备的同类失效概率值，如表 13-1 所示，空白处表示没有统计出合适的风险概率。

表 13-1　建议的同类设备失效概率　次/年

设备类型	泄漏频率(4 个孔尺寸)			
	6.35mm	25.4mm	101.6mm	破裂
离心式压缩机		1×10^{-3}	1×10^{-4}	
往复式压缩机		6×10^{-3}	6×10^{-4}	
过滤器	9×10^{-4}	1×10^{-4}	5×10^{-5}	1×10^{-5}
换热器，壳程	4×10^{-5}	1×10^{-4}	1×10^{-5}	6×10^{-6}
换热器，管程	4×10^{-5}	1×10^{-4}	1×10^{-5}	6×10^{-6}

续表

设备类型	泄漏频率(4个孔尺寸)			
	6.35mm	25.4mm	101.6mm	破裂
流量计	3×10^{-5}	1×10^{-4}	1×10^{-5}	
19mm 直径管子/0.3m	1×10^{-5}			3×10^{-7}
25.4mm 直径管子/0.3m	5×10^{-6}			5×10^{-7}
50.8mm 直径管子/0.3m	3×10^{-6}			6×10^{-2}
101.6mm 直径管子/0.3m	9×10^{-7}	6×10^{-7}		7×10^{-8}
152.4mm 直径管子/0.3m	4×10^{-7}	4×10^{-7}		7×10^{-8}
203.2mm 直径管子/0.3m	3×10^{-7}	3×10^{-7}	8×10^{-8}	2×10^{-8}
254mm 直径管子/0.3m	2×10^{-7}	3×10^{-7}	8×10^{-8}	2×10^{-8}
304.8mm 直径管子/0.3m	1×10^{-7}	3×10^{-7}	3×10^{-8}	2×10^{-8}
406.4mm 直径管子/0.3m	1×10^{-7}	2×10^{-7}	2×10^{-8}	2×10^{-8}
>406.4mm 直径管子/0.3m	6×10^{-8}	2×10^{-7}	2×10^{-8}	1×10^{-8}
常压储罐	4×10^{-5}	1×10^{-4}	1×10^{-5}	2×10^{-5}

13.5.2 设备修正系数

根据设备运行的特定环境，为每一设备制定设备修正系数。用设备修正系数来表明失效频率与同类失效频率偏离的大小。正的修正系数表示预期失效频率比同类失效频率更高，而负的修正系数表示预期失效频率比同类失效频率降低。当预期条件使失效频率增加大约一个数量级时，被赋予+10的值。

设备修正系数被进一步分为通用次因子、机械次因子和工艺次因子，在分析了这些次因子之后，将所有分项确定值相加，得到该设备项的最终数值。这个总和可正可负，需要经过进一步换算才能得到需要的设备修正系数(见表13-2)。

表13-2 设备修正系数换算表

数值总和情况	F_E值	数值总和情况	F_E值
<-1.0	该绝对值的倒数	>1.0	等于该数值
-1.0~1.0	1.0		

1. 通用次因子

通用次因子对站场设施中的所有设备的影响是相同的。因此，关于这些条件的信息只需收集和记录一次。通用次因子包括下列单元：站场条件、冷天气运行、地震活动性。

1）站场条件

站场条件考虑被评价站场设施的当前条件：

(1) 站场的一般外观　观察的因素包括站场管理的总体状况、临时维、抢修能力、油漆退化或其他例行维护不到位的情况。

(2) 与操作和维护人员面谈的结论　首次正确完成绝大部分维护工作而很少返工的能

力、工作请求不被积压的传统、工作人员对维护很重视。

(3) 站场布局与结构 在其当前条件下，站场的设备空间和走向是否方便维护和检验活动。

根据站场条件进行评级如表 13-3 所示。

表 13-3 根据站场条件的评级

装置条件	类别	数值
明显好于工业标准	A	-1.0
与工业标准大致相当	B	0
低于工业标准	C	+1.5
明显低于工业标准	D	+4.0

2) 冷天气运行(见表 13-4)

寒冷天气将给站场运行带来额外的风险。在特别低的温度下禁止维护和检验活动，且低温可能导致对外部设备的运行监控减少。冬季条件也可能对设备项产生直接影响。冰雪堆积可能造成小管线、仪表与电气管段等的变形或断裂。冷天气问题可通过合理设计降到最小，但它们不能被完全消除。

表 13-4 冷天气运行补偿

冬季温度/℃	数值	冬季温度/℃	数值
>4.4	0	-28.9~-6.7	2.0
-6.7~4.4	1.0	<-28.9	3.0

3) 地震活动性(见表 13-5)

尽管装置已经按相关标准进行了设计，但位于地震活动区的装置比这类区域外的设施的失效概率要高些。

表 13-5 地震区运行补偿

地震区	数值	地震区	数值
0 或 1	0	4	2.0
2 或 3	1.0		

2. 机械次因子

机械次因子涉及与设备项的设计与制造相关的因素，形成的数值对每台设备通常都不相同。该因子由以下 5 个要素组成：复杂性、建造规范、设备寿命周期、安全系数和振动。

1) 复杂性

复杂性因素包括设备复杂性和管道复杂性。

(1) 设备复杂性 判定一个设备的复杂性，并且在大多数情况下判断设备复杂程度的一种方法是确定其上的接管数。接管数很容易得到，且可一致地应用于所有类型的设备。设备复杂性系数如表 13-6 所示。

表 13-6 设备复杂性系数

设备	数值			
	-1.0	0	+1.0	+2.0
泵、过滤器和流量计	—	7~4	>4	—
容器	<7	7~12	13~16	>16

(2) 管道复杂性 管道复杂性由下列因素组成：

① 连接头数 法兰连接比焊接接头具有更高的泄漏概率。管段中包括的每个法兰被赋予一个数值为 10.0 的复杂性系数。

② 支管数 以三通而不是以一个注入点接入待评价的管段的任何管线都被认为是一个支管。排液管、混合三通、泄压阀支管和测温测压支管应包括在内。每个支管都会增加管道的应力和疲劳，于是便增加了失效的可能性。每个支管具有一个数值为 3.0 的复杂性系数。

③ 阀门数 阀门被认为是管道的一部分。为了分析的一致性，管段下游的所有阀门都应看成是该管段的一部分。每个切断阀、控制阀、排液阀和排气阀都应包括在内。只有泄压阀不被包括在计数内。阀门填料上小到中等程度的泄漏并非罕见。每个阀赋予一个数值为 5.0 的复杂性系数。

$$\text{管段的复杂性系数}=(\text{接头数}\times10)+(\text{支管数}\times3)+(\text{阀门数}\times5) \tag{13-8}$$

由于同类失效频率以单位管长表达，所以复杂性系数还必须根据管长进行调节。用上述确定的复杂性系数除以管长来确定每单位长度的复杂性系数。然后对每一管段赋以数值，如表 13-7 所示。

表 13-7 管道复杂性系数

复杂性系数/m	数值	复杂性系数/m	数值
<0.33	-3.0	6.56~11.48	1.0
0.33~1.64	-2.0	11.48~19.69	2.0
1.64~3.28	-1.0	19.69~32.81	3.0
3.28~6.56	0	>32.81	4.0

2) 建造规范

建造规范状况根据现有规范、过时规范和没有可用规范的三种情况进行区分(见表 13-8)。

表 13-8 建造规范状况值

规范的状况	类别	数值
设备满足最新版本的规范	A	0
自设备制造以来，该类设备规范已作了重大修改	B	1.0
制造时这类设备没有正式规范，或未按现行规范制造	C	1.5

3) 设备寿命周期(见表 13-9)

设备使用的前几个月或前几年，它的可靠性较低，并且其失效概率也较高。在解决了初始设计问题、制造缺陷和运行难题等之后，设备的失效频率保持相对稳定不变，直到接近其有效寿命时，它的失效频率再度增加。

设备的失效概率随着其服役年龄接近设计寿命而增加。一些在良好的环境中运行的设备可能没有一个规定的或暗示的设计寿命，但是可以预期在延长期后其失效概率也会有一定增加，风险评价程序为其规定一个40年的寿命。

对于寿命周期因素，对每台设备都需要确定“服役年限”和“设计寿命”。寿命周期校正的数值基于已经逝去的寿命与设计寿命的百分比，见表13-9。

表13-9 寿命周期值

已逝去的寿命占设计寿命的百分比/%	数值	已逝去的寿命占设计寿命的百分比/%	数值
0~7	2.0	76~100	1.0
8~75	0	>100	4.0

4）安全系数

安全系数由两个子因素组成，即运行压力(见表13-10)和运行温度(见表13-11)。

设计压力与运行压力的比就是正常运行工况下的安全系数。在大大低于设计压力下运行的设备应比在设计压力下运行的设备的失效概率低。

表13-10 运行压力数值

$P_{运行}/P_{设计}$	数值	$P_{运行}/P_{设计}$	数值
>1.0	5.0	0.5~0.69	-1.0
0.9~1.0	1.0	<0.5	-2.0
0.7~0.89	2.0		

当设备在大大高于正常环境温度并且接近其制造材料的上限温度的工况下运行时，失效频率会增加。同样，在异常低的温度下运行的设备，失效频率也较高。当设备被冷却到大大低于环境温度时，会产生应力，从而导致法兰等处发生泄漏。

表13-11 运行温度数值

$T_{运行}$/℃	数值	$T_{运行}$/℃	数值
碳钢：>288	2.0	304/316不锈钢：>816	2.0
1%~5%的Cr钢：>343	2.0	所有钢材：<-7	1.0
5%~9%的Cr钢：>399	2.0		

5）振动

磨损是诸如泵、压缩机等旋转设备的最常见的失效原因。其可能导致密封失效、轴损坏，甚至在极端情况下可导致泵壳的破裂。振动监控一般可在设备发生失效前探测到设备的损坏程度(见表13-12)。

表13-12 压缩机振动情况对应值

控制方法	压缩机	控制方法	压缩机
无振动监测	1.0	在线振动监测	-2.0
定期振动监测	0		

另外，振动监测因素主要针对压缩机等旋转设备。

3. 工艺次因子

工艺次因子包括对设备影响严重的工艺条件，以及设备自身的工艺条件。评价人员应根据运行记录和与操作人员的讨论结果或者其他方法收集相关信息。该因子包括以下3个因素：工艺的连续性、工艺的稳定性、泄压阀。

许多研究表明，非平稳运行(例如启动、停机和干扰等)对设备的失效影响特别大。所以需要针对工艺的连续性和稳定性对同类失效频率进行调整。

1）工艺的连续性

（1）计划停机

计划停机为停机时采用标准运行程序的所有停机。对“计划”的理解应根据具体的工艺复杂程度而变化，但从根本上可以认为是采用了正常的、系统的停机程序的停机。其计算数值的确定应采用过去三年的年平均计划停机数。

任何停机，即使是在精心策划下进行的停机，都有可能造成运行错误和机械故障。停机的次数越多，这种失效的概率就越大(见表13-13)。

表13-13 计划停机数值

计划停机的次数	数 值	计划内停机的次数	数 值
0~1次/年	-1.0	3.1~6次/年	1.0
1.1~3次/年	0	>6次/年	1.5

（2）非计划停机

非计划停机是那些没有事先计划或者没有预料到的停机，例如停电、泄漏与火灾等情况的停机。即使有最佳的应急程序，非计划停机也比计划停机的危害性大(见表13-14)。

表13-14 非计划停机数值

非计划停机的次数	数 值	非计划停机的次数	数 值
0~1次/年	-1.5	3.1~6次/年	2.0
1.1~3次/年	0	>6次/年	3.0

非计划停机数的计算也应使用过去三年的年平均非计划停车数。

2）工艺稳定性

一些工艺在操作人员很少干涉的情况下日复一日地平稳运行，而其他工艺则需要根据生产需要而进行调节。不稳定的工艺偶尔也将导致相当大的干扰或非计划停机，因而增加了失效频率。

该因素的赋值应基于工艺的固有稳定性。为了做到对工艺稳定性的理解，风险评价人员应与工艺、工程及维护人员面谈，然后审查可用的运行记录和其他能够提供这方面信息的文件。

工艺稳定性评级应根据评价人员对以下内容的专业判断：

（1）工艺特别复杂吗？该工艺包括任何放热反应或异常高或低的温度或压力吗？

(2) 该工艺在该现场或其他现场与任何重大事故有过牵连吗?

(3) 该工艺包括任何未被行业内普遍认可的工艺技术或设计概念或它要求管道或设备使用特殊建造材料吗?

(4) 控制系统满足现行标准吗? 是否具有相关安全特性的计算机控制? 需要紧急停机系统吗? 提供控制系统备用电源了吗?

(5) 工艺操作人员和轮班监督人员对该工艺有足够的培训和经验吗?

如果装置的某一工段比其他工段明显稳定或不稳定,且该工段中的稳定性不会显著影响装置的其他部分,则该工段中的设备的评级应与装置的其余部分不同(见表13-15)。

表13-15 工艺稳定性评级用数值

稳定性评级	数值	稳定性评级	数值
比平均工艺更稳定	-1.0	比平均工艺较不稳定	1.0
工艺具有大致平均的稳定性	0	比平均工艺更不稳定	2.0

3) 泄压阀因素

以下4个因素涉及整个装置上的泄压阀:维护程序、污垢工况、腐蚀工况、清洁工况。

风险评价程序不注重特定泄压阀的尺寸或位置。一个泄压阀常常保护两个或更多设备的所有附带管道。

(1) 维护程序

泄压阀必须定期拆下来维修和检验以确保其功能正常。所以,风险评价应查询装置记录以确定误期维护和检验的泄压阀的百分比。这个百分比应根据误期检验泄压阀相对泄压阀总数而确定(见表13-16)。

表13-16 泄压阀维护用数值

泄压阀误期维护状态	类型	数值
<5%	A	-1.0
5%~15%	B	0
15%~25%	C	1.0
>25%	D	2.0

当还没有确定泄压阀维护的明确计划或装置没有有关误期维护的泄压阀的记录时,应选择D类。

在装置巡检期间,检测人员应检查泄压阀下的若干截断阀,以确定它们是否可能被无意关闭。如果发现任何截断阀不密封开启或者不防止被关闭,则所有设备被定为D类。

(2) 污垢工况

泄压阀中如果含有大量聚合物体或其他极端黏稠物质的工艺流体,则很难起到其应有的保护作用。甚至在一些情况下,这些物质可能在泄放装置和管道内堆积,从而堵塞或限制流体进入泄压阀(见表13-17)。

表 13-17 泄压阀污垢工况数值

结垢趋势	类 别	数 值
没有大量结垢	A	0
有一些聚合物体或其他结垢物质，也有在系统内部分堆积的历史，但不经常	B	2.0
高度结垢，有在泄压阀或者系统的其他部件上频繁堆积的历史	C	4.0

(3) 腐蚀工况

泄压阀内部的耐腐蚀性常常较差，通过阀座的少量泄漏可能腐蚀弹簧等部件，从而导致不可预见的泄压阀操作(见表 13-18)。

表 13-18 泄压阀腐蚀工况数值

腐蚀工况(无耐腐蚀设计)	数 值	腐蚀工况(无耐腐蚀设计)	数 值
是	3.0	否	0

(4) 清洁工况

在没有可识别的结垢趋向、腐蚀剂或其他污染物的工艺流体上的泄压阀，应比所有泄压阀的平均可靠性要高(见表 13-19)。

表 13-19 泄压阀清洁工况数值

清洁工况	数 值	清洁工况	数 值
是	-1.0	否	0

4. 管理系统修正系数

风险评价程序根据与同类工艺安全管理系统的比较而得出的管理系统修正系数来对同类失效频率进行调整。因为整个站场都遵守同样的管理规则，所以管理系统修正系数不会改变设备项之间的基于风险值的顺序排列。但是，管理系统修正系数可能对每一设备项和整个站场设施的总风险水平有显著影响。当对整个装置的风险水平进行比较或者对不同装置或装置现场之间的类似设备项的风险值进行比较时，其作用就很重要了。管理系统评价分数见表 13-20。

表 13-20 管理系统评价

序 号	主 题	问题数	分 数
1	领导和管理	6	70
2	工艺安全信息	7	50
3	变更管理	5	70
4	操作规程	6	70
5	培训	8	100
6	预启动安全审查	5	60
7	紧急事故响应	6	65
8	事故调查	9	75
9	管理系统评价	4	40

在得出管理系统评价分数之后，应该将该分数转换为管理系统修正系数，如图 13-2 所示。假设一般装置在管理系统评价上的得分为 50%，且 100%分值等于总的装置风险降低一个数量级，则修正系数的计算方法为：

$$\ln F_{M} = 1 - \frac{S}{300} \tag{13-9}$$

式中　S——管理系统评价分数；

F_{M}——管理系统修正系数。

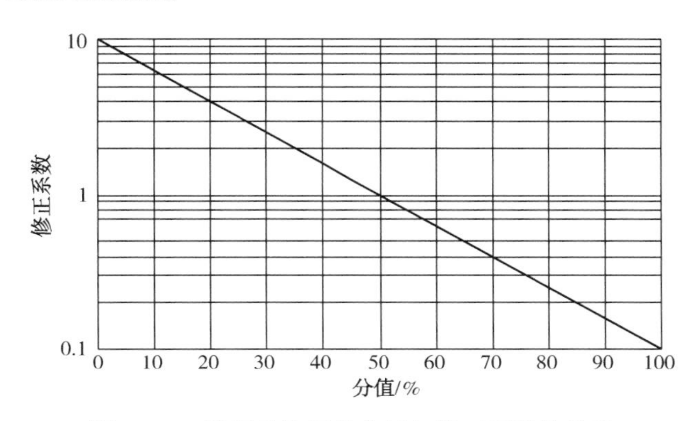

图 13-2　管理系统评价分值与修正系数的关系

13.6　失效后果分析

13.6.1　代表性流体及其特性的确定

天然气不是纯净物质，所以选择一种代表性物质几乎总是涉及一些假定。这些假定对结果的影响程度在一定程度上取决于评价的后果类型。对于混合物，代表性物质应先由标准沸点和相对分子质量决定，然后由密度来决定。只要相对分子质量相似，可燃性后果的结果并不对被选择的正确物质高度敏感，因为对于具有相似相对分子质量的所有烃类来说，空气扩散特性和燃烧热值都是类似的。所以，当混合有机物流体的这些特性值未知时，可用下式计算混合物的一种特性：

$$特性_{混合物} = \sum x_i \times 特性_i \tag{13-10}$$

式中：x_i 为组分的摩尔分数，特性 i 可以是标准沸点、相对分子质量或密度。

另外，如果混合有机物流体内包含不活泼成分，如二氧化碳、水等，应选择除这些物质之外的重要的可燃物质。天然气流体特性按照 $C_1 \sim C_2$ 计算，如表 13-21 所示。

表 13-21　代表性流体的特性

流　　体	相对分子质量	密度/(kg/m^3)	标准沸点/℃	自动点火温度/℃
$C_1 \sim C_2$	21	90.2	89.4	-17.2

13.6.2 设备项的存量计算

定量风险评价方法不使用详细的流体泄放模型，而是采用简单的方法来确定在某一泄漏事故中可能泄放的流体量。在对设备项进行评价时，其总泄放量可能有一部分由与其相连的上游设备项提供，这些设备项被统称为存量组。风险评价方法将可能泄放的质量估计为下列两个量中的较小者：

（1）设备项的质量加上 3min 内从存量组添加到设备项的质量，假设泄漏设备的泄放率相同，但对破裂情形限制到 203.2mm 管径泄漏。

（2）存量组中与设备相关的流体总质量。

上述 3min 时间限制是基于大泄漏情形动力学。在一个大的泄漏中，泄漏的容器开始减少存量，而附属容器进行补充以供给泄漏。对于大的泄漏，有很多措施来保证维护人员能够及时发现险情，因此预计大的泄漏仅持续几分钟。并且，对于破裂情形，其补充供给的时间预计在 1~5min 内。所以选择中间点 3min 作为计算时的时间值。设备项的存量计算如下：

（1）管道　管道的内径乘以管段长度。

（2）压缩机与过滤器　通常认为压缩机的容积为零，然而在后果计算中应考虑与其相连的存量组。

（3）储罐　储罐的截面积乘以储罐内液面高度与泄放位置的高度差。

13.6.3 孔尺寸的后果区计算

1. 孔尺寸的选择

为了以实际的方式进行风险计算，必须使用一组不连续的孔尺寸。对连续孔尺寸范围进行风险计算是不现实的。因此采用一组预定的孔尺寸，将其定义为代表小、中、大和破裂四种情形的孔尺寸。不同的孔尺寸范围对现场和场外的后果效应不同。对于现场效应，小、中型孔尺寸情形因其较高的可能性和潜在后果而起支配作用。对于场外效应，中、大型孔尺寸情形起支配作用。为了说明现场和场外风险效应，通常对每一设备采用四种孔尺寸，如表 13-22 所示。

表 13-22　定量风险评价所使用的孔尺寸

孔　尺　寸	范　　围	代　表　值
小	0~6.35mm	6.35mm
中	6.35~50.8mm	25.4mm
大	50.8~152.4mm	101.6
破裂	>152.4mm	部件整个直径

1）管道的孔尺寸选择

只要泄漏直径小于或等于管道自身的直径，则管道使用四个标准孔尺寸：6.35mm、25.4mm、101.6mm 和破裂。例如，一根 25.4mm 管道只有两个孔尺寸——6.35mm 和破裂，因为最大可能的选择相当于 25.4mm 孔尺寸。

2）设备的孔尺寸选择

选取小孔泄漏和中等孔隙泄漏：6.35mm 和 25.4mm。

2. 泄放率估计

风险评价方法将泄放类型归纳为两种：瞬时或持续。瞬时泄放是在一个相对短的时间内将容器中的盛装流体倒空，就像容器脆性失效时的情况那样。持续泄放是在相对长的时间内以一相对恒定的速率泄放的情形。

要确定具体的泄放类型，首先需要确定泄放率。泄放率取决于物质的物理性质、初始相以及工艺条件。对于输气站场，它的初始相为气体。

气体通过孔板的流体有两个状态：对较高内压为音速(或阻流)，对较低内压为亚音速。因此，气体泄放率分两步计算：第一步确定是哪一种流动状态；第二步使用具体流动状态方程估计泄放率。

管道中气体泄漏质量流量与其流动状态有关，当$\frac{p_0}{p} \leqslant \left(\frac{2}{k+1}\right)^{\frac{k}{k-1}}$时，气体流动属于音速流动；当$\frac{p_0}{p} > \left(\frac{2}{k+1}\right)^{\frac{k}{k-1}}$时，气体流动属于亚音速流动(其中 k 为气体绝热指数)。

音速流动的气体泄漏质量流量为：

$$q_{mG} = C_{dg} A p \sqrt{\frac{kM}{RT}\left(\frac{2}{k+1}\right)^{\frac{k+1}{k-1}}} \tag{13-11}$$

亚音速流动的气体泄漏质量流量为：

$$q_{mG} = C_{dg} A p \sqrt{\frac{M}{RT}\left(\frac{k}{k-1}\right)\left(\frac{p}{p_0}\right)^{\frac{2}{k}}\left[1-\left(\frac{p}{p_0}\right)^{\frac{k-1}{k}}\right]} \tag{13-12}$$

式中　q_{mG}——气体泄漏质量流量，kg/s；

C_{dg}——气体泄漏系数，与裂口有关，裂口为圆形时取 1.00，三角形时取 0.95，长方形时取 0.90；

A——泄漏点截面积，m^2；

p——气体运行压力，Pa；

p_0——大气压力，Pa；

M——相对分子质量；

R——气体常数，8.3144J/(mol·K)；

T——气体温度，℃。

风险评价中，裂口的大小和形状一般是按照工程实际情况进行预先假设，再通过假设计算出评价所需的泄漏量。如果情况较为复杂，也可根据已有工程的数据或者经验知识直接假设泄漏总量，进行相应的定量评价。

3. 泄放类型的确定

确定泄放类型的过程如图 13-3 所示。

(1) 所有“小孔”(6.35mm)型泄漏模拟特征定义为持续泄放。

(2) 通过给定孔尺寸，3min 内泄放气体质量大于 4540kg 时称为瞬时泄放，小于 4540kg 则为持续泄放。

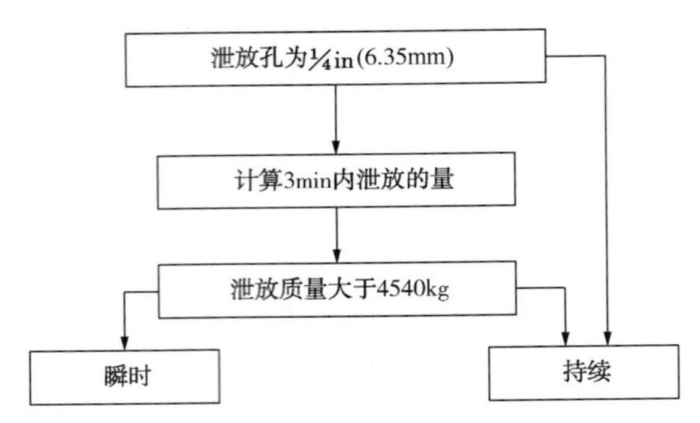

图 13-3 确定泄放类型的过程

4. 流体最后相态的确定

流体泄放后的扩散特性主要取决于环境中流体的相态(即液体或气体)。如果当流体从稳态工况转换到稳态环境条件时没有相变，则流体的最终相和初始相相同。但是，如果流体在泄放时倾向于改变相态，则可能难以在后果计算时确定物质的相。表 13-23 给出了后果计算时最后相态的确定准则。

表 13-23 确定流体相准则

稳态工况下流体的相态	稳态环境条件下流体的相态	后果计算时确定的相态
气体	气体	模拟为气体
气体	液体	模拟为气体
液体	气体	模拟为气体，除非环境条件下流体的沸点大于 27℃模拟为液体
液体	液体	模拟为液体

5. 探测与隔离系统评价

探测和隔离系统评价分两步进行：

(1) 确定有关探测和隔离系统的分类等级。

(2) 根据探测和隔离系统等级，确定其对后果的影响。

表 13-24~表 13-26 给出的信息只适用于评价持续泄放后果的时候。换句话说，当 3min 内泄放超过 4540kg 碳氢化物时，对探测和隔离系统的评价分类则不适用。

表 13-24 探测系统等级

探测系统类型	探测分类
专门设计用来探测系统中运行工况变化所造成的物质损失(即压力损失或流量损失)的仪器仪表	A
能够确定压力容器发生泄漏的时间，并能确定泄漏位置的探测器	B
肉眼检查、覆盖整个需要监视的区域的照相机	C

表 13-25 隔离系统等级

隔离系统类型	隔离分类
直接从工艺仪表或探测器启动而不需要操作者干预的隔离或停机系统	A

续表

隔离系统类型	隔离分类
通过操作者在控制室或远离泄漏点的其他合适位置启动的隔离或停机系统	B
靠手动操作阀启动的隔离系统	C

通过评价人员的具体分析，将探测和隔离系统的分类等级转换成表 13-26 中的泄漏时间。该泄漏时间是以下时间之和：

(1) 探测泄漏时间；

(2) 分析事故并做出解决方案的时间；

(3) 完成相应方案的时间。

RBI 中建议使用表 13-26 中的值。若用户得到有关操作者响应时间的更好的信息，则可以用这些值而不用表 13-26 中的值。

表 13-26 基于探测和隔离系统的泄漏时间

探测系统等级	隔离系统等级	泄漏时间
A	A	对 6.35mm 泄漏，20min 对 25.4mm 泄漏，10min 对 101.6mm 泄漏，5min
A	B	对 6.35mm 泄漏，30min 对 25.4mm 泄漏，20min 对 101.6mm 泄漏，10min
A	C	对 6.35mm 泄漏，40min 对 25.4mm 泄漏，30min 对 101.6mm 泄漏，20min
B	A 或 B	对 6.35mm 泄漏，40min 对 25.4mm 泄漏，30min 对 101.6mm 泄漏，20min
B	C	对 6.35mm 泄漏，1h 对 25.4mm 泄漏，30min 对 101.6mm 泄漏，20min
C	A、B 或 C	对 6.35mm 泄漏，1h 对 25.4mm 泄漏，40min 对 101.6mm 泄漏，20min

6. 燃烧爆炸后果

对于可燃物质，风险评价以泄漏燃烧影响区对后果进行衡量。涉及可燃物质的泄漏有多种潜在结果，但是风险评价将综合的结果确定为所有可能结果的平均值，该综合结果是根据概率加权理论得出的。但需要注意的是，此处的概率值并非泄漏可能性，而是泄漏发生后产生的不同的泄放后果的可能性。

可燃物质的潜在泄放后果是：

安全扩散：发生在可燃流体被泄放，不被点火而分散的时候。

喷射火：发生在高动量气体、液体或两相泄放被点火的时候，当泄放物质未被立即点火时可能形成可燃卷流或云团，点火时它将闪燃形成喷射火焰。

蒸气云团爆炸：发生在一定条件下且火焰前峰传播很快时。爆炸通过火焰前峰产生的超压波造成破坏。

闪火：发生在物质云团且在不产生显著超压的条件下。闪火的后果仅在燃烧云团范围内或其附近才显著。

火球：当可燃物质与其周围空气进行有限的混合后，被点燃时发生。

液池火：发生在可燃物质液池点火时。

7. 燃烧后果分析方法

1）预测可燃性后果的概率

每一种后果的发生都是由一系列事件连续发生而导致的。对于某一给定的泄放类型，确定可燃物质泄放后果的因素是点火概率和点火时间。在事件树结果中描述的三种概率是：不点火、点火提前和点火推迟。

以下根据泄放类型和物质给出了所有泄放类型的事件树结果概率：当情况为持续泄放自动点火不可能时，其特定事件概率如表 13-27 所示；当情况为瞬时泄放自动点火不可能时，其特定事件概率如表 13-28 所示。

表 13-27　持续泄放时在自动点火温度以下的特定事件概率

流　体	结果概率					
	点火	VCE	火球	闪火	喷火	液池火
$C_1 \sim C_2$	0.2	0.04		0.06	0.1	

表 13-28　瞬时泄放时在自动点火温度以下的特定事件概率

流　体	结果概率					
	点火	VCE	火球	闪火	喷火	液池火
$C_1 \sim C_2$	0.2	0.04	0.01	0.15		

2）计算每一结果的后果区

根据 API 581，泄放后果的计算公式如下：

$$A = ax^b \tag{13-13}$$

式中　A——后果区，m^2；

a，b——与物质和后果相关的常数；

x——泄放质量，kg。

3）计算组合结果的后果区

（1）用相关的事件树概率乘以每一结果的后果区；

（2）将上述的概率和后果的积相加，然后除以点火概率。

将该过程的结果归纳在一起的方程如下：

$$A_{comb} = (P_1A_1 + P_2A_2 + \cdots + P_iA_i) \tag{13-14}$$

式中　A_{comb}——组合结果的后果区，m^2；

P_i——特定事件概率；

A_i——单个结果的后果区，m^2。

由于所有结果的后果区的面积计算式均为 $A=ax^b$，并且各种结果发生的概率值相对稳定，所以在计算时直接使用组合后果区的面积。

结合输气站场的一般情况，得到以下失效后果区计算公式：

持续泄放后果等式：

$$\text{设备破坏面积} \quad A=43x^{0.98} \tag{13-15}$$

$$\text{致死事故面积} \quad A=110x^{0.96} \tag{13-16}$$

瞬时泄放后果等式：

$$\text{设备破坏面积} \quad A=41x^{0.67} \tag{13-17}$$

$$\text{致死事故面积} \quad A=79x^{0.67} \tag{13-18}$$

8. 减缓系统泄放量调节

表 13-29 给出了基于探测、隔离和减缓系统的可燃后果调节。这些值是基于定量风险分析中减缓措施评价的经验判断。

表 13-29 减缓系统的可燃后果调节

响应系统等级		后果调节
探测	隔离	
A	A	将泄放率或质量减少 25%
A	B	将泄放率或质量减少 20%
A 或 B	C	将泄放率或质量减少 10%
B	B	将泄放率或质量减少 15%
C	C	后果无调节
减缓系统		后果调节
存量排放，与 B 级或更高等级的隔离系统连接		将泄放率或质量减少 25%
消防水喷淋系统和监视器		将后果区减少 20%
泡沫喷淋系统		将后果区减少 15%
消防水监视器		将后果区减少 5%

13.7 风险计算

在对每一设备进行风险评价时，需要有一个具体的风险结果值来与其他设备进行比较，从而区别出高风险设备与低风险设备。该风险结果的具体计算方法为：

$$R_r = \sum_{i=1}^{4} C_i P_i \tag{13-19}$$

式中 R_r——设备的相对风险结果；

C_i——每一孔尺寸的可燃后果；

P_i——每一孔尺寸的失效可能性。

另外，有些设备虽然很可能发生失效，但是其造成的损失并不大。相反，一些设备极其不容易发生失效，但是一旦发生失效就会造成极其严重的后果。所以，还应该抛开失效可能性，从另外一个角度对设备的风险进行衡量，该风险值被定义为风险加权单个后果。其计算方法为：

$$R_a = \frac{\sum_{i=1}^{4} C_i P_i}{\sum_{i=1}^{4} P_i} \tag{13-20}$$

式中 R_a——设备风险加权单个后果；

C_i——每一孔尺寸的可燃后果；

P_i——每一孔尺寸的失效可能性。

13.8 风险评价结果的管理和使用

（1）风险程度分级：

一级：需要立即采取措施，是唯一的选项。一级风险是最严重的，在研究长期解决方案时必须立即采取临时措施。

二级：风险必须被降低，但还有时间进行更详细的分析和调查。补救措施必须在90天内完成。如果解决方案需要更长时间提出，则需要采用临时紧急措施。

三级：风险是重要的，然而在采取措施时需要考虑费用问题。

四级：需要采取措施，但不重要。

五级：风险在可接受的范围内，不需要采取措施。

（2）根据评价结果对风险进行排序，并确定评价对象所处风险等级。

（3）针对不同属性和类别风险因素，制定降低风险的对策。

（4）根据不同的风险后果，确定相应的监测方法或检测周期。

（5）建立站场风险评价数据库，对评价过程中取得的相关数据、评价结论进行分类、储存。

13.9 榆林压气站一线工艺设施风险评价案例

榆林压气站于1999年投产，共设输气站场和阀室38座，其中有3座计量站，7座中间清管站。在中间四处设有天然气压气站，该压气站的功能是将两路来的天然气汇合增压后进行输送。以该压气站为例，应用API 581对其进行安全评价。

压气站气源基本参数如下：

天然气组分：见表13-30；

表 13-30　气源天然气组分表

组　　分	%(摩尔分数)	组　　分	%(摩尔分数)
CH_4	88.35	iC_5H_{12}	0.0438
C_2H_6	5.555	nC_5H_{12}	0.061
C_3H_8	1.133	CO_2	3.276
iC_4H_{10}	0.152	N_2+Ne	01.131
nC_4H_{10}	0.219	H_2S	≤20mg/m^3
H_2O	0.0622	H_2	0.0165

进压气站天然气压力：4.5MPa；
进压气站天然气温度：5~22℃；
天然气水露点：-10℃；
天然气烃露点：-15℃。

13.9.1　设备及管线的失效后果分析

1. 确定代表性流体及其特性

流体泄放后的扩散特性主要取决于环境中流体的相态(即液体或气体)。如果当流体从稳态工况转换到稳态环境条件时没有相变，则流体的最终相和初始相相同，这里最后相态为气体。其特性为：C_1~C_2 密度为 90.2kg/m^3，标准沸点为 89.4℃，自动点火温度为 -17.2℃。

2. 选择一组孔尺寸

API 581 提供了四种泄漏孔尺寸，即 0.25in、1in、4in 和破裂。

3. 泄漏孔尺寸的选择

表 13-31 提供了不同泄漏范围的孔尺寸的代表值，即 6.35mm、25.4mm、101.6mm 和破裂。

表 13-31　定量风险评价所使用的孔尺寸

孔　尺　寸	范　　围	代　表　值
小	0~6.35mm	6.35mm
中	6.35~50.8mm	25.4mm
大	50.8~152.4mm	101.6mm
破裂	>152.4mm	整个直径

4. 气体泄漏量的计算

管道中气体泄漏质量流量与其流动状态有关，音速流动的气体泄漏质量流量按式(13-11)计算，亚音速流动的气体泄漏质量流量按式(13-12)计算。

风险评价中，裂口的大小和形状一般是按照工程实际情况进行预先假设，再通过假设计算出评价所需的泄漏量。如果情况较为复杂，也可根据已有工程的数据或者经验知识直接假设泄漏总量，进行相应的定量评价。

5. 泄放类型的确定

所有“小孔”(6.35mm)模拟为持续泄放。对于其他类型孔尺寸，当泄放4540kg耗时不足3min时，通过给定孔尺寸的泄放为瞬时泄放。所有较低泄放率模拟为持续型泄放。

压气站中相应的管线和设备，孔尺寸大于6.35mm时泄放质量都大于4540kg，即大于6.35mm的都看作是瞬时泄放。

6. 泄放潜在影响区(失效后果计算)

根据式(13-13)~式(13-18)计算失效后果值。

为便于比较，表13-32列出了计算后的失效后果值。

表13-32 主要设备和管线的失效影响后果区域 m^2

设备 \ 孔尺寸/mm	6.35	25.4	101.6
重力分离器(6个)	49.1/119.4	134.4/259.0	861.5/1660.0
旋风式分离器(6个)	49.1/119.4	134.4/259.0	861.5/1660.0
高级孔板阀	43.0/104.7	122.6/236.3	786.0/1514.5
MOKVELD调压阀	49.5/123.1	138.9/267.6	890.0/1715.0
MOKVELD止回阀	46.2/112.4	128.9/248.4	826.0/1592.0
CAMERON电动球阀	47.9/116.5	132.2/254.7	847.0/1632.1
往复式压缩机组(5个)	55.9/135.4	146.8/282.8	940.7/1812.5
电动球阀	48.5/117.3	134.0/255.2	848.1/1633.2
止回阀	46.2/112.4	128.9/248.4	826.0/1592.0
内径487.4mm的管线(阀门XV-80001的入口管线)	43.0/104.7	122.6/236.3	786.0/1514.5
内径487.4mm的管线(汇管1经XV-80004到压气站出站的管线)	50.0/121.3	136.0/261.9	871.0/1678.2
内径487.4mm的管线(汇管1经XV-80003到汇管2的管线)	42.4/103.4	121.6/234.3	779.2/1501.5
内径255mm的管线	43.0/104.7	122.6/236.3	786.0/1514.5
内径103mm的管线	42.4/103.4	121.6/234.3	779.2/1501.5
内径309.7mm的管线	42.4/103.4	121.6/234.3	779.2/1501.5

注：①“/”左边为设备破坏面积，右边为人员致死面积。

②由于设备和管线完全破裂的可能性很小，故不计算它们的失效后果。

③管线标号具体见榆林站场工艺流程图。

13.9.2 失效概率分析

可能性分析从特定设备类型的同类失效概率数据开始，通过设备修正系数(F_E)和管理系统修正系数(F_M)这两项来修改这些同类频率，计算出一个经过调整的失效概率。

1. 同类失效概率

根据 API 581 建议，得到榆林压气站管线和设备的同类失效概率(见表 13-33)。

表 13-33 榆林压气站管线和设备的同类失效概率 次/年

设备 \ 孔尺寸/mm	6.3	25.4	101.6	破裂
重力分离器(6 个)	9×10^{-4}	1×10^{-4}	5×10^{-5}	1×10^{-5}
旋风式分离器(6 个)	9×10^{-4}	1×10^{-4}	5×10^{-5}	1×10^{-5}
高级孔板阀	4×10^{-5}	1×10^{-4}	1×10^{-5}	6×10^{-6}
MOKVELD 调压阀	4×10^{-5}	1×10^{-4}	1×10^{-5}	6×10^{-6}
MOKVELD 止回阀	4×10^{-5}	1×10^{-4}	1×10^{-5}	6×10^{-6}
CAMERON 电动球阀	4×10^{-5}	1×10^{-4}	1×10^{-5}	6×10^{-6}
往复式压缩机组(5 个)	0	6×10^{-3}	6×10^{-4}	0
电动球阀	4×10^{-5}	1×10^{-4}	1×10^{-5}	6×10^{-6}
止回阀	4×10^{-5}	1×10^{-4}	1×10^{-5}	6×10^{-6}
管线	6.3	25.4	101.6	破裂
内径 487.4mm 的管线	6×10^{-8}	2×10^{-7}	2×10^{-8}	1×10^{-8}
内径 255mm 的管线	2×10^{-7}	3×10^{-7}	8×10^{-8}	2×10^{-8}
内径 103mm 的管线	9×10^{-7}	6×10^{-7}	0	7×10^{-8}
内径 309.7mm 的管线	1×10^{-7}	3×10^{-7}	3×10^{-8}	2×10^{-8}
内径 155mm 的管线	4×10^{-7}	4×10^{-7}	0	7×10^{-8}
内径 50mm 的管线	3×10^{-6}	0	0	6×10^{-7}
内径 100mm 的管线	9×10^{-7}	6×10^{-7}	0	7×10^{-8}
内径 25mm 的管线	5×10^{-6}	0	0	5×10^{-7}
内径 40mm 的管线	4×10^{-6}	0	0	6×10^{-7}

2. 设备修正系数(F_E)

设备修正系数被进一步分为通用次因子、机械次因子和工艺次因子，在分析了这些次因子之后，对所有分项确定值累加，得到该设备项的最终数值。此数值可正可负，需要经过进一步换算才能得到需要的设备修正系数 F_E。

针对站场的计划停车周期大于 6 年、地处 1 级地震区、压缩机进行定期振动监测、泄压阀没有大量结垢等情况，取其设备修正系数为6。

3. 管理修正系数(F_M)

F_M 考虑了设备及安全管理对装置机械完整性的影响，对13项设备管理、101个问题进行打分，根据总得分对照管理系统分值与修正系数的关系图，取管理修正系数值为0.33。

4. 修正失效概率的计算

根据式(13-7)，调整后的失效概率为同类失效概率乘以6(设备修正系数)再乘以0.33(管理修正系数)，最后得到榆林压气站场主要设备和管线的修正失效概率(见表13-34)。

表13-34 设备和管线修正失效概率 次/年

设备 \ 孔尺寸/mm	6.35mm	25.4mm	101.6mm	破裂
重力分离器(6个)	18×10^{-4}	2×10^{-4}	10×10^{-5}	2×10^{-5}
旋风式分离器(6个)	18×10^{-4}	2×10^{-4}	10×10^{-5}	2×10^{-5}
高级孔板阀	8×10^{-5}	2×10^{-4}	2×10^{-5}	12×10^{-6}
MOKVELD 调压阀	8×10^{-5}	2×10^{-4}	2×10^{-5}	12×10^{-6}
MOKVELD 止回阀	8×10^{-5}	2×10^{-4}	2×10^{-5}	12×10^{-6}
CAMERON 电动球阀	8×10^{-5}	2×10^{-4}	2×10^{-5}	12×10^{-6}
往复式压缩机组(5个)	0	12×10^{-3}	12×10^{-4}	0
电动球阀	8×10^{-5}	2×10^{-4}	2×10^{-5}	12×10^{-6}
止回阀	8×10^{-5}	2×10^{-4}	2×10^{-5}	12×10^{-6}
内径487.4mm的管线	12×10^{-8}	4×10^{-7}	4×10^{-8}	2×10^{-8}
内径255mm的管线	4×10^{-7}	6×10^{-7}	16×10^{-8}	4×10^{-8}
内径103mm的管线	18×10^{-7}	12×10^{-7}	0	14×10^{-8}
内径309.7mm的管线	2×10^{-7}	6×10^{-7}	6×10^{-8}	4×10^{-8}
内径155mm的管线	8×10^{-7}	8×10^{-7}	0	14×10^{-8}
内径50mm的管线	6×10^{-6}	0	0	12×10^{-7}
内径100mm的管线	18×10^{-7}	12×10^{-7}	0	14×10^{-8}
内径25mm的管线	10×10^{-6}	0	0	10×10^{-7}
内径40mm的管线	8×10^{-6}	0	0	12×10^{-7}

13.9.3 风险计算

设备的定量风险计算结果可以用于系统的优先性排序，然后进行站场的完整性维护决策的优化。这样可以将设备的检验周期进行合理的调整，对高风险、高失效可能性的设备缩短检验周期，而对低风险、低失效可能性的设备适当延长检验周期。设备和管线的风险值用式(13-21)进行计算，最后结果如表13-35所示。

$$设备或管线的风险值=风险后果\times风险概率 \tag{13-21}$$

表13-35 设备和管线的风险值

设备 \ 孔尺寸/mm	6.35	25.4	101.6
重力分离器(6个)	$8.84\times10^{-2}/21.5\times10^{-2}$	$2.69\times10^{-2}/5.18\times10^{-2}$	$8.62\times10^{-2}/16.60\times10^{-2}$
旋风式分离器(6个)	$8.84\times10^{-2}/21.5\times10^{-2}$	$2.69\times10^{-2}/5.18\times10^{-2}$	$8.62\times10^{-2}/16.60\times10^{-2}$
高级孔板阀	$0.34\times10^{-2}/0.84\times10^{-2}$	$2.45\times10^{-2}/4.72\times10^{-2}$	$1.57\times10^{-2}/3.03\times10^{-2}$
MOKVELD调压阀	$0.40\times10^{-2}/0.98\times10^{-2}$	$2.78\times10^{-2}/5.35\times10^{-2}$	$1.78\times10^{-2}/3.43\times10^{-2}$
MOKVELD止回阀	$0.37\times10^{-2}/0.90\times10^{-2}$	$2.58\times10^{-2}/4.97\times10^{-2}$	$1.65\times10^{-2}/3.18\times10^{-2}$
CAMERON电动球阀	$0.38\times10^{-2}/0.93\times10^{-2}$	$2.64\times10^{-2}/5.09\times10^{-2}$	$1.70\times10^{-2}/3.26\times10^{-2}$
往复式压缩机组(5个)	0	$176.16\times10^{-2}/339.36\times10^{-2}$	$112.88\times10^{-2}/217.5\times10^{-2}$
电动球阀	$0.39\times10^{-2}/0.94\times10^{-2}$	$2.68\times10^{-2}/5.10\times10^{-2}$	$1.70\times10^{-2}/3.27\times10^{-2}$
止回阀	$0.37\times10^{-2}/0.90\times10^{-2}$	$2.58\times10^{-2}/4.97\times10^{-2}$	$1.65\times10^{-2}/3.18\times10^{-2}$
内径487.4mm的管线(阀门XV-80001的入口管线)	$0.52\times10^{-5}/1.26\times10^{-5}$	$4.9\times10^{-5}/9.45\times10^{-5}$	$3.14\times10^{-5}/6.06\times10^{-5}$
内径487.4mm的管线(汇管1经XV-80004到压气站出站的管线)	$0.6\times10^{-5}/1.46\times10^{-5}$	$5.44\times10^{-5}/10.48\times10^{-5}$	$3.48\times10^{-5}/6.71\times10^{-5}$
内径487.4mm的管线(汇管1经XV-80003到汇管2的管线)	$0.508\times10^{-5}/1.24\times10^{-5}$	$4.86\times10^{-5}/9.37\times10^{-5}$	$3.12\times10^{-5}/6.01\times10^{-5}$
内径255mm的管线	$1.72\times10^{-5}/4.19\times10^{-5}$	$7.36\times10^{-5}/14.18\times10^{-5}$	$12.58\times10^{-5}/24.23\times10^{-5}$
内径103mm的管线	$7.63\times10^{-5}/18.61\times10^{-5}$	$14.59\times10^{-5}/28.12\times10^{-5}$	0
内径309.7mm的管线	$0.85\times10^{-5}/2.07\times10^{-5}$	$7.30\times10^{-5}/14.06\times10^{-5}$	$4.68\times10^{-5}/9.01\times10^{-5}$

13.9.4 评价结果与结论

从上述计算结果可以看出，设备风险远大于管线风险，其中4个压缩机组不论是风险后果还是风险概率都是最大的，其次是重力分离器和旋风式分离器，而管线部分内径为103mm的管线风险值也比较大，内径为487.4mm的管线(汇管1经XV-80004到压气站出站的管线)的风险后果最大，这是由于这条管线的操作压力较大所致。风险概率方面，内径103mm的管线最大。

另外，还可以得出孔尺寸与失效后果和失效概率的关系：随着裂口尺寸的增大，设备和管线的失效后果区域逐渐增大；而失效概率则呈现出不同的规律，对于设备来说，一般失效概率大多集中在小泄漏孔尺寸上，对于管线，25.4mm左右的泄漏尺寸比较常见。温度对失效后果面积也是有影响的，温度越低，失效后果越大，这是由于不论气体处于音速还是亚音速流动，其泄放率都与温度的平方根成线性反比关系。

对于失效概率的管理修正系数和设备修正系数来讲，管理修正系数与站场所实施的管理程序有关，因为整个站场都遵守同样的管理规则，所以管理系统修正系数不会改变设备项之间的基于风险值的顺序排列。但是，管理系统修正系数可能对每一设备项和整个工业设施的总风险水平有显著影响。当对整个装置的风险水平进行比较或者对不同装置或装置现场之间的类似设备项的风险值进行比较时，其作用就显得尤为重要。设备修正系数与设备所处的工艺条件有关，它可根据每台设备在其中运行的特定环境得出。

第 14 章　油库风险评价

14.1　概　　述

本章以南一油库为代表，介绍原油站库的风险分析、风险评价与控制的方法：对原油站库划分功能单元，以各功能单元作为子系统，对各类风险因素进行归类、分析、评价，收集站库各类事故发生及处理的历史记录，建立原油站库风险源数据库；对分析确定出的各功能单元子系统危险因素结合实际制定经济可行的控制措施，建立原油站库风险管理的控制平台。

大庆油田南一油库是大庆油田五大油库之一，有 5 个 $10\times10^4m^3$的浮顶原油储罐，目前总储量达到 $50\times10^4m^3$。它主要接收大庆油田采油一厂和采油二厂两大主力采油厂的来油，年外输量约为 1400×10^4t。所以在能源建设和原油储备日益受到重视的今天，对于这样一个大型油库进行风险评价、实施风险管理，具有重大的现实意义。

14.2　油库危险因素分析

14.2.1　火灾、爆炸

原油为甲 B 类火灾危险性物质，在正常作业情况下，物料是在密闭的储罐、管线和密封性能良好的输油泵之间输送。但是，一旦出现异常，物料发生“跑、冒、滴、漏”，就极有可能导致火灾或爆炸。

1. 发生泄漏的主要场所及原因

1）油罐泄漏

（1）罐体渗漏　造成油罐渗漏的主要原因有裂纹、砂眼、腐蚀穿孔等。

① 裂纹　引起裂纹原因有：油罐基础下沉；呼吸阀失灵或调节不当，收发油速度过快，以及油罐试压时超压等，使罐内压力或真空度过大，以致超过了油罐承载能力；油罐焊接施工引起；严寒地区温差引起；内应力以及钢板冷淬性能引起。

② 砂眼　砂眼通常发生在罐顶上部体圈及罐底上，绝大多数是由钢板和焊缝质量缺陷引起的。

③ 腐蚀穿孔　由于水分杂质及空气对油罐的腐蚀作用，常在罐底和罐顶出现腐蚀穿孔，其中以罐底出现机会最多。

（2）超装造成原油外溢　由于计量仪表故障、作业人员擅离岗位或操作失误导致储罐超装引起原油外溢，国内外多次发生此类事故。

(3) 浮顶沉船造成泄漏　浮盘超过高液位运行，会顶住消防泡沫发生器等造成卡盘，继续进油，油料会从密封胶带与罐壁间隙，以及盘上的自动呼吸阀口溢流到盘上，使之下沉，造成所谓“沉船”事故；或浮船船舱泄漏进油，失去浮力造成浮船下沉。另外，如果浮盘位低液位自动呼吸阀自动打开，油气会溢到盘上空间，且不易散入大气，油气积聚到一定程度也是发生火灾爆炸的隐患，并且当重新进油时，由于涡流对浮盘冲击，可能使浮盘和导向管变形或损伤，从而造成沉船事故。

2）管线泄漏

(1) 腐蚀穿孔、焊缝开裂引起泄漏　管道腐蚀的原因主要有以下几种：防腐层施工质量差、管道穿过的地段土壤腐蚀性大、防腐层补口不合格以及阴极保护率达不到100%等。

(2) 外力破坏引起的泄漏事故　管道的外力破坏是指在外力作用下，包括自然界及人为的外力，使输油管道受到的破坏。如在管道上建房、修筑公路、开挖或拓宽河道、铺设其他管道和电缆、堆放易燃易爆物品、植树等。

(3) 施工质量差造成的事故　由于管线大部分埋于地下，施工质量不好将会给日后管道的运行留下许多隐患。

(4) 管材质量差引起的事故　管材质量引起的事故多半为焊缝开裂及母材缺陷，如砂眼、凸凹不平造成的应力集中等。

3）阀门、法兰泄漏

阀门是管道的重要附件，渗漏几乎是阀门的通病。泄漏位置通常在油罐进出口阀门与垫片、管线与泵连接阀门法兰、管线连接阀门与垫片之间。

4）事故原因

事故原因通常为胀裂和冷脆性断裂、闸板脱落、丝杆变形、填料垫片老化破损、关闭件和阀座腐蚀、选用管件不符合要求等。

2. 点火源及其形成

1）明火

主要原因：在罐区及油蒸气易积聚的场所携带和使用火柴、打火机、灯火等违禁品；在库区、分输站内吸烟；机动车进入库区、泵站违章未装阻火器而排烟带火；在使用气、电焊维修设备时，违章动火或措施不力。

2）电气设备点火源

主要原因：在危险场所使用了非防爆电器或防爆等级不够的电器，以及防爆电器和线路安装不符合规范要求，主要表现为电器设备散热不良产生高温表面、开关失灵产生火花、电机仪表火花、电器设备短路等。

3）静电火花

主要原因：操作时高速进油、油中夹带空气、罐内残存金属浮子等杂物、人体衣着产生静电、介质流经滤器弯头等不规则部位产生静电、介质泄漏时产生静电以及各场所及管道的静电消除措施不力。

4）雷电点火源

主要原因：未设置防雷装置、防雷电设施安装不符合要求。

5）其他点火源

主要包括冲击、摩擦产生的火花和高温、超压以及未查清的点火源。

14.2.2 电伤害

在油库管理中，由于作业人员(包括电气工作人员和在作业场所的非电气工作人员)未能按照电气工作安全操作规程进行操作，或缺少安全用电常识，或设备本身出现故障及设备防护措施不完善，均可能导致电气事故的发生。

主要原因有：

(1) 电气设备和线路绝缘性能不符合要求，或者电气设备的金属外壳保护性接地(或接零)措施不当，均可能导致漏电、触电事故；

(2) 电缆铺设不合理，因排水不畅或车辆碾轧而造成电缆绝缘破损漏电事故；

(3) 防雷设施不符合要求或失效，在雷雨天气有可能导致触电事故。

此外，台风、火灾或其他灾害有可能引发电气事故，进而导致人员伤亡或财产损失。

14.2.3 有毒有害物质

油库的主要有毒有害物质是原油气。原油气中的烷烃会对人体产生慢性危害，主要表现为神经系统功能紊乱、皮肤划痕症、血管紧张度降低、心动过缓等。急性中毒是使人处于麻醉状态，进而窒息。原油气芳香烃对人体毒性较大，对心脏也有影响。

14.2.4 噪声

高噪声一方面影响作业人员之间相互传递信息和掩蔽机器运转中发生的异常现象，甚至掩蔽报警信号，导致人的不安全行为，可能引发事故；另一方面对作业人员的生理和心理造成危害，导致人的不安全行为，也可能发生事故。此外，长时间接触高强度噪声易造成作业人员耳蜗底部感受器不可逆病变，发生噪声性耳聋。

油库的噪声主要是由泵产生，并且通常随着功率的增大而增大。泵类噪声主要来源于电机。电机噪声主要是由电机本身的电磁振动所发出的电磁性噪声、尾部风扇引起的空气动力性噪声以及机械噪音三部分组成。

14.2.5 锅炉爆燃

可燃气体、油雾或粉尘与空气混合后，如果其浓度是在该可燃物的爆炸极限内，遇到明火即会爆炸。锅炉中的可燃物在满足上述条件时也会发生爆炸，尤其在锅炉点火时。这种爆炸常在炉膛及烟道中发生，称为锅炉爆燃。锅炉爆燃会造成严重后果，如损坏受热面、炉墙及构架，造成锅炉停炉，严重时造成人身伤亡。

14.3 油库功能单元划分及其初步风险辨识

南一油库作为一个整体的集输油系统，根据其功能不同将其分为下列单元：来油计量间、输油泵房、储油罐区、发球间、收球间、阀组间、锅炉间以及变电所。各单元的基本情况及初步风险辨识如下：

（1）来油计量间　来油计量间的主要任务就是计量来油的体积。计量间内有7台腰轮流量计和3台双壳金属刮板流量计以及与流量计连接的10台过滤器，除此之外还有许多闸阀和仪表。此单元内的危险物质为原油，主要危险为原油泄漏，以及原油泄漏后使室内油气浓度上升后遇火源而产生火灾的风险。

（2）输油泵房　输油泵房的设备和工艺流程相对其他单元要复杂一些。首先，输油泵房可细分为电机房、泵房和污油泵房。对于电机房主要的风险为电机漏电而造成的维护人员遭受高压电击，以及电机房内的各种电气设备接触到来自于泵房的含有油蒸气的空气而产生火灾。而泵房内有7台离心泵，其中包括2台热油循环泵和5台输油泵。泵的入口和出口的压力差别很大，这也说明泵的入口端的泄漏情景与出口端的肯定是不一样的，并且泵的出入口端都接有阀门、法兰和仪表这些容易产生泄漏的部件。所以泵房的主要风险也是原油泄漏。污油泵房内的设备比较简单，管路直径比较小，操作压力也不大，所以管路泄漏的可能性不大，并且其管路泄漏量很小，所以后果并不严重。但是，此处的污油缸上没有标尺，就容易在返油时使污油从污油缸顶部溢出。

（3）储油罐区　储油罐区是油库的核心，也是需要进行风险评价的重点部位，罐区内包括5个$10\times10^4m^3$的浮顶原油储罐。原油储罐的风险不仅表现为具有灾难性的火灾、爆炸风险，而且罐体的变形及其基础的沉降以及在对罐体进行维护时的清洗工艺都存在着很大的危险性与风险性。作为储罐的火灾与爆炸风险的控制与减缓措施，油库装备了火灾监测系统和消防系统。其中消防系统包括消防冷却水和消防泡沫这两套系统，这些系统都由消防泵房来控制。所以，自动系统与消防系统的可靠性对油罐的风险控制影响很大。

（4）发球间和收球间　发球间和收球间内部的压力管道很短并且仪表和法兰数量相对较少，发生泄漏的可能性较小。但是，收球间和发球间在进行收发球操作时容易发生伤人事故。

（5）锅炉间　锅炉间内设备主要为4台SzS6-B-Y型燃油锅炉和一套软化水装置。锅炉本身为压力容器，所以应重视其风险评价。锅炉的风险事件主要为缺水而造成干锅、供应燃料油的管路堵塞以及锅炉点火伤人这三种。

（6）阀组间　阀组间是油库生产的要害部位，采油厂来油、油库输油都经过此阀组，一旦发生问题将造成采油厂全部停产。阀组间分上、下两层，上层是进行进出油操作的控制平台，而下层是地下部分，为进出油的管路，巡视和检查人员的视线很容易被一、二层之间的铁板所挡，如果管路发生泄漏，不容易被发觉。此外，阀组间内的室温大约为40~50℃，这就使得泄漏的原油很容易挥发而造成更大的灾难。

根据以上对油库危险因素的分析，各功能单元的危险种类及其风险评价方法选择如表14-1所示。

表14-1　各单元的风险评价方法

单　　元	区域类型	风险种类	风险评价方法
来油计量间	房间	原油泄漏	预先危险性分析 风险矩阵 火灾、爆炸危险分析

续表

单　　元	区域类型	风险种类	风险评价方法
输油泵房	房间，内分电机房、泵房和污油泵房	原油泄漏 人员触电	预先危险性分析 事故树分析 风险矩阵
储油罐区	室外	原油泄漏	预先危险性分析 火灾、爆炸危险分析 事故树分析 风险矩阵
发球间	房间	原油泄漏 发球伤人	预先危险性分析 风险矩阵
收球间	房间	原油泄漏 收球伤人	预先危险性分析 风险矩阵
阀组间	房间	原油泄漏	预先危险性分析 风险矩阵
锅炉间	房间	烧干、油管堵塞、 锅炉点火烧伤	预先危险性分析
变电所	房间	人员触电	预先危险性分析 事故树分析

14.4　油库预先危险性分析

14.4.1　预先危险性分析方法简介

预先危险分析(PHA)也可称为危险性预先分析，是一种对系统存在的危险性类别、出现危险状态的条件、导致事故的后果作一概略的分析而采用的分析方法。它的功能如下：

(1) 大体识别与系统有关的一切主要危险；

(2) 鉴别产生危害的原因；

(3) 估计事故出现时对系统的影响；

(4) 对已经识别的危险分级，提出削减与控制危险的措施。

危险分级有四类，标准如下：

Ⅰ级：可忽略的，不至于造成人员伤害和系统损坏。

Ⅱ级：临界的，不会造成人员伤害和主要系统的损坏，为了人员和系统安全，需立即采取措施。

Ⅲ级：危险(致命)的，会造成人员伤害和主要系统损坏，为了人员和系统安全，需立即采取措施。

Ⅳ级：破坏(灾难)性的，会造成人员死亡或众多伤残，以及系统报废。

14.4.2　油库区原油泄漏的预先危险性分析

对于油库区各功能单元普遍存在的原油泄漏引起的火灾、爆炸、中毒等危险，采用预先危险性分析方法，对其引发因素及其相应的对策进行了分析，分析结果见表14-2。

表 14-2　油库区原油泄漏的预先危险分析表

系统：南一油库			预先危险分析表				
潜在事故	危险因素	触发事件(1)	发生条件	触发事件(2)	事故后果	危险等级	防范措施
火灾、爆炸	原油泄漏	1. 运行泄漏 (1)油罐进出油时因大量呼吸油气蒸发溢出 (2)油罐内部气相空间温度变化发生大量呼吸油气溢出 (3)油罐清洗时排放的污水中含油量大 (4)油罐放底水误操作或脱离职守导致原油泄漏 2. 故障泄漏 (1)储罐破裂 (2)搅拌器密封损坏 (3)储罐超装溢出 (4)管道破裂 (5)阀门破裂 (6)泵破裂或泵体密封处泄漏 (7)流量计泄漏 (8)清管器发射装置泄漏 (9)储罐、泵、管道、阀门、流量计等设备仪表连接处泄漏	油蒸气浓度达爆炸极限和点火源	1. 明火源 (1)点火吸烟 (2)焊接或维修设备时违章动火 (3)外来人员带入火种 (4)其他火源 2. 火花 (1)穿带钉子皮鞋 (2)用非防爆工具敲打设备、管道产生撞击火花 (3)电器火花 (4)静电放电 (5)雷击 (6)车辆未装阻火器熄火后，启动时排烟带出火花	油品跑损、设备损坏、人员伤亡、停产、造成严重经济损失	Ⅳ	1. 控制与消除火源 (1)库区严禁吸烟，禁止携带火种、穿带钉子皮鞋进入易燃易爆区域 (2)动火必须按动火审批手续进行，并采取严格的防范措施 (3)使用防爆型电器。手电应防爆，进入罐内使用的照明应用安全电压和防爆灯 (4)使用防暴工具进行作业，严禁敲打、撞击或抛掷 (5)按规定要求进行防静电和安装避雷设施，并定期检查其接地电阻 (6)进入生产区的机动车辆必须配装阻火器 2. 严格控制设备质量 (1)选用合格的储罐、流量计、液位计等设备和仪表 (2)管道投产前按要求进行试压 (3)对设备和仪表定期检查和保养维修 3. 加强管理，严格工艺纪律 (1)在库区建立禁火区，作业现场加贴作业场所危险标志 (2)制定规章制度和安全操作规程，严守工艺纪律，防止储罐超装或误操作导致泄漏 (3)坚持巡回检查，发现问题及时处理 (4)储罐检修时，必须将该罐与其他设备隔离，清洗置换干净，分析合格后才能动火，检修时须有人现场监护，并保证通风良好 4. 配齐安全设施 (1)配齐消防设施 (2)储罐安装高、低液位报警器 (3)库区安装可燃气体监测报警装置
				1. 未戴个体防护用品 (1)防护用品缺乏 (2)取用不方便未戴 (3)因故未戴 2. 防护用品失效 (1)破损、失效 (2)选型不对 (3)使用不当	导致人员中毒	Ⅲ	(1)检修或故障泄漏时，当空气中油气浓度超标时操作人员应佩戴防毒面具和安全防护眼镜 (2)同上 2~4 条

14.4.3 输油泵房噪声的预先危险性分析

输油泵房噪声的预先危险性分析见表 14-3。

表 14-3 输油泵房噪声的预先危险性分析

系统：输油泵房			预先危险分析表				
潜在事故	危险因素	触发事件(1)	发生条件	触发事件(2)	事故后果	危险等级	防范措施
听力损伤	泵运行的噪声、震动	泵运行时，作业人员在泵房去巡视、作业时间过长	个人护耳器缺乏或失效	(1)选用泵噪声超标 (2)泵未进行减震隔噪吸声处理 (3)没有为作业人员设置值班室 (4)未戴个人护耳器 (5)个人护耳器失效	听力损伤或至聋	Ⅲ	(1)泵选型应将噪声指标予以考虑 (2)对泵基进行减振处理，对泵电动机进行隔声设计，如有条件则对泵房加装吸声材料 (3)为值班人员设值班室 (4)佩戴合适的个人护耳器

14.4.4 锅炉间的预先危险性分析

锅炉间的预先危险分析见表 14-4。

表 14-4 锅炉间的预先危险性分析

系统：锅炉间			预先危险分析表				
潜在事故	危险因素	触发事件(1)	发生条件	触发事件(2)	事故后果	危险等级	防范措施
爆燃	燃油锅炉的燃烧	锅炉运行时，燃油作为燃料在锅炉中燃烧	设计瑕疵、设备失效、操作不当	1. 设计瑕疵 (1)烟囱高度不合理 (2)火焰探测器安装位置不正确 2. 部件失效 (1)供油阀门失效 (2)控制供油阀的电磁阀失效 (3)供油喷嘴口结焦 (4)喷嘴滤网受阻不畅 (5)电点火发生器动作异常，不打火、连续打火或与进油阀开启不同步 3. 操作不当 (1)点火前对炉膛通风吹扫时间不足 (2)通风量不足 (3)燃油管路内混入空气或水 (4)燃油过多地进入炉膛 (5)不恰当地吹扫油管路，导致残余油气进入炉膛	锅炉爆燃、设备损坏、人员伤亡	Ⅳ	1. 保证设计合理 (1)烟囱直径与高度要符合设计推荐值 (2)锅炉烟道设计应尽量减少弯头和阻力 (3)设计锅炉防爆装置 2. 防止设备失效 (1)保证燃烧器及其相连接的管道和阀门绝对清洁 (2)定期试漏、更换和保养燃烧器的进油电磁阀 3. 加强管理 (1)制定严格的操作运行规程和司炉工的岗位责任制 (2)司炉工要经常对油系统设备进行巡回检查 4. 严格工艺 (1)保证足够的点火前的通风吹扫时间 (2)当一次点火失败时，应检查原因，并用手动控制加长对炉膛的通风吹扫时间。若第二次点火又失败时，应暂停点火，必须全面查明情况，对炉膛进行彻底的通风吹扫

14.4.5 变电所的预先危险性分析

变电所的预先危险性分析见表 14-5。该项分析同样适用于油库区的其他电气设备。

表 14-5 变电所的预先危险性分析

系统：南一油库			预先危险分析表				
潜在事故	危险因素	触发事件(1)	发生条件	触发事件(2)	事故后果	危险等级	防范措施
电击	高压电源	(1)变电间内的超高压设备 (2)库区其他单元的电源设备	个体防范意识差、电气设备不合标准或偶然	1. 个体防范意识差 (1)缺乏电气安全知识 (2)违反操作规程 2. 电气设备不合标准 (1)电气设备不合格 (2)电气设备安装不合格 3. 电气设备附近缺乏应有的安全措施 4. 偶然 如不可抗力	导致人员触电	Ⅲ	1. 严格控制电气设备质量 (1)选用合格的电气设备 (2)对设备进行定期的检查、维护和保养 2. 加强管理，严格纪律 (1)规范电气安全管理制度 (2)严格按照规章制度进行设备运行、操作与检修 (3)电气设备管理人员要做到及时发现电气设备的故障和危险 3. 做好变电所防雷措施 4. 电缆的铺设避免被车碾轧和雨水浸泡

14.5 油库的火灾、爆炸危险指数评价

火灾、爆炸危险指数(F&EI)法是美国道化学公司对易燃易爆物质进行火灾爆炸危险性定量评价的一种方法。该方法适用于石油化工等危险物质的安全评价。F&EI 评价的目的是：①真实地量化潜在的火灾、爆炸和反应性事故的预期损失；②确定可能引起事故或使事故扩大的装置；③向管理部门通报潜在的火灾、爆炸危险性。然而，F&EI 体系最重要的目标是使评价人员了解各工艺部分可能造成的损失，并帮助其确定减轻潜在事故的严重性和总损失的有效而又经济的途径。

14.5.1 火灾、爆炸危险指数评价程序

火灾、爆炸危险指数评价程序如图 14-1 所示。

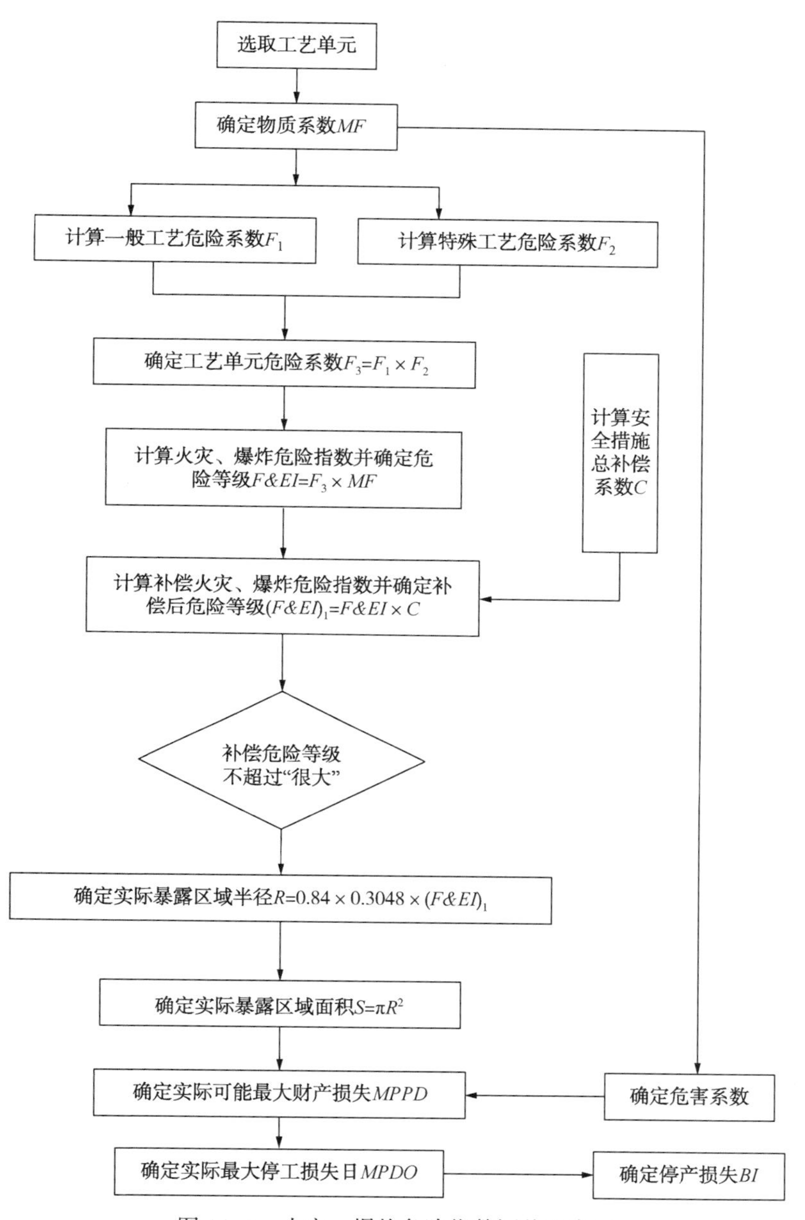

图 14-1　火灾、爆炸危险指数评价程序图

1. 确定评价单元

进行危险指数评价的第一步是确定评价单元。单元是装置的一个独立部分，与其他部分保持一定的距离并用防火墙、防爆墙、防护堤等与其他部分隔开。通常，在不增加危险性潜能的情况下，可把危险性潜能类似的单元归并为一个较大的单元。

2. 单元危险度的初期评价

$$F\&EI = F_3 \times MF,\quad F_3 = F_1 \times F_2$$

式中　$F\&EI$——火灾、爆炸危险指数；

MF——物质系数，由 N_F(燃烧性)、N_R(化学活性)来决定；

F_1——一般工艺危险系数；

F_2——特殊工艺危险系数。

求出 $F\&EI$ 后，按表 14-6 确定其火灾、爆炸危险等级。

表 14-6 火灾、爆炸危险等级判定表

$F\&EI$ 或($F\&EI$)$_1$ 值	1~60	61~96	97~127	128~158	>158
危险程度	最轻	较轻	中等	很大	非常大
危险等级	Ⅰ	Ⅱ	Ⅲ	Ⅳ	Ⅴ

3. 单元危险度的最终评价

单元危险度的初期评价结果，表示的是不考虑任何预防措施时单元所固有的危险性。道化学公司从降低单元的实际危险度出发，通过变更设计、采取减少事故频率和潜在事故规模的安全对策措施和各种预防手段来修正、降低其危险性。安全预防措施分为工艺控制、物质隔离、防火措施三个方面。

1）确定补偿火灾、爆炸危险指数($F\&EI$)和危险等级

$$(F\&EI)_1 = F\&EI \times C,\quad C = C_1 \times C_2 \times C_3$$

式中 C——安全补偿系数；

C_1——工艺补偿系数；

C_2——物质隔离补偿系数；

C_3——防火措施补偿系数。

补偿系数的取值分别按《道七版》所确定的原则选取。无任何安全补偿措施时，上述补偿系数为 1.0。求出($F\&EI$)$_1$后按表 14-6 确定其补偿火灾、爆炸危险等级。

2）确定实际暴露区域半径 R

$$R = 0.84 \times 0.3084 \times (F\&EI)_1$$

该暴露半径表明了单元危险区域的平面分布。它是一个以工艺设备的管径部位为中心，以暴露半径为半径的圆。如果评价单元是一个小设备，就以该设备的中心为圆心，以暴露半径为半径画圆。如果设备较大，则应从设备表面向外量取暴露半径。

3）确定实际暴露区域面积

4）确定实际最大可能财产损失($MPPD$)和停产损失

$$\text{更换价值} = \text{原来成本} \times 0.82 \times \text{增长系数}$$

$$\text{实际最大可能财产损失} = \text{更换价值} \times \text{危害系数}$$

$$\text{停产损失 } BI = \frac{MPDO}{30} \times VPM \times 0.70$$

式中：VPM 为每月产值；0.70 为固定成本和利润。

5）评价结论

对项目进行安全评价，只有项目中所有单元的补偿火灾、爆炸危险度均不超过“很大”，项目才可以通过，说明达到了安全生产的基本要求。否则，应对项目修改设计或增加安全防护措施，直至重新评价通过为止。

14.5.2　危险指数评价

1. 评价单元的划分

依据整个油库的生产流程和平面布置情况，将油库比较重要的部分划分为三个单元：储罐区、输油泵房、计量间。分别计算各单元的火灾、爆炸危险指数和补偿火灾、爆炸危险指数，确定相应的危险等级，并确定实际暴露区域半径和面积。其他的单元或各单元的各种设备的详细情况在定量风险评价中进行评价(见本书“14.9 油库功能单元的定量风险评价”)。

(1) 储罐区　该单元的主要设施为5座$10\times10^4m^3$的浮顶油罐及消防系统以及各种油罐附件、液位监视系统和灌区管线。

(2) 输油泵房　该单元的主要设施为7台离心泵，其中包括2台热油循环泵和5台输油泵，以及电机房、污油泵房以及相应的管线、阀门、过滤器等，单元内的物料为原油。

(3) 计量间　该单元的主要设施为7台腰轮流量计、3台双壳金属刮板流量计以及与流量计连接的10台过滤器，除此之外还有许多闸阀和仪表，单元内的危险物质为原油。

2. 单元固有危险指数计算

1) 物质系数的确定

从《道七版》中，可以查到原油的物质系数和特性(见表14-7)，得到原油的物质系数$MF=16$(不考虑物质系数温度的修正)。

表14-7　原油的物质系数

物质名称	物质系数 MF	燃烧热/($Btu/lb\times10^3$)	MFPA分级			闪点/°F	火灾危险
			健康危害 N_H	易燃性 N_F	化学活性 N_R		
原油	16	21.3	1	3	0	20~90	甲B

注：1Btu/lb=2.326kJ/kg。

2) 一般工艺危险性

(1) 物料处理与输送　原油属于甲B类火灾危险物质，对于$MF=3$的易燃液体，罐区系数取0.85，泵房和计量间主要为管线运输，因此系数取0.50。

(2) 密闭式或室内工艺单元　在封闭区域内，在闪点以上处理易燃液体，且易燃液体的量大于4540kg，系数为0.45，小于4540kg，系数为0.3。因此，本油库储罐组的系数选择为0.45，输油泵房、计量间安装了合理的通风装置因此取0.25。

(3) 排放和泄漏控制　根据《道七版》的规定，储罐组的该项系数取0.50。

3) 特殊工艺危险系数

(1) 毒性物质　原油的$N_H=1$，其毒性系数为$0.2\times N_H=0.2$。

(2) 燃烧范围或其附近的操作　只有当仪表或装置失灵时，工艺设备或储罐才处于燃烧范围内或其附近，系数为0.3。据此项规定，储罐组和输油泵房、计量间的系数取0.3。

(3) 压力　根据设计压力，利用公式$Y=0.16109+1.61503(X/1000)-1.42879(X/1000)^2+0.5172(X/10000)^3$得罐区为0.86，输油泵房为0.86，计量间为0.86。

(4) 易燃及不稳定物质的质量　根据储存液体的量系数确定方法要求，原油(对水的相对密度为0.88）的储存系数按0.85计，5座100000m^{3}的原油储罐组相当于3.74×10^8kg=8.2×10^8lb的量，原油的燃烧热为21.3×10^3Btu/lb，总能量为1.746×10^{14}Btu，通过计算并查表得其危险系数为1.2；根据输油泵和计量间的流量及管径，确定20%管径破裂泄漏，泄漏源强度为120kg/s，假设泄漏10min，则原油总泄漏量为7.2×10^4kg，总能量为3.36×10^9Btu，从《道七版》中查得危险系数为1.8。

① 腐蚀与磨蚀　腐蚀速率以大于0.127mm/a，小于0.254mm/a计，取系数为0.2；

② 泄漏（连接处和填料处）　储罐、输油泵、计量间可能在法兰等连接处产生正常的一般泄漏，系数选取0.3；

③ 转动设备　输油泵为转动设备，取系数0.5。

根据公式$F_3=F_1\times F_2$、$F\&EI=MF\times F_3$得出各单元的固有危险火灾、爆炸指数，根据$F\&EI$，确定危险等级。

其指数计算表如表14-8所示。

表14-8　单元固有危险指数

单　元		储罐组	输油泵房	计量间
1. 物质系数 *MF*		16	16	16
2. 一般工艺危险性	危险系数范围	危险系数	危险系数	危险系数
基本系数	1.00	1.00	1.00	1.00
A. 放热化学反应	0.3~1.25			
B. 吸热反应	0.20~0.40			
C. 物料处理与输送	0.25~1.05	0.85	0.5	0.5
D. 密闭式或室内工艺单元	0.25~0.90	0.45	0.25	0.25
E. 通道	0.20~0.35			
F. 排放和泄漏控制	0.25~0.50	0.5		
一般工艺危险系数(F_1)		2.8	1.75	1.75
3. 特殊工艺危险性	危险系数范围	危险系数	危险系数	危险系数
基本系数	1.00	1.00	1.00	1.00
A. 毒性物质	0.20~0.80	0.20	0.20	0.20
B. 负压(<500mmHg)	0.50			
C. 易燃范围内及接近易燃范围的操作		0.30	0.30	0.30
惰性化—未惰性化				
(1) 罐装易燃液体	0.50			
(2) 过程失常或吹风故障	0.30			
(3) 一直在燃烧范围内	0.80			
D. 粉尘爆炸	0.25~2.00			
E. 压力		0.86	0.86	0.86
F. 低温	0.20~0.30			
G. 易燃及不稳定物质的重量				

续表

单 元		储罐组	输油泵房	计量间
(1)工艺中的液体及气体				
(2)储存中的液体及气体		1.2	1.8	1.8
3. 储存中的可燃固体及工艺中的粉尘				
H. 腐蚀与磨蚀	0.10~0.75	0.2	0.2	0.20
I. 泄漏(连接处和填料处)	0.10~1.50	0.30	0.3	0.3
J. 使用明火设备				
K. 热油热交换系统	0.15~1.15			
L. 转动设备	0.05		0.5	
特殊工艺危险系数(F_2)		4.06	5.16	4.66
工艺单元危险系数(F_3)		11.368	9.08	8.155
火灾、爆炸指数($F\&EI$)		181.8	145.28	130.48
火灾、爆炸危险等级		非常大	非常大	非常大

3. 单元补偿后危险指数的计算

1）工艺控制安全补偿系数 C_1

(1) 应急电源　罐区、输油泵房、计量间应具有应急电源且能从正常状态自动切换到应急状态，取补偿系数为0.98。

(2) 冷却装置　罐组设有冷却装置系统，且能保证在出现故障时维持正常冷却10min以上，取补偿系数为0.99。

(3) 紧急切断装置　若设有在异常情况下能紧急切断进出料的系统，取补偿系数为0.98，单元均取补偿系数0.98。

(4) 紧急停车装置　若在异常情况下能紧急停车并能转换到备用系统，取补偿系数为0.98，储罐组泵房取补偿系数为0.98。

(5) 针对生产特点　如能制定完善的操作指南和规程，并严格执行，取补偿系数为0.92，三个单元取补偿系数为0.92。

(6) 活性化学物质检查　按大纲进行检查是整个操作的一部分，系统取补偿系数为0.91，三个单元属此类情况，取补偿系数为0.91。

(7) 其他工艺危险分析　进行定量风险分析和详尽的后果分析，罐区取补偿系数为0.94，泵房和计量间单元取补偿系数为0.93。

得出工艺控制安全控制补偿系数：

$C_{11}=0.98\times0.99\times0.98\times0.98\times0.92\times0.91\times0.94=0.733$

$C_{12}=0.98\times0.99\times0.98\times0.98\times0.92\times0.91\times0.93=0.725$

$C_{13}=0.98\times0.99\times0.98\times0.98\times0.92\times0.91\times0.93=0.725$

2）物质隔离安全补偿系数 C_2

(1) 遥控阀　如单元设有在紧急情况下可以遥控的切断阀，从而可迅速将储罐、容器及主要输送管线隔离，可取补偿系数为0.98，单元取补偿系数为0.98。

（2）联锁装置　如装有联锁系统以避免出现错误的物料流向以及由此引起的不安全因素，取补偿系数为0.98，储罐组该项系数为0.98。

得出物质隔离安全补偿系数：$C_{21}=C_{22}=C_{23}=0.98\times0.98=0.96$。

3）防火设施安全补偿系数 C_3

（1）泄漏检测装置　若按要求安装了可燃气体检测器，取补偿系数为0.98，储罐组选取该项系数为0.98；

（2）钢质结构　采用防火涂层，则所有的承重钢结构都要涂覆，且涂覆高度至少为5m，取补偿系数为0.98，三个单元取补偿系数为0.98；

（3）消防水供应系统　若按要求设有消防水供应系统，取补偿系数为0.97，储罐组取补偿系数为0.98，输油泵房取补偿系数为0.94；

（4）泡沫灭火装置　如罐组设有远距离泡沫灭火系统，取补偿系数为0.94，储罐组取补偿系数为0.94；

（5）手提式灭火器材　如能配置手提式干粉灭火器材，取补偿系数为0.98，三个单元选取补偿系数为0.98；

（6）电缆保护　把电缆管埋在电缆沟内，取补偿系数为0.94，三个单元取补偿系数为0.94。

储罐组、输油泵房和计量间的防火设施安全补偿系数如表14-9所示。

表14-9　防火设施的安全补偿系数

单　元		储罐组	输油泵房	计量间
1. 工艺控制安全补偿系数	补偿系数范围	补偿系数	补偿系数	补偿系数
A. 应急电源	0.98	0.98	0.98	0.98
B. 冷却装置	0.97~0.99	0.99	0.99	0.99
C. 抑爆装置	0.84~0.98			
D. 紧急切断装置	0.96~0.99	0.98	0.98	0.98
E. 紧急停车装置	0.96~0.99	0.98	0.98	0.98
F. 惰性气体保护	0.94~0.96			
G. 操作规程/程序	0.91~0.99	0.92	0.92	0.92
H. 化学活泼性物质检查	0.91~0.98	0.91	0.91	0.91
I. 其他工艺危险分析	0.91~0.98	0.94	0.93	0.93
工艺控制安全补偿系数 C_1		0.733	0.725	0.725
2. 物质隔离安全补偿系数	补偿系数范围	补偿系数	补偿系数	补偿系数
A. 遥控阀	0.96~0.98	0.98	0.98	0.98
B. 卸料/排空装置	0.96~0.98			
C. 排放系统	0.91~0.97			
D. 联锁装置	0.98	0.98	0.98	0.98
物质隔离安全补偿系数 C_2		0.96	0.96	0.96
3. 防火措施安全补偿系数	补偿系数范围	补偿系数	补偿系数	补偿系数

续表

单　元		储罐组	输油泵房	计量间
A. 泄漏检测装置	0.94~0.98	0.98	0.98	0.98
B. 结构钢	0.95~0.98	0.98	0.98	0.98
C. 消防水供应系统	0.94~0.97	0.97	0.97	0.97
D. 特殊灭火系统	0.91			
E. 洒水灭火系统	0.74~0.97			
F. 水幕	0.97~0.98			
G. 泡沫灭火装置	0.92~0.97	0.94	0.94	0.94
H. 手提式灭火器材/喷水枪	0.93~0.98	0.98	0.98	0.98
I. 电缆防护	0.94~0.98	0.94	0.94	0.94
防火设施安全补偿系数 C_3		0.807	0.807	0.807
安全措施总补偿系数 $C=C_1\times C_2\times C_3$		0.568	0.56	0.56
补偿火灾、爆炸危险指数 $(F\&EI)'=F\&EI\times C$		103.26	81.36	73.07
补偿火灾、爆炸危险等级		中等	较轻	较轻
实际暴露区域半径 $R=0.84\times0.3048\times(F\&EI)$		33.35	20.83	18.7
实际暴露区域面积 $S=\pi R^2$		3494	1363	1098

通过计算可以看出南一油库储罐组、输油泵房、计量间补偿后的火灾、爆炸危险等级为“中等”“较轻”级别，说明了只要各种安全防护设施齐全完好，运行中操作人员能严格执行各项安全操作规程，并加强安全管理，就能保证整个罐区储运工作的安全运行。

此外，输油泵房、和计量间虽然存量较小，但是由于运行较为频繁，阀门、过滤器以及各种仪表、电机较多，易发生泄漏和产生静电，应加强对它们的检查。

上述评价是针对储罐区的储罐组、输油泵房、计量间的火灾、危险爆炸危险的一个总体评价，对于各个单元各种设备具体的风险大小和风险检测顺序在定量风险评价中进行；对于各个单元存在的具体的安全问题，采用下面的油库安全度的评价来实现。

14.6　油库安全度评价

油库安全度评价采用安全检查表的评价方法。安全检查表是一种广泛应用的系统危险性评价方法，用于查找系统中各种潜在的事故隐患，还将各检查项目予以量化，进行系统的安全评价。通过安全检查表对评价系统进行详尽分析和讨论，列出检查单元和检查项目，并对各检查项目赋分计算，从而评价出系统的整体安全等级。

14.6.1　油库安全度基本定义

1. 安全度

油库安全度是指油库安全性的可靠程度，即油库设备、设施、安全管理与规范、标准、规程等安全技术要求相符的程度。不包括动态的人员行为安全可靠程度。

2. 优良安全型油库

优良安全型油库是指在现有的技术可能、经济条件允许的规定条件下，油库安全性、可靠性达到满意的社会效果，即油库设备、设施、安全管理符合规范、标准规程等规定的安全技术要求，预示着油库安全、可靠的运行。

3. 安全型油库

安全型油库是指其设备、设施、安全管理与规范、标准、规程等规定的安全技术要求基本相符，但存在潜在危险性较小的不符之处，预示着油库可安全运行。

4. 基本安全型油库

基本安全型油库是指其设备、设施、安全管理与规范、标准、规程等规定的安全技术要求有较多不符之处，具有潜在的危险，但不会马上构成危险，预示着油库运行中必须注意危险的转化，或采取措施消除危险。

5. 临界安全型油库

临界安全型油库是指其设备、设施、安全管理与规范、标准、规程等规定的安全技术要求有较大的差距，具有严重的潜在危险，须立即整改，否则就可能导致油库运行中灾害事故的发生。

6. 不安全型油库

不安全型油库是指其设备、设施、安全管理与规范、标准、规程等规定的安全技术要求相差甚远，具有现实危险，如不立即整改，将导致灾害事故的发生。

14.6.2 油库安全度评价标准

1. 评价系统的建立

从油库整体和全局的安全出发，根据油库整体功能，采取“整、分、合”的原则，建立储油系统、装卸油和输油系统、辅助作业系统、消防系统、防护抢救系统、安全管理系统六个安全度评价系统。

2. 评测单元的建立

评测单元为基本的评价对象，每个系统内可包含若干个评测单元。评测单元的建立以油库设备、设施能自成独立的单元为原则。

1）储油系统

（1）地面油库以储油罐组为一个评测单元，即以同一防火堤内所有储油罐为一个评测单元；

（2）卧式储油罐组、高位（架）罐、回（放）空罐以各自独立罐组为一个评测单元。

2）装卸油和输油系统

装卸油作业设备、设施以每处为一个评测单元：

（1）输油泵房评测单元（原油、润滑油、轻油泵房各单独为一个评测单元）；

（2）装卸油设施评测单元（铁路、码头、公路、罐桶设施各为一个评测单元）；

（3）输油管路评测单元。

3）辅助作业系统

（1）发电房评测单元；

（2）变、配电室评测单元；

（3）输电线路和电缆评测单元；

（4）辅助作业场所评测单元。

4）消防设施系统

（1）固定消防设施评测单元；

（2）移动消防器材评测单元。

5）防护、抢救系统

（1）基本检测仪表、工具及防护装具评测单元；

（2）应急设备及器材评测单元。

6）安全管理系统

油库安全管理评测单元。

3. 评价标准

将油库设备、设施、安全管理中的不安全因素，按其对人身及油库安全的威胁程度，分为高危险性、中危险性、低危险性三类。并根据不安全因素的具体状态和满足规范、标准的程度，将每一种不安全因素分为四个等级：不符合要求、有严重缺陷、基本符合要求、符合要求。具体评价标准见表 14-10。

表 14-10　油库安全度评价判分标准

类别/程度	不符合要求	有严重缺陷	基本符合要求	符合要求
高危险性	0	1	4	8
中危险性	0	1	3	5
低危险性	0	1	2	3

注：①不安全因素的危险等级在安全度评价表中已经被确定。

②不安全因素的状况如果在相邻两级程度之间，其判分可取相邻两级之间的中间分。

14.6.3　油库安全度评价计算方法

采用查阅核对记录、交流、考试、测试、实际演练等形式，综合应用眼看、耳听、鼻嗅、手触等人体功能，并借助必要的仪表、工具深入现场，根据“安全度评价表”所列评测项目和考评内容逐项评测、判分，必要时可进行解体检查、测试。

1. 计算方法

1）无项及缺项的处理

（1）凡因油库不承担任务而缺少的项目、评测单元或系统，不进行评测，也不列入统计计算。

（2）凡是油库应有而没有的项目，评测时判为“0”，并列入统计计算。

2）计算方法

油库安全度评价安全度值计算分为项目、评测单元、系统、油库四种。

（1）项目安全度计算公式：

$$X_{a_i}=\frac{\text{评测项目实际判分}}{\text{评测项目最高得分}}$$

式中：X_{a_i}表示任意一个项目的安全度值（计算至小数点后三位，四舍五入取二位）。

（2）评测单元安全度值计算公式：

$$D_{a_i}=\frac{评测单元内各项目安全度值之和(\sum X_{a_i})}{评测单元内项目数}$$

式中：D_{a_i}表示任意一个评测单元的安全度值。

（3）评价系统安全值计算公式：

$$P_{a_i}=\frac{系统内各评测单元安全度值之和(\sum X_{a_i})}{系统内评测单元数}$$

式中：P_{a_i}表示任一个系统的安全度值。

（4）油库安全度值计算公式：

$$A=\frac{各系统安全度值之和(\sum X_{a_i})}{系统数}$$

式中：A 表示受评价油库的安全度值。

2. 等级划分标准

1）分级标准

根据安全度值的大小将油库安全分为 A、B、C、D、E 五个等级。其标准见表 14-11。

表 14-11　油库安全度分级标准

级　别	A 级	B 级	C 级	D 级	E 级
	优良安全型	安全型	基本安全型	临界安全型	不安全型
安全度值	≥0.95	≥0.90	≥0.85	≥0.80	<0.80

2）评价结论

（1）根据统计计算的油库安全度值，确定油库安全度类型。

（2）对于评测中发现的不安全因素、事故隐患，应列出问题存在的部位、危险程度，并提出解决问题的办法或应采取的措施。

（3）对于油库安全度为 D 级的油库，其整体安全性已达临界安全状态，应立即采取措施，以保证油库安全运行；对于安全度为 E 级的油库，其潜在危险已达到不能安全运行的状态，必须立即采取措施，并进行整顿。必要时应停止收发油作业，进行彻底整顿或改造，以防灾害事故的发生。

14.6.4　安全度评价表

根据“安全度评价表”所列评测项目和考评内容逐项评测、判分，结果如表 14-12～表 14-23 所示。

表 14-12　地面油罐(组)安全度评价表

序号	评测项目	考 评 内 容	方法	判分标准	判分	存在问题
1.1	油罐基础	①油罐基础牢固，无不均匀下沉 ②油罐基础无裂缝、倾斜，无稀沥青流出 ③罐基周围排水畅通	现场检查	0-1-4-8	6	油罐基础周围有不同程度裂缝

续表

序号	评测项目	考评内容	方法	判分标准	判分	存在问题
1.2	罐体	①油罐体外壁无锈蚀，防腐层完好，油漆无脱落 ②罐体无严重变形或倾斜 ③油罐壁(底、顶)钢板锈蚀深度不超标 ④油罐壁(底、顶)无漏油现象 ⑤罐壁(顶)无凹陷、褶皱、鼓泡等缺陷 ⑥自动报警、检测装置完好 ⑦排污管闸阀上锁且为铸铁阀	现场检查	0-1-4-8	8	
1.3	油罐浮顶	①浮盘各部密封良好 ②浮盘上下运行时无卡涩现象 ③导静电跨接线完好，有效	现场检查	0-1-4-8	8	
1.4	机械呼吸阀	①产品合格、安装正确，机械呼吸阀选用符合收发作业要求 ②阀盘与阀座接触面良好 ③阀杆上下运动灵活、无卡阻 ④阀壳网罩无破损 ⑤压盖衬垫严密 ⑥呼吸通道无堵塞现象 ⑦抽查一个呼吸阀，控制压力合乎要求 ⑧阀体完好、附件齐全(阀体无裂缝、油漆无脱落、阀盖螺帽等齐全、严密) ⑨日常维护检查及每年检定落实	现场检查、测试	0-1-4-8	8	
1.5	阻火器	①阻火器产品合格、安装正确 ②防火网或波形散热片清洁畅通 ③垫片完整、无漏气 ④阻火器应为波纹板式阻火器	现场检查、查阅资料	0-1-4-8	8	
1.6	静电、防雷接地	①油罐周边接地每30m一处，且不少于两处，各部跨接线完好 ②接地线、接地极设置合理、连接正确，每罐防雷接地极至少两组，接地电阻值≤10Ω ③罐组外有防静电手扶体 ④接地线与设备连接处设有断接卡，便于正确检测接地电阻	现场检查、测试	0-1-4-8	4	接地电阻干燥季节时有时超过规定值；罐组外未设防静电手扶体
1.7	油罐测量孔	①油罐测量孔密封，不漏气 ②测量孔内有护板 ③测量孔外有接地端子，加锁	现场检查	0-1-4-8	4	测量孔盖密封不严，有时人为未关闭
1.8	防火、消防	①泡沫发生器技术状况良好，消防泡沫室护罩完好、玻璃无破裂，无油气漏出，冷却水管安装正确 ②测量孔附近有石棉被一条，罐组附近有消防间并配手提灭火器 ③防火堤内无易燃物、堆放物(草坪除外)	现场检查	0-1-4-8	8	

续表

序号	评测项目	考 评 内 容	方法	判分标准	判分	存在问题
1.9	防火堤	①防火堤符合技术要求 ②防火堤无鼠洞、无损坏 ③排水口有阀门，平时关闭 ④输油管线穿越防火堤处用非燃烧材料严密封堵	现场检查	0-1-4-8	8	
1.10	人体防护措施	旋梯、扶手、栏杆、平台、防滑踏步牢固、完好	现场检查	0-1-3-5	5	
1.11	自动化仪表	①仪表及安装配线符合防爆要求 ②与油罐连接孔不漏气、不渗油	现场检查、查阅资料	0-1-4-8	6	储油罐液位计电缆线布线不合乎要求
1.12	加热器	①阀门无漏气 ②油水分离器性能良好，排水无带油 ③管道接头严密、内部支架无损坏	现场检查			无此设施
1.13	各种记录	①油罐标牌登记、填写正确 ②各种记录登记齐全、清晰	现场检查、查阅资料	0-1-3-5	5	

注：对于油罐没有的评测项目(如加热器)可以不进行评价。

表 14-13　泵房安全度评价表

序号	评测项目	考 评 内 容	方法	判分标准	判分	存在问题
2.1	建筑结构	①无沉陷、裂缝 ②屋面不渗漏，周围排水通畅，房内无积水 ③门窗齐全，门向外开，无铁件碰撞 ④配电间门窗安全距离符合要求	现场检查	0-1-2-3	2	局部基础沉陷、裂缝、房屋顶部漏雨水；采用防盗门，有可能碰撞火花
2.2	油泵	①表装齐全完好，工作正常、稳定(电流表、电压表、压力表、真空表等) ②填料密封良好，平时不渗漏 ③联轴器防护装置良好 ④往复泵、螺杆泵、齿轮泵设有安全阀，性能良好，控制压力正确(1.1~1.2 倍工作压力)	现场检查	0-1-4-8	8	
2.3	设备连接	①油、水、气系统无渗漏 ②与备用泵之间阀门加锁或隔堵盲板 ③工艺流程管路不允许有混油管段	现场检查	0-1-4-8	4	伴热、污油系统局部有渗漏
2.4	防静电接地	①管路、管件等电气连接(跨接)良好 ②接地电阻值≤100Ω	现场检查、测试	0-1-4-8	8	
2.5	通风	①有固定机械通风设施 ②平时泵房无严重油气，作业时泵房内油气浓度不超过爆炸下限的 80% ③防爆区、非防爆区隔绝严密	现场检查、测试	0-1-4-8	1	泵房、电机房两防爆区之间隔绝不严密

续表

序号	评测项目	考评内容	方法	判分标准	判分	存在问题
2.6	电气设备	①电气设备、配线符合防爆要求 ②自动化仪表、配线符合防爆要求 ③通信设备、配线符合防爆要求	现场检查、测试	0-1-4-8	4	电力电缆线穿入防爆区密封胶泥不严
2.7	防雷	①泵房排气管(通风管、真空泵排气管)有防雷接地，接地电阻值≤10Ω ②架空线泵房终端杆设避雷针，接地电阻值≤10Ω	现场检查、测试	0-1-4-8	8	
2.8	消防器材	①灭火器选型符合灭火类型、级别 ②消防器材配备、存放位置符合规定、有效	现场检查，必要时计算核对	0-1-4-8	8	
2.9	过滤器	①外观良好(内外壁油气无脱落、无油垢、无锈蚀、无裂纹、无变形)，附件齐全、完好(有压力表窥视器、放沉淀阀等附属件) ②过滤器严密(在规定试验压力下不渗漏、不变形，检查试验记录) ③过滤器选用符合要求(目数、过滤面积、材料、流量等参数与使用要求相符合)，安装正确，牢固可靠 ④附有静电传导装置	现场检查	0-1-4-8	4	过滤器上端密封胶圈有微渗；个别排污阀、仪表阀不严密
2.10	各种记录、工具	①工艺流程图表准确、无误，有符合本泵房情况的操作规程和操作参数，阀门的开关采用编号挂牌 ②各种记录登记齐全，填写完整、清晰 ③有一套适用的工具 ④油泵、工艺管路色标涂刷正确	现场检查、查阅记录	0-1-3-5	5	

表 14-14 输油管路安全度评价表

序号	评测项目	考评内容	方法	判分标准	判分	存在问题
3.1	输油管路连接	①阀门、法兰、丝扣、焊缝及管路无渗漏 ②管线能全部放空油料 ③穿越、跨越重要道路处两边有闸阀井 ④管路与周围建(构)物之间的距离符合规范要求[地上敷设的油管与有门窗、孔洞的建(构)筑物的墙壁保持不小于3m的距离，与无门窗、孔洞的建筑物的墙壁保持不小于1m的距离] ⑤油管与各种地下管道、管沟及电缆的相互水平间距和垂直交叉净距满足规范	现场检查	0-1-4-8	4	部分阀门法兰渗漏；局部穿越、跨越重要道路两边无闸阀井
3.2	输油管路支座	①固定、滑动、导向支座、桥架设置合理，作用好，无沉降倾斜 ②管托无腐蚀，工作正常	现场检查	0-1-4-8	8	

续表

序号	评测项目	考评内容	方法	判分标准	判分	存在问题
3.3	跨接及接地	①每个法兰连接处有跨接 ②跨接符合要求(每对法兰处跨接不少于两处，且连接可靠，接触良好) ③管间净距≤10cm时，每50m跨接一次，接地设置符合要求，连接可靠、接触良好 ④管线接地装置安装符合要求(接地电阻值≤100Ω)	现场检查、测试	0-1-4-8	4	阀组间、罐前阀室管线法兰间均无跨接线
3.4	埋地输油管	①管路走向标桩牢固、明显 ②管路各处无漏点 ③掩埋管线埋深符合要求	现场检查	0-1-4-8	6	站内无油管线走向标桩
3.5	管沟、阀井油气浓度	①可燃气体浓度在爆炸下限的5%以下 ②管沟内整洁、完好(无积水、无染物、盖板完整)，阀井盖完整并上锁 ③管沟按规定设置有隔断设施	现场检查、测试	0-1-4-8	6	管沟内缺少隔断设施
3.6	阴极保护装置	①阴极保护装置工作正常、配电盘上熔断器完好、电流数值正常 ②恒电位仪零件完好(无腐蚀、脱焊、虚焊、损坏、内部清洁)，硫酸铜电极清洁、溶液充足、不漏 ③阳极地床线路完好、埋设标志明显、电阻值合格 ④检查头装置的接线柱与大地绝缘电阻大于100kΩ ⑤绝缘法兰清洁、干燥、不漏电	现场检查、测试	0-1-4-8	1	现场检测阴极保护设备，因施工已停用一年，未及时恢复
3.7	牺牲阳极保护装置	①管对地、阳极对地、阳极对管电位正常(实测、查记录) ②保护电位、阳极组输出电流、阳极接地电阻及埋设点土壤电阻率是否正常 ③阳极性能良好(实测、查记录)	现场检查、测试	0-1-4-8		无此项
3.8	过滤器	①外观质量良好(内外壁油漆无脱落、无油垢、无锈蚀、无裂纹，无变形)，附件齐全、完好(有压力表窥视器、放沉淀阀等附属件) ②过滤器严密(在规定试验压力下不渗漏、不变形，检查试验记录) ③过滤器选用符合要求(目数、过滤面积、材料、流量等参数与使用要求相符合)，安装正确，牢固可靠 ④附有静电传导装置	现场检查	0-1-4-8	4	过滤器上端盖密封处有渗油；无静电传导装置
3.9	补偿器	①产品质量合格、安装正确、位置适当、满足补偿要求 ②强度满足要求(定期作水压试验记录) ③外观质量良好，无扭曲、变形、挤压、破裂现象	现场检查	0-1-4-8	4	3罐前阀室内管线补偿器有扭曲错位

续表

序号	评测项目	考评内容	方法	判分标准	判分	存在问题
3.10	水击、超压	①员工对水击的认识 ②防止超压的仪器工作正常(如安全阀、止回阀等) ③有防止水击的操作规程	现场检查、测试	0-1-4-8	4	阀组间内一套超压泄压设施已停用，无防护设施

表 14-15　变、配电室安全度评价表

序号	评测项目	考评内容	方法	判分标准	判分	存在问题
4.1	建筑结构	①无沉陷、无裂缝 ②屋面无渗漏 ③周围排水畅通，不积水	现场检查	0-1-3-5	5	
4.2	变、配电设备	①高、低压配电系统符合国家规范要求 ②各种变配电设备技术状况良好、无故障运行	现场检查	0-1-4-8	8	
4.3	接地装置	①各部接地无断股、松动、脱落 ②各种接地电阻值：工作、保护、中心点接地≤4Ω，重复接地≤10Ω ③变压器油加注合格	现场检查、测试	0-1-4-8	8	
4.4	防护设施、装具	①安全栅栏齐全、完好 ②安全警示标志齐全、明显 ③防护装具、绝缘地板、绝缘棒等齐全，定期测试	现场检查、查阅记录	0-1-3-5	5	
4.5	消防器材	①灭火器选型、配备符合灭电气火灾要求 ②灭火器放置位置合理、有效	现场检查	0-1-3-5	5	
4.6	规章制度	①有操作规程、电气系统工艺流程图 ②作业登记、值班记录、检查记录齐全、准确、清晰，值班制度、交接班制度严格	现场查阅	0-1-3-5	5	

表 14-16　辅助作业场所安全度评价表

序号	评测项目	考评内容	方法	判分标准	判分	存在问题
5.1	化验室	①油样间电气应符合 2 级场所防爆要求 ②毒品专柜上锁，酸、碱、盐类分柜存放 ③黏有易燃物的废弃物入桶加盖并及时处理 ④操作间平时无油气，作业时油气浓度不超过爆炸下限的 10%	现场检查、测试	0-1-3-5	1	油样间内电热套、开关等采用非防爆电气；含水、密度测定操作时及废油样倾倒时，油气浓度可能会超爆炸下限 10%
5.2	机修间	①电气线路规范、电气设备保护接地、接零完好有效 ②各机修设备防护装置完好 ③电石或乙炔气瓶与氧气瓶分别存放，存放间符合防爆要求 ④操作人员防护用品齐全、完好	现场检查	0-1-3-5	5	

表 14-17 固定消防设施安全度评价表

序号	评测项目	考评内容	方法	判分标准	判分	存在问题
6.1	水源	①消防水池容量或其他水源满足灌区灭火要求 ②水池内清洁 ③补充水时间不超过96h ④如果有其他水源，应保证水源充足	现场检查、进行核算	0-1-4-8	8	
6.2	消防管网、消防栓	①管径应满足消防给水强度所需水量 ②消防栓保护半径<120m，水压应>9.81Pa（$10mH_2O$），出水量>10L/s ③消防栓接口、半固定消防管接口完好、匹配，1.5m内无障碍物	现场检查、进行核算、试验	0-1-4-8	8	
6.3	消防泵	①消防泵流量、扬程满足灭火需要 ②消防泵能在5min内启动出水	现场检查、试验	0-1-4-8	8	
6.4	泡沫液和泡沫发生器	①泡沫液储量满足灭火需求 ②泡沫液每年检验一次，并合格 ③泡沫发生器或高背压泡沫发生器技术状况良好	现场检查、进行核算	0-1-4-8	8	
6.5	发动机泵及备用电源	①发动机泵每周发动一次，每半年检验一次 ②备用电源技术状况良好，供电可靠	现场检查、查阅记录	0-1-4-8	8	
6.6	人为因素	①操作人员会正确操作泡沫灭火系统，尤其是操作泡沫比例发生器 ②落实责任人，明确相关放水阀、排渣口、消火栓启闭规定，并认真执行 ③落实责任人，按规定检查维修，擦拭消防设备，防止阀门锈蚀、阀门阀芯脱落、泡沫比例混合器锈死	现场问答、检查	0-1-4-8	4	个别操作人员对泡沫灭火系统操作熟练程度不够
6.6	消防道路	①储油区、装卸油作业区有环形或回车场消防道路 ②消防道路畅通，无塌陷	现场检查	0-1-4-8	4	泵房阀组间、计量间等作业区无环形消防道路

表 14-18 移动消防器材安全度评价表

序号	评测项目	考评内容	方法	判分标准	判分	存在问题
7.1	消防车	①底盘、发动机技术性能良好，能随时发动 ②水箱和泡沫箱满装，无渗漏 ③消防车库位置合理，进出方便，冬季能防冻	现场检查、试验	0-1-3-5		无此项
7.2	配套器材及工具	①水枪、泡沫枪、钩枪等接口、喷嘴、垫圈等完好 ②消防水带盘卷整齐，完好无渗漏 ③其他附属器材、工具齐全完好	现场检查、试验	0-1-3-5	3	罐区内消防泡沫箱内未备用充足的水龙带
7.3	训练和装具	①训练有素，能在规定时间到达现场灭火 ②消防员装具齐全，放置有序 ③消防车每日发动一次，每月行车试验一次	现场检查、试验、查阅记录	0-1-3-5	5	

续表

序号	评测项目	考评内容	方法	判分标准	判分	存在问题
7.4	灭火工具	储油区、库房区、辅助作业区入口处配置符合场地要求的适量的灭火器及灭火工具	现场检查	0-1-3-5	5	

表 14-19 基本检测仪表、工具及防护装具安全度评价表

序号	评测项目	考评内容	方法	判分标准	判分	存在问题
8.1	油气、静电检测	有油气浓度检测仪、静电测试仪，并完好	现场检查、实际试用	0-1-3-5	1	未配备静电测试仪
8.2	防护	①有手摇、电动鼓风机，并完好 ②有空气呼吸器(2套)，并完好 ③有防火隔热服(2套) ④有防爆工具(1套)，齐全、完好	现场检查、实际试用	0-1-3-5	3	无防火隔热服
8.3	电气仪表及工具	①兆欧表、万用表、钳形电流表、接地电阻监测仪等 ②高、低压试电笔，绝缘棒等 ③绝缘手套、绝缘鞋等	现场检查	0-1-3-5	5	

表 14-20 应急设备及器材安全度评价表

序号	评测项目	考评内容	方法	判分标准	判分	存在问题
9.1	应急输油设备	有应急临时抽罐油机动泵1台，并完好	现场检查	0-1-3-5	5	
9.2	抢修设备	①移动发电机组(3kW) ②手提式电焊机及焊接工具 ③钢管切割器、应急堵漏器、补漏胶	现场检查	0-1-3-5	4	部分抢修器具配备不全

表 14-21 安全管理安全度评价表

序号	评测项目	考评内容	方法	判分标准	判分	存在问题
10.1	安全组织	①安全组织健全(安全领导小组、安全小组、安全员)，职责明确 ②专业和群众性消防组织健全 ③安全组织定期开展安全"三预"活动和安全日活动 ④有专(兼)职消防组织和消防预案，人员固定、职责明确，定期组织消防演练	查阅资料、座谈	0-1-3-5	5	
10.2	安全教育	①有年度安全教育训练计划 ②有安全教育考核制度和考核标准 ③落实三级安全教育规定 ④"安全活动"按计划展开 ⑤油库职工达到"三懂""三会"要求 ⑥每年定期组织灭火作战预案的演练	查阅资料、座谈	0-1-3-5	5	

续表

序号	评测项目	考评内容	方法	判分标准	判分	存在问题
10.3	规章制度	①抽查岗位职责和操作规程 ②库月、分库周、保管员日查库制度执行情况 ③出入库、钥匙领交登记、测量制度执行情况 ④上级下发的现行油库规章制度齐全	查阅资料、现场考试	0-1-3-5	3	操作规程不全
10.4	主要作业程序	①输转油料作业程序 ②油罐清洗作业程序 ③禁区动火程序	查作业票存根、作业记录	0-1-3-5	5	
10.5	事故管理	①事故报告处理(等级事故、等外事故、重大事故苗头)符合制度要求，无隐情不报情况 ②发生事故后，按照“三不放过”和五原则进行处理	查阅资料	0-1-3-5	5	
10.6	预案演练	①抢修预案及演练情况 ②灭火作战预案及演练情况 ③警戒防卫预案及演练情况	查阅资料	0-1-3-5	5	
10.7	人员业务素质	①业务知识、安全知识 ②操作技术及处理问题能力	现场提问	0-1-3-5	3	部分操作者应急处理能力差

表 14-22 锅炉安全度评价表

序号	评测项目	考评内容	判分标准	判分	存在问题
11.1	压力表	①锅炉压力表安装符合要求(每台锅炉装有与锅筒蒸汽空间直接相连的压力表；给水管的调节阀前、过热器出口和主汽阀之间装有压力表) ②压力表精度符合要求(工作压力<2.47MPa，压力精度不应低于2.5级；工作压力≥2.47MPa，压力精度不应低于1.5级) ③压力表的装置、校验和维护符号国家计量部门的规定，铅封完好(压力表装前应校验，装后至少半年校验一次) ④压力表盘刻度极限为工作压力的1.5~3倍 ⑤压力表显示锅炉最高允许压力的红线正确、清晰 ⑥压力表连接管无漏水、漏气、挤压变形、折弯等现象，表内无漏气，表面玻璃完好、表盘刻度清晰	0-1-4-8	4	用于锅炉压力、温度检测的压力变送器、温度变送器等未及时检定
11.2	安全阀	①安全阀安装正确、数量符合国家相关标准 ②安全阀定期进行放汽或放水试验 ③安全阀按规定进行调整和校验 ④安全阀装设有排气管	0-1-4-8	8	
11.3	水位表	①每台锅炉装有两个独立的水位表 ②水位表有指示最高、最低安全水位的明显标志，水位指示清晰，水位表旋塞无渗漏 ③玻璃管式水位表有安全防护装置 ④水位表指示正常、无漏气、漏水 ⑤水位表定期检查和及时正确的冲洗	0-1-4-8	8	

续表

序号	评测项目	考评内容	判分标准	判分	存在问题
11.4	排污阀	①排污阀畅通、无漏气、漏水 ②排污操作正确 ③蒸发量≥10t/h 或工作压力≥0.69MPa 的锅炉装有两个串联排污阀，安装正确	0-1-4-8	8	
11.5	水处理	①给水和炉水质量符合《火管锅炉的水质标准》规定 ②锅炉蒸发量≥10t/h 时采取除氧措施	0-1-4-8	8	
11.6	管理	①运行锅炉有"使用许可证" ②有锅炉安全运行操作规程 ③有炉工岗位责任制和交接班制度 ④司炉工持有操作证 ⑤运行锅炉已年检，各项记录齐全	0-1-4-8	8	
11.7	其他	①炉体及各阀门无漏水、漏气、变形、烧红 ②射水器给水正常 ③炉墙、炉拱无损坏、钢架无变形 ④锅炉房通道畅通 ⑤楼梯、走道、栏杆等无损坏	0-1-4-8	8	

表 14-23　计量间安全度检查表

序号	评测项目	考评内容	判分标准	判分	存在问题
12.1	建筑结构	①无沉陷、无裂缝 ②屋面无渗漏 ③周围排水畅通，不积水 ④房屋内通风良好，油气浓度小于爆炸下限	0-1-4-8	8	
12.2	阀门	①阀门无渗漏(阀杆动密封处及法兰垫片静密封处) ②阀门严密性正常(按规定试验压力打压不渗漏) ③阀门安装正确，位置适当(禁止倒装，尤其是单向阀、截止阀、安全阀) ④阀门启闭灵活，阀杆无弯曲、锈蚀	0-1-4-8	8	
12.3	计量仪表	①计量仪表安装正确，连接处无泄漏 ②仪表工作正常、精度满足要求 ③有专人对仪表进行维护 ④仪表按规定进行校验	0-1-4-8	8	
12.4	消防器材	①灭火器选型、配备符合灭电气火灾要求 ②灭火器放置位置合理、有效 ③工作人员会使用灭火器	0-1-4-8	8	
12.5	操作规程	①有操作规程、电气系统工艺流程图 ②作业登记、值班记录、检查记录齐全、准确、清晰，值班制度、交接班制度严格	0-1-4-8	8	

续表

序号	评测项目	考评内容	判分标准	判分	存在问题
12.6	过滤器	①外观质量良好(内外壁油漆无脱落、无油垢、无锈蚀、无裂纹、无变形),附件齐全、完好(有压力表窥视器、放沉淀阀等附属件) ②过滤器严密(在规定试验压力下不渗漏、不变形,检查试验记录) ③过滤器选用符合要求(目数、过滤面积、材料、流量等参数与使用要求相符合),安装正确,牢固可靠 ④有静电传导装置	0-1-4-8	4	

14.6.5 安全度评价结果分析

通过对各评价单元、系统安全情况汇总,确定整个油库的最终评价得分和等级,见表14-24。

表 14-24 安全度评价结果分析

评价系统	油罐(组)系统	装、泄油、输油系统			辅助作业系统			消防设施系统		防护、抢救系统		安全管理系统
单元	储油罐	泵房	输油管路	计量间	变、配电室	辅助作业场所	锅炉	固定消防设施	移动设施	检测防护装具	应急器材	安全管理
单元分值	0.917	0.73	0.57	0.917	1.0	0.80	0.928	0.857	0.867	0.73	0.9	0.886
系统分值	0.917	0.739			0.909			0.862		0.815		0.886
油库评价值	0.855	安全度等级			基本安全型							

通过利用安全检查表法,对油库的多个检查项目进行了分析,计算确定了南一油库的最终安全度评价为0.855,属基本安全型,说明油库的安全生产和安全管理方面遵循国家有关安全标准,基本符合安全要求。但同时,通过安全度的评价查出以下不完善或隐患内容,为最大限度降低事故率的发生,需要对存在的隐患进行改善。

(1) 油罐基础周围有不同程度裂缝;接地电阻干燥季节时有时超过规定值;罐组外未设防静电手扶体,测量孔盖密封不严,有时人为未关闭;储油罐液位计电缆线布线不合乎要求。

(2) 泵房局部基础沉陷、裂缝、房屋顶部漏雨水;采用防盗门,有可能碰撞火花;伴热、污油系统局部有渗漏;泵房、电机房两防爆区之间隔绝不严密;电力电缆线穿入防爆区密封胶泥不严;过滤器上端密封胶圈有微渗;个别排污阀、仪表阀不严密。

(3) 管道部分阀门法兰渗漏;罐前阀室、管线法兰间均无跨接线;管沟内缺少隔断设施;现场阴极保护设备已停用一年,未及时恢复;过滤器上端盖密封处有渗油、无静电传导装置;罐前阀室内管线补偿器有扭曲错位;阀组间内一套超压泄压设施已停用,应及时修复，防止水击或其他原因超压。

(4) 化验室油样间内电热套、开关等采用非防爆电器；含水、密度测定操作时及废油样倾倒时，油气浓度可能会超爆炸下限10%。

(5) 职工对泡沫消防系统的使用不熟悉，罐区内消防泡沫箱内未备用充足的水龙带，消防系统的设备维护、检修、消防演习还需加强。

(6) 用于锅炉压力、温度检测的压力变送器、温度变送器等未及时检定，应制定详细的检测计划，并严格执行。

(7) 应配备足够的抢修器具，防止影响生产，并应配有静电测试仪器，防止静电的危害。

14.7 油库、泵房、变电所事故树分析

14.7.1 油库火灾、爆炸事故树分析

火灾、爆炸事故是油库可能发生的、危害严重的事故。分析油库的火灾、爆炸原因可采用事故树方法。“火灾、爆炸”作为顶上事件，当存在“火源”，且“气体达到可燃浓度”时，即发生火灾事故。而“火源”又分为“明火”“电火花”“撞击火”“静电火”“雷击火花”；“气体达到可燃浓度”是由于“通风不良”或“油品泄漏”造成的。因此，将“火源”和“气体达到可燃浓度”作为多事件的基本事件。当气体浓度“达爆炸极限”时将发生爆炸，因此，将其作为单事件的基本事件。因此整个油库的火灾、爆炸事故树如图14-2所示。

从事故树可得出11个最小径集：

$P_1=\{X_1, X_2, X_3, X_4, X_5, X_6, X_7, X_8, X_9, X_{10}, X_{11}, X_{12}, X_{17}, X_{18}, X_{19}, X_{20}, X_{21}\}$

$P_2=\{X_1, X_2, X_3, X_4, X_5, X_6, X_7, X_8, X_9, X_{10}, X_{11}, X_{12}, X_{16}, X_{18}, X_{19}, X_{20}, X_{21}\}$

$P_3=\{X_1, X_2, X_3, X_4, X_5, X_6, X_7, X_8, X_{13}, X_{14}, X_{15}, X_{16}, X_{18}, X_{19}, X_{20}, X_{21}\}$

$P_4=\{X_1, X_2, X_3, X_4, X_5, X_6, X_7, X_8, X_{13}, X_{14}, X_{15}, X_{17}, X_{18}, X_{19}, X_{20}, X_{21}\}$

$P_5=\{X_1, X_2, X_3, X_4, X_5, X_6, X_7, X_8, X_{13}, X_{14}, X_{15}, X_{16}, X_{21}\}$

$P_6=\{X_1, X_2, X_3, X_4, X_5, X_6, X_7, X_8, X_{13}, X_{14}, X_{15}, X_{17}, X_{21}\}$

$P_7=\{X_1, X_2, X_3, X_4, X_5, X_6, X_7, X_8, X_9, X_{10}, X_{11}, X_{12}, X_{16}, X_{21}\}$

$P_8=\{X_1, X_2, X_3, X_4, X_5, X_6, X_7, X_8, X_9, X_{10}, X_{11}, X_{12}, X_{17}, X_{21}\}$

$P_9=\{X_{23}, X_{24}, X_{25}\}$

$P_{10}=\{X_{26}, X_{27}, X_{27}, X_{28}, X_{29}, X_{30}, X_{31}, X_{32}, X_{33}, X_{34}, X_{35}, X_{36}, X_{37}, X_{38}, X_{39}\}$

$P_{11}=\{X_{40}\}$

结构重要度分析顺序为：$I_{f(40)}>I_{f(23)}=I_{f(24)}=I_{f(25)}>I_{f(1)}=I_{f(2)}=I_{f(3)}$……由上面的分析可知，基本事件$X_{40}$(达到爆炸极限)是单事件的最小径集，其结构重要系数最大，是爆炸事故发生的最重要事件。因此，要求采取十分可靠的安全措施防止油气浓度达到爆炸极限：一方面库区场地要尽量平整，无低洼，泵房、计量间有通风设施，减少油气积聚；另一方面

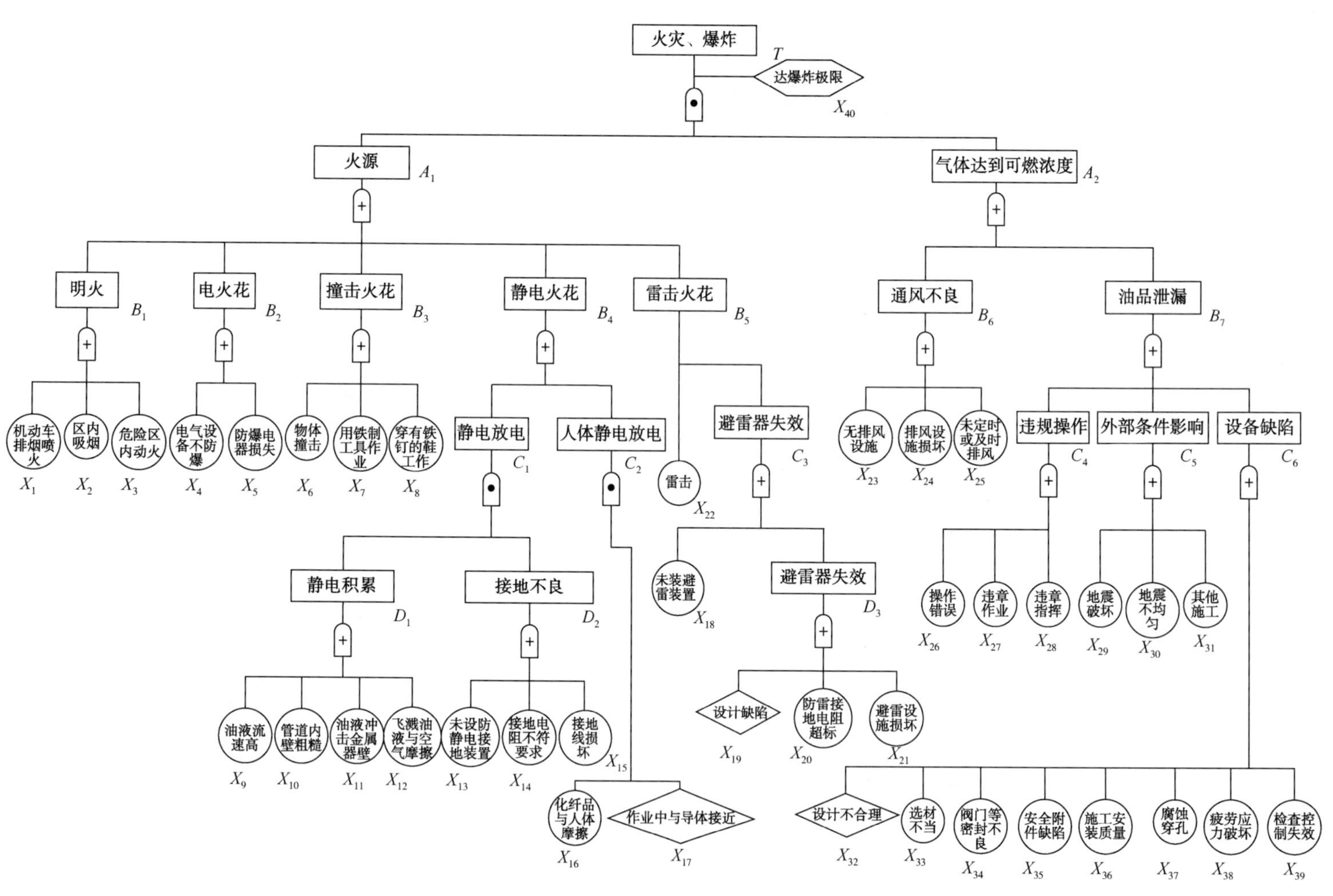

图14-2 油库火灾、爆炸事故树

在作业场所配置可燃气体浓度探测仪或火灾报警器，以便实时监控油气浓度或火灾。最小径集 P_9 仅由 X_{23}（无排风设施）、X_{24}（排风设施损坏）和 X_{25}（未定时或及时排风）组成，其重要度仅次于 X_{40} 即加强作业场所的通风排气来降低气体浓度。

整个油库发生火灾、爆炸的另外一个重要因素是发生油品的泄漏，在油品的泄漏中，跑、冒油事故引起的危害较大。影响油库跑、冒油事故的因素很多，主要有：阀门操作不当；油库设备和设施不按规定施工、修理；钢材的腐蚀及材料性能不符合使用要求；擅离职守和冒险蛮干；气候影响和其他原因。跑、冒事故的主要原因及防治措施见表 14-25。

表 14-25 跑、冒事故主要原因及防止措施

跑油事故主要原因	防止措施
①收发油结束时，未能及时关闭阀门或关阀不严或作业前未注意检查 ②收发油作业中出现不正常现象时，未立即停止作业，而是带故障继续作业 ③管线破裂损坏未及时发现 ④输油管线连接不牢，输油过程中脱落 ⑤启用未经认真验收的管线，输油时造成破裂 ⑥维修作业的组织方法不严密，忘记关闭有关阀门或拆除的设备未及时接上或管口忘记堵上等；维修作业与收发人员不注意联系和相互协作	①装卸和倒装油料作业前，应仔细检查连接管是否牢固和严密 ②输油作业时巡查管线，看罐或监视油面的人员应注意观察罐内的进油情况。现场值班每隔 10~15min 了解一次各岗位的作业情况。全面作业时，值班领导和现场值班人员要组织好交接班。一般不应中途停止作业，必须停止作业时，应将输油管内油料进行吹扫，以防止升温时胀裂管线 ③作业中遇到停电或液流中断等不正常情况时，要立即关阀停泵，查明原因，待恢复正常后再启动作业 ④作业结束后，应关闭所有阀门，并应认真检查 ⑤输油管线、储油设备、阀门在严寒冬季到来之前，应充分做好防冻准备工作 ⑥对容易遭受山洪、暴雨袭击的容器、管线等应及时加固或采取其他安全措施 ⑦及时提醒在库内外的土埋管线上面施工、耕种人员不得碰坏输油管线及附件
冒油事故的主要原因	**防止措施**
①油罐装油时未考虑安全容量或考虑安全容量有误，致使气温较低时装油太慢，在温度上升时，体积膨胀而造成溢油 ②收油前未按制度要求测取罐内原存油高度或测量马虎，过低估算罐内原存油数，致使装油时造成溢油 ③收发油作业时，作业人员擅离工作现场，或虽在现场但马虎大意，不注意监视油罐的进油情况 ④业务不熟练，不能及时关闭有关阀门或错开阀门 ⑤自动控制装置失灵或油位指示器不灵、储罐区与泵房失去联系等 ⑥值班人员交接班时，未交接清楚 ⑦作业中突然停电，中断输转时，未及时关阀、停泵	①在油罐装油之前，应准确测量罐内原存油情况，同时根据油罐所允许装油的安全容量计算出还可装油的容量和高度 ②对装有安全高度自动报警或自动停泵的容器，在装油前，应仔细检查这些设备是否灵活可靠 ③在接收和发放油料或倒罐作业时，必须有专人看守油罐或液面指示器。在作业中，应不断检查和注视玻璃管、浮标等油面指示器的情况 ④装油容量应严格控制在安全高度以内 ⑤收发油过程中，因故停泵，必须关闭有关阀门，防止虹吸造成冒油 ⑥在收发油作业中，必须正确开启和关闭阀门，并认真检查阀门有无损坏、关闭严否和填料有无泄漏。防止串罐或胀裂管线和容器

14.7.2 输油泵房电机房火花产生的火灾事故树分析

在现场调研的基础上，建立起输油泵房电火花产生的火灾事故树如图 14-3 所示，其中的原因事件列于表 14-26 中。

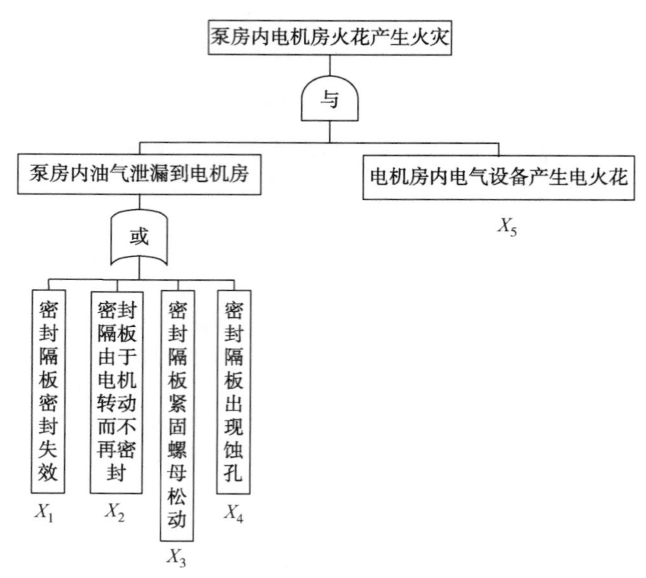

图 14-3 泵房内电机房火花产生火灾事故树

表 14-26 原因事件表

序号	代码	原 因 事 件	事 件 类 型
1	X_1	密封隔板密封失效	设备故障
2	X_2	密封隔板由于电机转动而不再密封	设备故障
3	X_3	密封隔板紧固螺母松动	设备故障
4	X_4	密封隔板出现蚀孔	设备故障
5	X_5	电机房内电气设备产生电火花	设计不合理或日久功能退化

计算最小割集：$T=(X_1+X_2+X_3+X_4)\times X_5=X_1X_5+X_2X_5+X_3X_5+X_4X_5$

所以最小割集为$\{X_1X_5\}$、$\{X_2X_5\}$、$\{X_3X_5\}$、$\{X_4X_5\}$，其风险削减措施见表 14-27。

表 14-27 针对最小割集的风险削减措施表

序号	最小割集描述	风险削减措施
1	密封隔板密封失效，电机房内电气设备产生电火花	定期更换橡胶密封圈，电气设备应该防爆
2	密封隔板由于电机转动而不再密封，电机房内电气设备产生电火花	定期检查隔板与通往泵的轴之间的间隙，电气设备应该防爆
3	密封隔板紧固螺母松动，电机房内电气设备产生电火花	定期检查隔板的松动情况，电气设备应该防爆
4	密封隔板出现蚀孔，电机房内电气设备产生电火花	为密封隔板刷防腐漆，并且检查防腐漆的脱落情况，电气设备应该防爆

14.8 油库定量风险计算

1. 风险的定义

风险是失效后果(用 C 表示)和失效可能性(用 F 表示)的乘积。对一种情况的风险是:

$$Risk_s = C_s \cdot F_s$$

式中下标 s 代表情况的编号。

2. 风险评价

风险评价也称为风险排序，主要包括识别风险(潜在危险)，评价各种可能失效事故的可能性(频率或概率)和失效后果的严重度。

定量评价的结果放入 5×5 的矩阵中(见图 14-4)，按高、中高、中等及低风险来分级，垂直轴代表可能性的大小，水平轴代表失效后果的严重程度。

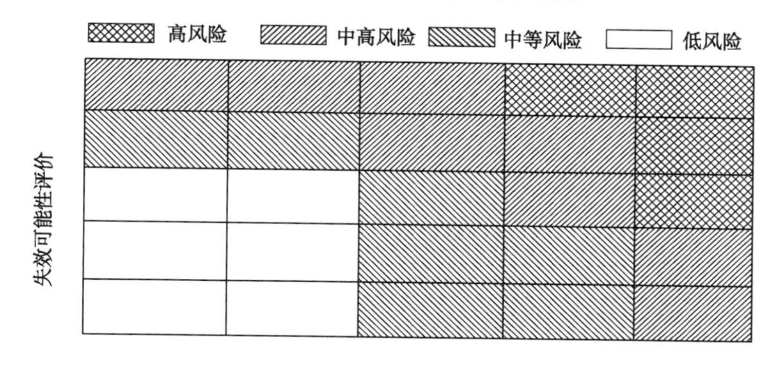

图 14-4 风险矩阵

采用美国石油学会(API)对炼油及石油化工装备的风险评价方法，对油库区各功能单元的原油泄漏风险进行风险评价。

关于 API 581 的风险评价方法简述如下。

1) 可能性分析(见图 14-5)

可能性分析是以装备类型划分的失效频率或概率的通用数据库为基础，然后用能反映出通用的与现在所研究评价对象之间差异的 2 个因子——设备修正因子(F_E)和管理修正因子(F_M)进行修正，得到经过调整的失效频率或概率为:

$$调整的失效频率或概率 = 通用的失效频率或概率 \times F_E \times F_M$$

设备修正因子(F_E)是用于检验每个指定装备的详细技术指标和其运行环境，以便得到只是对该指定装备所适用的修正因子。装备修正因子要识别对指定装备的失效频率或概率起主要影响的特定条件，其可以划分为 4 个次级因子(子因子):

(1) 技术模量子因子　用于检查结构损伤状态、生产过程环境和损伤检验程序;

(2) 通用子因子　对所有的装备均有影响;

(3) 机械子因子　是从某一装备到另一装备而变化的;

(4) 工艺子因子　生产工艺过程可以影响装备的完整性。

技术模量对于风险和检测程序优化是很关键的，是用于评价特定的失效机制对失效频率或概率影响的系统方法。

技术模量用于评价两类信息：由于运行环境所致该装备损伤或材料性能的退化率；在失效发生前装备的检测程序对于运行损伤机制的识别和监视的有效性。分析服役中的损伤和检测两者对失效频率或失效概率的影响包括以下 7 个步骤：

(1) 查明损伤机制并建立预期损伤速率；

(2) 确定损伤速率的可信度水平；

(3) 在确信的损伤水平和损伤速率基础上确定检测程序的有效性；

(4) 计算检测程序对于改进损伤速率置信水平的影响；

(5) 计算在给定损伤水平时会导致装备失效的损伤容限的概率(这可以通过概率适用性评价进行)；

(6) 计算技术模量子因子；

(7) 计算对于所有运行损伤机制的综合的技术模量子因子。

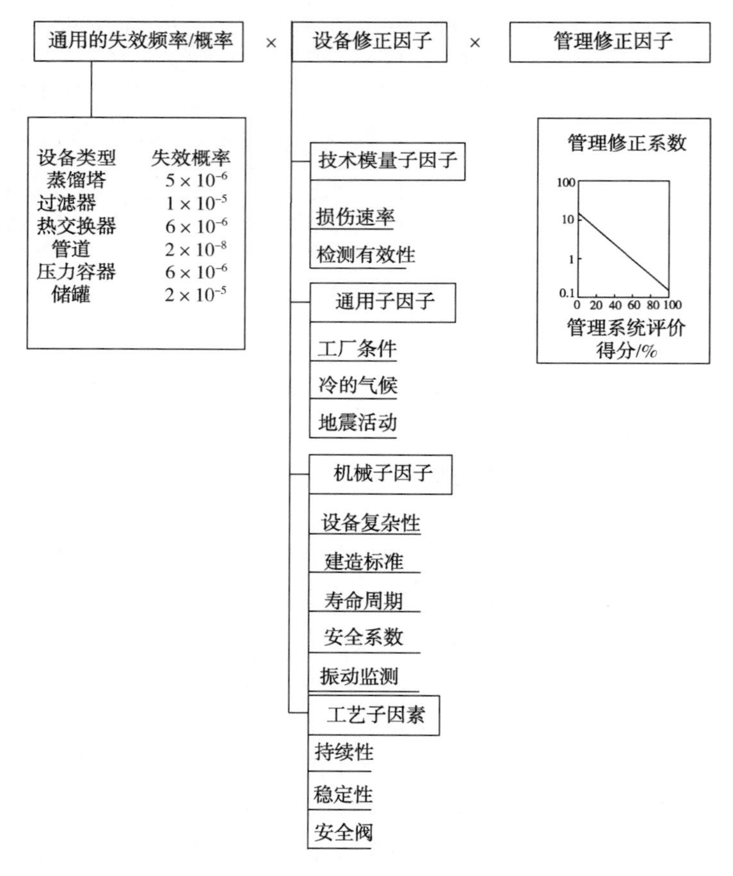

图 14-5　失效可能性计算

管理系统评价因子调整所评价的装备管理系统对装备的力学完整性的影响。管理系统评价覆盖了整个工厂或工程的生产安全管理。

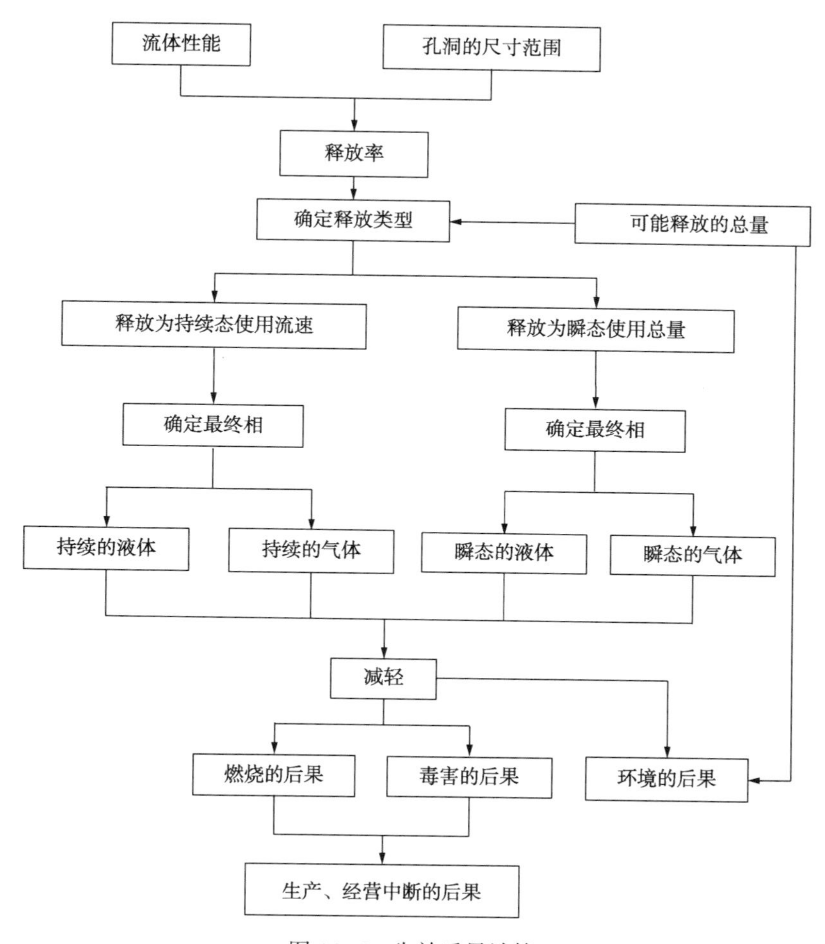

图 14-6 失效后果计算

2）后果分析(见图 14-6)

释放危险性流体的后果按以下 7 个步骤估计：

(1) 确定有代表性的流体及其性质；

(2) 选择一套孔洞的尺寸，以得到风险计算中后果的可能范围；

(3) 估计流体可能释放的总量；

(4) 估计潜在的释放速率；

(5) 确定释放的类型，以确定模拟扩散和后果的方法；

(6) 确认流体的最终相(是液态还是气态)；

(7) 确定潜在的由于释放受影响的区域面积或泄漏的费用，即燃烧或爆炸的后果、毒害的后果、环境污染的后果以及生产中断的后果等。

14.9 油库功能单元的定量风险评价

14.9.1 油库设备列表

根据南一油库工艺流程示意图(见图 14-7)和《站库管理资料手册》以及现场设备考察及数据采集，列出南一油库主要的 145 个设备及管道。并根据风险评价数据库要求，对每一设备进行了“设备 ID”“单元 ID”“设备名称”“设备类型”以及“与其相连的上游设备”的确定，其中，单元 ID 号为：1—来油计量间；2—输油泵房；3—储油罐区；4—发球间；5—收球间；6—阀组间。

14.9.2 油库风险分析的数据确定

1. 代表性流体确定

根据一些已知具体数据以及数据取值范围，按照考虑最危险情况的原则，对南一油库的代表性流体作出了选择。

（1）流体相对分子质量的确定　首先，原油的相对分子质量范围在 75 和 275 之间。其次，大庆原油的 16 烷的含量为 67%以上，而 16 烷的相对分子质量值为 226。再者，大庆原油含蜡高，而蜡的相对分子质量较大。相对分子质量大的碳氢化合物燃烧的热值高，热辐射强度大，所以按照最危险的原则考虑，将南一油库的原油相对分子质量定为 275。

（2）标准沸点的确定　石油是由具不同沸点的烃化合物组成的混合物，与水(沸点为 100℃)不同，没有固定的沸点。资料显示，我国原油的初沸点在 70~100℃之间。馏出物质顺序的大致顺序为：95℃以下首先是石油醚，40~180℃之间为航空汽油，205℃左右为汽车汽油，120~240℃为重汽油，200~315℃为煤油，270~300℃为润滑油，190~350℃为柴油，350℃以上则为残余物(渣油)。由于油品蒸气具有扩散特性从而更加容易产生火灾事故，因此将南一油库原油的标准沸点确定为 100℃。

（3）密度的确定　根据南一油库化验室对采油一厂、采油二厂来油混合原油测定，对近两年测得的标准密度进行平均处理，得出南一油库混合原油标准密度为 861.5kg/m^3。

（4）代表性流体的确定　将标准沸点权重设置为 30%，流体相对分子质量的权重设置为 60%，密度的权重设置为 10%。通过计算得出代表性流体为 C_{17}~C_{25}。

（5）流体自动点火温度的确定　根据代表性流体计算结果，C_{17}~C_{25}的自动点火温度为 202.2℃。

（6）环境温度的确定　大庆地处中国大东北，常年气温比较低。按照考虑最危险情况的原则，取夏季最高温度计算。根据《油田油气集输设计技术手册》中各油田在用气象资料，大庆油田极端最高温度为 38.3℃。

2. 可泄放流体总量的计算

在计算可泄放流体总量时，需要输入储罐内液面的高度和管道设备的长度。在正常的存储过程中，根据工艺需要，储罐液面可在距地面 0~20.4m 之间任意位置。但是，本着考虑最危险情况的原则，在计算时假设储罐内装满原油，并且储罐泄放位置位于罐底，这样整罐的原油就都有可能全部泄漏出来。

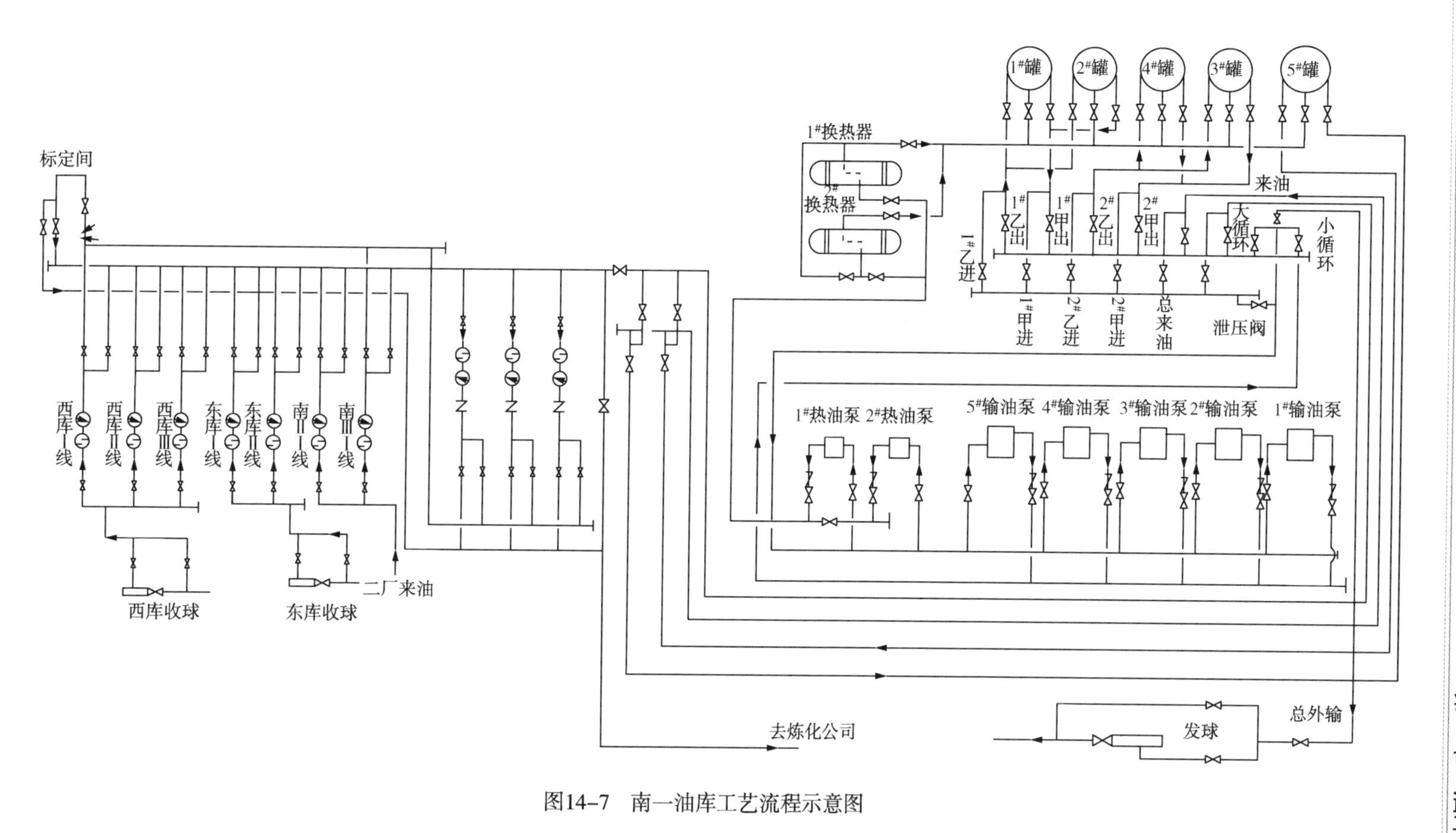

图14-7　南一油库工艺流程示意图

在考虑上游设备3分钟补给泄放设备的流体量时，需要考虑流体的流速。由于罐区内的各管路内的流体流速并非为某一恒定值，它是由几台泵的并联来决定的，所以在这种情况下，均选择了其最大流速值。

3. 管理修正系数的选择

南一油库具有能够独立运行生产的能力，并且从组织结构上它完全拥有从管理决策层到技术指导层和安全管理层再到生产运行层的完善的机构组织特征。所以，将南一油库整体作为一个管理系统进行评价，并应用该评价结果对油库内的所有设备进行修正。

4. 后果计算数值列表

在生产领域存在一个类似经济领域意大利经济学家维尔佛雷德·帕雷图（Vilfredo Pareto）提出的帕雷图二八规则（20%的大客户贡献了公司80%的利润）——相对大比例风险集中在相对小比例的设备上，80%的风险集中在20%的设备上，这已经是人们的共识，所以在以下的风险设备分析时，一般只列出各种指标的前20%的设备。

14.9.3 单元设备的风险排序

1. 来油计量间

按1/4in泄漏可能性值排序，前20个设备的泄漏可能性如图14-8所示，其中，设备序号对应的设备名称及设备ID号见表14-28。

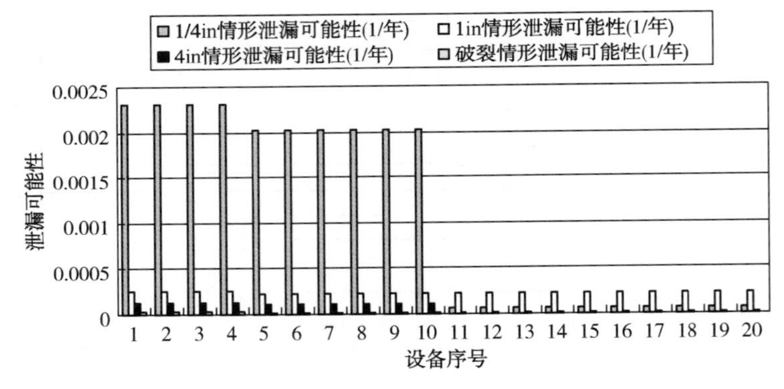

图14-8 来油计量间的设备泄漏可能性

表14-28 设备序号与设备名称

设备序号	设备ID	设备名称	设备序号	设备ID	设备名称
1	jlj-glq103/1	过滤器103/1	11	jlj-llj101/1	流量计101/1
2	jlj-glq104/1	过滤器104/1	12	jlj-llj101/2	流量计101/2
3	jlj-glq104/2	过滤器104/2	13	jlj-llj101/3	流量计101/3
4	jlj-glq104/3	过滤器104/3	14	jlj-llj101/4	流量计101/4
5	jlj-glq103/2	过滤器103/2	15	jlj-llj101/5	流量计101/5
6	jlj-glq103/3	过滤器103/3	16	jlj-llj101/6	流量计101/6
7	jlj-glq103/4	过滤器103/4	17	jlj-llj101/7	流量计101/7
8	jlj-glq103/5	过滤器103/5	18	jlj-llj102/1	流量计102/1
9	jlj-glq103/6	过滤器103/6	19	jlj-llj102/2	流量计102/2
10	jlj-glq103/7	过滤器103/7	20	jlj-llj102/3	流量计102/3

从图 14-8 可以看出，过滤器发生 1/4in 泄漏的可能性较其他设备的可能性大得多，而流量计发生 1in 泄漏的可能性比其他设备大，泄漏的可能性全部集中在小尺寸泄漏上。从整体上看，计量间易发生泄漏的设备为过滤器和流量计，而管道泄漏的可能性较小。

以人员致死总风险排序，前 20 个设备的人员致死风险如图 14-9 所示，图中设备序号对应的设备名称和 ID 号如表 14-29 所示。

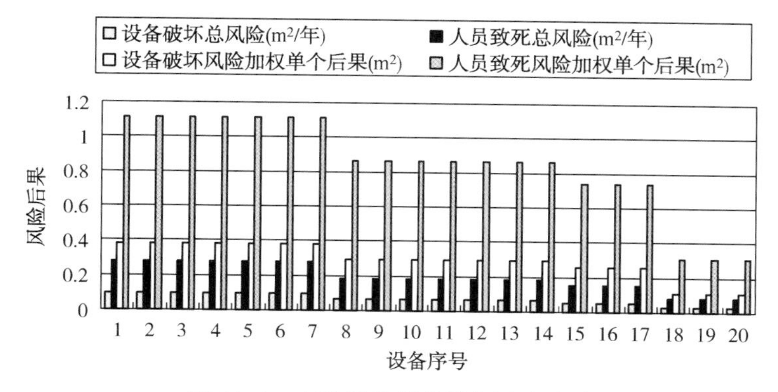

图 14-9　来油计量间的设备风险后果

表 14-29　设备序号与设备名称

设备序号	设备 ID	设　备　名　称
1	jlj-tube1-m1	连接两条平行管线之间的位于下方的管线
2	jlj-tube2-m1	连接两条平行管线之间的位于下方的管线
3	jlj-tube3-m1	连接两条平行管线之间的位于下方的管线
4	jlj-tube4-m1	连接两条平行管线之间的位于下方的管线
5	jlj-tube5-m1	连接两条平行管线之间的位于下方的管线
6	jlj-tube6-m1	连接两条平行管线之间的位于下方的管线
7	jlj-tube7-m1	连接两条平行管线之间的位于下方的管线
8	jlj-tube1-l1	与流量计 101/1 平行的左侧管线
9	jlj-tube2-l1	与流量计 101/2 平行的左侧管线
10	jlj-tube3-l1	与流量计 101/3 平行的左侧管线
11	jlj-tube4-l1	与流量计 101/4 平行的左侧管线
12	jlj-tube5-l1	与流量计 101/5 平行的左侧管线
13	jlj-tube6-l1	与流量计 101/6 平行的左侧管线
14	jlj-tube7-l1	与流量计 101/7 平行的左侧管线
15	jlj-tube10-l1	与流量计 102/3 平行的左侧管线
16	jlj-tube8-l1	与流量计 102/1 平行的左侧管线
17	jlj-tube9-l1	与流量计 102/2 平行的左侧管线
18	jlj-tube10-m1	连接两条平行管线之间的位于上方的管线
19	jlj-tube8-m1	连接两条平行管线之间的位于上方的管线
20	jlj-tube9-m1	连接两条平行管线之间的位于上方的管线

从图 14-9 中可以看出，各种风险结果的变化趋势基本一致，这符合各种风险类型定义的初衷，因为风险类型的变化，只是在物理意义上为其确定了不同的衡量指标，但不会对各个设备之间的风险值比较产生影响。

另外，把图 14-9 中的设备名称与图 14-8 中的设备名称进行比较，就会清楚地发现，设备名称及类型完全发生了变化。这也说明了泄漏可能性和风险值是两个完全不同的概念。

之所以可能性排序和风险排序产生了如此大的反差，主要原因是管道内本身所存储的可泄放流体就很多，如果在产生泄放之后并未及时发现，那么管道的泄漏量要远远大于流量计和过滤器。并且泄放的孔径越大，这种差别也越大，这一结论可通过图 14-10 得到验证。上述 20 个设备，同样以相同的顺序排列，其 1/4in 情形与破裂情形的人员致死风险就有极大的差别。

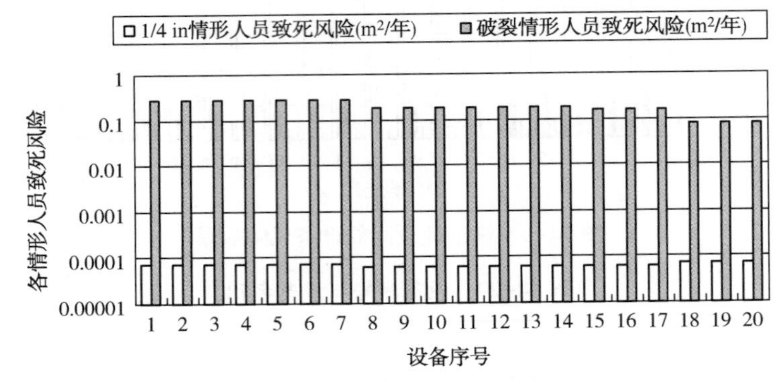

图 14-10　来油计量间的各情形人员致死风险

2. 输油泵房

以 1/4in 泄漏可能性值排序，输油泵房前 7 个设备的泄漏可能性如图 14-11 所示，其中的设备序号对应的设备名称和 ID 如表 14-30 所示。

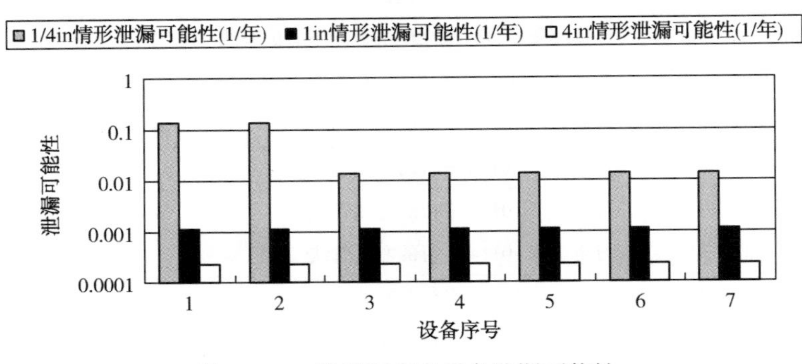

图 14-11　输油泵房的设备泄漏可能性

表 14-30　设备序号与设备名称

设备序号	设备 ID	设备名称	设备序号	设备 ID	设备名称
1	syb-ryb102/1	一号热油循环泵	5	syb-syb103/3	三号输油泵
2	syb-ryb102/2	二号热油循环泵	6	syb-syb103/4	四号输油泵
3	syb-syb103/1	一号输油泵	7	syb-syb103/5	五号输油泵
4	syb-syb103/2	二号输油泵			

从图 14-11 中可以看出，热油循环泵和输油泵发生各种情形的泄漏的可能性较其他设备大得多，其中热油循环泵发生小孔径泄漏的可能性最大。从整体上看输油泵房易发生泄漏的设备为泵，而管道泄漏的可能性较这些设备小。

输油泵房前 7 个设备的风险后果如图 14-12 所示，其中设备序号与表 14-30 顺序相同。结果表明，输油泵房内风险值大的设备为 7 台泵，而管道的风险值较小。所以，尽量对泵进行风险控制，防止其失效就可以达到降低风险的目的。

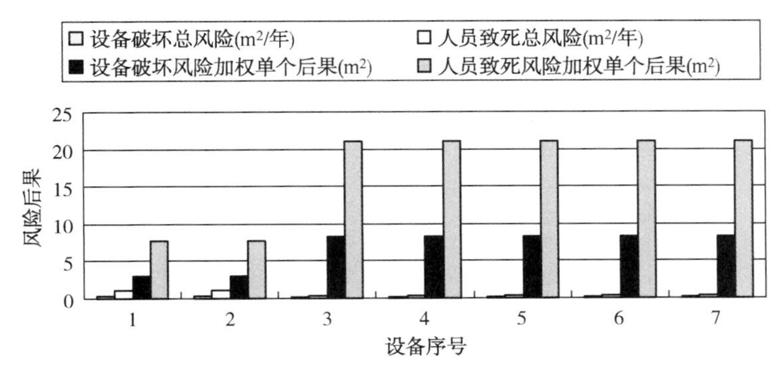

图 14-12 输油泵房的设备风险后果

3. 储油罐区

罐区 5 个罐的泄漏可能性如图 14-13 所示，其中 5 个罐的设备 ID 见表 14-31。

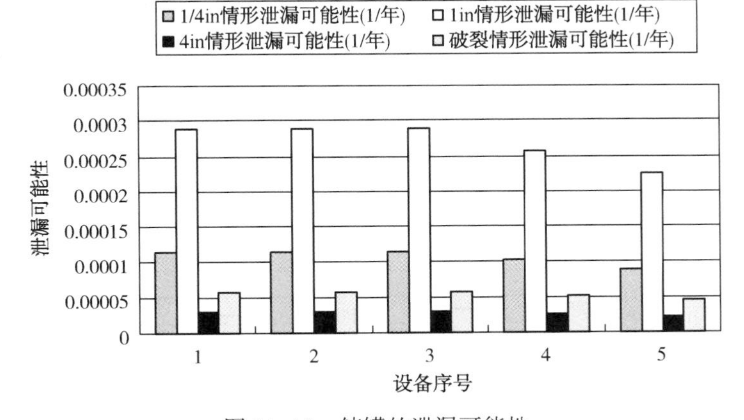

图 14-13 储罐的泄漏可能性

表 14-31 储罐序号与名称

设备序号	设备 ID	设备名称	设备序号	设备 ID	设备名称
1	cyg-guan101/1	储油罐 101/1	4	cyg-guan101/4	储油罐 101/4
2	cyg-guan101/2	储油罐 101/2	5	cyg-guan101/5	储油罐 101/5
3	cyg-guan101/3	储油罐 101/3			

储油罐区泄漏可能性最大的设备为储罐，其中以 1in 孔径泄漏的可能性最大，并且破裂的可能性要大于 4in 泄漏的可能性，所以，有必要进一步对其泄漏风险结果进行分析。在 5

个储罐中，1#罐、2#罐和3#罐的各种情形的泄漏可能性均大于4#罐和5#罐，主要是因为4#罐和5#罐建造得比较晚，无论是在建造工艺上还是材料上均比前几个储罐要好，所以其泄漏的可能性要小。

油罐的风险后果如图14-14所示。经过比较，储油罐区内设备风险值最大的设备为5个储罐，并且其风险值远大于其他设备。究其原因，主要是因为储罐的可泄放流体总量远远大于其他设备。另外，在计算时出于保守的原则，考虑的泄漏情景均为储罐装满液体时罐底的泄漏，也就是说计算出的各种风险值均为储罐的最大风险值，这也是造成这5个储罐的各种风险结果大致相同的一个重要原因。

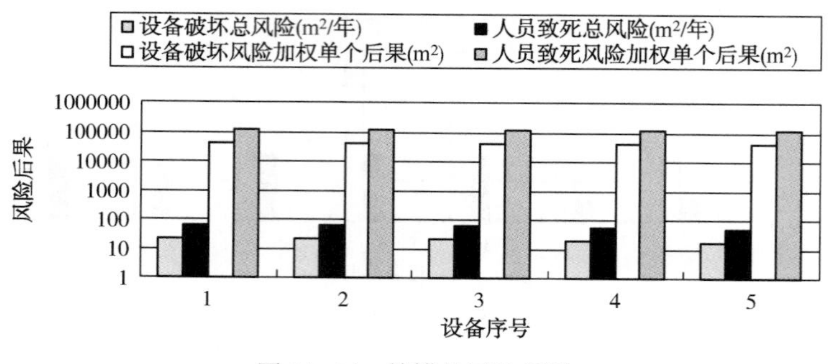

图14-14 储罐的风险后果

4. 阀组间

阀组间的设备泄漏可能性如图14-15所示，其中的设备序号与对应的设备名称见表14-32。

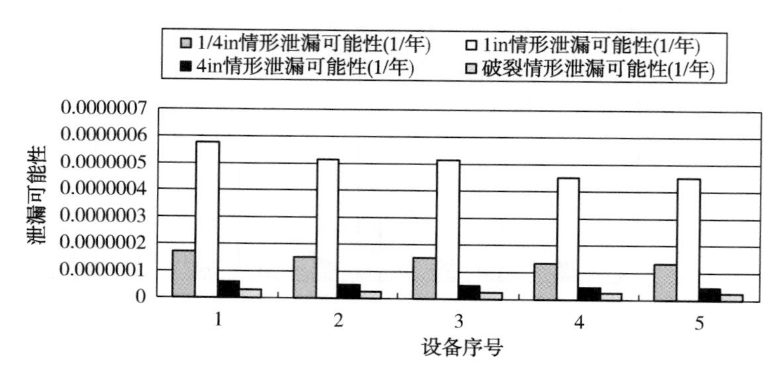

图14-15 阀组间设备泄漏可能性

表14-32 设备序号与设备名称

设备序号	设备 ID	设备名称	设备序号	设备 ID	设备名称
1	fzj-tube0-con	连接上下两个进出油汇管的接管	4	fzj-tube1-l1	左数第一组阀左侧管线
2	fzj-tube5-r1	左数第五组阀右侧管线	5	fzj-tube1-r1	左数第一组阀右侧管线
3	fzj-tube6-r1	左数第六组阀右侧管线			

其中从左数第一组阀左、右侧管线到左数第四组阀左、右侧管线的风险值非常接近，同样，左数第二组到左数第四组阀左、右侧管线也具有同样的泄漏可能性。

阀组间内各个设备的泄漏可能性差别都不大，所以需要给予同样的重视。但是，从图 14-15中可以看出，1in 泄漏的可能性较其他的可能性都大，这主要是因为基于统计的同类失效频率中 1in 泄漏的可能性就比其他情形大。

阀组间设备(见表 14-33)风险后果如图 14-16 所示，风险值大的前三个设备与失效概率值大的前三个设备相同，所以应该对这三个设备给以足够的重视。另外，两条进出油汇管由于管径较大、支管较多、运行频繁，其风险值也较大。

表 14-33　设备序号与设备名称

设备序号	设备 ID	设备名称	设备序号	设备 ID	设备名称
1	fzj-tube0-con	连接上下两个进出油汇管的接管	4	fzj-tube0-d1	位于下方的进出油汇管
2	fzj-tube5-r1	左数第五组阀右侧管线	5	fzj-tube0-u1	位于上方的进出油汇管
3	fzj-tube6-r1	左数第六组阀右侧管线			

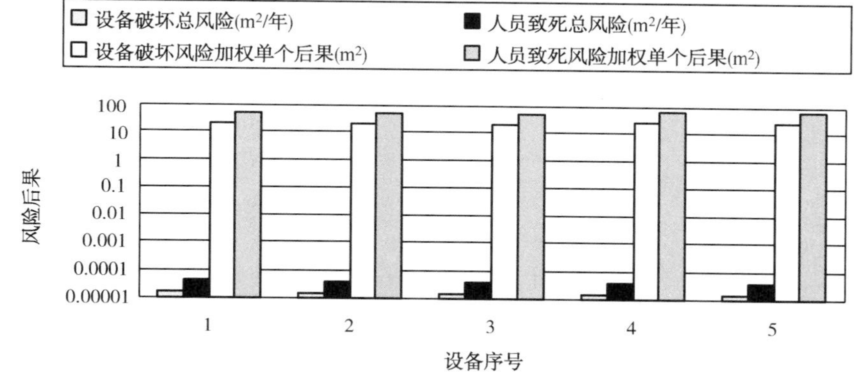

图 14-16　阀组间设备的风险后果

5. 整个库区的设备风险排序

整个库区的前 30 个设备(见表 14-34)的风险后果如图 14-17 所示。从图中数据可以看出储罐的风险值远远大于油库中的其他设备，其次是热油循环泵和输油泵，再次是计量间内的各种管线。所以，从整个库区的角度考虑，这些设备属于风险较高的设备，比其他设备需要更多的维护与监视，尤其是储油罐。

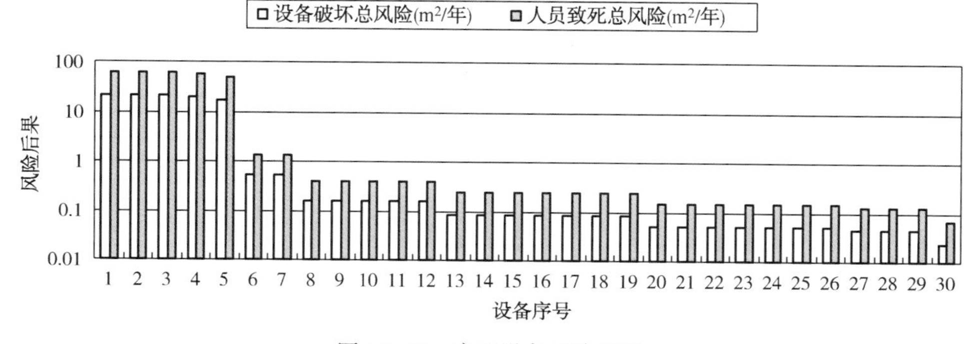

图 14-17　库区设备风险排序

表 14-34 库区高风险设备列表

设备序号	设备 ID	设 备 名 称
1	cyg-guan101/1	储油罐 101/1
2	cyg-guan101/2	储油罐 101/2
3	cyg-guan101/3	储油罐 101/3
4	cyg-guan101/4	储油罐 101/4
5	cyg-guan101/5	储油罐 101/5
6	syb-ryb102/1	一号热油循环泵
7	syb-ryb102/2	二号热油循环泵
8	syb-syb103/1	一号输油泵
9	syb-syb103/2	二号输油泵
10	syb-syb103/3	三号输油泵
11	syb-syb103/4	四号输油泵
12	syb-syb103/5	五号输油泵
13	jlj-tube1-m1	连接两条平行管线之间的位于下方的管线
14	jlj-tube2-m1	连接两条平行管线之间的位于下方的管线
15	jlj-tube3-m1	连接两条平行管线之间的位于下方的管线
16	jlj-tube4-m1	连接两条平行管线之间的位于下方的管线
17	jlj-tube5-m1	连接两条平行管线之间的位于下方的管线
18	jlj-tube6-m1	连接两条平行管线之间的位于下方的管线
19	jlj-tube7-m1	连接两条平行管线之间的位于下方的管线
20	jlj-tube1-l1	与流量计 101/1 平行的左侧管线
21	jlj-tube2-l1	与流量计 101/2 平行的左侧管线
22	jlj-tube3-l1	与流量计 101/3 平行的左侧管线
23	jlj-tube4-l1	与流量计 101/4 平行的左侧管线
24	jlj-tube5-l1	与流量计 101/5 平行的左侧管线
25	jlj-tube6-l1	与流量计 101/6 平行的左侧管线
26	jlj-tube7-l1	与流量计 101/7 平行的左侧管线
27	jlj-tube10-l1	与流量计 102/3 平行的左侧管线
28	jlj-tube8-l1	与流量计 102/1 平行的左侧管线
29	jlj-tube9-l1	与流量计 102/2 平行的左侧管线
30	jlj-tube10-m1	连接两条平行管线之间的位于上方的管线

14.10 结论与建议

通过对南一油库的安全评价评价，分析得出以下结论：

（1）南一油库的储罐组、输油泵房和计量间的固有火灾危险为非常大，必须补偿；补偿后的火灾、爆炸危险等级为“中等”“较轻”级别，说明了只要各种安全防护设施齐全完好，并加强安全管理，就能保证整个罐区储运工作的安全运行。

（2）在油库安全度评价中，对油库的多个检查项目进行了分析与评价，确定了南一油库的最终安全度评价为0.855，属基本安全型，说明油库的安全生产和安全管理方面遵循国家有关安全标准，基本符合安全要求。

同时查出以下不完善或隐患内容：

（1）油罐基础周围有不同程度裂缝；接地电阻干燥季节时有时超过规定值；罐组外未设防静电手扶体，测量孔盖密封不严，有时人为未关闭；储油罐液位计电缆线布线不合乎要求。

（2）油罐基础周围有不同程度裂缝；接地电阻干燥季节时有时超过规定值；罐组外未设防静电手扶体，测量孔盖密封不严，有时人为未关闭；储油罐液位计电缆线布线不合乎要求。

（3）泵房局部基础沉陷、裂缝、房屋顶部漏雨水；采用防盗门，有可能碰撞火花；伴热、污油系统局部有渗漏；泵房、电机房两防爆区之间隔绝不严密；电力电缆线穿入防爆区密封胶泥不严；过滤器上端密封胶圈有微渗；个别排污阀、仪表阀不严密。

（4）管道部分阀门法兰渗漏；罐前阀室、管线法兰间均无跨接线；管沟内缺少隔断设施；现场阴极保护设备已停用一年，未及时恢复；过滤器上端盖密封处有渗油、无静电传导装置；罐前阀室内管线补偿器有扭曲错位；阀组间内一套超压泄压设施已停用，应及时修复，防止水击或其他原因超压引起事故。

（5）化验室油样间内电热套、开关等采用非防爆电气；含水、密度测定操作时及废油样倾倒时油气浓度可能会超爆炸下限10%。

（6）职工对泡沫消防系统的使用不熟悉，罐区内消防泡沫箱内未备用充足的水龙带，消防系统的设备维护、检修、消防演习还需加强。

（7）用于锅炉压力、温度检测的压力变送器、温度变送器等未及时检定，应制定详细的检测计划，并严格执行。

（8）应配备足够的抢修器具，防止影响生产，并应配有静电测试仪器，防止静电的危险。

通过评价，对南一油库的安全管理提出以下意见：

（1）对南一油库在安全评价中查出的安全管理中不完善或隐患进行整改。

（2）通过对油库功能单元设备的定量分析计算，可以看出储罐的风险值远远大于油库中的其他设备，其次是热油循环泵和输油泵，再者是计量间内的各种管线。从整个库区的角度考虑，这些设备属于风险较高的设备，应比其他设备需要更多的维护与监视，尤其是储油罐。

（3）安全管理是一个系统工程，既涉及设备本身的安全状况，也涉及油库运行的组织和管理，建议对在油库预先危险性评价和事故树分析列出的油库泄漏、油罐跑冒油、输油泵房内电机房火花和变电所人员触电等事故的对策措施保证落实，并常抓不懈。

（4）在对油库设备的安全管理方面，建议利用南一油库的风险评价软件，及时更新数据库，在风险评价的基础上，制定油库设备的维护、维修和检测措施。

第 15 章　地下储气库风险评价

15.1　概　　述

地下储气库风险评价与控制是油气储运、安全工程、石油管工程和岩土工程领域的交叉学科，属油气储运和管道技术领域，针对新建盐穴地下储气库风险预评价、在役盐穴地下储气库风险评价与风险控制，是储气库完整性管理技术体系的关键和核心技术。

针对我国地下储气库特点，将消化吸收和自主创新相结合，在储气库风险评价领域开展了系统性的理论探索、技术开发和现场应用研究。通过研究攻关，全面识别了盐穴型地下储气库运行过程中的风险因素，在国内首次建立了系统的盐穴型地下储气库风险评价方法，针对性地提出了盐穴型地下储气库风险控制措施，开发了功能完备的风险评价软件和地下储气库事故案例库系统，制定了国内首部盐穴型储气库风险评价标准，即 CNPC 企标《在役盐穴地下储气库风险评价导则》，形成了系统的盐穴型地下储气库风险评价技术体系。

地下储气库风险评价技术不仅为地下储气库安全运行提供了技术保障，而且促进了我国盐穴地下储气库安全管理的技术进步。该技术已成功应用于金坛盐穴地下储气库在役老腔、西注采气站和集输管道的风险评价，识别出了高风险因素，并提出了合理的风险控制建议，为金坛地下储气库的安全管理提供了决策依据，经济效益和社会效益显著。随着我国金坛、平顶山、云应、淮安和安宁等盐穴储气库的建设，该技术将具有广阔的应用前景。

15.2　关　键　技　术

15.2.1　盐穴型地下储气库风险因素识别

综合盐穴型地下储气库的特点，将盐穴型地下储气库划分为地下储气设施、地面站场设施和地面集输管线 3 个子系统，细分为地下溶腔、注采管柱、注采井口、压缩机组、天然气处理系统、工艺管路及地面集输管线 7 个子单元，如图 15-1 所示，采用事故分析、系统分析、数值模拟和试验验证的综合分析方法全面系统地识别盐穴地下储气库运行过程中的风险因素，并归类为腐蚀、冲蚀、水合物生成、设备失效、操作相关、机械损伤、地质构造因素以及自然力 8 类共性风险因素，14 大类和 45 小类风险因素（见表 15-1），同时确定各类风险因素的影响参量，为开展储气库风险评价和制定有效的风险控制方案提供基础。

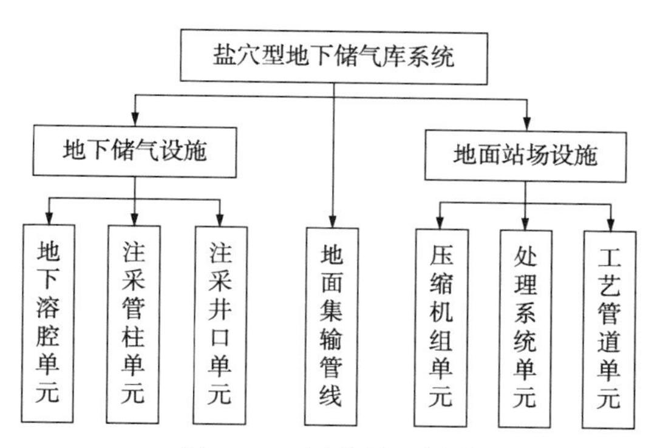

图 15-1　评价单元划分

表 15-1　盐穴型地下储气库风险因素

类别	共性风险因素		小类名称
1	腐蚀	外腐蚀	外腐蚀
2		内腐蚀	内腐蚀
3		细菌腐蚀	细菌腐蚀
4		应力腐蚀	应力腐蚀
5	设备失效	制造缺陷	管体缺陷、管焊缝缺陷、井口装置缺陷、井口阀门缺陷
6		焊接、施工缺陷	环焊缝缺陷、施工缺陷、螺纹接头失效、管内壁皱褶变形
7		设备元件失效	O 形垫圈失效、控制/泄放阀失效、固井水泥失效、套管失效、封隔器失效、密封、泵密封垫失效、注采管柱失效、仪器或仪表的失准
8		机械疲劳、振动	压力波动金属疲劳
9	冲蚀	冲蚀	内部沙粒、盐屑侵蚀
10	水合物生成	水合物生成	水合物生成
11	地质构造	地质构造缺陷	断层、废弃井、含水层、含可渗透层、盖层含缺陷、岩溶
12	操作相关	操作相关	注气量超负荷、运行压力超高、运行压力超低、维护操作失误、盐穴闭合、顶板坍塌、相邻盐穴连通
13	机械损伤	第三方破坏或机械破坏	第三方活动造成的破坏
			人为故意破坏
14	自然力	气候或外力作用	极端温度(如寒流)、飓风(裹挟岩屑)、暴雨、洪水、雷电、地层运动、地震
未知因素			

1. 事故分析

通过统计国外23起盐穴型地下储气库失效事故原因，分析压缩机、换热器、空冷器、储罐、分离器等地面站场同类设施失效事故原因，以及参考我国城市燃气输送系统事故案例统计结果，明确盐穴型地下储气库地下储气设施、地面站场设施和地面集输管道的失效原因和失效类型。

2. 系统分析

针对地下溶腔、注采管柱、注采井口、压缩机组、天然气处理系统、工艺管路及地面集输管线7个子单元的功能和工作特点，结合事故统计分析结果，系统分析盐穴型地下储气库运行过程中各单元的风险因素，并确定影响风险因素的参量。

3. 数值模拟分析

1）管柱螺纹接头完整性数值分析

提出螺纹接头结构和密封完整性评价准则，建立螺纹接头结构和密封完整性数值分析模型，分析腐蚀减薄、盐穴闭合、注采循环对管柱螺纹结构完整性和密封完整性的影响，如图15-2所示，结果表明：盐穴闭合引起的轴向拉伸和注采循环的温度压力变化共同作用时，螺纹接头局部部位已超过材料的屈服极限，存在局部开裂和多周期注采下的疲劳风险；腐蚀减薄10%时对螺纹接头密封性的影响要比对强度的影响大。

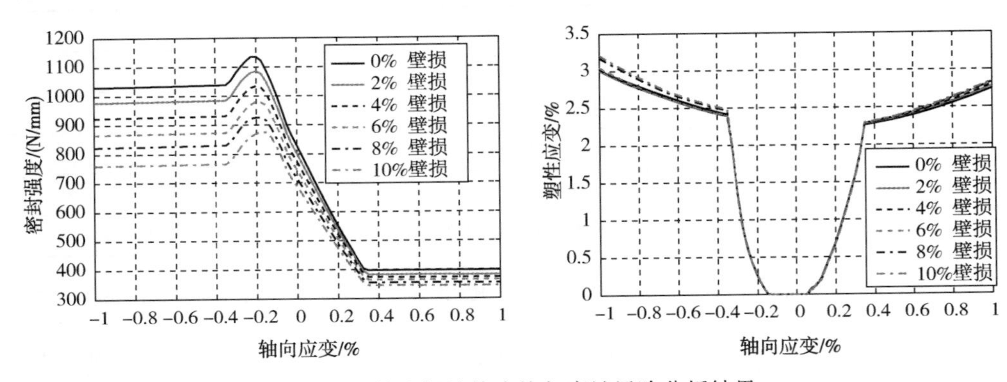

图15-2　管柱螺纹接头均匀腐蚀风险分析结果

2）储气库地面沉降数值分析

运用FLAC3D软件，模拟分析单腔、双腔储库在不同工况下地表沉降随流变时间的变化规律，进一步识别储气库地表沉降风险，并采用指数伴随函数关系建立盐穴型地下储气库地面沉降预测模型[见式(15-1)]，采用Weibull模型函数建立盐穴型地下储气库地面沉降衰减预测模型[见式(15-2)]，为储气库地面沉降监测点设置与控制提供依据。

$$S=a[1-\exp(-bt)] \tag{15-1}$$

$$S_r=c-d\exp(-er^f) \tag{15-2}$$

4. 试验验证

采用复合加载试验系统模拟储气库注采过程，评价3组金坛储气库用注采管(N80，ϕ177.80×9.19mm，VAGT扣)螺纹接头在注采交变载荷下的密封完整性，试验说明在拉压循环下特别是压缩载荷较大时螺纹接头密封性失效风险增加。在金坛储气库完成了两次地面沉降监测试验，监测结果进一步验证了储气库存在地面沉降的风险。

15.2.2　盐穴型地下储气库风险评价方法

在风险因素识别的基础上，在国内首次建立了一套盐穴型地下储气库风险评价方法，包括基于层次分析法和模糊理论的地下溶腔稳定性风险评分法、基于故障树技术的地下储气设施风险评价方法、地面站场设施的定量风险评价方法和修正肯特风险指标评分体系和权重的地面集输管线风险评分法，并开发了盐穴型地下储气库风险评价软件和地下储气库事故案例数据库系统。

1. 地下溶腔稳定性风险评分法

针对盐穴型地下储气库运行过程中可能存在的地下溶腔体积收缩风险，建立层状盐岩三维数值计算模型，分析溶腔形状、最小内压、最大内压、采气速率、套管鞋高度、夹层和溶腔间距等因素对地下溶腔稳定性的影响规律(见图 15-3)，并根据分析得到的影响规律，采用层次分析法建立地下溶腔运营期稳定性评价指标体系和评价集，确定指标权重，建立指标评分方法，绘制评分曲线，并构造梯形分布隶属函数计算隶属度，最终建立了地下溶腔稳定性模糊风险评价模型，可有效判定地下溶腔稳定性级别，为地下溶腔稳定性控制提供科学的决策依据。

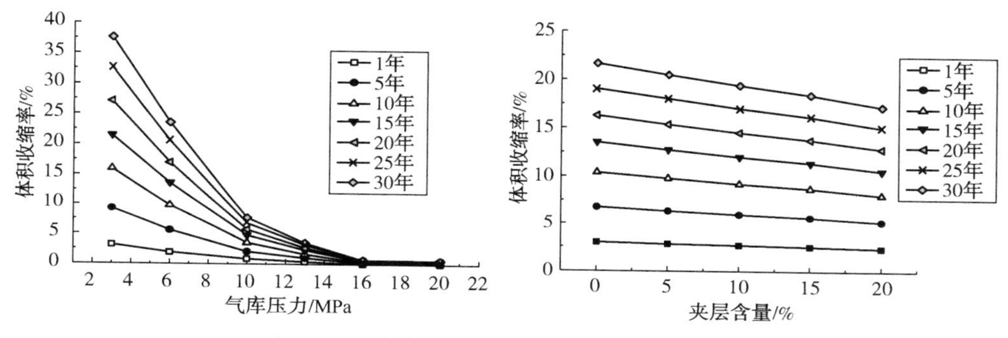

图 15-3　气库压力、夹层含量和体积收缩率

1）地下溶腔稳定性评价指标体系

依据层次分析法原理，设置目标层、一级和二级指标层三层，建立地下溶腔运营期稳定性评价指标体系(见图 15-4)，其中目标层为地下溶腔稳定性，一级指标层由溶腔形状、运行压力、夹层等 6 个对地下溶腔稳定性影响较大的因素构成，二级指标层由运行压力、周围盐岩层和盐岩力学特性等指标的子指标构成。另外，如评价的储气库包括多个溶腔，应将溶腔间距和邻腔压力差等溶腔相互作用因素加入一级指标层。

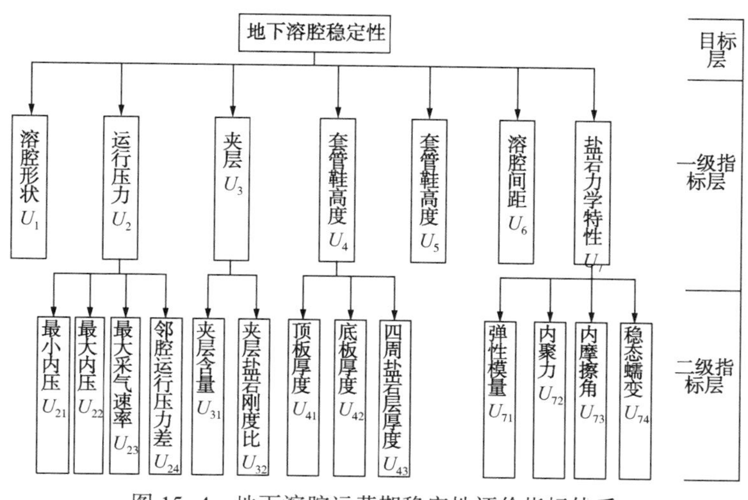

图 15-4　地下溶腔运营期稳定性评价指标体系

2）评价集

地下溶腔稳定性风险评价集为 $V=\{V_1, V_2, V_3, V_4, V_5, V_6\}$ = {特别稳定，很稳定，较稳定，一般稳定，不稳定，特别不稳定}。为减小评价的主观性，不采用专家直接打分的方式，而采用数值模拟和实际测试结果进行评分。

3）指标权重

通过对一级指标层、二级指标层的指标两两比较，构造两两比较判断矩阵，求解判断矩阵的特征值及其特征向量，并进行一致性检验，最终计算各层指标相对于目标层的权重 W。

4）评分曲线

根据各影响因素对地下溶腔稳定性的影响规律，建立溶腔形状、运行压力、采气速率、套管鞋高度、夹层和溶腔间距等 7 个指标的评分方法并绘制评分曲线。表 15-2 为夹层指标评分方法。

表 15-2 夹层指标评分方法

夹层子指标	分类情况	得分
夹层含量 U_{31}	$0\% \leqslant C\% < 10\%$	$0.4C^2-8C+100$
	$10\% \leqslant C\% < 20\%$	$-0.6C^2+12C$
	$C\% \geqslant 20\%$	0
夹层盐岩刚度比 U_{32}	$0 < Q_M/Q_S \leqslant 0.2$	$-1500(Q_M/Q_S)^2+600Q_M/Q_S$
	$0.2 < Q_M/Q_S \leqslant 3$	$[-250(Q_M/Q_S)^2+1500Q_M/Q_S+2650]/49$

5）模糊关系矩阵

根据数值模拟和实际测试结果，计算各指标得分，将评分值代入以下梯形分布隶属函数，得到各指标对评价集 V_j 的隶属度[见式(15-3)]，从而可以得到模糊关系矩阵[见式(15-4)]。

$$r_{jk}=\frac{f_k(u_{jk})}{\sum_{k=1}^{6} f_k(u_{jk})} \quad (k=1, 2, \cdots, 6) \tag{15-3}$$

$$R=\begin{pmatrix} r_{11} & \cdots & r_{16} \\ \vdots & \ddots & \vdots \\ r_{j1} & \cdots & r_{j6} \end{pmatrix} \tag{15-4}$$

6）求综合得分

根据权重集和模糊关系矩阵，确定地下溶腔运营期稳定性的综合评价矩阵，再根据式(15-5)和式(15-6)，求得储气库运营期稳定性的综合得分，将综合得分与评价集对比即可确定评价地下溶腔稳定性等级。

$$B=WR \tag{15-5}$$

$$M=BV^T \tag{15-6}$$

2. 基于故障树技术的地下储气设施风险评价方法

考虑泄漏和注采能力下降两类失效事件，建立了地下储气设施失效故障树，基于历史失效数据、工程评价计算模型和故障树逻辑关系，考虑不同失效模式对后果的影响，建立了地下储气设施泄漏和注采能力下降的失效概率计算方法；分析地下储气设施失效事故灾害类型，研究建立地下储气库设施泄漏速率计算模型和各种事故灾害模型，分别建立了地下储气设施泄漏和注采能力下降失效后果估算方法；在地下储气设施失效概率计算模型和失效后果估算模型研究的基础上，建立了地下储气设施个体风险和经济风险的计算方法，并建立了地下储气设施个体风险和经济风险的评定方法。

1）地下储气设施失效概率计算方法

（1）故障树建立

以“地下储气设施失效”作为顶事件，“泄漏”和“注采能力下降”作为次级事件，建立地下储气设施失效故障树（见图15-5），识别出地下储气设施失效的紧急关闭阀泄漏、油管挂上面井口泄漏、封隔器泄漏等18个基本事件和22个割集，其中泄漏对应9个割集，注采能力下降对应13个割集。

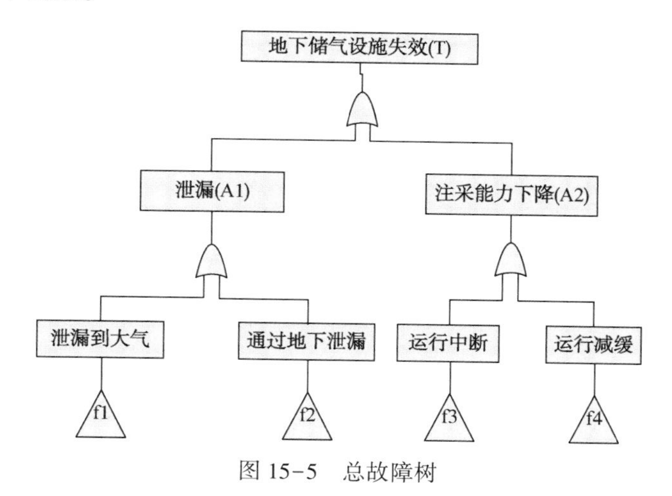

图15-5 总故障树

（2）基本事件发生概率计算基本模型

地下储气设施基本事件发生概率基本模型为：

$$Pf_{kil} = 1 - \prod (1 - Pf_{kjl}A_{jil}) \tag{15-7}$$

式中：Pf_{kil}为失效模式i、失效事件l对应的基本事件k的发生概率；Pf_{kjl}为风险因素j引起失效事件l对应的基本事件k发生的概率；A_{jil}为失效模式因子，指风险因素j引发失效事件l、失效模式i的相对发生概率。

失效事件l指地下储气设施的泄漏和注采能力下降两类失效事件。

基本事件k指紧急关闭阀泄漏、油管挂上面井口泄漏、封隔器泄漏等18个基本事件。

风险因素j指腐蚀、冲蚀、设备试销、第三方损伤等8类风险因素。

失效模式因子A_{jil}要综合考虑风险因素、失效事件和失效模式。对于泄漏，考虑小泄漏、大泄漏和破裂三种模式。对于注采能力下降，考虑较小运行减缓、较大运行减缓、临时中断和长期中断四种模式。失效模式因子通过历史失效数据统计分析获得。

Pf_{kjl}与可由国内外储气库或同类设施运行历史数据统计分析获得，或根据地下储气设施实际运行参数，采用建立的工程评价模型计算。建立的工程评价模型包括井筒/井口设备冲蚀、套管/注采管腐蚀、水合物堵管、地下溶腔闭合导致的套管失效、地震致注采井套管失效等事件的发生概率计算模型。以下主要介绍下冲蚀和盐穴闭合导致的套管失效概率计算模型。

冲蚀发生概率计算模型：

$$f_{\text{erosion}}=\frac{E_k}{t}\times ratio=2.572\times10^{-3}\left(\frac{S_k W(\frac{V}{D})^2}{t}\right)\times ratio \qquad (15-8)$$

盐穴闭合导致套管失效概率计算模型：

$$Pf(x)=\frac{1}{0.018\times\sqrt{2\pi}}\int_{\infty}^{x} e\left[-\frac{1}{2}\left(\frac{x-0.145}{0.018}\right)^2\right]\mathrm{d}x \qquad (15-9)$$

其中注采运行导致的盐穴闭合量 X 按下式计算：

$$x=\frac{\mathrm{d}V}{V\mathrm{d}t}=k\cdot\frac{3\cdot\varepsilon_0}{2}\left(\frac{3}{n}\cdot\frac{\sigma_{\infty}-p}{\sigma_0}\right)^n \qquad (15-10)$$

泄漏和注采能力下降失效概率计算模型：

泄漏和注采能力下降失效概率根据各自对应的割集发生概率计算。割集发生概率由包含的基本事件个数来确定，对于只含一个基本事件的割集，割集发生概率等于基本事件发生概率。对于含多个基本事件的割集，假设由割集中最后发生的基本事件控制该割集的失效模式。

2）失效后果估算方法

地下储气设施失效后果包括泄漏和注采能力下降两类失效后果。考虑财产损失、人员伤亡、服务中断等后果，建立了泄漏失效后果的定量估算模型；考虑经济损失后果，建立了注采能力下降失效后果的定量估算模型。地下储气设施失效后果估算模型如图 15-6 所示。

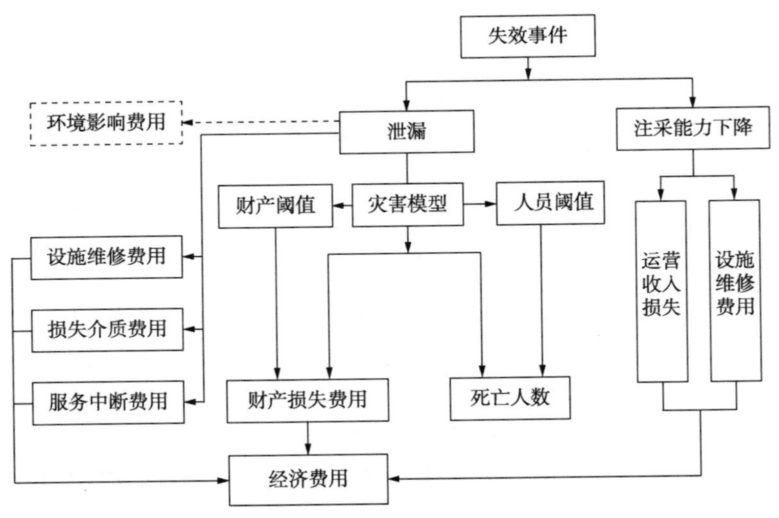

图 15-6　地下储气设施失效后果估算模型

（1）泄漏后果计算模型

① 危害模型

地下储气设施泄漏可能发生的灾害类型包括喷射火（JF）、蒸气云火（VCF）、蒸气云爆炸（VCE）、有毒或能使人窒息的蒸气云（VC）、安全扩散（SD）。

其中，喷射火灾害的危害以热辐射强度来衡量，火源附近热辐射强度的分布为：

$$I_F=\frac{P}{4\pi r^2},\ P=XQ_{eff}H_c \tag{15-11}$$

蒸气云爆炸的危害以爆炸超压来衡量：

$$P_E=\exp\left\{9.097-\left[25.13\ln\left(\frac{r}{M_{TNT}{}^{1/3}}\right)-5.267\right]^{1/2}\right\}\leqslant 14.7\text{psi} \tag{15-12}$$

考虑大气泄漏和通过地层泄漏两种泄漏途径，确定了小泄漏、大泄漏和破裂三种失效模式的稳定和非稳定两种状态下的泄漏率计算模型，见表15-3。

采用迭代法建立了储气库准瞬态泄漏率计算模型，该模型充分描述了非稳定状态下气库运行压力随天然气泄漏下降过程，预测结果更趋实际。

表15-3　不同泄漏模式的泄漏率计算模型

泄漏模式		泄漏率计算模型
大气泄漏	小泄漏	稳定状态(未考虑泄漏引起盐穴压力变化)：$q_{SC}=\frac{C_n p_1 d_{ch}^2}{\sqrt{\gamma_g T_1 Z_1}}\sqrt{\left(\frac{k}{k-1}\right)\left(y^{\frac{2}{k}}-y^{\frac{k-1}{k}}\right)}$
	大泄漏	稳定状态：$Q_i=2.743\cdot d^2\cdot p\sqrt{\left(\frac{k}{G\cdot T\cdot Z_i}\right)\cdot\left(\frac{2}{k+1}\right)^{\frac{k+1}{k-1}}}$ 非稳定状态(考虑泄漏引起盐穴压力下降过程)：准瞬态泄漏模型
	破裂	
通过地层泄漏	小泄漏	稳定状态：$q_{SC}=\frac{C_n p_1 d_{ch}^2}{\sqrt{\gamma_g T_1 Z_1}}\sqrt{\left(\frac{k}{k-1}\right)\left(y^{\frac{2}{k}}-y^{\frac{k-1}{k}}\right)}$
	大泄漏	稳定状态0：$q(t)=\frac{2\pi kh}{\mu}\frac{p_w-p_e}{\ln[r(t)/r_w]}$ 非稳定状态：准瞬态泄漏模型
	破裂	

② 死亡人数计算

天然气泄漏导致的死亡人数是灾害种类和强度以及这种灾害的人员允许阈值的函数。图15-7为在计算死亡人数时使用的区域模型。在坐标点$(x,\ y)$处，灾害强度为$I(x,\ y)$，死亡概率为$p[I(x,\ y)]$，人口密度为$p(x,\ y)$。死亡人数的计算模型为：

$$n(x,\ y)=p[I(x,\ y)]\times[p(x,\ y)\Delta x\Delta y] \tag{15-13}$$

整个区域内的死亡总人数按下式计算：

$$N=\sum_{Area}p[I(x,\ y)]\times[p(x,\ y)\Delta x\Delta y] \tag{15-14}$$

③ 财产损失费用

对于一种给定灾害类型，考虑更换损伤建筑及其附属设施的费用和现场复原费用，建立了财产损伤费用估算模型，如式(15-15)所示。

$$c_{dmg}=\sum c_a\times g_c\times A \tag{15-15}$$

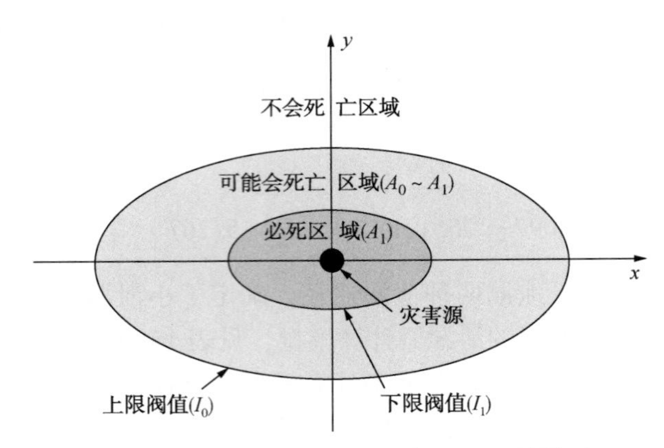

图 15-7　在计算死亡人数时使用的区域模型

④ 泄漏引起的总经济费用

地下储气设施泄漏所产生的总经济费用，包括设施维修费用、介质损失费用、服务中断费用、财产损失费用，按式(15-16)计算：

$$c = c_{\text{prod}} + c_{\text{rer}} + c_{\text{int}} + c_{\text{dmg}} \tag{15-16}$$

其中设施维修费用、介质损失费用和服务中断费用计算模型见式(15-17)～式(15-19)。

$$c_{\text{prod}} = u_{\text{p}} V_{\text{R}} \tag{15-17}$$

$$c_{\text{rpr}} = c_{\text{rpr-leak}} + c_{\text{rpr-damage}} \tag{15-18}$$

$$c_{\text{int}} = t_{\text{interruption}} \times v_{\text{product}} \times Value_{\text{gas}} \tag{15-19}$$

地下储气设施泄漏的介质损失体积计算应考虑泄漏到大气和通过地层泄漏两种情况。对于泄漏到大气的天然气损失体积按式(15-20)计算，泄漏到地层的气体体积按式(15-21)计算：

$$V_{\text{leak}} = Q \times t_{\text{leak-duration}} \tag{15-20}$$

$$V_{\text{leak-formation}} = \pi r^2(t) h (1 - S_{\text{w}}) \phi \tag{15-21}$$

泄漏到地层的气体体积计算关键是确定天然气在地层孔隙介质中径向迁移半径 $r(t)$，为此建立了通过地层泄漏天然气径向迁移半径估算模型。

$$\frac{kt}{\mu(1-S_{\text{W}})\phi r_{\text{w}}^2}(p_{\text{w}} - p_{\text{e}}) = \frac{1}{2}\left\{\left[\frac{r(t)}{r_{\text{w}}}\right]^2 - 1\right\}\left\{\ln\left[\frac{r(t)}{r_{\text{w}}}\right] - \frac{1}{2}\right\} \tag{15-22}$$

(2) 注采能力下降后果计算模型

注采能力下降失效事件，考虑运行减缓和运行中断两种情况。其后果模型仅考虑经济因素，包括运行中断或运行减缓而造成的储气库设施维修费用和运行收入损失。

① 运行收入损失

运行收入损失计算模型见式(15-23)：

$$c_{\text{int}} = t_{\text{interruption}} \times v_{\text{product}} \times Value_{\text{gas}} \tag{15-23}$$

② 设施维修费用

设施维修费用由劳动力费用和更换设备费用构成。

3) 地下储气设施风险评价模型

基于失效概率计算模型和失效后果模型，考虑小泄漏、大泄漏、破裂、轻微减缓、严重减缓、临时中断和长期中断等失效模式，建立了地下储气设施个人安全风险和经济风险评价模型。

（1）个体风险

个人风险是对泄漏而言的，是指生活或工作在地下储气设施附近的任何个人由于储气设施泄漏造成的年死亡概率，是与泄漏发生的概率、危害类型、灾害区域类的人员分布情况相关的，按式(15-24)计算：

$$IR_{ijkl}=\theta_{il}\cdot P_{il}\cdot P_{leak,j}\cdot P_{jk}\cdot P_{fat,i,j,k,l} \quad (15-24)$$

（2）经济风险

经济风险是失效事件发生概率与失效后果(经济费用)相乘得到的。经济风险主要考虑大气泄漏、地层泄漏、运行减缓、运行中断四类失效事件，并对泄漏经济风险分别考虑小泄漏、大泄漏和破裂三种严重度级别来计算，注采能力下降经济风险同样如此，考虑轻微减缓、严重减缓、临时中断和长期中断四种严重度级别来确定。计算公式如下：

$$R_{ik}=Pf_{ik}\times C_{ik}=[\sum(\sum Pf_{jl}\times A_{lk})]\times C_{ik} \quad (15-25)$$

4）地下储气设施风险评定

基于ALARP原则，参照我国的事故伤亡情况和年平均人口死亡率，确定了地下储气设施个人安全风险可接受准则，推荐个人安全风险不可接受线为10^{-4}次/年和广泛接受线为10^{-6}次/年，如图15-8所示；对于经济风险则根据成本效益分析法来确定其是否可接受。

3. 地面站场设施定量风险评价方法

综合定量风险评价方法和HAZOP分析法建立了地面站场设施定量风险评价方法，是运用定量风险评价方法进行风险排序，查找主要风险单元，或风险单元的主要风险设备或管路，并以此作为主要分析对象，有针对性地进行设备风险HAZOP分析，详细分析设备工艺过程危害，查找风险原因，并提出切实有效的控制措施。其评价流程图如图15-9所示。

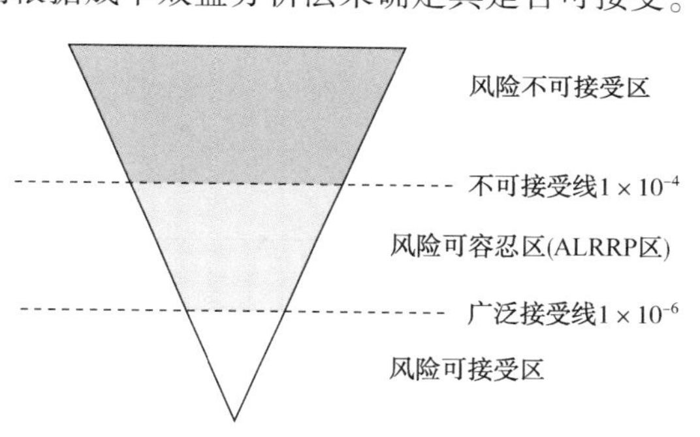

图15-8　地下储气设施个人风险可接受准则

1）地面站场设施评价单元划分

针对储气库地面站场设施按照装置工艺功能划分为三个评价单元，即压缩机组、处理系统和管路系统，然后对单元划分子单元，如图15-10所示。

2）失效概率计算模型

失效概率的模型是通过采用同类失效概率数据，以及设备修正系数F_E和管理系统修正系数F_M两项来修正同类概率，计算出一个经过调整的失效概率。其计算模型见式(15-26)：

$$概率_{调整}=概率_{同类}\times F_E\times F_M \quad (15-26)$$

同类失效概率数据基于历史失效数据统计确定，推荐采用API 581建议的设备同类失效概率值。设备修正系数根据设备运行的特定环境确定。管理系统修正系数根据与同类工艺安全管理系统的比较而得出。

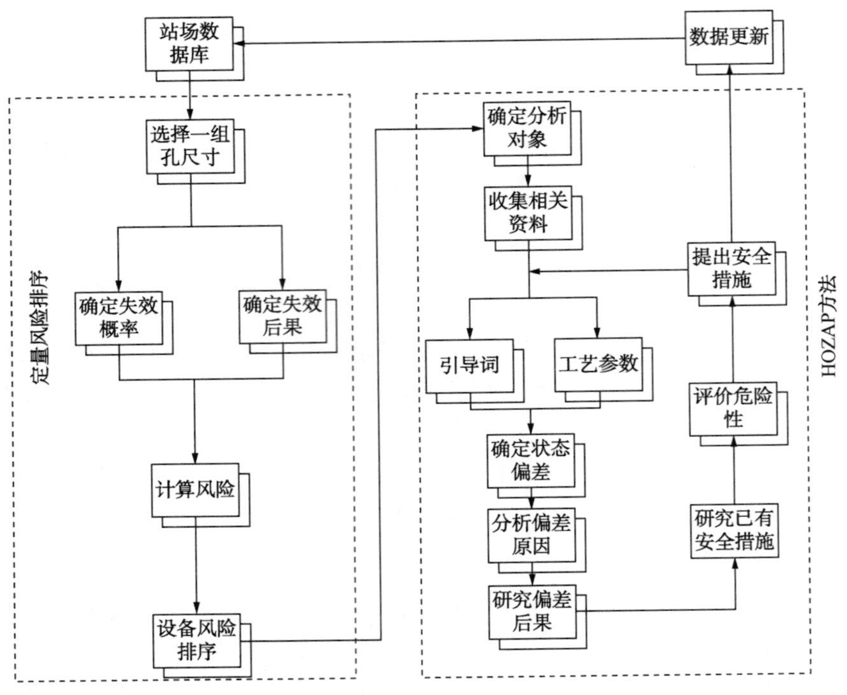

图 15-9 储气库地面站场风险评价流程

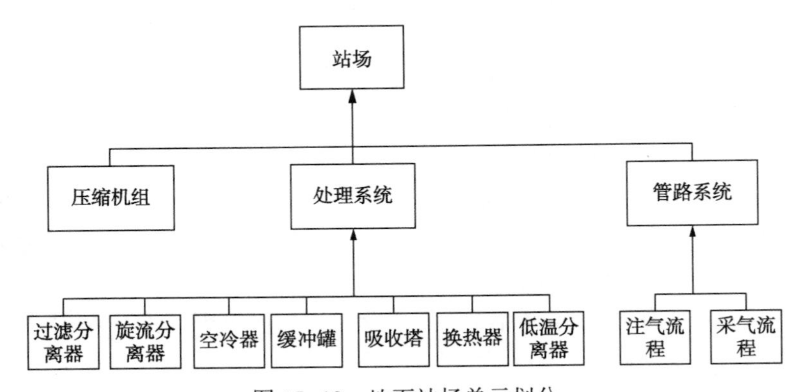

图 15-10 地面站场单元划分

3）失效后果计算模型

考虑持续泄漏和瞬时泄漏两种泄漏类型，以及设备破坏和致死事故两类后果，建立了地面站场设施失效后果计算模型，见表 15-4。

表 15-4 泄漏后果计算模型

泄漏类型	后果类型	计算模型	备注
持续泄漏	设备破坏面积	$A=43x^{0.98}$	A 为面积，单位 ft^2；x 为泄漏率，单位为 lb
	致死事故面积	$A=110x^{0.96}$	
瞬时泄漏	设备破坏面积	$A=41x^{0.67}$	
	致死事故面积	$A=79x^{0.67}$	

4）风险计算及评定

储气库地面站场设施风险考虑评价单元破坏风险和人员致死风险两类，计算模型见式(15-27)和式(15-27)：

$$评价单元破坏风险值 = \sum_{n=1}^{4}[单孔失效后果(设备破坏面积) \times 单孔时效概率] \tag{15-27}$$

$$人员伤亡风险值 = \sum_{n=1}^{4}[单孔失效后果(人员破坏面积) \times 单孔时效概率] \tag{15-28}$$

采用风险矩阵图来评价地面站场设施各设备单元的风险水平，规定了失效概率、失效后果和风险等级，见表15-5。

表15-5 失效概率与失效后果等级

失效概率等级	失效概率	失效后果等级	可能性加权平均面积
1	$<10^{-5}$	A	$<1m^2$
2	$10^{-5} \sim 10^{-4}$	B	$1 \sim 10m^2$
3	$10^{-4} \sim 10^{-3}$	C	$10 \sim 100m^2$
4	$10^{-3} \sim 10^{-2}$	D	$100 \sim 1000m^2$
5	$>10^{-2}$	E	$>1000m^2$

4. 地面集输管道风险评价方法

在肯特管道风险评分法的基础上，结合地面集输管道的特有性质和运行工况，通过调整评分指标体系和风险因素权重，建立了适用于储气库拟建、在建和在役的集输管线风险评分法，以达到识别管道沿线高风险后果区域、确定风险动态排序、策划事故应急方案的作用，指导管道运营、改建、维护等安全管理工作。具体调整的内容如下：

1）评分指标体系调整

（1）将第三方破坏指数评分项的直呼系统调整为报警系统，并附加法规的建立和完善、广泛宣传和对报警的恰当回应3项评分指标；

（2）删除了腐蚀指数的密间隔测量和内检测评分项，增加防腐层状况和土壤腐蚀性指标项权重；

（3）删除了误操作指数中的中毒品检查指标项，将包覆层、连接、产品等修改为防腐层、焊接、介质等国内管道行业术语；

（4）修改了第三方破坏指数的公共教育评分项，并增加了与地方政府会晤、居民保护意识和宣传力度评分指标。

2）风险因素权重调整

通过统计分析国内管道事故案例，将第三方破坏、腐蚀、设计和误操作风险因素权重由25%分别调整为45.1%、28.2%、5.6%和21.1%，可更为准确地评价管道的风险，更好地体现我国管道的真实情况。最终相对风险值计算模型调整为：

$$V = \frac{\sum w_i x_i}{l} \tag{15-29}$$

式中：V 为相对风险值；w 为相对权重；x 为一级指数因素分值；l 为泄漏影响指数。

5. 盐穴型地下储气库风险评价软件开发

运用 visual studio 2008 和 Access 2003 软件，基于模型-视图-控制器三层架构模式，开发了盐穴型地下储气库风险评价软件，包括基本信息库、地下储气设施风险评价、地面站场设施风险评价、地面集输管线风险评价、风险评价案例数据库和辅助文件模块六大功能模块，实现了盐穴地下储气库地下储气设施、地面站场设施和地面集输管线的风险评价，为地下储气库安全管理提供了专业评价软件。

另外，采用 C#语言，基于 B/S 架构模式，开发了地下储气库事故案例数据库系统，包括案例维护、案例浏览、案例分析及用户管理四大模块，并录入了国外 64 起地下储气库事故案例信息，实现了地下储气库事故案例的集中管理，可为我国地下储气库安全管理提供参考。

开发的软件功能完备，使用方便，有良好的人机交互界面和可操作性。典型的软件界面如图 15-11 所示。

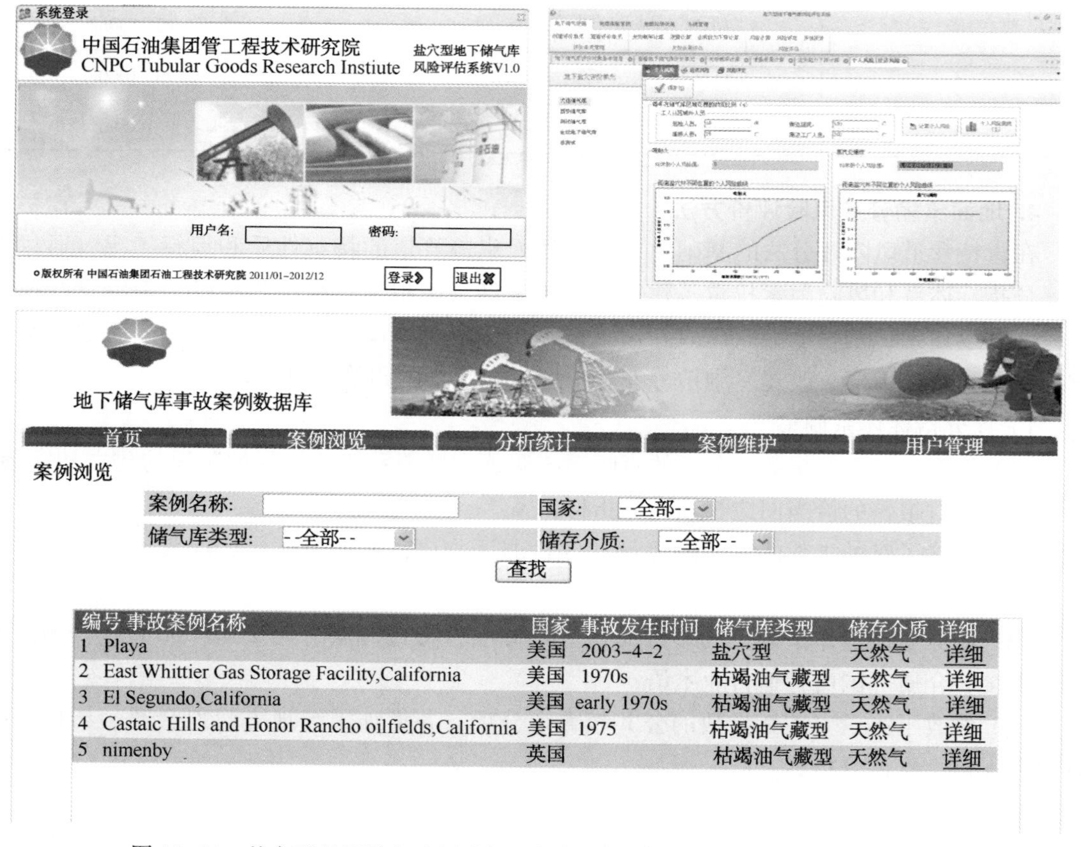

图 15-11 盐穴型地下储气库风险评价软件及地下储气库事故案例数据库界面

6. 盐穴型地下储气库风险控制措施研究

（1）综合储气库溶腔稳定性评价、储气库注采腐蚀监测及防腐蚀措施、注采井口自然灾害防护措施、地面沉降预测方法的研究成果，从降低失效概率和减少失效后果两个方面，考虑监/检测、维修更换、预测预防和管理四种手段，提出了一套地下储气设施、地面站场设施和地面集输管线的风险控制措施，可指导储气库管理者进行风险控制，如图15-12所示。

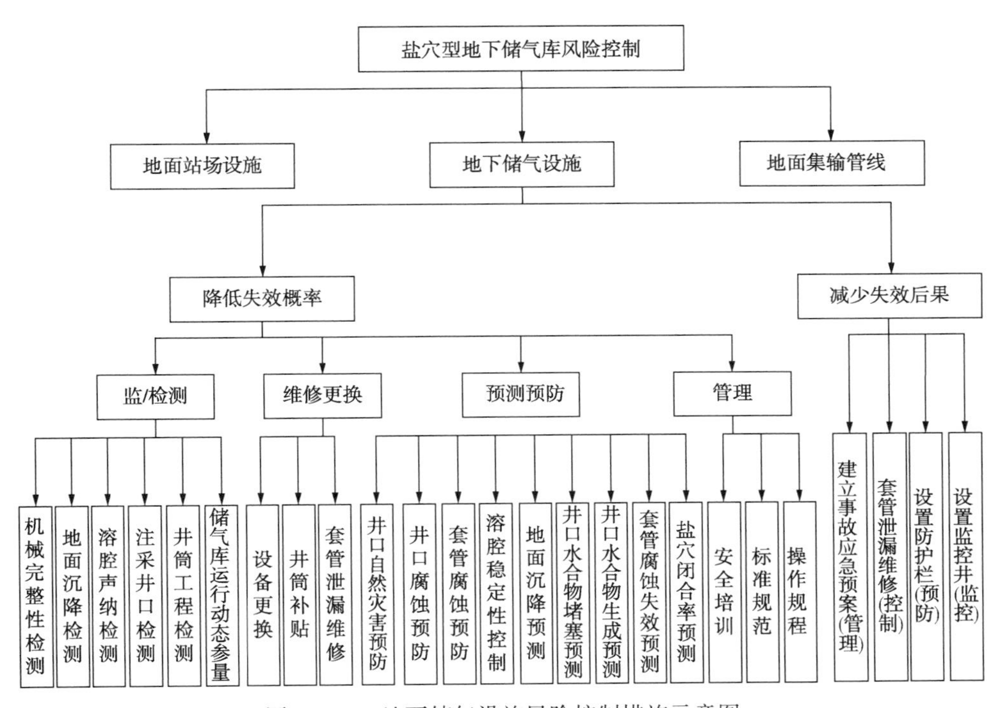

图15-12　地下储气设施风险控制措施示意图

（2）为控制盐穴型地下储气库风险，编制了风险评价标准和操作规程等管理文件，促进了盐穴型地下储气库安全管理规范化和科学化，从而保障盐穴型地下储气库安全运行。具体文件包括：

① Q/SY 1599—2013《在役盐穴地下储气库风险评价导则》；

② Q/SY TGRC 50—2013《地下储气库风险评价导则》；

③ 盐穴地下储气库风险评价数据管理工作程序；

④ 井口设备安全检查表；

⑤ 三甘醇脱水装置操作规程；

⑥ 采气井开、关井操作规程；

⑦ 注气井开、关井操作规程；

⑧ 单井巡检操作规程；

⑨ 单井关井操作规程；

⑩ 井口泄压操作规程；

⑪ 运行人员紧急事故应急处理操作规程；

⑫ 盐穴地下储气库声纳测腔操作规程。

7. 盐穴型地下储气库风险评价技术应用研究

盐穴型地下储气库风险评估技术已成功应用于我国首座盐穴地下储气库西气东输金坛地下储气库在役老腔、西注采气站和集输管道的风险评价，识别出了高风险因素和高风险单元，提出了合理化的风险控制建议，为金坛储气库编制了8项运行与维护操作规程，其中有7项已纳入金坛地下储气库HSE管理体系，并已用于指导实际生产操作，为金坛地下储气库的安全运行管理提供了决策依据，经济效益和社会效益显著。

根据风险评价结果，建议金坛储气库重点监控设备失效特别是螺纹扣密封失效、冲蚀、水合物生成等高风险因素，并将108.25m作为西1井的安全距离，同时重点加强压缩机、空冷器和缓冲罐高风险单元的安全监控和检测，定期对高风险管路P2112~P2118及高后果管路P2201、P2101和P2104进行检测和维护，重点监控靠近阀组和池塘穿越段的集输管道。表15-6、图15-13~图15-14为金坛储气库风险评价的部分结果。

表15-6 西1井经济风险评价结果

失效事件		严重度级别	事件率/(次/年)	总经济后果/(千元/次)	经济风险/(千元·次/年)
泄漏	大气泄漏	小泄漏	2.86×10^{-1}	97.5	27.85
		大泄漏	1.18×10^{-1}	186.1	22.05
		破裂	4.12×10^{-3}	6754	27.83
	地下泄漏	小泄漏	1.98×10^{-4}	4633.2	0.92
		大泄漏	3.05×10^{-4}	4474.4	1.37
		破裂	6.04×10^{-6}	7290.6	0.04
注采能力下降	运行减缓	较小减缓	1.6×10^{-1}	43.3	6.9
		较大减缓	7.43×10^{-2}	43.3	3.2
	运行中断	临时中断	2.36×10^{-1}	43.3	10.2
		长期中断	1.83×10^{-3}	171740	314.3

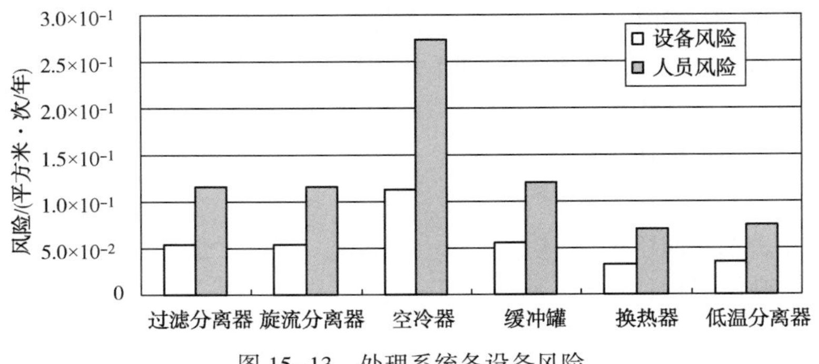

图15-13 处理系统各设备风险

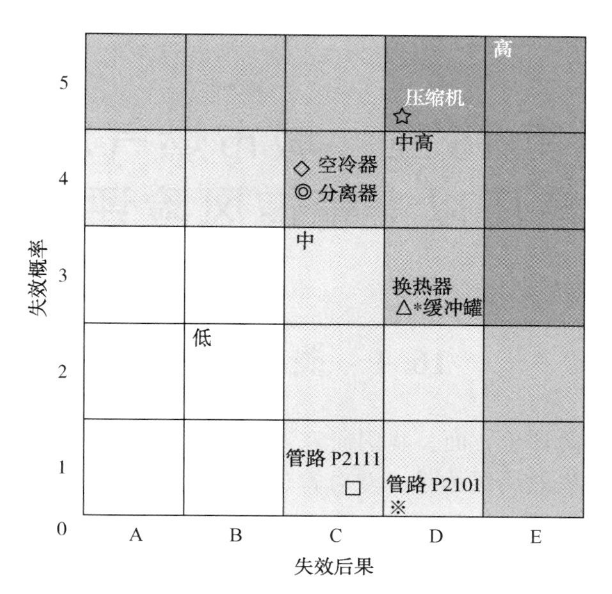

图 15-14　设备和管路风险评定矩阵图

第16章　城市燃气次高压以上管道风险评价

16.1　概　　述

在城镇燃气管道风险评价方面，我国研究人员最早利用模糊风险评价方法建立了天然气管道失效因素体系和失效后果体系，并对管道的风险可接受程度进行探讨，较全面地考虑了天然气管道失效可能性和失效后果严重程度的影响因素，克服了只依靠失效概率进行评价带来的片面性和局限性。但由于城镇燃气管道风险影响因素众多，从设计、施工、操作到第三方破坏、腐蚀破坏、后果研究等方面多达几百个相关因素，加之我国城镇燃气管道建设初期并没有建立相应的历史数据和原始设计数据库，管道投入使用后的运行情况完全依靠人工记录，大量资料缺失，这些客观情况增加了建立城镇燃气管道风险评价方法和模型的难度，削弱了依据城镇燃气管道原始数据进行评价的真实性和可靠性。目前在城镇燃气管道风险评价方面尚未形成系统、完整的风险评价技术。

本章主要是根据城市燃气管道的相关政策法规和工程实际经验，结合次高压以上管道的特点和管理经验和具体的实际情况，提出了次高压以上燃气管道风险评价模型。该模型是采用半定量风险评价方法，对次高压以上管道中潜在的危害因素进行辨识、分析，判断管道失效可能性和管道失效后果，评价管道失效风险，并根据风险评价结果，制定相应的预防减缓和维修维护措施，最终达到持续提升管道本质安全、减少和预防管道事故发生、优化配置相关管理资源、经济合理地保证燃气管道安全有效运行的目的。

基于高压、次高压管道业务数据的风险评价算法共包括6个业务评价模块，分别是第三方破坏评价、腐蚀评价、制造和施工缺陷评价、误操作评价、地质灾害评价、后果指标评价。每个评价模块相互独立，具有特有的数据需求点，因此本章分为6个部分对每个子模块进行详细设计说明。

16.2　算法流程

基于高压、次高压管道业务数据的风险评价模型架构，其算法评价流程如图16-1所示。

风险评价得分如下：

$$风险评价 = n \times 20\% + m \times 20\% + k \times 20\% + w \times 20\% + a \times 10\% + b \times 10\% \quad (16-1)$$

管道风险等级如表16-1所示。

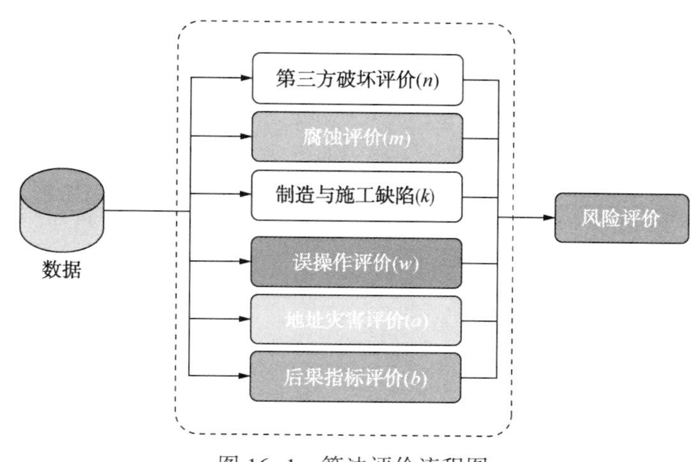

图 16-1　算法评价流程图

表 16-1　城市燃气管道风险分级

风险等级	风险得分 S	采取措施	风险量化
Ⅰ级	80<S	日常巡护	低风险
Ⅱ级	70<S<80	加密监控	中等风险
Ⅲ级	60<S<70	计划响应风险减缓	中高风险
Ⅳ级	S<60	立即采取风险减缓措施	高风险

16.3　各风险评价子模块

16.3.1　第三方破坏评价

第三方破坏评价，主要是基于次高压以上燃气管道遭受第三方破坏的情况进行的管道风险评价。

1. 评价项

管道第三方破坏评价主要是从管道埋深和加分项、巡线、管道路由标识桩、管道上方破坏情况、管道占压、管道响应机制、辅助渠道信息收集、公众宣传效果、政府沟通效果、打孔盗气 10 个部分进行评价打分，如图 16-2 所示。

第三方破坏评价得分如下：

$$n = n_1 + n_2 + n_3 + n_4 + n_5 + n_6 + n_7 + n_8 + n_9 + n_{10} \tag{16-2}$$

2. 各项评价得分

1）埋深、加分项

管道埋深评价得分由管道具体埋深得分和加分项得分两部分组成。具体评价得分如下：

$$n_1 = 埋深 \times 0.9 + 加分项 \tag{16-3}$$

加分项为多选项，如表 16-2 所示。

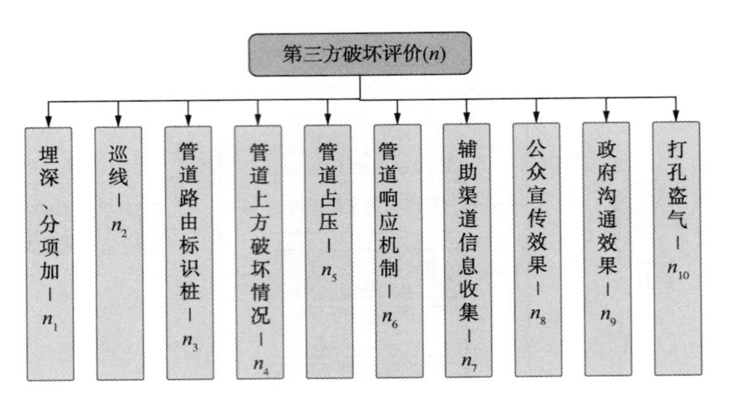

图 16-2 第三方破坏评价

表 16-2 加分项列表

序号	加分项具体内容	得分	序号	加分项具体内容	得分
1	警示带	0.15	4	加强水泥盖板	0.6
2	500mm 厚水泥保护层	0.2	5	钢套管	0.6
3	100mm 厚水泥保护层	0.3			

注：埋深评价得分如果大于 10 分，则取 10 分。

2）巡线

管道巡线是从巡线频率(n_{21})、巡线效果(n_{22})、巡线质量(n_{23})、巡线制度和培训得分(n_{24}) 4 个方面进行评价打分。具体评价得分如下：

$$n_2 = n_{21}+n_{22}+n_{23}+n_{24} \tag{16-4}$$

(1) 巡线频率　根据实际情况选择具体的巡线频率(单选)得出对应的得分。具体选项评价得分见表 16-3。

表 16-3 巡线频率评价得分列表

序号	具体选项	得分
1	城市郊区每日 4 次巡查，城市中心区地区每日两次巡查	10
2	城市中心区地区每日 2 次巡查	8
3	城市中心区或郊区每日 1 次巡查	4
4	城市中心区或郊区每周 1 次巡查	2
5	城市中心区或郊区从不巡查	0

(2) 巡线效果　根据实际情况选择具体的巡线效果(单选)得出对应的得分。具体选项评价得分见表 16-4。

表 16-4 巡线效果评价得分列表

序号	具体选项	得分
1	优：巡线便道通畅，无受阻情况	1.0
2	良：巡线基本通畅，由于自然原因或人工无法进入但能够方便地观察受阻区域管道情况	0.8

续表

序号	具体选项	得分
3	中：巡线受阻，需要绕行较远或者观察该区域困难	0.5
4	差：人工受阻，并禁止进入巡线	0

（3）巡线质量　根据实际情况选择具体的巡线质量（单选）得出对应的得分。具体选项评价得分见表16-5。

表16-5　巡线质量评价得分列表

序号	具体选项	得分
1	在1年内发生一次第三方损伤事故	1
2	在半年内发生一次第三方损伤事故	0
3	在1年内未发生第三方损伤事故	4

（4）巡线制度和培训　根据巡线的实际情况选择具体巡线制度和培训（单选）得出对应的得分。具体选项评价得分见表16-6。

表16-6　巡线制度和培训评价得分列表

序号	具体选项	得分
1	具有巡线工定期培训，并定期对巡线工进行培训	5
2	具有巡线工定期培训制度，但未定期对巡线工进行培训	3
3	具有相应巡线工考察，但未建立培训和考核制度	1
4	没有相应的培训和考核制度	0

3）管道路由标识桩

管道路由标识桩是根据实际情况选择具体的管道路由标识桩（单选）得出对应的得分。管道路由标志应清楚，以便第三方能明确知道管的具体位置，防止无意破坏管道，同时使巡线或检查人员能有效地巡检。具体选项评价得分见表16-7。

表16-7　管道路由标识桩评价得分列表

序号	具体选项	得分
1	优：通行带清晰且无障碍，可人车通过，线路标识、三桩一牌符合规范	10
2	良：管道沿线没有障碍物，可通行，标识好	6
3	中：通行带有部分障碍物，标识良好，三桩一牌需要加密	4
4	差：标识不清，三桩一牌缺失严重；或管道上方人车皆可通过走近查看	0

4）管道上方破坏情况

管道上方破坏情况是根据管道周围或上方，采用机械开挖施工活动的频繁程度进行评价打分。规范性施工：进行施工交底，制定管道保护方案，施工者素质较高；非规范性施工：施工未通报、未交底，野蛮施工。评价得分根据实际情况选择具体的管道上方破坏情况（单选）得出对应的得分。具体选项评价得分见表16-8。

表 16-8 管道上方破坏情况评价得分列表

序号	具体选项	得分
1	基本无活动：管道上方不发生开挖施工，这些地区一般是人烟罕至的地区	15
2	低活动水平且规范性施工：很少发现此地区有开挖施工活动	12
3	中等活动水平且规范性施工：间或发现此地区有开挖施工活动	8
4	高活动水平且规范性施工：管道周围或上方经常有开挖施工活动，经常现场发现动土，接到开挖通道报告，周围或上方正在进行大量施工建设快速发展的城乡接合部等	5
5	非规范性施工	0

5）管道占压

管道占压是指管道上方圈占、占压、碾压、违章建筑等情况对管道的影响。评价得分根据实际情况选择具体的管道占压(单选)得出对应的得分。具体选项评价得分见表 16-9。

表 16-9 管道占压评价得分列表

序号	具体选项	得分
1	无；或有地面侵权情况，但经安全评价无影响或者已有有效防护措施	12
2	有地面侵权，经安全评价影响较小，或保护措施效果欠佳，或轻微影响日常维护	8
3	有地面侵权，未进行评价或无有效防护措施，或较严重影响日常维护	4
4	情况不详，或严重影响维抢修，无防护措施	0

6）管道响应机制

管道响应机制是指公司内部对所发现第三方活动的响应时间及质量(多选)。具体选项评价得分见表 16-10。

表 16-10 管道响应机制评价得分列表

序号	具体选项	得分
1	管道定位准确，管道的准确位置标识很明确，或有方法和技术手段，能准确知道管道的位置，并在需要时能告知相关方	2
2	开挖响应及时，发现管道上方的开挖活动时管道保护人员能够及时响应，当日与施工方进行沟通，并采取有效的保护管道的措施	2
3	有地图和信息系统，具有完整准确的管道数据及周边信息，能在内业明确管道的具体位置和走向	2
4	有正式的有效记录	2
5	没有对第三方活动的有效记录及相关处理流程的文件规定	0

7）辅助渠道信息收集

辅助渠道信息收集主要是从施工联系电话(n_{71})和信息收集情况(n_{72})2 个方面进行评价打分。具体评价得分如下：

$$n_7 = n_{71}+n_{72} \tag{16-5}$$

(1) 施工联系电话　主要是根据施工联系情况进行评价打分(单选)。具体选项评价得分见表 16-11。

表 16-11　施工联系电话评价得分列表

序号	具体选项	得分
1	具有统一施工联系电话，并能对突发事件迅速作出反应	2
2	无统一联系电话	1
3	无联系电话	0

（2）信息收集情况　根据辅助渠道对所发现的第三方活动或异常情况汇报记录进行评价打分。具体选项评价得分见表 16-12。

表 16-12　信息收集情况评价得分列表

序号	具体选项	得分
1	第三方信息已收集，且一年内未发生信息遗漏引起的事故	3
2	第三方信息已收集，且一年内发生了信息遗漏引起的事故	1
3	第三方信息未收集	0

8）公众宣传效果

公众宣传效果得分为定期或走访附近居民得分。若公众保护态度积极，则宣传效果自动为 5 分。具体选项评价得分见表 16-13。

表 16-13　公众宣传效果评价得分列表

序号	具体选项	得分
1	具有明确公众宣传计划，定期进行公众宣传并走访	10
2	无明确公众宣传计划，随机进行公众宣传或走访	6
3	无明确公众宣传计划，偶尔进行公众宣传或走访	3
4	从不沟通	0

9）政府沟通效果

政府沟通效果主要是从与地方相关部门沟通（n_{91}）和当地配合力度（n_{92}）2 个方面进行评价打分。具体评价得分如下：

$$n_9 = n_{91} + n_{92} \tag{16-6}$$

（1）与地方相关部门沟通　根据是否建立流畅的沟通渠道进行评价打分（单选）。具体选项评价得分见表 16-14。

表 16-14　与地方相关部门沟通评价得分列表

序号	具体选项	得分
1	有沟通渠道	2
2	无沟通渠道	0

（2）当地配合力度　根据沿线当地配合管线保护的积极性进行评价打分。具体选项评价得分见表 16-15。

表 16-15 当地配合力度评价得分列表

序号	具体选项	得分
1	有配合且协助解决问题	3
2	有配合，但态度不积极	1
3	抵触不配合	0

10）打孔盗气

打孔盗气主要是根据发生打孔盗气的历史数据进行评价打分。具体选项评价得分见表16-16。

表 16-16 打孔盗气评价得分列表

序号	具体选项	得分
1	无历史记录：指该区域没有发生打孔盗气事件的历史记录	5
2	可能性低：指该区域三年内发生过一次打孔盗气或打孔盗气未遂事件	3
3	可能性高：指该区域三年内发生过两次或以上的打孔盗气或打孔盗气未遂事件	0

16.3.2 腐蚀评价

腐蚀评价主要是根据天然气管道的腐蚀情况进行评价打分。

1. 评价项

腐蚀评价主要是通过对管道介质腐蚀性、应力腐蚀性（含氢量）、管道内部防护、土壤腐蚀性、阴极保护电位、阴极电位检测和监测、直流杂散电流干扰、交流杂散电流干扰、防腐层质量、外防腐层维护管理、外防腐层 ECDA 评价、阴保备站、高压（或次高压）管道内检测修正系数、腐蚀泄漏历史数据分析 14 个部分进行评价打分，如图16-3所示。

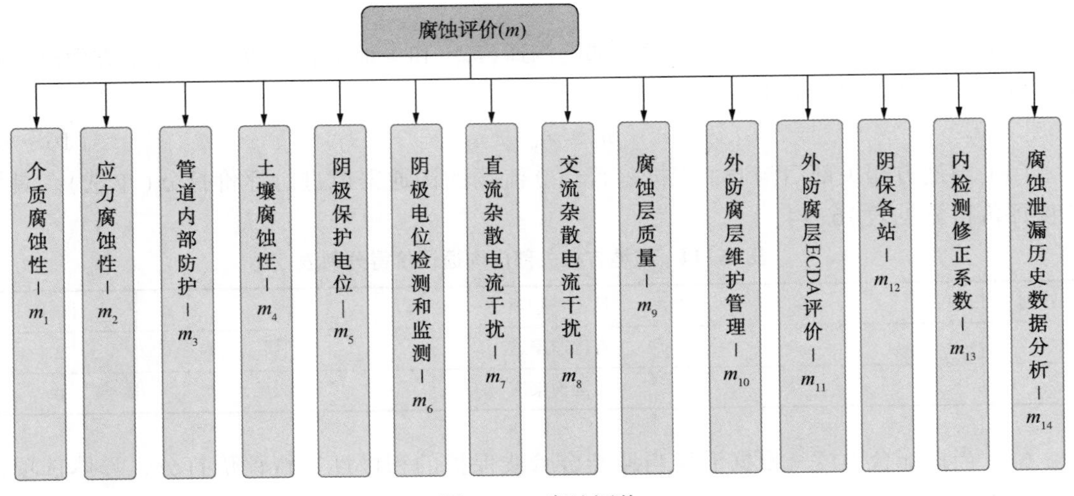

图 16-3 腐蚀评价

腐蚀评价得分如下：

$$m = 100 - [100 - (m_1 + m_2 + m_3 + m_4 + m_5 + m_6 + m_7 + m_8 + m_9 + m_{10} + m_{11} + m_{12} + m_{14})] \times m_{13} \quad (16-7)$$

2. 各项评价得分

1）介质腐蚀性

介质腐蚀性主要是根据管道内部介质对管道的腐蚀性进行评价打分(单选)。具体选项评价得分见表16-17。

表16-17 介质腐蚀性评价得分列表

序号	具体选项	得分
1	无腐蚀性：管输产品基本不存在对管道造成腐蚀的可能性	5
2	特定情况下具有腐蚀性：介质没有腐蚀性，但曾阶段性引入腐蚀性组分	4
3	中等腐蚀性：管输产品腐蚀性不明可归为此类	2
4	强腐蚀性：管输产品含有大量的杂质，如盐溶液、硫化氢等杂质，会对管道造成严重的腐蚀	0

2）应力腐蚀性

应力腐蚀性是根据管道应力腐蚀情况进行评价打分(单选)。具体选项评价得分见表16-18。

表16-18 应力腐蚀性评价得分列表

序号	具体选项	得分
1	输送天然气介质中不含有氢气	5
2	输送介质中含有1%以下氢气	4
3	输送介质中含有1%~2%氢气	3
4	输送介质中含有2%~3%氢气	2
5	输送介质中含有3%~4%氢气	1.5
6	输送介质中含有4%~5%氢气	1
7	输送介质中含有5%以上氢气	0

3）管道内部防护

管道内部防护主要是根据管道内部的防护情况进行评价打分(单选)。具体选项评价得分见表16-19。

表16-19 管道内部防护评价得分列表

序号	具体选项	得分
1	本质安全：管输产品与管壁之间不存在任何腐蚀的可能性	5
2	处理措施：对管输产品进行处理，如采取脱硫、脱水等措施	2
3	内涂层：是为了将管输产品与管道隔离，避免产生腐蚀的有效措施	2
4	清管：通过应用清管器把管道中的杂质除去，能有效保护管道并防止内腐蚀的发生	2
5	无防护：无任何内腐蚀防护措施	0

4）土壤腐蚀性

土壤腐蚀性(单选)由土壤电阻率得到，土壤腐蚀性与电阻率关系取自 SY/T 0053。具体选项评价得分见表 16-20。

表 16-20 土壤腐蚀性评价得分列表

序号	具体选项	得分
1	低腐蚀性：土壤电阻率大于 50Ω·m	12
2	中等腐蚀性：土壤电阻率为 20~50Ω·m	8
3	高腐蚀性：土壤电阻率小于 20Ω·m	0

5）阴极保护电位

阴极保护电位主要是根据阴极保护具体情况进行评价打分(单选)，以断电电位数据为准。具体选项评价得分见表 16-21。

表 16-21 阴极保护电位评价得分列表

序号	具体选项	得分
1	-0.85~-1.2V	10
2	-1.2~-1.5V	6
3	不在规定范围内，大于-0.85V，或小于-1.5V	2
4	无保护电位记录，或本段管道没有阴极保护系统	0

6）阴极电位检测和监测

阴极电位检测和监测分为阴保电位远程监测和现场检测两部分(单选)。具体选项评价得分见表 16-22。

表 16-22 阴极电位检测和监测评价得分列表

序号	具体选项	得分
1	具有阴保电位远程实时监测和控制	10
2	无阴保电位远程监测，每季度 1 次断电电位检测，每年 4 次	6
3	无阴保电位远程监测，每年 1 次断电电位检测	3
4	无阴保电位检测	0

7）直流杂散电流干扰

直流杂散电流干扰按照 SY/T 0017 确定其干扰程度，进行评价打分(单选)。具体选项评价得分见表 16-23。

表 16-23 直流杂散电流干扰评价得分列表

序号	具体选项	得分
1	周边没有受到任何直流电流以及屏蔽的影响，或无需排流	8
2	直流干扰已防护且排流效果良好	5
3	直流干扰已防护，但防护效果评定未达标	2
4	直流干扰未防护，或未进行干扰源调查测试	0

8）交流杂散电流干扰

交流杂散电流干扰按照 GB/T 50698 确定其干扰程度，进行评价打分(单选)。具体选项评价得分见表 16-24。

表 16-24　交流杂散电流干扰评价得分列表

序号	具体选项	得分
1	周边没有受到任何交流电流以及屏蔽的影响，或交流干扰电压不高于 4V，无需防护	8
2	交流干扰已防护且效果良好	5
3	交流干扰防护效果未达标，或未按期进行检测	2
4	未进行交流干扰源调查测试，或交流干扰未防护	0

9）防腐层质量

防腐层质量是指钢管防腐层及补口处防腐层的质量，根据防腐层质量评估结果和外检测缺陷结果进行评价打分(单选)。具体选项评价得分见表 16-25。

表 16-25　防腐层质量评价得分列表

序号	具体选项	得分
1	好：3 层 PE 防腐，外检测没有防腐层缺陷，或已按照标准进行修复	5
2	一般：外检测防腐层缺陷为低并且未修复，或外检测缺陷未达到修复标准	3
3	差：外检测防腐层缺陷为严重或中的地方尚未修复	1
4	无防腐层：没有任何外防腐层	0

10）外防腐层维护管理

外防腐层维护管理主要是从外防腐层检漏(m_{101})和外防腐层管理(m_{102})2 个方面进行评价打分。具体评价得分如下：

$$m_{10} = m_{101} + m_{102} \tag{16-8}$$

(1) 外防腐层检漏　主要是根据现场实际情况进行评价打分(单选)。具体选项评价得分见表 16-26。

表 16-26　外防腐层检漏评价得分列表

序号	具体选项	得分	序号	具体选项	得分
1	按期进行	4	3	没有进行	0
2	没有按期进行	2			

(2) 外防腐层管理　主要是根据现场实际情况进行评价打分(单选)。具体选项评价得分见表 16-27。

表 16-27　外防腐层管理评价得分列表

序号	具体选项	得分
1	正式报告外防腐层缺陷，并形成修复计划，严格按风险高低计划进行修复	8
2	正式报告外防腐层缺陷，并形成修复计划，按照修复难易程度进行修复	6

续表

序号	具体选项	得分
3	非正式报告外防腐层缺陷，在方便时修复	4
4	从不修复	0

11）外防腐层 ECDA 评价

外防腐层 ECDA 是根据系统的外检测与直接评价情况进行评价打分(单选)。具体选项评价得分见表 16-28。

表 16-28　外防腐层 ECDA 评价得分列表

序号	具体选项	得分	序号	具体选项	得分
1	距今不大于 3 年	10	3	距今>6 年	2
2	距今 3~6 年	6	4	未进行	0

12）阴保备站

阴保备站主要是根据阴保站是否设有备站进行评价打分(单选)。具体选项评价得分见表 16-29。

表 16-29　阴保备站评价得分列表

序号	具体选项	得分
1	设有阴保站备站，当设备失效时备站能自动运行	5
2	设有阴保站备站，当设备失效时需手动启动备站	3
3	无阴保站备站	0

13）内检测修正系数

管道内检测修正系数是根据管道高压、次高压情况进行评价打分。

(1) 管道为高压情况　管道内检测修正系数根据内检测精度和内检测距今时间来评价打分(单选)，分为高清或者标清两种情况。具体选项评价得分见表 16-30 和表 16-31。

表 16-30　管道内检测高压高清评价得分列表

序号	具体选项	得分	序号	具体选项	得分
1	未进行	50%	3	距今 4~8 年	85%
2	距今>8 年	75%	4	距今≤3 年	100%

表 16-31　管道内检测高压标清评价得分列表

序号	具体选项	得分	序号	具体选项	得分
1	未进行	50%	3	距今 4~8 年	85%
2	距今>8 年	75%	4	距今≤3 年	100%

(2) 管道为次高压情况　具体选项评价得分见表 16-32。

表 16-32　管道内检测次高压评价得分列表

序号	具 体 选 项	得分
1	未进行的	75%
2	利用抢修、开挖后进行检测的	85%
3	进行超声导波检测、机器人检测管体的	100%

14）腐蚀泄漏历史数据分析

腐蚀泄漏历史数据分析主要是根据历史泄漏情况进行评价打分。具体选项评价得分见表 16-33。

表 16-33　腐蚀泄漏历史数据分析评价得分列表

序号	具 体 选 项	得分
1	从未发生过	5
2	发生过 1 次腐蚀泄漏事件	1
3	发生过 2 次腐蚀泄漏事件	0.5
4	发生过 3 次及以上腐蚀泄漏事件	0

16.3.3　制造和施工缺陷评价

制造与施工缺陷评价主要是通过对管道在制造和施工过程中的参数进行评价打分。

1. 评价项

制造和施工缺陷评价主要是通过管道元件质量评价、运行安全余量、设计系数、疲劳、压力试验系数、存在轴向焊缝缺陷、存在环向焊缝缺陷、存在管体缺陷处理、管道内检测修正系数 9 个部分进行评价打分，如图 16-4 所示。

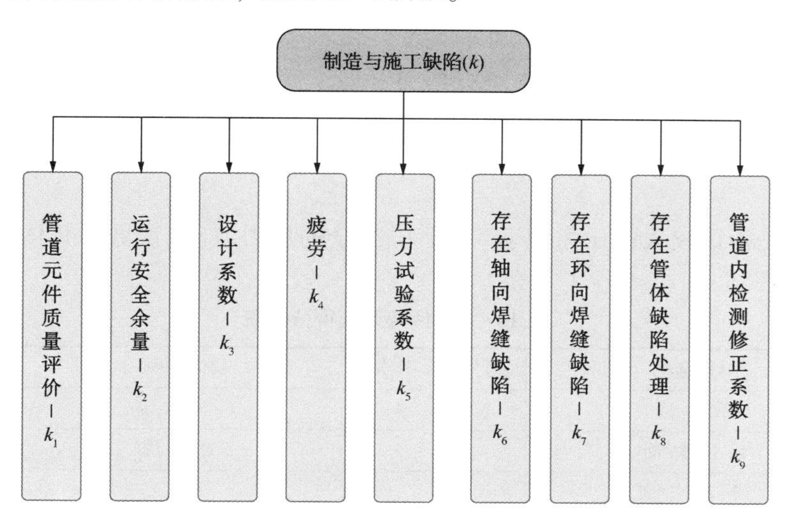

图 16-4　制造与施工缺陷评价

制造与施工缺陷评价得分如下：

$$k = 100 - [100 - (k_1 + k_2 + k_3 + k_4 + k_5 + k_6 + k_7 + k_8)] \times k_9 \qquad (16-9)$$

2. 各项评价得分

1）管道元件质量评价

管道元件质量评价按照 GB 50028 确定城市燃气管道对管道元件的要求，按照 GB/T 20801 确定输送腐蚀性液体介质的工业管道对管道元件的要求（单选）。具体选项评价得分见表 16-34。

表 16-34 管道元件质量评价得分列表

序号	具体选项	得分
1	规定元件必须满足相应标准和规范的要求，且进货检验的规定完善，一年内未发生因元件质量引发的事故	20
2	规定元件必须满足相应标准和规范的要求，且进货检验的规定完善，一年内发生因元件质量引发的事故	10
3	未规定元件必须满足相应标准和规范的要求	0

2）运行安全余量

运行安全余量主要是从设计压力（*SJ*）和最大正常运行压力（*YX*）2 个方面进行评价打分。具体评价得分如下：

$$k_2 = (SJ/YX - 1) \times 30 \qquad (16-10)$$

注：如果运行安全余量评价得分 k_2 大于等于 15 分，则运行安全余量得分为 15 分。

3）设计系数

设计系数是指与地区等级对应的燃气管道的设计系数。具体选项评价得分（单选）见表 16-35。

表 16-35 设计系数评价得分列表

序号	具体选项	得分	序号	具体选项	得分
1	0.3	30	3	0.5	10
2	0.4	20	4	0.6	5

4）疲劳

管道疲劳是指比较大的压力波动（大于 0.3bar 的压力波动）次数。具体选项评价得分（单选）见表 16-36。

表 16-36 疲劳评价得分列表

序号	具体选项	得分	序号	具体选项	得分
1	<1 次/周	5	4	26~52 次/周	2
2	1~13 次/周	4	5	>52 次/周	0
3	13~26 次/周	3			

5）压力试验系数

压力试验系数是指水压试验系数（试压的压力与设计压力的比值）。具体选项评价得分

(单选)见表 16-37。

表 16-37　压力试验系数评价得分列表

序号	具体选项	得分	序号	具体选项	得分
1	>1.50	10	4	>1.11 且≤1.25	4
2	>1.40 且≤1.50	8	5	≤1.11	2
3	>1.25 且≤1.40	6	6	未进行压力试验	0

6）存在轴向焊缝缺陷

管道运行期存在的环向焊缝缺陷情况主要是根据运营历史记录来确定(钢管在制管厂产生的缺陷，如果没有历史和内检测数据表明存在该问题，则填无即可)。具体选项评价得分(单选)见表 16-38。

表 16-38　存在轴向焊缝缺陷评价得分列表

序号	具体选项	得分
1	无	5
2	有轴向焊缝缺陷，不影响正常运行	3
3	有严重轴向焊缝缺陷	0

7）存在环向焊缝缺陷

管道运行期存在的环向焊缝缺陷情况主要是根据运营历史记录来确定。具体选项评价得分(单选)见表 16-39。

表 16-39　存在环向焊缝缺陷评价得分列表

序号	具体选项	得分
1	无	5
2	有环向焊缝缺陷，不影响正常运行	3
3	有严重轴向焊缝缺陷	0

8）存在管体缺陷处理

存在管体缺处理是指管道运行期检测出的各种管体缺陷的修复处理情况。具体选项评价得分(单选)见表 16-40。

表 16-40　存在管体缺陷处理评价得分列表

序号	具体选项	得分
1	不需要修复，检测未发现缺陷或者缺陷不需修复	10
2	按计划及时修复，针对检测结果，制定修复计划，及时进行修复	10
3	未及时修复，针对检测结果，未能及时完成修复	5
4	未修复	0

9）管道内检测修正系数

管道内检测修正系数与腐蚀评价中的内检测修正系数评价打分相同，见表 16-30~表 16-32。

16.3.4 误操作评价

误操作评价主要是对管道运行过程中的操作情况进行评价打分。

1. 评价项

误操作评价主要通过对风险管理、达到设计压力的可能性、站场安全保护系统、SCADA 通信与控制、机械失误的防护、操作细则、维修(护)、数据与资料管理、健康检查、员工培训 10 个部分进行评价打分，如图 16-5 所示。

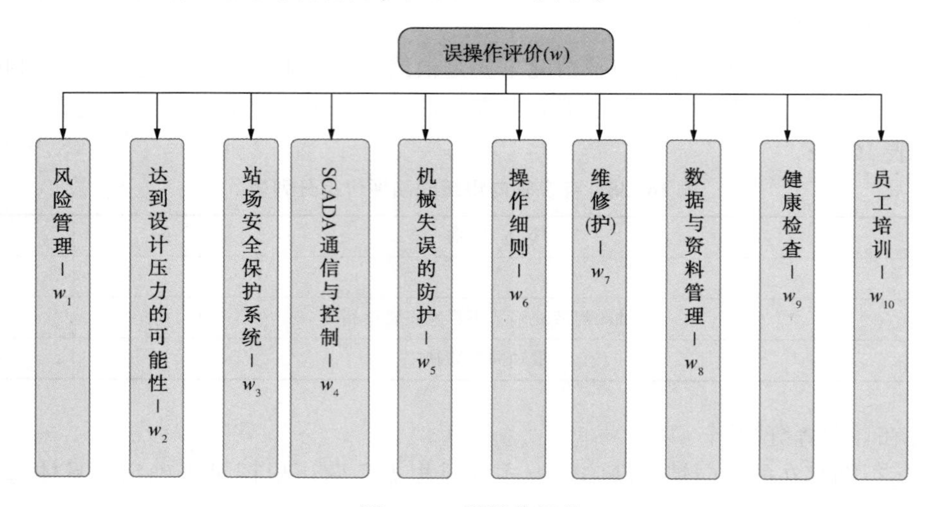

图 16-5 误操作评价

误操作评价得分如下：

$$w = w_1 + w_2 + w_3 + w_4 + w_5 + w_6 + w_7 + w_8 + w_9 + w_{10} \qquad (16-11)$$

2. 各项评价得分

1）风险管理

风险管理是指定期开展次高压管线的的风险识别、风险控制等工作。具体选项评价得分(单选)见表 16-41。

表 16-41 风险管理评价得分列表

序号	具体选项	得分
1	每年 1 次	15
2	2 年 1 次	10
3	3~5 年内 1 次	5
4	无	0

2）达到设计压力的可能性

达到设计压力的可能性是根据管道运行过程中运行压力达到设计压力的可能性进行评价打分。具体选项评价得分(单选)见表 16-42。

表 16-42 达到设计压力的可能性评价得分列表

序号	具体选项	得分
1	不可能：不存在造成管道超压的因素	6
2	极小可能：理论上存在可能超压的可能性，仅通过失误、疏忽或多于两级以上的安全保护装置失灵等一系列事件才能发生，且这些事件大部分每一件都不太可能发生	4
3	可能性小：可能由于工艺规程错误或疏忽以及安全装置(至少两级安全保护)的失灵联合造成系统超压，如高低压分界阀门、调压撬失灵等	2
4	可能性大：正常操作系统即可达到或接近设计压力，只能通过工艺规程或者安全保护装置、人员培训等进行预防	0

3）站场安全保护系统

安全保护系统是根据现场实际情况进行评价打分。具体选项评价得分(单选)见表 16-43。

表 16-43 安全保护系统评价得分列表

序号	具体选项	得分
1	本质安全：任何可能出现的事件均不可能使管道压力达到 *MAOP*，包括操作人员误操作、掉电、设备失灵故障等各种情况，因此管道系统是十分安全的	10
2	两级或两级以上就地保护：设置了一级以上的就地安全保护装置，每个装置必须是独立设置的，并且拥有独立的电源，这样每套安全装置都可成为一级独立的系统。因为配置了冗余的安全装置，明显降低了风险，故应赋予更高的分值	8
3	远程监控：在这种情况下，可远程监测到压力信号，且能实现远程遥控	7
4	仅有单级就地保护：有一套独立的就地安全装置提供超压保护，安装位置应该在管道或者在压力源上，能关闭阀门的压力开关就是一个例子，另一个实例就是在管道上设置一个安全阀	6
5	远程监测或超压报警：可远程监测到压力信号，实现超压报警，但不能实现遥控，无法实现超压自动保护	5
6	无安全保护系统	0

4）SCADA 通信与控制

SCADA 通信与控制是根据现场实际情况进行评价打分。具体选项评价得分(单选)见表 16-44。

表 16-44 SCADA 通讯与控制评价得分列表

序号	具体选项	得分
1	有沟通核对：控制中心通过 SCADA 获取信息后，与现场核对或有第二套信息获取途径验证后才执行相关控制(如泵的启停、阀门的开关)	5
2	无沟通核对：控制中心只通过 SCADA 获取信息，不与现场核对就执行相关控制(如泵的启停、阀门的开关)	0

5）机械失误的防护

机械失误的防护是根据现场实际情况进行评价打分。具体选项评价得分(多选)见表16-45。

表 16-45 机械失误的防护评价得分列表

序号	具体选项	得分
1	有软件控制防止机械失误。设计的程序软件可自动防止误操作，如当错误打开或错误地按下了一个按钮时，软件不能启动，软件会自动提醒需要按另外一个按钮	5
2	有硬件逻辑控制误操作(例如操作规程要求操作人员先按下 A 按钮，才能按下 B 按钮，这时系统已经设计为如果不按下 A 按钮，则 B 按钮不能动作)、关键设备操作的醒目标志、电器刀闸等有锁定装置	5
3	有工艺设计上的失误防护，如在计量或调压、加臭的过程中，没有加臭或计量偏差太大时会自动发现，当燃气泄漏时可燃气体报警	5
4	无防护	0

6）操作细则

操作细则是指在关键的操作环节和维护维修活动上制定了全面、符合实际的操作细则/说明，并得到有效的执行，包括管道的维护维修、调压箱启停、阀门操作、流量参数的变化、仪器仪表的使用等，以及阀门维检修、仪表安全装置的测试与校准，关键设备(调压器、加臭装置、阀井)的维护规程等。根据现场实际情况进行评价打分。具体选项评价得分(单选)见表 16-46。

表 16-46 操作细则评价得分列表

序号	具体选项	得分
1	受控：操作细则或指导书/说明书保持最新，并按细则/说明认真、严格执行	10
2	基本受控：有操作细则或指导书/说明书，大部分能够及时更新并执行良好，一年内存在有未及时更新操作细则/说明或未按细则/说明执行记录	8
3	未受控：有操作细则或指导书/说明书，但多数没有及时更新，或存在多版本共存，或没有认真执行	4
4	无相关记录	0

7）维修(护)

维修(护)是指站场设备设施维修(护)活动执行情况，包括计划的合理性及计划的执行效果，按重要的仪器仪表和设备设施(调压箱、阀井、控制阀门、ESD 阀门等)进行评价打分。具体选项评价得分(单选)见表 16-47。

表 16-47 维修(护)评价得分列表

序号	具体选项	得分
1	好：对重要的仪器仪表和设备设施进行定期维修(护)，且按照运行历史和相关规定结合实际情况进行调整优化	15
2	较好：对重要的仪器仪表和设备设施进行定期维修(护)，且按照人员经验进行调整优化，无相关规定	10
3	一般：对重要的仪器仪表和设备设施的维修(护)策略是定期进行	6
4	差：仪器仪表和设备设施没有明确的维护计划，或部分设备设施没有及时维护，或没有进行合适的维护	0

8）数据与资料管理

数据与资料管理是指有一套数据管理系统，可以用于保存、查找和调阅管道和设备设施的基础资料、历次的维护维修情况、故障失效情况及其他有用信息，这些数据经过分析后可用来调整优化管道和设备设施的维护措施。具体选项评价得分(单选)见表16-48。

表16-48　数据与资料管理评价得分列表

序号	具体选项	得分
1	完善：有一套数据管理系统和数据资料，管道及设备设施数据录入全面，能够通过关键字进行查询及统计分析，且应用良好	12
2	较完善：有一套数据管理系统和资料，管道及设备设施数据录入较全面，但数据格式或标准不统一，分析困难	9
3	有：有数据管理系统和有资料，但没有将所有数据纳入其中，而是分散储存，或数据没有及时更新，或部分数据丢失	6
4	无：无数据管理系统，无资料	0

9）健康检查

健康检查是指对员工进行健康检查，以免部分员工因身体原因而执行了误操作。具体选项评价得分(单选)见表16-49。

表16-49　健康检查评价得分列表

序号	具体选项	得分
1	有：体检和职业健康检查记录齐全	2
2	无：无相应记录。另外如果有醉酒上岗的历史，应选择本项	0

10）员工培训

员工培训是指制定了有针对性的培训计划。具体选项评价得分(多选)见表16-50。

表16-50　员工培训评价得分列表

序号	具体选项	得分	序号	具体选项	得分
1	通用科目-产品特性	1	5	通用科目-管道腐蚀	1
2	通用科目-维修维护	2	6	定期再培训	1
3	应急演练	2	7	完整性管理培训	1
4	通用科目-控制和操作	2	8	无	0

16.3.5　地质灾害

地质灾害评价主要是针对管道附近的地质情况进行评价打分。

1. 评价项

地质灾害评价主要是通过对管道附近已识别灾害点、未识别灾害点2个部分进行评价打分，如图16-6所示。

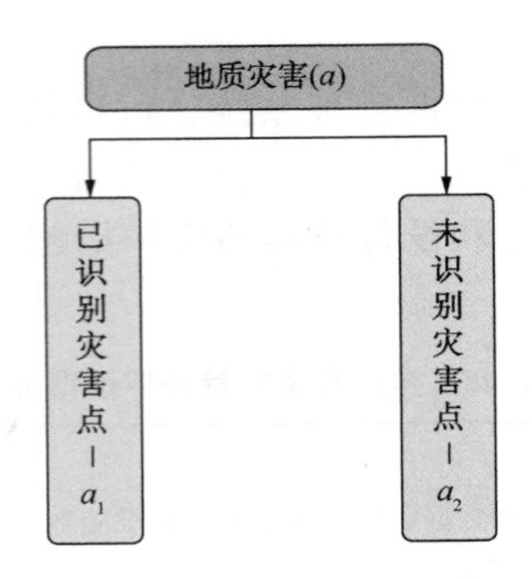

图 16-6　地质灾害评价

地质灾害评价得分如下：

$$\text{如果 } a_1 \geqslant a_2, \text{ 则 } a = a_2; \text{ 如果 } a_1 < a_2, \text{ 则 } a = a_1 \tag{16-12}$$

2. 各项评价得分

1）已识别灾害点

已识别灾害点主要是从已识别灾害点-易发性(a_{11})、已识别灾害点-管道失效可能性(a_{12})、已识识别灾害点-治理情况(a_{13})3 个方面进行评价打分。具体评价得分如下：

$$a_1 = a_{11} \times a_{12} \times a_{13} \tag{16-13}$$

（1）已识别灾害点-易发性　具体选项评价得分(单选)见表 16-51。

表 16-51　已识别灾害点-易发性评价得分列表

序号	具 体 选 项	得分
1	低：无发生地质灾害、洪水暴雨冲出露管的历史记录	10
2	较低：有发生地质灾害历史记录，现已稳定	9
3	中：三年内发生过一次地质灾害，有洪水暴雨冲出露管一次的，现处于观察阶段	8
4	较高：三年内有重复发生记录，洪水暴雨冲出露管二次的，且在一定时期内有较大可能性继续发生	7
5	高：洪水暴雨冲出露管三次以上的，随时可能发生地质灾害	6

（2）已识别灾害点-管道失效可能性　已识别灾害点-管道失效可能性是指灾害发生后造成管道泄漏的可能性。具体选项评价得分(单选)见表 16-52。

表 16-52　已识别灾害点-管道失效可能性评价得分列表

序号	具体选项	得分	序号	具体选项	得分
1	低	10	4	较高	7
2	较低	9	5	高	6
3	中	8			

（3）已识别灾害点-治理情况：具体选项评价得分(单选)见表 16-53。

表 16-53　已识别灾害点-治理情况评价得分列表

序号	具体选项	得分
1	没有必要	100%
2	防治工程合理有效	95%
3	防治工程轻微破损	90%
4	已有工程受损，但仍能正常起到保护作用	70%
5	已有工程严重受损，或者存在设计缺陷，无法满足管道保护要求	50%
6	无防治工程（包括保护措施）或防治工程完全毁损	30%

2）未识别灾害点

未识别灾害点主要是从地形地貌（a_{21}）、降雨敏感性（a_{22}）、土体类型（a_{23}）、管道铺设方式（a_{24}）、城建工程活动（a_{25}）、管道保护状况（a_{26}）6个方面进行评价打分。具体评价得分如下：

$$a_2 = a_{21} + a_{22} + a_{23} + a_{24} + a_{25} + a_{26} \tag{16-14}$$

（1）地形地貌　具体选项评价得分（单选）见表16-54。

表 16-54　地形地貌评价得分列表

序号	具体选项	得分	序号	具体选项	得分
1	平原	10	2	中低山、丘陵	0

（2）降雨敏感性　降雨敏感性是指因降水导致的地质灾害的可能性，与管道上方植被覆盖状况及管道敷设方式有关。具体选项评价得分（单选）见表16-55。

表 16-55　降雨敏感性评价得分列表

序号	具体选项	得分
1	低：不易发生降水导致的地质灾害	25
2	中：降水导致的地质灾害发生可能性一般	15
3	高：易发降水导致的地质灾害	0

（3）土体类型　完整基岩、破碎基岩基本在山区，根据管道所经过山体的风化程度进行判断；厚覆盖层、薄覆盖层指管道经过非山区的区域，根据管道埋深进行判断。具体选项评价得分（单选）见表16-56。

表 16-56　土体类型评价得分列表

序号	具体选项	得分
1	完整基岩或非山区	20
2	厚覆盖层（土层厚度大于等于2m）	20
3	薄覆盖层（土层厚度小于2m）	10
4	破碎基岩	10

（4）管道铺设方式　具体选项评价得分（单选）见表16-57。

表16-57　管道铺设方式评价得分列表

序号	具体选项	得分
1	无特殊敷设	25
2	沿山脊敷设	22
3	爬坡纵坡敷设	18
4	切坡敷设，与伴行路平行	15
5	穿越或短距离在季节性河床内敷设	15
6	在季节性河流河床内沿河敷设	10

（5）城建工程活动　具体选项评价得分（单选）见表16-58。

表16-58　城建工程活动评价得分列表

序号	具体选项	得分	序号	具体选项	得分
1	无	15	4	水利工程、清淤、挖沙活动	8
2	堆渣	12	5	取土采石	8
3	农田	12	6	线路工程建设	8

（6）管道保护状况　具体选项评价得分（单选）见表16-59。

表16-59　管道保护状况评价得分列表

序号	具体选项	得分
1	有硬覆盖、管道打桩或外部水泥浇筑稳管等保护措施	5
2	管道状况监测：有管道应力检测、滑坡位移监测、汛期巡检等监测措施	4
3	无额外保护措施	0

16.3.6　后果指标评价

后果指标评价主要是通过对管道的影响因素进行评价打分。

1. 评价项

后果指标评价是通过对介质危害性、影响对象、供气中断影响范围和程度、介质的最大泄漏量4个部分进行评价打分，如图16-7所示。

后果指标评价得分如下：

$$b = b_1 + b_2 + b_3 + b_4 \tag{16-15}$$

2. 各项评价得分

1）介质危害性

介质危害性评价主要是从介质对人体的健康影响（b_{11}）和燃气运行压力级别（b_{12}）2个方面进行评价打分。具体评价得分如下：

$$b_1 = b_{11} + b_{12} \tag{16-16}$$

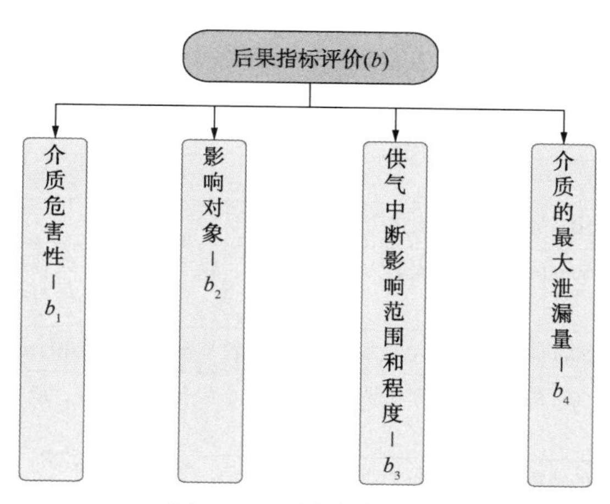

图 16-7　后果指标评价

（1）介质对人体健康影响　具体选项评价得分(单选)见表 16-60。

表 16-60　介质对人体健康影响评价得分列表

序号	具体选项	得分	序号	具体选项	得分
1	介质人体健康无影响	4	3	介质对人体健康有高度影响	0
2	介质对人体健康有轻度影响	2			

（2）燃气运行压力级别　具体选项评价得分(单选)见表 16-61。

表 16-61　燃气运行压力级别评价得分列表

序号	具体选项	得分	序号	具体选项	得分
1	高压	5	3	中压	1
2	次高压	3			

2）影响对象

影响对象是从人口密度(b_{21})和沿线环境(b_{22})2 个方面进行评价打分。具体评价得分如下：

$$b_2 = b_{21} + b_{22} \tag{10 - 17}$$

（1）人口密度　具体选项评价得分(单选)见表 16-62。

表 16-62　人口密度评价得分列表

序号	具 体 选 项	得分
1	可能的泄漏处无人居住	20
2	可能的泄漏处 2km 长度范围内，管道区段两侧各 50m 的范围内，人口数量 ∈ [1，100]	16
3	可能的泄漏处 2km 长度范围内，管道区段两侧各 50m 的范围内，人口数量 ∈ [100，300]	12
4	可能的泄漏处 2km 长度范围内，管道区段两侧各 50m 的范围内，人口数量 ∈ [300，500]	6
5	可能的泄漏处 2km 长度范围内，管道区段两侧各 50m 的范围内，人口数量>500	0

（2）沿线环境　具体选项评价得分（单选）见表16-63。

表16-63　沿线环境评价得分列表

序号	具体选项	得分
1	可能的泄漏处无人居住	15
2	管道区段两侧各50m的范围内，大多为农业生产区	12
3	管道区段两侧各50m的范围内，大多为住宅、宾馆、娱乐休闲地，或者周围有其他油气管道并行或交叉	9
4	管道区段两侧各50m的范围内，大多为商业区，或者与省道、国道并行或交叉	6
5	管道区段两侧各50m的范围内，存在易燃易爆仓库、码头、车站等，或者与铁路、高速公路并行或交叉	3
6	管线两侧各50m的范围内，大多为工业生产区	0

3）供气中断影响范围和程度

供气中断影响范围和程度主要是从维抢修难易程度（b_{31}）、中断影响范围和程度（b_{32}）、用户对输送介质依赖性（b_{33}）3个方面进行评价打分。具体评价得分如下：

$$b_3 = b_{31} + b_{32} + b_{33} \quad (16-18)$$

（1）维抢修难易程度　具体选项评价得分（单选）见表16-64。

表16-64　维抢修难易程度评价得分列表

序号	具体选项	得分
1	易：交通便利，维抢修不影响周围居民出行	9
2	中等：交通不便，难以进入或者隔离疏散难度大	5
3	困难：主干道难以进入开挖修复	1

（2）中断影响范围和程度　具体选项评价得分（单选）见表16-65。

表16-65　中断影响范围和程度评价得分列表

序号	具体选项	得分
1	无重要用户，供应中断对单位、居民无影响或影响一般在100户以下	15
2	供应中断影响工业用户生产或影响用户100~500户	12
3	供应中断影响工业用户生产或影响民用户500~1000户	9
4	供应中断影响民用户超过1000户以上	6
5	供应中断影响国家重要机关、国家重要军事基地	3

（3）用户对输送介质依赖性　具体选项评价得分（单选）见表16-66。

表16-66　用户对输送介质依赖性评价得分列表

序号	具体选项	得分	序号	具体选项	得分
1	供应中断的影响很小	12	3	有自备储存设施	6
2	有替代介质可用	9	4	用户对管道所输送介质绝对依赖	3

4）介质的最大泄漏量

介质的最大泄漏量具体选项评价得分(单选)见表16-67。

表16-67　介质的最大泄漏量评价得分列表

序号	具体选项	得分
1	介质最大泄漏量≤450m^3	20
2	介质最大泄漏量∈[450m^3，4500m^3]	16
3	介质最大泄漏量∈[4500m^3，45000m^3]	12
4	介质最大泄漏量∈[45000m^3，450000m^3]	8
5	介质最大泄漏量>450000m^3	1

附录 A　油气管道风险评价推荐作法

1.1　引言

1.1.1　范围

本推荐作法提供了半定量的管道风险评分法对油气输送管道进行风险评价的基本要求、作法和程序。

1.1.2　术语和定义

下列术语和定义适用于本推荐作法。

风险 Risk

风险是事物潜在损失的度量，可用事故发生的概率(可能性)和后果的大小来表示。

风险评价 Risk assessment

识别设施运行的潜在危险，估计潜在不利事件发生的可能性和后果的一个系统过程。

最大允许操作压力 Maximum Allowable Operating Pressure(MAOP)

设计计算壁厚时所有采用的压力称之为最大允许操作压力。

第三方损伤 Third-Party Damage

管道运营公司及为管道运营公司实施作业的人员外，外方对管道及其设施造成的损坏。

失效指数 Failure Index

衡量事故发生可能性的指标。

后果指数 Consequence Index

衡量管道事故对人员、财产和环境造成的影响程度的指标。

风险指数 Risk Index

潜在损失大小的衡量指标，是事故发生可能性和后果大小的综合度量。

地区级别 Location Class

管道沿线地区按照沿线居民户数和(或)建筑物的密集程度划分的级别。

应力腐蚀 Stress Corrosion

在拉应力、腐蚀环境、缺陷的相互作用下，导致金属裂纹产生并扩展。

1.2 管道风险评价概述

1.2.1 风险评价的目的和原则

管道风险评价的目的在于识别出管道的危害因素及其可能产生的不利后果，衡量管道失效的可能性及后果，判定风险是否可以接受，为削减管道风险提供参考。

风险评价过程应明确以下原则：①风险评价是对管道状况的一个综合评判过程，对象包括管道及其附属物，时间上涵盖设计、施工、检测、运行及维护过程；②风险评价是一个连续、往复的过程，应不断使用新信息对风险评价进行更新。

1.2.2 管道风险评价方法

本推荐作法采用半定量的管道风险评分法。风险评分法框架如图1所示。

风险评分法将导致管道失效的原因，即管道的风险因素分为四种：第三方损伤、腐蚀、设计和操作原因，对四种风险因素给予相同的权重，每种风险因素的评分都在0~100之间，用来衡量该风险因素导致发生失效事故可能性的高低，得分越高，则管道发生失效的可能性越低。

风险因素的评分是根据该风险因素的影响因素来确定。四种风险因素的影响因素、评分方法详见本推荐作法3~6章。在得到管道风险因素评分结果之后，将四类风险因素的评分相加，作为管道失效指数。

管道的失效后果用后果指数来衡量。后果指数受两个因素的影响，一是输送介质的特性(危险性)；二是事故可能影响面即事故扩散和波及的特点。介质危险性考虑介质的毒性、易燃性、反应特性等，影响系数包括人口密度等方面。通过对介质危险性和影响系数的综合评价得到后果指数，该系数越高则表示风险性也越高。后果指数具体评分方法见1.7节。

根据管道失效指数与后果指数，计算管道的风险指数(1.8节)。

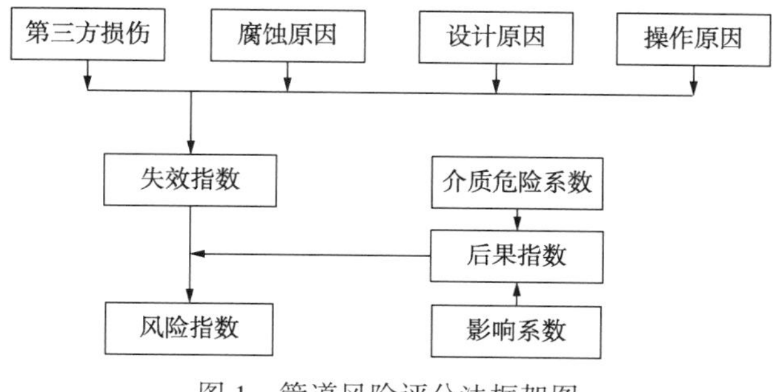

图1 管道风险评分法框架图

1.2.3 管道风险评价流程

管道风险评分法流程如图2所示。

评分法的第一步是进行数据收集，找到风险评价所需要的数据并进行整理；第二步是根据收集到的数据对每一种风险因素计算其失效指数，并将四个失效指数相加得到管道总的失效指数；第三步是根据输送介质的危险性及影响程度的大小综合评定得出后果指数；第五步是失效指数和与后果指数综合计算，最后得出管道风险指数，在此基础上，提出相应的风险控制措施。

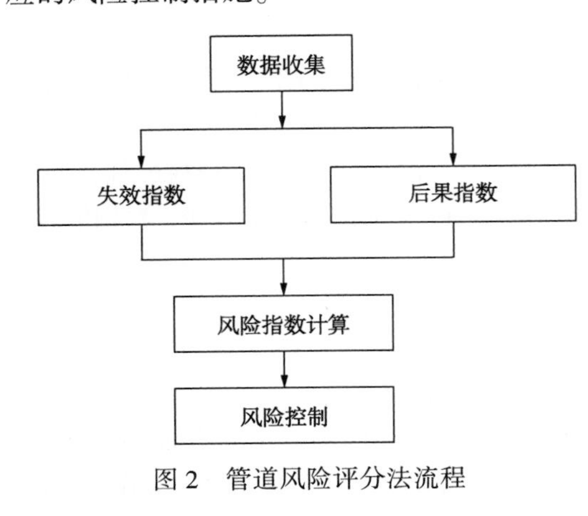

图 2　管道风险评分法流程

1.2.4　相关说明

1. 评分法的基本假设及说明

1）独立性假设

影响管道风险的各参数是独立的，应把每一参数与其他参数分别地考虑，总风险是各独立因素的总和。

2）最坏状况假设

评价风险时应考虑到最坏的情况，如评价一条管道，该管道总长为 100km，其中 90km 埋深 1.2m，另 10km 埋深为 0.8m，则应按 0.8m 考虑。

3）相对性假设

评价的分数只是一个相对的概念，例如，一条管道所评价的风险数与另外数条管道所评价的风险数相比，其分数较高，这表明其安全性高于其他几条管道，即风险低于其他管道。

4）主观性

评分的方法及分数的界定虽然参考了国内外有关资料，但最终还是人为制定的，因而难免有主观性，且各人对分数的评价也带有一定的主观性。因此建议更多的人参与，以减小主观性。

5）分数限定

在各项目中所限定的分数最高值反映了该项目在风险评价中所占位置的重要性。

2. 可变因素及非可变因素

在影响风险分析的因素中，可大致分为两类，即可变和非可变因素，可变因素是指通过人的努力可以改变的因素，如通过管道智能检测器的频度、操作人员的培训状况、施工质量等；非可变因素指通过人的努力也不可能改变或只能有很少改变的，如沿线土壤的性质、气候状况、沿线的人文状况等。

在可变与不可变二因素中，有些属于中间状态的，如管道的埋深，对已有管道的风险评价，实际上不可能把所有管道再加大埋深，故为不可变因素。但对于新管道，在建设前进行风险评价时，如资金投入有限，为减少第三方损伤，提高安全度加大埋深则是可行的，故又属于可变因素。

3. 关于分段评价的原则

管道分段的基本原则可定为：在管道沿线影响管道的各种因素如果发生重大的改变，则可插入一个划分点。

1.3 管道“第三方损伤”因素的评定

第三方损伤因素，在风险评价中由6个方面组成，总计在0~100分之间。分数越低，说明出现第三方损伤的概率越高，反之分数越高，说明出现第三方损伤的概率越低。

第三方损伤可分解成以下6个方面进行评分：

（1）最小埋深 0~20分

（2）活动水平 0~20分

（3）管道地上设备 0~10分

（4）公众教育 0~30分

（5）线路状况 0~5分

（6）巡线频率 0~15分

1.3.1 最小埋深因素的评定(非可变因素)

最小埋深因素的评定分为埋地管道和水下管道两种情况，相应的评分方法如下。

1. 埋地管道的评定

埋地管道最小埋深的分数按下列经验公式计算，但最大值为20，超过20，则取20：

$$最小埋深分数 = 13.1 \times C \quad (1)$$

式中 C——最小埋深，m。

某些管道由于地理位置所限或其他原因，在钢管外加设钢筋混凝土防护层、钢制防护层，或者在管道上方铺设警告标志带等措施，均对减少第三方损伤有利，可按照增加埋深考虑，具体取值见表1。

表1 第三方损伤的防护措施取值表

防护措施	相当埋深增加值	防护措施	相当埋深增加值
50mm厚混凝土防护层	0.2m	钢制防护层	0.6m
100mm厚混凝土防护层	0.3m	警告标志带	0.15m

2. 水下管道的评定

水下管道(管道穿越河流、湖泊等部分，不包括海底管道)最小埋深的评分由下述三部分组成，三部分的评分之和为穿越段的埋深评分，但不得大于20分，高于20分，则取20。

（1）考虑管道处于水面下深度的因素，具体评分见表2。对于非航行水道，或管道处于河床以下，则可赋予最高值7分。

表2 管道处于水面下深度的评分

管道低于水表面的深度/m	分数	管道低于水表面的深度/m	分数
0~1.5	0	大于最大抛锚深度	7
1.5~最大抛锚深度	3		

（2）考虑管道低于河床表面的因素，具体评分见表3。

表3 管道低于河床表面深度的评分

管道低于河床表面的深度/m	分数	管道低于河床表面的深度/m	分数
0~0.6	0	1.5~挖泥船最大挖泥深度	7
0.6~0.9	3	大于挖泥船最大挖泥深度	10
0.9~1.5	5		

（3）考虑管道涂层状况，具体评分见表4。

表4 穿越段管道采用机械保护的评分

管道机械保护情况	分数	管道机械保护情况	分数
无混凝土涂层	0	有混凝土涂层(最小25mm厚)	3

1.3.2 活动水平评分办法(非可变因素)

活动水平是指人在管道附近的活动状况，如建设活动、铁路及公路的状况、附近有无埋地设施等。活动水平与第三方损伤的潜在危险有密切关系，活动水平越高，则第三方损伤的危险性越大。

本项的评分按照评价管段的人员活动状况，对应下述活动水平分级取值。

（1）高活动地区 0分

三、四级类地区，即建设活动频繁的地区，铁路及公路可能造成威胁的地区，管道附近有很多埋设物的地区以及管道经过岸边时处于抛锚地区等。

（2）中等活动地区 8分

二级地区，管道附近无建设活动且管道附近地下埋设物很少的地区。

（3）低活动地区 15分

一级地区以及农村、田野等，农作物耕种深度小于0.35m时，可按管道无损害威胁考虑。

（4）无活动地区 20分

指荒野、沙漠、无人区等，即在管道附近不会有挖掘活动。

1. 管道地上设备因素的评分法(非可变因素)

线路上的地上设备，如干线截断阀等，有时会被车辆碰坏或被过往行人有意无意地弄坏。这些是造成第三方损伤的因素。

无地上设备时，取10分；

有地上设备时，对照下述情况打分后相加，总分不得超过10分：

（1）离开公路60m以外 5分

（2）设备用链条围住，链条距设备2m 2分

（3）设备用钢管围住[钢管直径大于102mm(4in)] 3分

（4）设备周围存在树木(树木直径大于0.3m)、墙或其他坚固的构造物 4分

(5) 设备周围有大于1.2m深的沟 3分

(6) 在设备周围设有标志、警示牌等 1分

1.3.3 公众安全意识因素评分办法(可变因素)

与管道附近的居民保持良好的关系，对居民进行管道保护法规的宣传，讲述管道的常识以及管道破坏对居民可能造成的危险等，对减少第三方损伤有重要意义。

公众安全意识因素分为三部分进行评分，对每一部分分别评法之后相加，得到公众安全意识因素的最终分数：

(1) 与附近居民的关系状况 0~10分

(2) 附近居民对管道保护法规及管道常识的认识 0~10分

(3) 附近居民的公共道德，保护公共财产的意识 0~10分

1.3.4 线路标记状况评分办法(可变因素)

线路标记状况是指沿线的标志是否清楚，以便第三方能明确知道管道的具体位置，使之注意，防止破坏管道，同时使巡线或检查人员能有效地检查。线路标记状况分为5级，按照管道实际状况进行取值。

(1) 优良 5分

标志清楚，且从空中(巡线直升飞机)和地面的不同角度、方向均能看清，在铁路、公路、沟渠、河流穿越点均有明确标志，管道走向所有变化均有标注。

(2) 良好 3分

标志清楚，但并非从各个角度都能看见(包括空中)，在铁路、公路、沟渠、河流穿越点均有明确标志。

(3) 平均水平 2分

并非全部标志清楚，穿越点标志不全。

(4) 平均以下 1分

有植物覆盖，管道位置难以认清，虽有些标志，但不齐全。

(5) 差 0分

无标志。

1.3.5 巡线频率评分方法(可变因素)

巡线是减少管道第三方损伤事故的有效方法，其评分方法取决于巡线的频率及有效性。活动水平越高的地区，巡线就越重要，巡线人员的主要任务是通报沿线有无威胁管道安全的活动，如建设、打桩、挖掘、打地质探测井等以及沿线有无泄漏的迹象等。

巡线的方法可以是地上的，也可用直升机进行空中巡线，评分取决于巡线的频率。

(1) 每日巡线 15分

(2) 每周4次 12分

(3) 每周3次 10分

(4) 每周2次 8分

(5) 每周1次　6分
(6) 4次>每月>1次　4分
(7) 每月少于1次　2分
(8) 无巡线　0分

1.4 关于腐蚀方面破坏因素的评定

腐蚀破坏是管道最常见的破坏因素。对于埋地管道而言，腐蚀来自两个方面，即内腐蚀和外腐蚀。进行风险评定时应从这两个方面进行。

1.4.1 内腐蚀(非可变因素0~30分)

内腐蚀的风险大小与介质腐蚀性的强弱及内防腐措施有关。内腐蚀总分数为0~30分，占腐蚀因素总分数的30%。

1. 介质腐蚀性(非可变因素0~15分)

在输送介质中如含有H_2S、H_2CO_3及在原油中含有S成分均会造成腐蚀风险。

(1) 强腐蚀　0分
(2) 中等腐蚀　5分
(3) 只在特别情况下出现腐蚀　10分
(4) 无腐蚀　15分

“只在特别情况下出现腐蚀”是指一般情况下介质腐蚀性轻微，但在所输介质中含有严重腐蚀物S、CO_2、盐水等时，则会出现腐蚀。例如天然气进入管道之前均要将S、CO_2、H_2O等脱除，并使之符合标准，但当设备损坏而管道又无实时监测设备时，则属该种情况。

2. 内保护层及其他措施(可变因素0~15分)

内防护层级其他措施主要包括三个方面，即加设内涂层、注入缓蚀剂、清管。管道输送天然气时有时要喷涂内涂层，如FBE(Fusion Bonded Epoxy)等，其目的主要是减小介质流动时的摩阻，但也可起到防止内腐蚀的作用。清管除可减少摩阻外，亦可排除杂物，有利于减少内腐蚀。缓蚀剂是针对介质特性而注入的一种化学药剂，如除氧剂和消除微生物腐蚀的药剂，评价者必须了解清楚其有效性。

内防护层级其他措施评分取值如下，在各项取值后相加，但总分不超过15分：

(1) 无　0分
(2) 运行方式　3分
(3) 管内监控　3分
(4) 清管　4分
(5) 注入缓蚀剂　6分
(6) 有内涂层　8分
(7) 不需要采取措施　10分

“运行方式”是指采取一些运行手段防止腐蚀性杂质进入管道，例如输送介质中的脱水、脱硫等措施。

1.4.2 外腐蚀

外腐蚀占腐蚀因素总分的70%，即外腐蚀是管道腐蚀破坏的主要因素。外腐蚀与阴极保护的状况、涂层是否优良等诸多因素有关，现分述如下。

1. 阴极保护(可变因素0~20分)

阴极保护的优劣取决于两个因素，即：①保护电压、保护长度是否符合设计和规范要求；②要经常检查以确保阴极保护正常运行。两个因素分别评分后相加得到阴极保护的评分。

1）阴极保护是否符合设计及规范要求

(1) 优　10分

(2) 良　6分

(3) 中　3分

(4) 无　0分

2）阴极保护检查频率

(1) 检查时间间隔为6个月以下　10分

(2) 检查时间间隔6个月~1年　6分

(3) 检查时间间隔1~2年　3分

(4) 检查时间间隔2年以上　0分

2. 管道外涂层(不可变因素0~30分)

涂层的可靠性决定于涂层的种类及产品质量、施工水平、检验及质保体系的状况以及检查出的缺陷是否能及时、可靠地修补。

1）涂层的种类及质量(0~10分)

涂层常用的有石油沥青、煤焦油磁漆、聚乙烯(简称PE)、环氧粉末喷涂(简称FBE)、三层结构(指底涂层为FBE，中间有胶带，外部为PE)、聚乙烯冷缠胶带(简称Tape)等，每种防腐性能有一定差异，而同一品种不同厂家的产品以及不同时期的产品也有差异，故难以作明确的划分，现仅作如下建议：

(1) 三层结构　8~10分

(2) PE　6~8分

(3) FBE　6~8分

(4) 煤焦油磁漆　4~6分

(5) Tape　4~6分

(6) 石油沥青　2~4分

2）涂层的施工质量(0~8分)

涂层施工质量按优、良、中、劣分为四等。

(1) 优　8分

（2）良 5分

（3）中 3分

（4）劣 0分

3）涂层检验(0~8分)

已建立质保体系，并已取得相关认证者可认为“优”；已建立质保体系，但尚未取得相关认证者可认为是“良”；未建立质保体系，但仍设有检验人员并有一定手段者，可认为“中”；无专人检验，有漏检者为“劣”。其评分办法如下：

（1）优 8分

（2）良 5分

（3）中 3分

（4）劣 0分

4）缺陷的修补(0~5分)

发现有缺陷能及时记录并正确修补者，可认为“优”；无正式记录却能及时修补，这种无严格规章制度者可认为“良”；无记录、能修补但不认真者为“中”；可能有漏补者为“劣”。

（1）优 5分

（2）良 3分

（3）中 1分

（4）劣 0分

3. 土壤腐蚀性(非可变因素0~4分)

土壤的腐蚀性按土壤的电阻率考虑：

（1）低电阻率者(小于500Ω·cm) 0分

（2）中等电阻率者(500~10000Ω·cm) 2分

（3）高电阻率者(大于10000Ω·cm) 4分

4. 管道运行年限(非可变因素0~3分)

（1）0~5年 3分

（2）5~10年 2分

（3）10~20年 1分

（4）20年以上 0分

5. 其他金属埋设物(非可变因素0~4分)

在管道的附近(150m以内)有其他埋设的金属物时，可能会造成对阴极保护的干扰，即在150m以内的埋设金属物均对管道不利。

评分与整个评价线路长度内非金属物的数量有关，具体评分方法如下：

（1）无其他金属埋设物 4分

（2）其他金属埋设物1~10个 2分

（3）其他金属埋设物11~25个 1分

（4）其他金属埋设物>25个 0分

6. 电流干扰(非可变因素0~4分)

在管道附近有高压交流电线时，会在管道附近产生磁场或电场，并在管道内形成电流，当电流离开管道时会损害涂层或管材。评分方法如下：

（1）在管道两侧各 150m 范围内，无高压线者 4 分

（2）该范围内有高压线，且有保护措施者 2 分

（3）该范围内有高压线，又无防护措施者 0 分

7. 应力腐蚀（非可变因素 0~5 分）

管道应力腐蚀的评分见表 5。表 5 中“腐蚀环境”指介质腐蚀状况与土壤腐蚀状况的综合考虑。如介质腐蚀性及土壤腐蚀性均强，则腐蚀环境为“强”；二者中有一者为强，则腐蚀环境可按“中”考虑；二者均为弱，可按“弱”考虑，由评定者酌情而定。综上所述，腐蚀原因破坏因素风险分数总计最高为 100 分，内、外腐蚀最高分别为 30 分和 70 分。分数越高说明腐蚀破坏的概率越小，分数越低则说明腐蚀破坏的概率高。“应力腐蚀”在管道内、外均会产生，此处暂放在外腐蚀范围，为了简化，不单独评分。

表 5 应力腐蚀的评分

腐蚀环境	压力值占 *MAOP*（最大允许操作压力）百分数			
	0~21%	21%~50%	51%~75%	>75%
强	3 分	2 分	1 分	1 分
中	4 分	3 分	2 分	1 分
弱	4 分	4 分	2 分	2 分
无	5 分	5 分	3 分	3 分

1.5 关于设计方面破坏因素的评定

原始设计与管道的风险状况有密切关系。设计时为简化计算，不得不采取一些简化模型来选取一些系数，这些与实际状况的差异都会直接影响风险状况。设计因素可分解为下述几个方面。

1.5.1 钢管安全因素（非可变因素 0~25 分）

实际钢管的壁厚通常大于管道设计壁厚，这部分超出的厚度可以为管道提供防腐的保护和预防外部伤害的防护。

令 X=钢管实际厚度/钢管设计壁厚，根据 X 的数值，建议按表 6 的方法评分。除表 6 方法外，亦可按下式计算得分：

$$钢管安全因素得分=(X-1)\times 20 \tag{2}$$

表 6 钢管安全因素评分

比值 X	评分	比值 X	评分
1.00~1.10	2 分	1.41~1.60	12 分
1.11~1.20	5 分	1.61~1.80	16 分
1.21~1.40	9 分	>1.81	20 分

1.5.2 系统安全因素(非可变因素 0~20 分)

MAOP 与实际压力之差值越大，对安全越有利，出现事故的概率越小。

$$Y=MAOP/P\geqslant 1 \tag{3}$$

式中 P——实际操作压力。

系统安全因素的评分可根据系统安全因素 Y 值确定，详见表 7。

表 7 系统安全因素评分

Y	评分	Y	评分
2.0	20 分	1.25~1.49	8 分
1.75~1.99	16 分	1.10~1.24	5 分
1.50~1.74	12 分	1.00~1.10	0 分

除表 7 外，可按下式计算得分：

$$系统安全因素得分=(Y-1)\times 20 \tag{4}$$

1.5.3 疲劳因素(可变因素 0~15 分)

管道内压的波动及外载引起的应力变化，如车辆在埋地管道上方的行驶等均可能因应力的交变及伴随循环次数的增长，造成管道内的疲劳裂纹扩展。当裂纹扩展至某一临界值时，造成管道疲劳断裂，形成事故。

油气管道中缺陷的疲劳扩展与应力交变的形态、缺陷的形状、材料的韧性等多种因素有关。现评分方法仅依靠两个因素，即应力变化的幅度和交变循环的次数。

从正常的操作压力 P 增加至峰位 P_K，再降至 P，称为一个循环。(P_K-P) 为变化幅度。

$$Z=(P_K-P)/MAOP \tag{5}$$

式中 Z——疲劳因素。

若管道受到一种以上的疲劳因素的影响，则按表 7 求出各种情况下的得分，然后取低值。

举例：有一条气管道每两周做一次压缩机的切换，切换时，另一台压缩机启动，其压力波动为 1.4MPa，与此同时，在埋地的输气管道上方有车辆通过，车辆引起管道的外压力为 3.5×10^4Pa，车辆每天通过约 100 次，该段管道已运行 4 年，其操作压力为 6.9MPa，对该管道评分时，第一种情况，在运行 4 年后其循环次数为：

$$2 次/周\times 52 周/年\times 4 年=416 次$$

其 Z 值为：

$$[(6.9+1.4)-6.9]/6.9=0.20$$

查表 8，可近似取 12.5 分。

第二种情况，在运行 4 年后其循环次数为：

$$100 次/天\times 365 天/年\times 4 年=146000 次$$

其 Z 值为：

$$[(6.9+0.035)-6.9]/6.9=0.05$$

查表 8，可近似取 7 分。

因取低值，故该情况疲劳因素评分为 7 分。

疲劳因素的评分见表 8。

表 8　疲劳因素评分

Z	循环次数				
	$<10^3$	$10^3\sim10^4$	$10^4\sim10^5$	$10^5\sim10^6$	$>10^6$
1.00	7	5	3	1	0
0.90	9	6	4	2	1
0.75	10	7	5	3	2
0.50	11	8	6	4	3
0.25	12	9	7	5	4
0.10	13	10	8	6	5
0.05	14	11	9	7	6

1.5.4　水击可能性(可变因素 0~10 分)

启停泵时及迅速开闭阀门均可能引起水击。水击值与介质的密度和弹性、流动速度、流动停止的速率等诸多因素有关，水击发生后，水击压力会向上流方向传递，与出站压力叠加，有时会对管道造成威胁。

为防止水击超压破坏，有时装设泄压阀或采取超前保护等措施。

水击可能性的评分按高、低、无三档评定：

(1) 高可能性：指有产生水击可能，但又无水击保护措施　0 分

(2) 低可能性：指有产生水击可能，也有水击保护措施　5 分

(3) 无可能性：指无产生水击可能或虽然可能产生水击，但水击压力低微　10 分

1.5.5　水压试验状况(可变因素 0~25 分)

一般认为适当的提高水压试验压力，可以排除更多存在于焊缝和母材中的缺陷，从而增加管道的安全性。

取 H=水压试验压力/$MAOP$，再根据表 9 进行评分。

表 9　水压试验状况评分

H 值	评分	H 值	评分
$H<1.10$	0	$1.26<H<1.40$	10
$1.11<H<1.25$	5	$H>1.40$	15

注：H=试验压力/最大允许操作压力。

也可按下式对水压试验进行评分：

$$\text{水压试验状况得分}=30\times(H-1) \tag{6}$$

如风险评价时间与试压时期间隔较短，对安全有利，也就是风险较小，故可加分。

$$\text{试压间隔加分}=10-A \tag{7}$$

式中：A 为试压与评价间隔的年数。如间隔为 10 年，则加分为零，如超过 10 年仍取零，不出现负值。

举例：一条管道最大允许操作压力为 6.9MPa，试验压力为 9.66MPa，评价时与投产试压间隔为 6 年，其评分情况是：

$$H=9.66/6.9=1.4$$

按式(5)计算：水压试验状况得分＝30(1.4−1)＝12 分。

按式(6)计算：试压间隔加分＝10−6＝4 分。

故总计为 12+4＝16 分。

1.5.6 土壤移动状况(非可变因素 0~5 分)

滑坡、土壤沉降及冻胀等因素都会导致管道周围土壤的移动，造成管道中应力的增加，从而带来危险。管道的刚性越大，对土壤位移就越敏感。地震以及活动断层的错动对管道的影响在此处不作论述，对穿过活动断层及高地震区的管段需单独进行评价。

土壤移动状况评分可按表 10 进行。表中“高”指管道所经地段土壤移动经常，且移动量大，对于刚性很大的管道亦划归这一类(如铸铁管等)；“中”指管道所经地段土壤有移动，但不经常或管道埋深较大，土壤移动对管道影响较小；“低”指管道所经地段土壤有移动，但至今从未发生；“无”指所经地段不可能发生土壤移动。

表 10 土壤移动状况评分

土壤移动可能性	评分	土壤移动可能性	评分
高	0 分	低	4 分
中	2 分	无	5 分

1.6 关于误操作破坏因素评定

误操作指数评价的是在管道运行过程中人为造成失误的潜在影响，评价的范围是管道操作人员自身的失误。在管道整个寿命周期内，任何一个阶段的失误都会对管道运行阶段的安全留下隐患。因此，评价者必须对管道的四个阶段——设计、施工、运行和维护中的每一个人为失误的可能性进行评价。

1.6.1 设计误操作因素(可变因素 0~30 分)

设计以及规划过程中，管道通常已经采取了预防失误的措施。这些预防失误的措施会在一定程度上影响管道的风险。

设计过程中的预防措施可以从以下 5 个方面进行评分：

(1) 危险识别　0~4 分

(2) 达到 *MAOP* 的可能性　0~12 分

(3) 安全系统　0~10 分

(4) 材料选择　0~2 分

（5）设计审核 0~2 分

通过对 5 项设计预防措施分别进行评分，然后将评分结果相加，得到设计因素对误操作风险的影响分数。

1. 危险识别(非可变因素 0~4 分)

对该项的评价，更多地来自评价者的主观认识。评价者应了解设计对管道及其运行状态有关的可能的危险研究程度进行的评价。该项的评价需评价者对设计资料进行一定的了解；如果缺乏这些资料，可以咨询管道系统的专家。

2. 达到 *MAOP* 的可能性

MAOP 是管道理论上能承受的最大压力。由于管道会受到外界的影响而增加管道的应力，管道在运行过程中是否能够达到 *MAOP*，对管道承受外力的能力具有一定的影响。因此需要对管道在操作过程中是否会达到 *MAOP* 的可能性进行评价，评分如下：

（1）常规情况：正常操作允许管道达到 *MAOP*，依靠工艺规程和安全保护装置防止超压 0 分

（2）不太可能达到 *MAOP*：由于工艺规程的错误或疏忽及安全装置的失灵才会造成超压 5 分

（3）很不太可能达到 *MAOP*：理论上存在超压的可能，但是由于一系列极不可能的时间造成的 10 分

（4）不可能达到 *MAOP*：可能发生的一连串意外事件都不可能导致管线超压 12 分

3. 安全系统

管道的安全装置系统是在人为失误造成管道压力达到 *MAOP* 的情况下，作为后备保护系统存在的，减少了人为失误导致管道事故的可能性。

对于安全系统的评分如下：

（1）目前没有安全保护装置 0 分

（2）仅有一级就地保护 3 分

（3）两级或两级以上就地保护 6 分

（4）远程监测 1 分

（5）远程监测及控制 3 分

（6）无需设置安全系统 10 分

4. 材料选择

评价者应确认设计阶段是否是在对所有合理预期的应力有了相当了解的基础上确定合适的管道材料。通常在设计过程中，对材料的选择会以管道技术规范的形式给出，当该技术规范得到有力执行的时候，应给予 2 分；若没有，则给予 0 分。

5. 设计审核

评价者应确定，在设计过程中，关键环节的设计计算及其结果是否得到了审核。经过有资质的工程师实施的设计审核有助于设计者的错误和遗漏。如果能够确定设计确实得到了审核，那么就可以评为 2 分。

1.6.2 施工误操作因素(可变因素 0~20 分)

施工质量直接影响管道的安全性，施工过程中所进行的过程监督和工作质量将确保管

道建设具有高质量并保持一致性。对于施工阶段，评价者应找到证据，表明该管段的施工是按照设计技术要求进行的。

对施工阶段的评分可分为 6 个部分。通过对 6 个部分分别进行评分后，将评分相加，得到施工过程造成管道风险的评分。

1. 施工现场监督(0~10 分)

施工现场监督员要监督施工的方方面面，其工作应是高质量的。本项的评分主要针对现场监督员的工作质量进行评分，因为有理由相信现场监督人员的工作表现与管道的施工质量有着直接密切的关系。现场监督人员是否具有资格证书、在施工过程中的记录及其工作业绩都应纳入评分范围。

如果现场监督情况完全未知，给 0 分；若确认进行了有效的现场监督并具有完备的报告，则可赋予最高分。

2. 材料(0~2 分)

施工前应核实材料质量的可靠性。现场的材料管理员应采取适当的措施来保证在正确的地方使用了正确的材料。

如果有确切的证据证明以上内容，可以给 2 分。

3. 焊接(0~2 分)

现场焊接应有高质量的施工工艺和措施，并通过适当的方法(X 射线、超声波)检验焊接质量。

若采用工业上认可的方法对焊缝进行了 100%的检验，可以给 2 分；低于 100%的检验，或是采用不可靠或未知可靠度的检验方法则要降低分数。

4. 回填(0~2 分)

回填方式及其施工过程应确保不要伤及管道涂层。管沟底部应提供均匀、坚实的支撑，以免造成管道应力集中。施工期间采用良好的回填和支撑措施可以获得 2 分。

5. 搬运(0~2 分)

在管道铺设施工期间或者施工前，评价者若确定管材得到了正确的搬运及储存，则应赋予 2 分。

6. 涂层(0~2 分)

管道涂层的施工是在监督之下进行的，但应该保证在搬运、敷设安装、回填过程中，管道涂层没有得到破坏。

评价者应确认在施工过程中管道涂层得到了有效的保护，则可赋予最高分值。

1.6.3 运行误操作因素(可变因素 0~35 分)

在充分考虑了设计和施工的因素以后，第三个环节为运行阶段。从人为失误的角度来看，运行阶段或许是最危险的一个阶段。

对运行阶段评分分为 7 个部分，对 7 个部分分别评分后相加，得到运行阶段误操作指数。

1. 工艺规程(0~7 分)

评价者应查明已成文且能够包括管道运行操作的各个方面的工艺规程，并确认这些规程是否得到了有效的执行，并且不断得到审查和修正。这样的证据可以是操作现场或操作人员配备的检查表以及规程的副本。

工艺规程包括干线阀门检查维护规程、安全装置检查及校准规程、管道启停规程、泵/压缩机操作规程、管道用地维护规程、流量计标定规程、仪表维修规程、保护装置测试规程、变更管理规程、巡线规程、调查规程、腐蚀控制规程、控制中心操作规程和紧急响应规程。

对于操作规程执行最好的岗位，应给最高分。

2. SCADA/通信(0~3分)

本项的评分根据管道系统中有没有SCADA系统、系统中对管道运行中的主要活动的监控以及SCADA系统使用效率进行评分。

3. 岗位检查(0~2分)

评价者应该了解管道运营公司是否检查了管道操作人员对各种操作规程的执行情况，是否建立了相应的岗位检查计划和方案，以及岗位检查计划和方案的执行情况。

4. 安全计划(0~2分)

评价者应通过一系列证据确定管道公司对安全给予了充分的重视，这些证据包括书面的公司安全体系、具有员工充分参与策划的安全计划、全面充分的安全体系运行记录、安全体系的管理和改进、显示安全体系的标志和标语、是否设置专职安全员。

若管道运营公司拥有完备的安全计划，可赋予2分。

5. 检测(0~5分)

检测程序应具有专业的操作流程和降低风险的质量方法。在评价管段时，应依据已完成的检测数量和所完成的检测的有效性进行对比来确定分值，能使其检测效果最大化的，应赋予最高分值。

检测包括管地电压密间隔测量、涂层状况检测、水下穿越检查、管道变形检测、人口密度调查、管道埋深探查、泄漏探测和飞行巡线等。

6. 培训(0~10分)

培训被视为防止人为失误及降低事故的一个有效手段。不同的培训计划应针对不同的工作性质和不同的知识技能水平。

对于培训计划的各个方面进行综合考虑评分后，将各项分数相加得到对培训计划的评分，评分依据如表11所示。

表11　培训计划评分表

评分项目	评　分　依　据	评分范围
文件资料的最低要求	是否以文件或资料的形式明确管道各个岗位最低限度的知识要求	0~2分
测验	培训计划中是否制定了有效的测试，确认员工真正掌握了本岗位的知识，评价者应确认测试的效果	0~2分
培训内容	培训内容的设置是否有管道领域的基础知识，如对输送介质物理化学性质的了解，管道材料、应力以及腐蚀的基础知识，了解管道运行控制操作以及维修的相关知识	0~2.5分
应急训练	管道运营公司是否组织过应急响应的训练	0~0.5分
岗位操作规程	岗位的操作规程是否作为培训计划的重点	0~2分
定期再培训	是否有定期的再培训计划	0~1分

7. 机械失误预防措施(0~6分)

管段上会存在一些设备，涉及人员的操作，就存在误操作的风险。机械失误预防措施评分见表12。如果评价管段上没有设备存在，则本项赋予最高值6分；如果存在某些设备，那么应该了解这些设备上是否有防止操作失误的机械装置或者措施，根据实际情况打分，并将各项分数相加，得到机械失误预防措施的得分，最高分为6分，超过6分则取6分。

表12 机械失误预防措施

评分项目	说明	评分范围
配置双路检测仪表的三通阀	管道原件和仪表之间安装三通阀，是为了在管道不停输的情况下便于仪表的检修	0~4分
锁定装置	锁定装置可以防止误操作，同时也可提示操作人员对该操作给予更慎重的关注	0~2分
键锁定指令程序	对于操作规程要求几个操作须按照某一特定的顺序进行的操作，键锁定指令程序可以有效防止误操作的可能	0~2分
计算机程序	在现场计算机或者远程操作控制系统中，有对执行操作的前提条件进行自动判断的软件程序	0~2分
标志	在关键器械上有醒目的标志，提醒操作人员注意	0~1分

8. 维护误操作因素(可变因素0~15分)

维护指对设备、仪表的维护，维护不当亦会造成严重后果。维护按以下三方面评分：

(1) 文件检查　0~2分

(2) 计划检查　0~3分

(3) 规程检查　0~10分

对重要仪器设备的维护检查必须记录在案，并应有专门档案，文件齐全者取2分，无文字记录者为0分；对重要的仪器设备必须定期维护、按计划进行，执行较好者为3分，无计划者为0分；规程检查指对重要的仪器设备必须有完善的检查项目、维护方法，以便指导维护工人或操作者的实践，优良者取10分，不够完善者取5分，无规程者为0分。

1.7 管道失效后果的评定

管道失效后果评定从两个方面考虑：介质的危害性和泄漏扩散影响程度。

介质危害性可分为急性危害(Acute Harzard)和长期危害(Chronic Harzard)。急性危害指突然发生并立即产生不利后果的危险，如爆炸、火灾、剧毒泄漏等，可用毒性、可燃性和活化性三个指标来衡量，每个指标最低0分，最高4分，分数越高则表示危险性越大。长期危害指危险持续的时间长，如水源的污染、潜在有害气体的扩散等，对长期危害的评分最低为0分，最高为10分，分数越高则表示风险越大。

泄漏扩散影响程度主要受输送介质泄漏量和周围环境因素的影响，采用影响系数来衡量。

1.7.1　介质危害性评分

介质危害性评分可参照表13。表13中给出了常见的石油天然气产品的评分，根据该表，对可燃性、活化性、毒性以及长期危害进行取值，计算得到介质危险性分数。

介质危险性分数：急性危害分数+长期危害分数

急性危害分数：$N_f+N_r+N_h=0\sim12$ 分

长期危害分数：$RQ=0\sim10$ 分

则介质危险性分数：$N_f+N_r+N_h+RQ=0\sim22$ 分

表13　介质危险性评分

序号	介质名称	沸点/℃	急性危害			长期危害 RQ
			毒性 N_h	可燃性 N_f	活化性 N_r	
1	1#～6#柴油	151～301	0分	2分	0分	6分
2	氢	-252	0分	4分	0分	0分
3	硫化氢	-60.00	3分	4分	0分	6分
4	异丁烯	-11.60	1分	4分	0分	2分
5	异戊烷	28.00	1分	4分	0分	6分
6	苯	80.00	2分	3分	0分	8分
7	喷气机燃料B		1分	4分	0分	6分
8	喷气机燃料A及A1		0分	2分	0分	6分
9	丁二烯	-4.40	2分	4分	2分	10分
10	丁烷	-0.56	1分	4分	0分	2分
11	煤油	151～301	0分	2分	0分	6分
12	一氧化碳	-192	2分	4分	0分	2分
13	甲烷	-162.00	1分	4分	0分	2分
14	氯		3分	0分	0分	8分
15	矿物油	360.00	0分	1分	0分	6分
16	乙烷	-88.88	1分	4分	0分	2分
17	萘	218.00	2分	2分	0分	6分
18	乙醇	78.30	0分	3分	0分	4分
19	氨		0分	0分	0分	0分
20	乙基苯	134	2分	3分	0分	4分
21	原油		1分	3分	0分	6分
22	乙烯	-104	1分	4分	2分	2分
23	丙烷	-42.00	1分	4分	0分	2分
24	乙二醇	197	1分	1分	0分	6分
25	丙烯	-47.00	1分	4分	1分	2分
26	甲苯	111.00	2分	3分	0分	4分

续表

序号	介质名称	沸点/℃	急性危害			长期危害 *RQ*
			毒性 N_h	可燃性 N_f	活化性 N_r	
27	氯乙烯	-14.00	2分	4分	1分	10分
28	水	100.00	0分	0分	0分	0分

1.7.2 扩散影响的评定

扩散影响的评定可分为泄漏分数和人口分数两个部分来评定。

1.7.3 泄漏分数的评定

评定泄漏分数时，对液体和气体采取不同的评定方法。

1.7.4 气体介质泄漏分数的评定

介质为气体或挥发性很强的液体，均会在泄漏源附近形成蒸气云。蒸气云可能造成两个方面的危险：一方面，如果蒸气云带毒性，则会危及蒸气云所及之处生物的健康和安全；另一方面，如果蒸气云易燃易爆，遇火种则会爆炸成灾。无论前者还是后者，蒸气云的范围越大，危险性越高。

泄漏物为气体(包括挥发蒸气)的泄漏分数可参考表14。

表14 泄漏物为气体或强挥发性液体时泄漏分数的评定

相对分子质量	10min产生的泄漏量/kg			
	0~2300	2300~23700	23700~226800	>226800
≥50	4分	3分	2分	1分
28~49	5分	4分	3分	2分
≤27	6分	5分	4分	3分

由式(8)、式(9)式可知，泄漏分数越小，影响系数越小，冲击指数越大，说明危险性越大。

1. 液体介质泄漏分数的评定

若介质泄漏后，泄漏物的大部分仍保持液态时，应按下述方法评定泄漏分数。

液体的泄漏分数按土壤的渗透率及泄漏量二者的平均分确定，即：

$$泄漏分数(液体)=(土壤渗透率评分+泄漏评分)/2 \quad (8)$$

(1) 土壤渗透率评分，参考表15取值。

表15 土壤渗透率评分

土壤类型	渗透率/(cm/s)	评分
不渗透	0	5分
黏土、夯实土、无断裂岩石	$<10^{-7}$	4分

续表

土壤类型	渗透率/(cm/s)	评分
淤泥、黄土、沙黏土、砂岩	$10^{-5}\sim10^{-7}$	3分
细沙、淤沙、中等断裂岩石	$10^{-3}\sim10^{-5}$	2分
砾石、沙、高断裂岩石	$>10^{-3}$	1分

（2）泄漏量的评分，建议按表16选取。

表16 液体泄漏量评分

泄漏量/kg	评分	泄漏量/kg	评分
<45	5分	4541~45360	2分
45~450	4分	<45360	1分
451~4540	3分		

由表14、表15分别确定土壤渗透率评分及泄漏量分数，按式(8)即求出液体泄漏分数。

1.7.5 人口分数的评定

管道沿线通常按照人口状况分为4级地区，一级地区人口最少，四级地区人口最多，因此人口分数的评定就依据管道沿线的地区级别来进行，在确定管道所经地区的级别之后，参照表17，确定人口分数。

表17 人口状况分布的评定

地区类别	人口状况分	地区类别	人口状况分
一级地区	1分	三级地区	3分
二级地区	2分	四级地区	4分

管道地区等级划分原则：

（1）管道中心线两侧200m范围内，任意划分成长度为2km并能包括最大聚居户数的若干地段，按划定地段内的户数分为四个等级。在农村人口聚集的村庄、大院、住宅楼，应以每一度立户作为一个供人居住的建筑物计算。

① 一级地区：户数在15户或以下的区段，可细分为一级一类地区和一级二类地区；

② 二级地区：户数在15户或以上、100以下的区段；

③ 三级地区：户数在100户或以上的区段，包括市郊居住区、商业区、工业区发展区以及不够四级地区条件的人口稠密区；

④ 四级地区：指四层及四层以上楼房(不计地下室层数)普遍集中、交通频繁、地下设施较多的区段。

（2）当划分地区等级边界线时，边界线距最近移动建筑物的外边缘应大于等于200m。

（3）在一、二级地区内的学校、医院以及其他公共场所等人群聚集的地方，应按照三级地区选取设计系数。

（4）当一个地区的发展规划，足以改变地区的现有等级时，应按照发展规划划分地区等级。

1.7.6 影响系数的确定

在得到泄漏分数和人口分数之后，根据式(9)计算影响系数：

$$影响系数=泄漏分数/人口分数 \tag{9}$$

1.7.7 后果指数的确定

后果指数按式(10)进行计算：

$$后果指数=介质危险性分数/影响系数 \tag{10}$$

表18给出了按照最好和最坏两种情况给出的后果指数，从表中可以看出，后果由轻微到严重，后果指数在0.20~88之间变化。如果发生事故的概率相同，由于后果相差很大，其相对风险值可相差88/0.20=440倍。

表18 最坏及最好情况下的泄漏冲击指数

项目	不同情况下的评分结果	
	最坏	最好
介质危险性分数	22分	1分
影响系数	0.25	6
后果指数	88	0.20

1.8 风险指数的计算与分析

1.8.1 风险指数的计算

风险指数可按下式计算：

$$风险指数=失效指数/后果指数 \tag{11}$$

式中：

$$失效指数=第三方损伤指数+腐蚀原因指数+设计原因指数+操作原因指数 \tag{12}$$

由以上的论述可以得到最坏的情况(破坏概率最高的极端情况)和最好的情况(破坏概率最低的极端情况)下四类指数的评分，列于表19。

表19 最好及最坏情况下四类指数的评分

指数类别	不同情况下的评分值	
	最坏	最好
第三方损伤指数	0分	100分
腐蚀原因破坏指数	0分	100分
设计原因破坏指数	0分	100分
不正确操作破坏指数	0分	100分
失效指数	0分	400分

注1：腐蚀包括内腐蚀和外腐蚀。
注2：设计原因造成的破坏包括选材不当、疲劳破坏、水击破坏等。
注3：不正确操作包括设计、施工、运营及维护的误操作。

从表 18 可知，由于第三方损伤原因、腐蚀原因、设计原因、不正确操作原因而造成破坏的概率由高到低，即安全程度由低到高，其指数分值在 0~100 分之间。被评价的管道最坏的情况，亦即破坏概率最高的极端情况为 0 分；被评价的管道最好的情况，亦即破坏概率最低的情况为 400 分。故整条被评价管道破坏的概率由高到低，亦即安全的程度由低到高，其分值为 0~400 分。

归纳表 17 中的后果指数及表 18 中的失效指数，用式(11)计算出最佳情况(即最安全情况或事故发生概率最低的情况)和最坏情况(即最不安全情况或事故概率最高的情况)时的风险指数，见表 20。

表 20 最坏及最佳情况下相对风险计算结果

数据项	不同情况下的评分结果	
	最坏	最好
失效指数	0 分	400 分
后果指数	88	0.20
风险指数	0	2000

由以上看出，极端最佳情况到极端最坏情况其相对风险数为 0~2000，其实，0 与 2000 都是绝对不可能出现的，对某一具体管道的评价结果为 0~2000 之间的一个数值，数值越高表明越安全可靠，风险越低。通过数据的积累可得出不同状况管道或同一管道不同区段的相对风险数。评价者或管道的所有者得出本管道的评价值后与这些数值对比，即可知道管道的相对风险状况。

1.8.2 风险指数的换算

对式(11)计算得出的风险指数进行按照下式进行换算，将风险指数换算为 0~100 之间的分数，分数越高，表示管道风险水平越高，称之为最终风险指数。

$$最终风险指数=(2000-风险指数)/20 \tag{13}$$

附录B　在役油气管线风险要素调查表

管道名称：

分段编号：(　　　　)

项目/序号	分段日期		起点位置	桩 m	终点位置	桩 m
	管段长度	m		m		m

序号	项目		选项
F1	**敷管方式(　　　)**		①埋地管道　②水下穿越　③地面管道　④ 跨越管桥
F2	**地貌特征(　　　)**		①山坡　②旱地　③河滩　④公路穿越　⑤水田
1	**埋地管道**	**覆土最小厚度(　　　)cm**	
		附加保护层(　　　)	①6cm 水泥保护层　②12cm 水泥保护层　③管道套管 ④加强水泥盖板　⑤无保护层
	水下穿越管道	**水面以下深度(　　　)**	①0～1.5m　②1.5～5.0m　③>5.0m
		低于河床表面以下深度(　　　)	①0～0.5m　②0.5～1.0m　③1.0～1.5m　④1.5～2.0m ⑤2.0～5.0m　⑥>5.0m
		穿越管道保护(　　　)	①无保护措施　②有保护措施
2	**地面活动程度**	**地区类别(　　　)**	①在管道附近不可能有挖掘活动的地区 ②1 级地区(2km×400m 范围内的住户数低于 15 户) ③2 级地区(2km×400m 范围内的住户数为 15～100 户) ④3 级地区(2km×400m 范围内的住户数大于 100 户) ⑤4 级地区(2km×400m 范围内聚集有多层建筑物)
		建设活动频繁程度(　　　)	①矿藏开发及重工业生产地区　②在建的经济技术开发区 ③规划的经济技术开发区　④商贸繁华地区　⑤未考虑开发的地区
3	**管道地面装置(复选项)(　　　)**		①无地面装置　②地面装置与公路的距离大于 60m　③地面装置有保护围栏　④地面装置上有警示标志符号
4	**公众教育与法制观念**	**村镇文明建设(　　　)**	①连续 5 次以上的文明村镇　②曾获得过 1～2 次文明称号的村镇 ③从未获得过文明称号的村镇
		村镇经济发达程度(　　　)	①人均 GDP>8000 元人民币　②人均 GDP＝6000～8000 元人民币 ③人均 GDP＝4000～6000 元人民币　④人均 GDP<4000 元人民币
		村镇社会治安状况(　　　)	①从未发生过治安和刑事案件　②近 5 年发生过 1～2 次刑事案件 ③每年仅有 1～2 次治安案件发生　④每年都有刑事案件发生
		管道公司的宣传教育工作(复选项)(　　　)	①与村镇签订有联防协议　②每年到村镇走访一次以上　③每年与当地干部举行一次联席会　④张贴或书写宣传标语　⑤定期给沿线村镇寄送宣传资料
		违章建筑情况(　　　)	①管道附近不存在违章建筑　②管道附近存在 1～3 处违章建筑 ③管道附近存在 3 处以上违章建筑

续表

项目/序号	分段日期		起点位置	桩 m	终点位置	桩 m
	管段长度					
		m		m		m
5	**管道线路标志** ( )			①所有标志桩和检测桩完好无损 ②80%以上标志桩和检测桩完好 ③60%以上标志桩和检测桩完好 ④40%以上标志桩和检测桩完好 ⑤现存标志桩和检测桩不足 40% ⑥无各种线路标志		
6	**巡线频率 G** ( )			①每日巡线 ②隔日巡线 ③每周二次巡线 ④每周一次巡线 ⑤每月二次巡线 ⑥每月低于一次巡线 ⑦从不巡线		
7	**大气腐蚀**	**地面管道状况(复选项)**( )		①空气/水界面 ②间歇性与水面接触 ③支撑或吊架 ④有防腐绝缘层 ⑤有套管保护		
		大气条件 PG				
		大气环境( )		①海洋大气 ②工业大气 ③城市大气 ④乡村大气		
		腐蚀气体类型( )		①A 类大气 ②B 类大气 ③C 类大气 ④D 类大气		
		气候条件 ( )	**湿度**	①年平均空气相对湿度≤60% ②60%<年平均空气相对湿度≤75% ③年平均空气相对湿度>75%		
			温度	①年平均气温≥15℃ ②年平均气温<15℃		
		涂层和检查				
		涂层材料( )		①3 层 PE 复合涂层 ②熔结环氧粉末 ③煤焦油瓷漆或环氧煤沥青 ④沥青加玻璃布 ⑤防锈油漆 ⑥无涂层		
		涂层质量( )		①好 ②一般 ③差 ④无		
		检查方式( )		①用专门的仪器检查 ②人工检查 ③未做检查		
		缺陷修补质量( )		①无缺陷或缺陷修补质量好 ②缺陷修补质量一般 ③缺陷修补质量差 ④有缺陷未修补或无涂层		
8	**内腐蚀**	H_2S 含量( )		①$H_2S \le 0.02g/m^3$ ②$0.02g/m^3 < H_2S \le 0.10g/m^3$ ③$0.10g/m^3 < H_2S \le 0.20g/m^3$ ④$0.20g/m^3 < H_2S \le 0.30g/m^3$ ⑤$0.30g/m^3 < H_2S \le 0.50g/m^3$ ⑥$H_2S > 5.00g/m^3$		
		CO_2 含量( )		①$CO_2 \le 0.50g/m^3$ ②$0.50g/m^3 < CO_2 \le 1.5g/m^3$ ③$1.5g/m^3 < CO_2 \le 2.5g/m^3$ ④$CO_2 > 2.5g/m^3$		
		含水量( )		①$H_2O \le 0.5\%$ ②$0.5\% < H_2O \le 2.0\%$ ③$2.0\% < H_2O \le 3.0\%$ ④$3.0\% < H_2O \le 5.0\%$ ⑤$H_2O > 5.0\%$		
		内防腐措施(复选项)( )		①无任何措施 ②内腐蚀检测 ③定期清管 ④注入缓蚀剂 ⑤内涂层 ⑥运行操作措施		
		机械腐蚀	SSC 硫化物应力开裂( )	①H_2S 含量≤$1.38g/m^3$ 且管输压力<1.4MPa ②H_2S 含量≤$1.38g/m^3$ 且管输压力<2.0MPa ③H_2S 含量≤$1.38g/m^3$ 且管输压力<2.5MPa ④H_2S 含量≤$1.38g/m^3$ 且管输压力≥2.5MPa ⑤H_2S 含量>$1.38g/m^3$ 且管输压力≥1.4MPa ⑥H_2S 含量>$8.0g/m^3$		

续表

序号＼项目	分段日期		起点位置	桩 m	终点位置	桩 m
	管段长度	m		m		m

序号			项目	选项
			HIC 氢致开裂( )	①H_2S 含量$<11.5g/m^3$ 且 pH 值≥ 5 ②H_2S 含量$<11.5g/m^3$ 且 $3<$pH 值<5 ③H_2S 含量$<11.5g/m^3$ 且 pH 值≤ 3 ④H_2S 含量$\geq 11.5g/m^3$ 且 pH 值≤ 3
9	埋地金属腐蚀	涂层状况	**涂层材料( )**	①三层 PE 复合涂层 ②熔结环氧粉末 ③煤焦油瓷漆或环氧煤沥青 ④沥青加玻璃布 ⑤沥青加牛皮纸
			涂层质量( )	①好 ②一般 ③差 ④无
			检查方式( )	①用专门的仪器检查 ②人工检查 ③未做检查
			缺陷修补质量( )	①无缺陷或缺陷修补质量好 ②缺陷修补质量一般 ③缺陷修补质量差 ④有缺陷未修补
		深根植物分布( )		①管道分布带上不存在深根植物 ②管道分布带上存在深根植物
		土壤腐蚀性	**土壤电阻率( )**	①低电阻率(高腐蚀电位)，$<20\Omega\cdot m$ ②中等电阻率，$20\sim50\Omega\cdot m$ ③次高电阻率，$50\sim100\Omega\cdot m$ ④高电阻率(低腐蚀电位)，$>100\Omega\cdot m$
			含水量( )	①$H_2O\leq5.0\%$ ②$5.0\%<H_2O\leq10.0\%$ ③$10.0\%<H_2O\leq15.0\%$ ④$15.0\%<H_2O\leq20.0\%$ ⑤$H_2O>20.0\%$
			Cl^-含量( )	①$Cl^-<0.05\%$ ②$0.05\%\leq Cl^-<0.10\%$ ③$0.10\%\leq Cl^-<0.15\%$ ④$0.15\%\leq Cl^-<0.20\%$ ⑤$0.20\%\leq Cl^-<0.25\%$ ⑥$Cl^-\geq0.25\%$
			SO_4^{2-}含量( )	①$S<0.05\%$ ②$0.05\%\leq S<0.10\%$ ③$0.10\%\leq S<0.15\%$ ④$0.15\%\leq S<0.20\%$ ⑤$0.20\%\leq S<0.25\%$ ⑥$S\geq0.25\%$
			CO_3^{2-}含量( )	①$C<0.05\%$ ②$0.05\%\leq C<0.10\%$ ③$0.10\%\leq C<0.15\%$ ④$0.15\%\leq C<0.20\%$ ⑤$0.20\%\leq C<0.25\%$ ⑥$C\geq0.25\%$
			HCO_3^-含量( )	①$HC<0.05\%$ ②$0.05\%\leq HC<0.10\%$ ③$0.10\%\leq HC<0.15\%$ ④$0.15\%\leq HC<0.20\%$ ⑤$0.20\%\leq HC<0.25\%$ ⑥$HC\geq0.25\%$
		阴极保护G	**阴极保护措施( )**	①以强制电流阴极保护为主，牺牲阳极保护为辅 ②采用强制电流阴极保护 ③采用牺牲阳极保护 ④无阴极保护
			阴保运行状况	
			阴保系统完好性	①良好 ②一般 ③差
			保护率和通电率	①保护率和通电率均达到98% ②保护率和通电率只有80%以上 ③保护率和通电率只有60%以上 ④保护率和通电率不到60%
		管道系统年龄 PG( )		①0~5年的运行年龄 ②5~15年的运行年龄 ③15~20年的运行年龄 ④20~25年的运行年龄 ⑤超过25年的使用年龄
		其他金属( )		①无 ②1~10次 ③10~25次(或在20m范围内有另一平行钢管) ④多于25次(或有同沟的另一钢管)
		干扰电流( )		①在距离管道15m内无交流电源 ②附近有交流电源，但采取了屏蔽保护措施 ③附近有交流电源，未采取保护措施

续表

序号＼项目	分段日期		起点位置	桩 m	终点位置	桩 m
	管段长度	m		m		m

序号	项目		选项
		定期检测 G **(　　)**	①测试头间距小于 2km，检测时间小于 6 个月 ②测试头间距等于 2～3km，检测间隔时间大于 1 年 ③测试头间距大于 3km，检测间隔时间小于 1 年 ④测试头间距大于 3km，检测间隔时间大于 1 年
10	**管道设计安全系数 PG**		**管道实际壁厚**(　　　)mm
			按设计压力确定的管道壁厚(　　　)mm
11	系统安全系数 (　　)		①$H=2.0$　②$H=1.75\sim1.99$　③$H=1.50\sim1.74$　④$H=1.25\sim1.49$　⑤$H=1.10\sim1.24$　⑥$H=1.00\sim1.09$　⑦$H<1.00$
12	钢管材料选择	选材原则 (　　)	①选材合理(符合设计选材原则)　②选材不完全合理(个别指标不符合使用环境)　③未按设计原则选材　④选用非容器钢材
		管材技术标准 (　　)	①符合 API 标准的进口管材　②符合其他标准的进口钢材　③符合 API 标准的国产管材　④符合国标的国产管材　⑤达不到国标要求的国产管材
		制管质量 (　　)	①进口钢管或由国家定点钢管制造厂生产　②由企业定点钢管制造厂生产③由一般钢管制造厂生产
13	安全防御系统 (　　)		①安全系统完善、设备选型合理　②有安全防御系统，但设备选型不合理　③未设计任何安全防御系统
14	系统水压试验 (　　)		试验压力 P_t(　　　)MPa
			最大允许工作压力 P_w(　　　)MPa
			上次试压至今的年数(　　　)年
15	**滑坡处理** **(　　)**		①在所有可能滑坡段均设计有堡坎　②在明显滑坡段设计堡坎 ③堡坎设计长度不足　④在明显滑坡段未设计堡坎 ⑤未做地质条件评价
16	**外防腐材料选择 G** **(　　)**		①三层 PE 复合涂层　②熔结环氧粉末　③煤焦油瓷漆或环氧煤沥青　④沥青加玻璃布　⑤防锈油漆
17	设计误操作	危险识别 (　　)	①完全按设计规范制定设计方案　②参照相近设计规范制定设计方案　③设计单位的资质不符合要求　④有未经设计的建设项目
		潜在最大允许操作压力 (　　)	①考虑了超压自动保护系统　②考虑了超压手动保护系统　③考虑了超压报警装置　④无任何超压检测系统
		安全系统 (　　)	①不需要安全保护系统　②只考虑了一级安全装置 ③没有安全装置
		材料选择 (　　)	①管材及防腐材料选材合理　②管材合理但防腐材料不合理 ③防腐材料合理但管材不合理　④使用现成材料
		设计审查 (　　)	①设计方案经过专人审查　②设计方案未经审查

续表

<table>
<tr><td rowspan="2">项目
序号</td><td>分段日期</td><td colspan="2"></td><td rowspan="2">起点
位置</td><td>桩 m</td><td rowspan="2">终点
位置</td><td>桩 m</td></tr>
<tr><td>管段长度</td><td colspan="2">m</td><td>m</td><td>m</td></tr>
<tr><td rowspan="9">18</td><td rowspan="9">施工误操作</td><td>检验
(　　)</td><td colspan="5">①施工全过程均有完整的检验记录　②重要施工环节有检验记录　③只有焊口探伤检验记录　④检验记录不连续　⑤检验报告中无修补记录　⑥无任何检验记录</td></tr>
<tr><td>材料
(　　)</td><td colspan="5">①有详细的材料使用记录　②材料使用记录不完整　③无材料使用记录</td></tr>
<tr><td colspan="6">连接</td></tr>
<tr><td>检测率
(　　)</td><td colspan="5">①连接点的检测率达 100%　②连接点的检测率达 80%~99%　③连接点的检测率达 60%~79%　④连接点的检测率低于 60%</td></tr>
<tr><td>连接质量(　　)</td><td colspan="5">①良好　②合格　③有一般缺陷　④有严重缺陷</td></tr>
<tr><td>回填
(　　)</td><td colspan="5">①回填工艺和方法正确　②回填工艺正确但方法不当　③回填工艺和方法不正确　④未回填</td></tr>
<tr><td>管件预处理
(　　)</td><td colspan="5">①处理方法正确　②处理方法不当　③管件存放和装卸问题严重</td></tr>
<tr><td>涂层补口
(　　)</td><td colspan="5">①涂层补口质量好　②涂层补口质量一般　③涂层补口质量差</td></tr>
<tr><td colspan="6"></td></tr>
<tr><td rowspan="6">19</td><td rowspan="6">运行误操作</td><td>规程
(　　)</td><td colspan="5">①设备操作、保养、仪器标定严格按规程执行　②各项规程未得到落实　③无规程</td></tr>
<tr><td>通　讯
(　　)</td><td colspan="5">①各站之间配有专用通讯工具　②通讯设备未固定专用　③通讯设备故障未及时排除</td></tr>
<tr><td>安全措施
(　　)</td><td colspan="5">①安全责任制健全并严格执行　②有安全责任制但执行不严　③无安全责任制</td></tr>
<tr><td>检　测
(　　)</td><td colspan="5">①制定有检测规程和制度且执行良好　②执行检测制度不规范　③无检测规程和制度</td></tr>
<tr><td>职工培训
(　　)</td><td colspan="5">①有培训计划并严格执行　②有培训计划未落实　③无培训计划　④操作员工未经岗前培训</td></tr>
<tr><td>机械防错装置(复选项)
(　　)</td><td colspan="5">①装有带双仪表的三通阀门　②装有锁定装置　③计算机控制方式　④重要部件有色彩提示　⑤无任何防错措施</td></tr>
<tr><td rowspan="5">20</td><td rowspan="5">维护误操作</td><td>工作文件(　　)</td><td colspan="5">①维护工作文件保存完好　②无维护工作文件</td></tr>
<tr><td>维护方式(　　)</td><td colspan="5">①更换　②修补　③保养　④不维修</td></tr>
<tr><td>线路保护构筑物状况(　　)</td><td colspan="5">①状况良好　②有部分损坏或部分丧失保护性　③有大面积损坏或基本丧失保护性　④完全损坏或完全丧失保护性</td></tr>
<tr><td>维护计划(　　)</td><td colspan="5">①定期维护　②不定期维护　③无维护计划</td></tr>
<tr><td>规程(　　)</td><td colspan="5">①有维护保养规程并得到执行　②有维护保养规程未全部执行③无规程但有维护记录　④无规程也无记录</td></tr>
</table>

续表

<table>
<tr><td rowspan="2">项目
序号</td><td colspan="2">分段日期</td><td></td><td rowspan="2">起点
位置</td><td>桩 m</td><td rowspan="2">终点
位置</td><td>桩 m</td></tr>
<tr><td colspan="2">管段长度</td><td>m</td><td>m</td><td>m</td></tr>
<tr><td rowspan="4">21</td><td rowspan="4">管输介质危害性G</td><td rowspan="3">当时性危害</td><td>燃烧性(N_f)
(　　)</td><td colspan="4">①非燃烧性 ②闪点大于 93℃ ③38℃<闪点<93℃
④闪点<38℃和沸点<38℃ ⑤闪点<23℃和沸点<38℃</td></tr>
<tr><td>反应性(N_r)
(　　)</td><td colspan="4">①即使在用火加热条件下，也完全处于稳定状态
②在带压加热条件下出现轻微反应
③即使在不加热条件下，也出现剧烈反应
④在密闭条件下可能出现爆炸
⑤在非密闭条件下可能出现爆炸</td></tr>
<tr><td>有毒性(N_h)
(　　)</td><td colspan="4">①不具有毒性
②可能存在轻微的后遗症伤害
③为避免暂时性的能力丧失，须立即采取医疗措施
④导致严重的暂时性或后遗症伤害
⑤短时间的暴露就会导致死亡或严重伤害</td></tr>
<tr><td colspan="2">长期危害性
(　　)</td><td colspan="4">①可报告危险性物质的泄漏量为 1.0m³
②可报告危险性物质的泄漏量为 10.0m³
③可报告危险性物质的泄漏量为 100.0m³
④可报告危险性物质的泄漏量为 1000.0m³
⑤可报告危险性物质的泄漏量为 5000.0m³
⑥无长期性危害</td></tr>
<tr><td rowspan="2">22</td><td></td><td colspan="2">气体泄漏扩散
(　　)</td><td colspan="4">按照 10 分钟后管输介质的泄漏数量来评分：
①0~5000m³ ②5000~50000m³
③50000~500000m³ ④>500000m³</td></tr>
<tr><td></td><td colspan="2">人口密度
(　　)</td><td colspan="4">①无人区或 1 级地区(2km×400m 范围内的住户数低于 15 户)
②2 级地区(2km×400m 范围内的住户数为 15~100 户)
③3 级地区(2km×400m 范围内的住户数大于 100 户)
④4 级地区(2km×400m 范围内聚集有多层建筑物)</td></tr>
<tr><td rowspan="2">23</td><td rowspan="2">泄漏历史</td><td colspan="2">泄漏次数(　　)</td><td colspan="4">①未泄漏过 ②有过 1 次泄漏 ③有过 2 次泄漏 ④有过 3 次以上泄漏</td></tr>
<tr><td colspan="2">泄漏原因(　　)</td><td colspan="4">①焊接质量 ②腐蚀穿孔 ③人为破坏 ④操作误差 ⑤不考虑</td></tr>
<tr><td rowspan="2">24</td><td rowspan="2">输气中断影响</td><td colspan="2">用户重要程度(　　)</td><td colspan="4">①以天然气为生产原料的大型企业
②以天然气为基本能源的大型企业
③以天然气为辅助能源的工矿企业
④以天然气为民用燃料的城市⑤无重要用户</td></tr>
<tr><td colspan="2">用户对连续供气的依赖性(　　)</td><td colspan="4">①绝对依赖 ②有自备储气设施 ③有替代能源可用 ④对停气不受影响</td></tr>
</table>

续表

项目 / 序号	分段日期		起点位置	桩 m	终点位置	桩 m
	管段长度	m		m		m
25						
26						

注：字符为粗体的项为现场调查时填写，其中“G”表示共性项，“PG”表示半共性项。

调　查：　　　　　记　录：　　　　　校　核：

附录C　管道风险评分范例

某气田的集输管道，已运行十余年，要求对该管道的相对风险进行评分。

管道概况：该管道直径为152.4mm，壁厚为6.35mm，经检测可知实际最小壁厚为5.842mm，材质为API 5L等级B，*SMYS*=241MPa，最大操作压力*MAOP*为10MPa，全线长5.2km，埋深914mm，但其中61m为浅滩，埋深762mm，管道有1.6km经过人口稠密地区，沿线居民个别的经过“管道保护法”的教育，与气田关系尚可，沿管道有专人巡线，每周四次，有一个干线截断阀，距公路200m处有明显标志，操作人员均经过培训，其他有关情况在各项评价时再行收集。

1. 关于“第三方损伤”因素的评定

该项评分共分六个方面，分别评价如下。

1）最小埋深评分(非可变因素)

最小埋深评分=13.1×最小埋深量=13.1×0.762=9.98=10分(非可变因素)

2）活动水平评分(非可变因素)

因有部分管段经过人烟稠密区，全线3.2km长均按该评价段最严重的情况考虑，即按高活动区考虑，故活动水平评分=0分(非可变因素)。

3）管道地上设备评分(非可变因素)

全线地上设备只有一个干线截断阀，且离公路60m以外，有明显标志，取管道地上设备评分=6分(非可变因素)。

4）公众安全意识评分(可变因素)

与附近居民的关系状况=7分；

附近居民对管道保护法规及管道常识的认识=4分；

附近居民的公共道德，保护财产的意识=5分；

公众安全意识最终评分为16分。

5）线路状况评分(可变因素)

据了解沿管道所经之处有明显标志，故线路状况评分=5分(可变因素)。

6）巡线频率评分(可变因素)

每周巡线4次，按规定可取12分，故巡线频率评分=12分(可变因素)。

综合以上六个方面可得第三方损伤评分为：

10+0+6+16+5+12=49分，其中可变因素为16+5+12=33分，非可变因素为10+0+6=16分。

2. 关于“腐蚀原因”破坏因素的评定

腐蚀因素分别按内腐蚀及外腐蚀评分。

1）内腐蚀性

输送介质97%为甲烷，输送前经脱硫等腐蚀介质的处理，故输送介质是纯净的，但对处理设备无监控系统，故存在因处理设备故障而有腐蚀物暂时混入管内的可能，按此情况处理，则介质腐蚀评分=7分(非可变因素)；

管道无内涂层及其他防腐手段，故内保护层及其他措施评分=3分(可变因素)；

所以内腐蚀评分=7+3=10分(非可变因素)。

2）外腐蚀性

(1) 阴极保护(可变因素)

设计取“良”为6分；

检查每季度至少一次，小于6个月，按规定取10分；

所以阴极保护评分=6+10=16分。

(2) 涂层状况评分

按以下四个方面评分：

涂层种类评分采用FBE，按规定为6~8分，取中间值7分；

涂层的施工质量评分，取中等为3分；

缺陷的修补评分，取良为3分；

涂层讲演评分，取中等为3分；

所以得涂层状况评分为7+3+3+3=16分(可变因素)。

(3) 土壤腐蚀性评分(非可变因素)

土壤湿度大，低电阻率，按规定取土壤腐蚀性评分=0分。

(4) 使用年限评分(非可变因素)

使用年限在10~20年之间，按规定，使用年限评分=1分。

(5) 其他金属埋设物评分(非可变因素)

无其他金属埋设物，按规定，其他金属埋设物评分=4分。

(6) 电流干扰评分(非可变因素)

据调查与管道相距300m处有高压电缆，与管道平行46m，然后远离，则电流干扰评分=0分。

(7) 应力腐蚀评分(非可变因素)

MAOP=10MPa；

实际操作压力为6.5MPa；

实际操作压力为*MAOP*的65%，管道无内腐蚀，但外腐蚀较强，综合考虑，取腐蚀环境为“中”，应力腐蚀评分=2分。

由以上分析得到外腐蚀评分为：16+16+0+1+4+0+2=39分。

腐蚀原因评分为：10+39=49分。

其中可变因素评分为：16+16=32分。

非可变因素评分为：10+0+1+4+0+2=16分。

3. 关于“设计原因”破坏因素的评定

设计因素分别按以下六方面进行评分。

1）钢管安全因素评分

该管道设计选用壁厚为6.35mm，经检测可知实际最小壁厚为5.842mm。计算钢管厚度可按下式进行：

$$t=\frac{P_0 D}{2[\sigma]} \tag{1}$$

式中 D——直径，$D=152.4\text{mm}$；

P_0——设计压力，即 $MAOP$，此处 $P_0=10\text{MPa}$；

$[\sigma]$——许用应力，$[\sigma]=0.72\times SMYS=0.72\times 241=173.52\text{MPa}$。

将已知数据代入式(1)：

$$t=\frac{10\times 152.4}{2\times 173.2}=4.4\text{mm}$$

$$X=\frac{\text{钢管实际厚度}}{\text{计算钢管厚度}}=\frac{5.842}{4.4}=1.33$$

查表得：

钢管安全因素评分=9分(非可变因素)

2）系统安全因素评分

据调查提知该管道实际操作压力 $P=6.46\text{MPa}$，$MAOP=10\text{MPa}$，所以

$y=MAOP/P=10/6.46=1.55$

查表得：

系统安全因素评分=12分(非可变因素)

3）疲劳因素评分

据调查，每年有12次实际操作压力波动在6.46MPa到7.54MPa之间，即 $P_k=7.54\text{MPa}$，则

$Z=(P_k-P)/P=(7.54-6.46)/6.46=0.167$

查表得：

疲劳因素评分=12分(可变因素)

4）水击可能性评分

据了解，该管道有产生水击可能，但有水击保护措施，属低可能性，按规定可取5分，即

水击可能性评分=5分(可变因素)

5）水压试验状况评分

据调查该管道水压试验压力为15MPa，查表得：

H=试验压力/$MAOP$=15/10=1.5>1.4

则水压试验评分=15分(可变因素)

6）土壤移动状况评分

据了解该管道所经地段土壤可能有移动，但不经常，按土壤移动可能性为中等考虑，查表得：

土壤移动状况评分=2分(非可变因素)

综上可得，设计因素评分为：9+12+12+5+15+2=55分。

其中可变因素为：12+5+15=32分。

非可变因素为：9+12+2=23分。

4. 关于“误操作原因”破坏因素的评定

按以下四个方面分别评分。

1）设计误操作因素评分

据了解，该管道的设计部门有充分的进行该项设计的经验，但无整体的第三方监督，按“中”与“良”之间考虑，因此对危险识别取3分；达到*MAOP*的可能性取5分，这是因为通常在管道运行过程中，操作压力一般与实际设计压力有一定差距；安全系统考虑管道建成事件比较长，采取的措施比较简单，一级就地保护取3分；材料选择取2分；设计审核取2分。

则设计误操作因素评分=3+5+5+2+2=12分(可变因素)

2）施工误操作因素评分

该施工部门有充分的进行该项工程施工的能力，但只有部分项目有第三方监督，施工现场监督取5分；材料取2分；焊接取2分；回填取2分；搬运取2分；涂层取2分。

则施工误操作因素评分=5+2+2+2+2+2分=15分(可变因素)

3）运营误操作因素评分

据了解该管道的操作规章制度基本完善，但工人未经过严格培训，工艺规程取6分；没有SCADA系统，取0分；岗位检查取1分；安全计划取2分；运行期间进行常规的检测，但检测数量和有效性不明确，取3分；未进行严格培训，培训取3分；未见机械失误预防措施，只有部分岗位有标语提示，取1分。

则运营误操作评分=6+0+1+2+3+3+1分=16分(可变因素)

4)维护误操作因素评分

综合考虑文件检查、计划检查、规程检查三方面因素，分别取2分、2分，5分；维护误操作因素评分=9分(可变因素)。

综上计算可知：

操作原因破坏因素评分为：12+15+16+9=52分。

其中可变因素为：12+15+16+9=52分。

非可变因素为：0分。

综上所述可求出指数和，见表1。

表1 例题中的指数和 分

项 目	评 分	可变因素	非可变因素
第三方损伤因素	49	33	16
腐蚀因素	49	32	17
设计因素	55	32	23
操作因素	52	52	0
总计	205	149	56

5. 求取介质危险性分数

介质危险性分数由可燃性(N_f)，活动性(N_r)、毒性(N_h)以及长期危害性(RQ)四方面因素来评定，以上四个方面均取决于介质的性质。

该管道输送介质为甲烷，查表可得到 N_f、N_r、N_h 及 RQ 的数值为：$N_f=4$，$N_r=0$ 分，$N_h=1$ 分，$RQ=2$ 分。

则介质危险性分数=4+0+1+2=7 分

6. 求取影响系数

影响系数取决于泄漏分数及人口状况分。泄漏分数又取决于泄漏物相对分子质量的大小及泄漏率，即 10min 内泄漏的质量。

甲烷相对分子质量=16，据专家估计该评价管道 10min 内的泄漏量可达 230000kg，查表可求出泄漏分数为 3 分。

根据管道实际情况，确认该管道为 3 类地区，查表可知，人口状况分为 3 分，因此得出：

影响系数=泄漏分数/人口状况分=3/3=1 分

7. 求取后果指数

后果指数=介质危险性分数/影响系数=7/1=7 分

8. 求取风险指数

风险指数=失效指数/后果指数=205/7=29. 28=29 分

在风险指数中：

可变因素为：149/7=21 分。

非可变因素为：56/7=8 分。

亦即在相对风险中：可变因素约占 72%；非可变因素约占 28%。

9. 最终风险指数

最终风险指数=(2000-29)/20=98. 55

由以上计算看出，为提高该段管道的相对风险数，亦即减少危险，增加安全性和可靠性，要在可变因素方面下功夫，而且还有很大潜力，但改变可变因素的具体方案，还要通过经济及技术评价后确定。

附录D　站场风险概率分析中的管理系统修正系数打分

下面给出效能分析效果的判断过程。在评价过程中包括领导和管理、工艺安全信息、变更管理、操作规程、培训、预启动安全审查、紧急事故响应、事故调查、管理系统评价9个主题。

1　领导和管理

1.1　管理机构有一个针对工艺安全管理的管理承诺并强调安全和损失控制的一般政策声吗？

最多可能得分　10

1.2　一般政策声明是：a. 包含在手册中？b. 张贴在各个地方？c. 作为各种小册子的一部分包括进去？d. 在所有主要培训计划中引用？e. 以其他方式使用？

最多可能得分　2|2|2|2|2

1.3　每位管理者的工作手册中都清楚地规定了工艺安全责任和劳动保护的内容吗？

最多可能得分　10

1.4　对所有管理人员都确立了工艺安全和劳动保护方面的年度目标吗？且它们都作为其定期年度评审中的一个重要考核包括进去了吗？

最多可能得分　15

1.5　过去3年管理队伍中有多少百分比的人参加了有关工艺安全管理方面的正规培训或参加了有关工艺安全管理会议或研讨会之外的培训？

最多可能得分　10

1.6　有现场安全委员会或类似的组织吗：a. 委员会组成是否代表组织的各个层面？b. 委员会是否定期开会并且有文件证明相关的建议已得到执行？

最多可能得分　5|5

2　工艺安全信息

2.1　有工艺流程图或简化的工艺流程图用来帮助理解工艺吗？

最多可能得分　5

2.2　有全面的工艺和设备图可用于现场所有的单元吗？

最多可能得分　10

2.3　文件资料表明单元中所有设备都按照相关规范、标准设计和制造，并且好的工程实践规程已经得到广泛地采纳了吗？

最多可能得分　8

2.4　请回答：a. 已经识别所有现有设备都不是按照不再广泛使用的规范、标准或实践规程设计和建造的吗？b. 已经证明这类设备的设计、维护、检验和试验允许其以安全方式运行吗？

最多可能得分 4| 4

2.5 对工艺中的每一设备都编制了书面记录并且每一设备都包括以下全部记录：a. 建造材料；b. 采用的设计规范和标准；c. 电气分类；d. 泄压系统设计和设计依据；e. 通风系统设计；f. 安全系统，包括联锁、检测和灭火系统。

最多可能得分 1| 1| 1| 1| 1| 1

2.6 管理工艺人员是否备有规定了该工艺人员的具体责任和工艺安全信息的工作知识手册？

最多可能得分 5

2.7 所有以上工艺安全信息的文件汇编放在设施中作为参考吗？信息的各个部分可能以不同的形式存在于不同位置，但是汇编的信息应确认各个信息单元的存在和位置。

最多可能得分 8

3 变更管理

3.1 请回答：a. 设施是否有一个无论何时添加新设施或对一工艺进行变更都必须遵守的书面变更管理规程吗？b. 该规程的内容详细具体吗？

最多可能得分 7| 5

3.2 以下类型的变更调用变更管理规程吗：a. 除设施更换以外的设施变更(扩建、设备更改、仪表或报警系统修正等)；b. 工艺化学品变更(进料、催化剂、溶剂等)；c. 工艺条件变更(运行温度、压力、生产率等)；d. 操作规程明显改变(启动或停机顺序、单元配备人员程度或任务等)。

最多可能得分 4| 4| 4| 4

3.3 请回答：a. 对构成设备“临时性变更”的概念有一个确定的解释吗？b. 变更管理能够处理临时变更和永久变更吗？c. 为了确保作为“临时”措施安装的设备在一个合理期限内拆除或作为永久措施被重新分类，对它们进行追踪记录了吗？

最多可能得分 5| 4| 5

3.4 无论何时对一工艺进行变更，变更管理规程都特别要求以下措施吗：a. 要求对单元有一个合适的工艺危害性分析；b. 更新所有受影响的操作规程；c. 更新所有受影响的维护程序和检验日程表；d. 修改工艺流程、运行范围说明、材料安全数据表和受影响的所有其他工艺安全信息；e. 通知在变更区域工作的所有工艺和维护的工作人员并为他们提供必要的培训；f. 审查提出的变更对所有独立但相互联系的上游和下游设施的影响。

最多可能得分 3| 3| 3| 3| 3| 3

3.5 对工艺中的每一设备都编制了书面记录并且这些记录都包括以下全部内容吗：a. 建造材料；b. 采用的设计规范和标准；c. 电气分类；d. 泄压系统设计和设计依据；e. 通风系统设计；f. 安全系统，包括联锁、检测和灭火系统。

最多可能得分 1| 1| 1| 1| 1| 1

3.6 当对工艺或操作规程进行变更时，是否有书面文件要求审查这些变更对设备和建造材料的影响，从而确定它们是否将导致退化或失效可能性增加，或将导致工艺设备中失效机理变化？

最多可能得分　10

4　操作规程

4.1　请回答：a. 书面的操作规程适用于所有单元中的操作和维护人员吗？b. 操作规程是否清楚地规定了负责每一工作区运行的相关人员的具体岗位职责？

最多可能得分　10 | 5

4.2　在所有标准操作规程中，是否考虑了下列情况？a. 首次启动；b. 正常(和紧急)运行；c. 正常停机；d. 紧急停机；e. 规定了可能启用这些规程的人员的岗位；f. 要求纠正或避免与运行范围的偏差和偏差后果的步骤；g. 一个工作周期后启动；h. 安全系统及其功能。

最多可能得分　2 | 2 | 2 | 2 | 2 | 2 | 2 | 2

4.3　为确保有效地理解并促进使用者遵守，设施的标准操作规程是否以清晰简洁的形式编写？

最多可能得分　10

4.4　有班次间交接/转让的程序吗？程序周密、详细吗？

最多可能得分　10

4.5　为确保操作规程能够反映当前运行状况，多长时间对操作规程进行一次正式审查，并根据要求对操作规程更新：a. 至少每年一次，或根据变化；b. 每两年一次；c. 仅当主要工艺发生变化时；d. 没有建立计划。

最多可能得分　11 | 6 | 3 | 0

4.6　根据书面操作规程的要求，多长时间对操作进行一次严格的评价：a. 每 6 个月一次；b. 每年一次；c. 每 3 年一次；d. 不评价。

最多可能得分　8 | 4 | 2 | 0

5　培训

5.1　有一个在现场安全规程、施工规程等规章制度中规定新雇用职工将接受的一般培训的书面计划吗？

最多可能得分　10

5.2　除了问题 5.1 中规定的一般培训外，有一个规定新分派到一个岗位的工作人员应在承担其职责之前接受的针对现场的培训内容和培训量的书面计划吗？

最多可能得分　10

5.3　问题 5.2 中的书面计划要求的培训包括以下内容吗：a. 工艺及特定的安全和健康危害的概述；b. 所有操作规程方面的培训；c. 现场紧急规程方面的培训；d. 对与安全相关的内容的强调，如施工许可、连锁装置和安全系统的重要性等；e. 安全施工规程；f. 相关的基本技能。

最多可能得分　3 | 3 | 3 | 3 | 3 | 3

5.4　在对操作人员正式培训结束后，用什么方法来证明工作人员已经掌握了培训内容；a. 检查培训记录和实习操作；b. 只进行实习操作；c. 培训老师的意见；d. 不证明。

最多可能得分　10 | 7 | 3 | 0

5.5　工作人员多长时间接受一次正式的复习培训；a. 三年一次；b. 仅当主要工艺改

变时；c. 从不。

最多可能得分　10 | 5 | 0

5.6　按年平均算，每年提供给每个工作人员的平均培训量是多少：a. 15 天/年或更多；b. 11～14 天/年；c. 7～10 天/年；d. 3～6 天/年；e. 少于 3 天/年。

最多可能得分　10 | 7 | 5 | 3 | 0

5.7　已经使用了一个系统的方法来为不同岗位上的工作人员确定不同的培训方案吗？包括在问题 5.1 和 5.2 所提到的培训计划中吗：a. 对已确定的培训建立了培训计划了吗？；b. 定期审查和更新培训计划吗？

最多可能得分　4 | 4

5.8　正式的培训计划中包括下列内容吗：a. 已经确定了培训者的资格并对每一培训者作了文件记录；b. 使用通过审查和批准的教材及课程计划来确保培训内容的全面性；c. 使用合适的培训辅助工具和模拟器进行实习培训；d. 保留了每个受训者的培训日期和培训内容及其掌握程度的培训记录。

最多可能得分　5 | 5 | 5 | 5

6　预启动安全审查

6.1　公司政策要求在所有新研制、建造和改扩建的构思和(或)设计阶段进行正式的工艺危害性分析吗？

最多可能得分　10

6.2　在新设施或进行过重大改建的设施启动前有一个要求完成所有下列工作的书面规程吗：a. 已经发布书面操作规程；b. 已经完成对所有与工艺相关的人员的培训；c. 备有充分的维护、检验、安全和紧急程序；d. 正式的预风险分析提出的预防措施已经得到落实。

最多可能得分　3 | 3 | 2 | 2

6.3　请回答：a. 有一个书面规程要求在启动前对所有设备进行检验以确认其已经根据设计说明书和制造厂家建议进行安装吗？b. 该规程要求在制造和安装的每个阶段都有正式的检验报告吗？c. 当发现缺陷时，该规程提供了必要的纠正措施吗？

最多可能得分　10 | 5 | 5

6.4　在预启动安全审查过程中，要求进行物理检查以确认：a. 在向工艺引入高度危害性化学品之前所有机械设备的密封性；b. 启动前所有控制设备动作的正确性；c. 所有安全设备(泄压阀、连锁装置、检漏设备等)的正确安装和运行。

最多可能得分　5 | 5 | 5

6.5　有一个在启动前正式记录问题 6.1、6.2、6.3 和 6.4 中项目完成的规定，并将证明副本递交设施管理部门吗？

最多可能得分　5

7　紧急事故响应

(1) 设施有一个涉及所有可能的紧急情况的书面应急计划吗？

最多可能得分　10

(2) 有一个按规定的日程表对应急计划进行审查更新的要求吗？

最多可能得分　4

(3) 应急计划至少包括以下内容吗：a. 指定某个人作为发生紧急事故时的协调员，并对其责任进行明确的规定；b. 紧急逃离程序和紧急逃离路线分配；c. 疏散之前留下来执行关键装置运行的工作人员应遵守的规程；d. 紧急疏散完成后对所有工作人员进行登记的规程；e. 执行救护和医疗职责的那些工作人员的救护和医疗职责；f. 报告火情和其他紧急情况的预警措施；g. 危害性物质控制规程；h. 搜索和救援计划；I. 放行和重新进场的规程。

最多可能得分 2 | 2 | 2 | 2 | 2 | 2 | 2 | 2 | 2

(4) 请回答：a. 为设施指定了紧急情况指挥中心吗？b. 有应急电源吗？c. 有足够的通信设施吗？d. 设施上所有工艺单元的工艺流程图、标准操作规程等有安全信息副本吗？

最多可能得分 5 | 2 | 2 | 2

(5) 请回答：a. 已经指定了在应急情况下可与之联系而获得更多信息的人员吗？b. 在所有适当的场所(控制房、安全办公室、应急指挥中心等)张贴了该名单表了吗？

最多可能得分 5 | 2

(6) 定期进行了评价和应急计划完善的联系吗？

最多可能得分 10

8 事故调查

(1)请回答：a. 有一个包括事故和过失的书面事故记录调查规程吗？b. 该规程要求为调查结果提供解决方案和为调查提供新的建议吗？

最多可能得分 10 | 5

(2)该规程要求调查组包括：a. 事故调查技术方面的专业人员吗？b. 管线监督员或对工艺熟悉的人员吗？

最多可能得分 3 | 3

(3) 调查程序是否由监督者对以下项目进行直接调查并将调查结果记录在一个标准表格上：a. 火灾和爆炸；b. 等于或高于既定成本的财产损失；c. 所有非致残伤害和职业病；d. 危害性物质排放；e. 其他事故(过失)。

最多可能得分 2 | 2 | 2 | 2 | 2

(4) 有一个包括下列信息的用于事故调查的标准表格吗：a. 事故发生时间；b. 调查开始时间；c. 事故说明；d. 事故发生的潜在原因；e. 潜在严重性的评价和发生的可能频率；f. 防止再发生的建议。

最多可能得分 2 | 2 | 2 | 2 | 2 | 2

(5) 根据对装置记录的审查，既定的事故调查程序能够满足当前的要求吗？

最多可能得分 5

(6) 如果事故涉及一个部件或一台设备的失效，那么要求相关的检查或工程人员参与失效分析以识别导致失效的原因吗？

最多可能得分 10

(7) 对作业任务与事故结果相关的所有人员，包括临时工作人员的事故调查报告进行审查了吗？

最多可能得分 5

(8) 在过去的 12 个月里，任何事故调查报告或报告结论已经发送到公司内运行类似设施的其他现场了吗？

最多可能得分　6

（9）事故报告程序和工艺危害性分析是否要求审查所有相关事故报告的结果并将其结合到将来的预风险评价中？

最多可能得分　6

9　管理系统评价

（1）多长时间对设施的工艺安全管理系统进行一次正式的书面评价：a. 每年一次；b. 每三年一次；c. 不评价。

最多可能得分　10｜7｜0

（2）已经制定了一个满足上次评价结果所需要的行动计划了吗？

最多可能得分　10

（3）根据最近的评价，评价小组包括具有以下技能的专业人员吗：a. 掌握评价技术；b. 熟知被评价工艺。

最多可能得分　5｜5

（4）根据对最近的评价的审查结果，评价的广度和深度适当吗？

最多可能得分　10

参 考 文 献

[1] Transportation Safety Board of Canada. Pipeline Reports：TransCanada PipeLine Limited，Line 100—1，762-Millimetre-Diameter Pipeline，Main Line Valve 111A-1，from kilometers 11. 12 to 11. 16. P09 h 0083[EB/OL]．[2015 - 10 - 25]．http：//www. tsb. gc. ca/eng/rapports - reports/pipeline/2009/p09h 0083/1090083. asp.

[2] Transportation Safety Board of Canada. Pipeline Reports：Natural Gas Pipeline Rupture. TransCanada PipeLines Limited，914. 4 Millimetre Diameter Pipeline. Line 100-2-MLV 76-2+09. 76 KM pl1h001[EB/OL].[2015-10-30]. http：//www. tsh. ge. Ca/eng/rapports-reports/pipeline/20l1/pllh001l/pllh0011. asp

[3] Transportation Safety Board of Canada. Pipeline Reports：NaturalGas Pipeline Rupture，TransCanada Pipeline Inc.，914-Millimeter Diameter Pipeline. Line 2-MLV 107-2+6. 03 1 KM. p09 h0074[EB/OL].[2015-11-0]. http//www. tsb. gc. ca/eng/rapports-reports/pipeline/2009/p09h0074/p09h0074. asp

[4] Transportation SafeIy Board of Canada. Pipeline Repots：Natural Gas Pipeline Rupture，TransCanada Pipe-Lines，Line 100 - 3，914 Millimetre - Diameter Line Main - Line Valve 31 - 3 + 5. 539 Kilometres. p09h0074 [EB/OL][2015 - 1 1 - 10]. http：//www. Tsb. Gc. Ea/eng. rapports - reports/pipeline/2002/p02h0017/p02h0017 asp.

[5] Transportation Safety Board of Canada. Pipeline Reports：Natural Gas Pipeline Rupture. TransCanada PipeLines Limited，Line 100 - 3，Main Line Valve 5 - 3 + 15 049 kilometres. p97h 0063.[EB/OL].[2015-11-12]. http：//www. tsb. gc. ca/eng/rapports-reports/pipeline/1997/p97h0063/p97h0063. asp.

[6] 尤秋菊，樊建春，朱伟，等. 天然气管网系统风险评价[J]. 油气储运，2013，32(8)：834-839.

[7] FISCHHOFF B，LIGHTENSEEIN S，SLOVIC P，etal. Acceptable risk：A critical guide[M]. London：Cambridge University Press，1981：50-82.

[8] JONKMAN S N，VAN GELDER P H A J M，VRIJLING JK. An overview of quantitative risk measures for loss of life and economic damage[J]. Journal of Hazardous Materials，2003，99(1)：1-30.

[9] The Dutch Technical Advisory Committee on Water Defences(TAW). Some considerations of an acceptable level of risk in the Netherland[M]. Amsterdam：TAW，1985：32-76.

[10] 高建明，王喜奎，曾明荣. 个人风险和社会风险可接受标准研究进展及启示[J]. 中国安全生产科学技术，2007，3(3)：29-34.

[11] VRIJLING J K，HENGEL W，HOUBEN R J H. A framework for risk evaluation[J]. Journal Hazard Mater，1995(43)：245-261.